Ökologische Industriepolitik
in Deutschland und Europa

Europäische Hochschulschriften

European University Studies

Publications Universitaires Européennes

Reihe V **Volks- und Betriebswirtschaft**

Series V Economics and Management

Série V Sciences économiques, gestion d'entreprise

Band/Volume **3424**

Bastian Rakow

Ökologische Industriepolitik in Deutschland und Europa

Eine volkswirtschaftliche Analyse des Konzeptes

PL ACADEMIC RESEARCH

Bibliografische Information der Deutschen Nationalbibliothek
Die Deutsche Nationalbibliothek verzeichnet diese Publikation in der Deutschen Nationalbibliografie; detaillierte bibliografische Daten sind im Internet über http://dnb.d-nb.de abrufbar.

Zugl.: Potsdam, Univ., Diss., 2012

Gedruckt auf alterungsbeständigem,
säurefreiem Papier.

517
ISSN 0531-7339
ISBN 978-3-631-64032-6

PL Academic Research ist ein Imprint der Peter Lang GmbH

www.peterlang.de

Vorwort

Die nachfolgende Arbeit ist das Ergebnis meines Promotionsprojektes, die im August 2012 an der Universität Potsdam angenommen worden ist. Sie ist zu einem Teil in meiner Zeit als wissenschaftliche Hilfskraft am Lehrstuhl für Volkswirtschaftslehre, Schwerpunkt Wirtschaftspolitik, an der Universität Potsdam entstanden und zum anderen, größeren Teil im Laufe der folgenden Jahre neben einer normalen beruflichen Tätigkeit.

Mein besonderer Dank gilt Herrn Prof. em. Dr. Norbert Eickhof, der mir während meiner Tätigkeit an der Universität Potsdam entscheidend als Doktorvater und Lehrer sowie auch als Mentor zur Seite stand. Gerade in der schwierigen Zeit des Übergangs von der akademischen Lehre zur privaten Wirtschaft hat er mich immer hilfreich begleitet. Ein weiterer Dank gebührt Herrn Prof. Dr. Malcom Dunn, der das Zweitgutachten für diese Arbeit angefertigt hat.

Großer Dank sei meiner Familie ausgesprochen, vor allem meinen Eltern sowie meinem Bruder Dipl.-Vw. Benjamin Rakow, die mich immer unterstützten und motivierten. Einen großen Anteil an dieser Arbeit haben zudem mehrere wichtige Freunde: Vor allem Marcus Müller, Dr. Ulrike Hösel und Dr. Judith Scholz. Sie haben diese Arbeit immer kritisch und hilfreich begleitet.

Potsdam, im Januar 2013 — Bastian Rakow

Inhaltsverzeichnis

ABKÜRZUNGSVERZEICHNIS X

ABBILDUNGSVERZEICHNIS XI

TABELLENVERZEICHNIS XII

1. EINLEITUNG 1

1.1. EINFÜHRUNG 1
1.2. GANG DER UNTERSUCHUNG 2

2. DER BEDEUTUNGSZUWACHS DES THEMAS „UMWELT" UND SEINE URSACHEN 6

2.1. DIE UMWELT ALS GRUNDLAGE DES MENSCHLICHEN LEBENS 6
2.2. DER KLIMAWANDEL 10
2.2.1. Klimavariationen, -schwankungen und -änderungen und der Klimawandel 10
2.2.2. Der natürliche Klimawandel 13
2.2.2.1. Externe Rahmenbedingungen und Faktoren 13
2.2.2.2. Die internen Faktoren 15
2.2.3. Der Klimawandel als Folge des anthropogenen Eingriffs 19
2.2.3.1. Das Kohlendioxid 19
2.2.3.2. Weitere Treibhausgase (Methan, Lachgas und Ozon) 22
2.2.3.3. Künstliche Klimagase 25
2.2.3.4. Die anthropogenen Aerosole 26
2.2.3.5. Zwischenresümee 27
2.2.4. Die Kosten des Klimawandels 28
2.3. DIE ÖKONOMISCHEN URSACHEN DER UMWELTPROBLEME 32
2.3.1. Umwelt als Allmendegut 32
2.3.2. Umwelt- bzw. Klimaschutz als öffentliches Gut 35
2.3.2.1. „Gefangenendilemma" und Trittbrettfahrerverhalten 35
2.3.2.2. Anlässe für Klimaschutzabkommen 40
2.4. DIE „SYNTHESE" ZUR „ÖKOLOGISCHEN REVOLUTION" 44
2.4.1. Die Auslöser für eine ökologische Umwälzung 44
2.4.1.1. Das traditionelle quantitative Wachstum 44
2.4.1.2. Kritische Entwicklungen am Fallbeispiel China 52
2.4.2. Übergang zur Nachhaltigkeit 54
2.4.2.1. Nullwachstum 54
2.4.2.1.1. Ziele eines Nullwachstums 54
2.4.2.1.2. Kritik am Konzept des Nullwachstums 55

2.4.2.2. Qualitatives bzw. nachhaltiges Wachstum 58
2.4.2.2.1. Die Ziele und deren Umsetzung 58
2.4.2.2.2. Kritik am Konzept des nachhaltigen Wachstums 63
2.4.3. Der „ökologische Umbau" von Wirtschaft und Gesellschaft 67
2.4.3.1. Die bisherigen „Industriellen Revolutionen" 67
2.4.3.2. Der komplette Umbau des Staates 70
2.4.3.3. Markt versus Staat 72
2.5. RESÜMEE 75

3. TRADITIONELLE INDUSTRIEPOLITIK 82

3.1. BEGRIFFSKLÄRUNG 82
3.2. DIE ZIELE DER INDUSTRIEPOLITIK 91
3.2.1. Die (internationale) Wettbewerbsfähigkeit als Ziel 91
3.2.2. Ordnungspolitik als Determinante der Wettbewerbsfähigkeit 94
3.2.3. Prozesspolitik als Determinante der Wettbewerbsfähigkeit 96
3.2.4. Die konkreten Ziele in Europa und Deutschland 99
3.2.4.1. Die industriepolitischen Ziele Europas 99
3.2.4.1.1. Der europäische Industriepolitikartikel 99
3.2.4.1.2. Die Rahmenbedingungen 103
3.2.4.1.3. Die Politikfelder der europäischen Industriepolitik 104
3.2.4.1.3.1. Die traditionellen Politikfelder 104
3.2.4.1.3.2. Der neue integrierte Ansatz 112
3.2.4.1.4. Die sektoralen Initiativen der EU-Kommission 113
3.2.4.2. Die industriepolitischen Ziele der Bundesrepublik Deutschland 118
3.2.4.2.1. Geschichtliche Einführung 118
3.2.4.2.2. Die deutsche Industriepolitik von 1949 bis 2002 119
3.2.4.2.3. Die Renaissance der traditionellen Industriepolitik ab 2003 124
3.2.4.2.4. Das neue Leitbild der Industriepolitik ab 2008 128
3.2.4.2.5. Die Besonderheit des deutschen Föderalismus 130
3.3. RESÜMEE 131

4. DAS KONZEPT DER ÖKOLOGISCHEN INDUSTRIEPOLITIK UND DEREN LEGITIMIERUNG 135

4.1. DIE ÖKOLOGISCHE INDUSTRIEPOLITIK 135
4.1.1. Die Vorgeschichte 135
4.1.2. Das Konzept der ökologischen Industriepolitik 137
4.1.2.1. Die Ziele 137
4.1.2.2. Die Prinzipien 142
4.1.2.3. Die Zukunft der ökologischen Industriepolitik 143

4.1.3. Abgrenzung zur innovationsorientierten Umwelt- und zur „traditionellen“ Industriepolitik ... 145
4.1.4. Ergänzungen aus dem europäischen Ansatz ... 149
4.1.4.1. Das europäische Konzept ... 149
4.1.4.1.1. Das Konzept von 2007 und spätere Erweiterungen ... 149
4.1.4.1.2. Das neue integrierte Konzept für Wettbewerbsfähigkeit und Nachhaltigkeit ... 156
4.1.4.2. Vergleich zum deutschen Konzept ... 160
4.1.5. Die politische Begründung ... 164
4.1.5.1. Besondere Merkmale von Umweltinnovationen ... 164
4.1.5.2. Strategische Wettbewerbsvorteile ... 166
4.1.6. Kritik an dem Konzept ... 167
4.2. Legitimierung der ökologischen Industriepolitik ... 173
4.2.1. Begriffsbestimmung des Markt- und Wettbewerbsversagens ... 174
4.2.2. Fälle von Markt- und Wettbewerbsversagen ... 176
4.2.2.1. Externe Effekte ... 176
4.2.2.1.1. Das Konstrukt der externen Effekte ... 176
4.2.2.1.2. Internalisierungsmöglichkeiten ... 180
4.2.2.1.3. Die Übertragung der Konzepte auf die ökologische Industriepolitik ... 185
4.2.2.1.3.1. Die PORTER-Hypothese ... 186
4.2.2.1.3.2. Produktivitäts- und Beschäftigungsimpulse ... 189
4.2.2.2. Öffentliche Güter ... 191
4.2.2.2.1. Die Theorie ... 191
4.2.2.2.2. Die Konsequenzen für die ökologische Industriepolitik ... 195
4.2.2.3. Informationsasymmetrien ... 198
4.2.2.3.1. Das Konzept der asymmetrischen Informationen ... 199
4.2.2.3.2. Mögliche Lösungen zum Abbau der asymmetrischen Informationen ... 205
4.2.2.3.2.1. Signaling ... 205
4.2.2.3.2.2. Screening ... 207
4.2.2.3.3. Übertragung auf die ökologische Industriepolitik ... 208
4.2.2.4. Pfadabhängigkeit ... 214
4.2.2.4.1. Das Konzept der technologischen Trajektorien ... 214
4.2.2.4.2. Übertragung auf die ökologische Industriepolitik ... 218
4.2.3. Zusammenfassung der möglichen Legitimierung ... 224
5. FAZIT ... 227
LITERATURVERZEICHNIS ... 237

Abkürzungsverzeichnis

BIP	Bruttoinlandsprodukt
BMU	Bundesministerium für Umwelt, Naturschutz und Reaktorsicherheit
BMWi	Bundesministerium für Wirtschaft und Technologie
BSP	Bruttosozialprodukt
C	Kohlenstoff
CH_4	Methan
CO	Kohlenmonoxid
CO_2	Kohlendioxid
EEA	Einheitlichen Europäischen Akte
EKC	Environmental Kuznets Curve
EoS	economies of scale
F&E	Forschung & Entwicklung
FCKW	Fluorchlorkohlenwasserstoffe
FKVO	Fusionskontrollverordnung
FKW	Fluorkohlenwasserstoffe
FRP	Forschungsrahmenprogramm
FuT	Forschung und Technologie
Gt	Gigatonne
GWB	Gesetz gegen Wettbeschränkungen
H_2O	Wasser
IPCC	Intergovermental Panel on Climate Change
KMU	Kleine und mittlere Unternehmen
N_2O	Lachgas bzw. Distickstoffoxid
O	Sauerstoff
O_3	Ozon
ppb	parts per billion, Teile pro Milliarde
ppm	parts per milion, Teile pro Million
ppt	parts per trillion, Teile pro Billiarde
SF_6	Schwefelhexafluorid
SO_x	Schwefeloxide
SRU	Sachverständigenrat für Umweltfragen

Abbildungsverzeichnis

Abbildung 1: Übersicht eines ökologischen Kreislaufs 7
Abbildung 2: Entwicklungspfade der Temperatur von 1800 bis heute 12
Abbildung 3: Die Entwicklung der wichtigsten Treibhausgase bis 2005....... 20
Abbildung 4: Typologie der Güterarten 33
Abbildung 5: Die länderspezifischen energiebezogenen CO_2-Emissionen 38
Abbildung 6: Der Leakage-Effekt 43
Abbildung 7: Zusammenhang zwischen globalem BIP und dem Ausstoß von CO_2-Emissionen 47
Abbildung 8: Theoretischer Zusammenhang zwischen Wirtschaftswachstum und Umweltbelastung (EKC) 48
Abbildung 9: Die Entwicklung der länderspezifischen energiebezogenen CO_2-Emissionen von 1900 bis 2005 53
Abbildung 10: Wachstumsrate, Niveau des BSP, Emissionszuwachs und Verschmutzungsniveau unter Nullwachstum 56
Abbildung 11: Entwicklung der Rohstoffproduktivität und Rohstoffentnahme in Deutschland 63
Abbildung 12: Übersicht über die „Industriellen Revolutionen“ 69
Abbildung 13: Unterschiedliche Aspekte der Industriepolitikdefinition 83
Abbildung 14: Definition der Industriepolitik von EICKHOF 87
Abbildung 15: Unterschiedliche Definitionsansätze der Industriepolitik......... 90
Abbildung 16: Die allgemeinen Ziele der Industriepolitik 98
Abbildung 17: Die industriepolitischen Ziele in Europa 117
Abbildung 18: Zieldreieck des Konzeptes zur nachhaltigen Industriepolitik von 2010 144
Abbildung 19: Die Verbindungen der ökologischen Industriepolitik 148
Abbildung 20: Vergleich deutscher und europäischer Ansatz........................ 161
Abbildung 21: Externe Effekte 179
Abbildung 22: Die PIGOU-Steuer 181
Abbildung 23: Definition von Eigentumsrechten 183

Tabellenverzeichnis

Tabelle 1: Eigenschaften der verschiedenen klimarelevanten Gase in der Atmosphäre 18
Tabelle 2: Durchschnittliche Temperaturentwicklung der Erdoberfläche 22
Tabelle 3: Historische Entwicklung der wichtigsten Treibhausgase 23
Tabelle 4: Beiträge der einzelnen Treibhausgase zum jeweiligen Treibhauseffekt 27
Tabelle 5: Entwicklung der Weltbevölkerung von 1950-2010 51

1. Einleitung

1.1. Einführung

Die weltweiten Wirtschafts- und Finanzkrisen der letzten Jahre haben eine neue Dimension der Wirtschaftspolitik eröffnet. Weltweit suchen die Regierungen dringend nach Wegen, die Krisen schnellstmöglich zu überwinden. In dieser Zeit wurde die sog. „Nachhaltigkeit“ wiederentdeckt, deren Bedeutung gerade durch die Erscheinungen des Klimawandels für viele Menschen subjektiv sichtbar wurde. In diese Zeit fällt auch das Aufkommen des Begriffes der ökologischen Industriepolitik, der erstmals 2006 in einem Memorandum des Bundesumweltministeriums erwähnt wird.[1]

Das in diesem Memorandum vorgestellte Konzept zur Industriepolitik soll einen vollkommen neuen Ansatz verfolgen, indem erstmals Wirtschafts- und Umweltpolitik kombiniert werden, um sowohl Umweltschutzziele als auch wirtschaftspolitische Anliegen in den Blick zu fassen. Dabei werden die drei Ziele Wachstum, Beschäftigung und Umweltschutz gemeinsam betrachtet. Die Verbindung dieser sehr ambitionierten Ziele soll größtenteils über die sog. ökologische Industriepolitik erfolgen. Die „Ökologische Industriepolitik“ wird dabei in der wissenschaftlichen Diskussion jedoch regelrecht zu einem schillernden Begriff, der sogar zu einer „Dritten Industriellen Revolution“ führen und neben der Umwelt- und Wirtschaftspolitik auch die gesamte Gesellschaft verändern solle.

Der Ursprung des Konzeptes liegt im Versagen des Marktes bei der Bekämpfung des Klimawandels. Die Funktionen des Marktes werden grundsätzlich hinterfragt und diesem wird generell abgesprochen, das Problem des Klimawandels lösen zu können. Deshalb müsse der Staat eingreifen, um die Fehlallokationen des Marktes zu korrigieren. Faktisch würden demnach die Funktionen des Marktes durch eine staatliche Planung ersetzt – ein Ansatz allerdings, welcher aufgrund historischer Erfahrungen kritisch zu hinterfragen ist.

Demnach wäre zunächst einmal die grundlegende Frage zu klären, was genau hinter dem Begriff „ökologische Industriepolitik“ steckt. Handelt es sich lediglich um eine traditionelle Industriepolitik in neuem Gewand, die sich auf immer wieder neue „strategische“ Märkte fokussiert, oder ist die ökologische Industriepolitik tatsächlich ein vollkommen neuer Ansatz? Grundsätzlich wird diese Politik als vollkommen alternativlos betrachtet, da die Auswirkungen des Klimawandels so dramatisch seien, dass gehandelt werden müsse. Eine Debatte über die Legitimierung dieser Politik findet bislang erst gar nicht statt. Doch wurde

[1] Vgl. Bundesministerium für Umwelt, Naturschutz und Reaktorsicherheit (2006), S. 1ff.

gerade die Industriepolitik in der Vergangenheit oftmals sehr kontrovers diskutiert, da in der industriepolitischen Realität immer wieder Fehlschläge zu verzeichnen waren.

Deutschland und Europa gingen gemeinsam mit der Entwicklung des Konzeptes voran. Gerade die Bevölkerung hat dies 2006 durch eine hohe Präferenz für den Umweltschutz unterstützt. Ab 2008 änderte sich die wirtschaftliche Lage in den meisten Ländern dramatisch und Umweltschutzgedanken rückten angesichts der weltweiten Wirtschafts- und Finanzkrisen in den Hintergrund. An den ambitionierten Zielen Wachstum, Beschäftigung und Umweltschutz wurde aber weiterhin festgehalten, wenngleich sich die Gewichtung hin zu Wachstum und Beschäftigung verschob. Das Konzept der ökologischen Industriepolitik bewahrte in Deutschland und Europa seinen hohen Stellenwert und wird weiter dafür genutzt, eine aktive Rolle des Staates zu begründen. Doch ist bislang weder geklärt, wie diese Rolle aussehen soll, noch wurden Erfahrungen aus der traditionellen Industriepolitik genutzt, die in manchen Bereichen zur Vorsicht gemahnen sollten. Nachfolgend soll daher versucht werden, die grundlegenden Fragen nach den Zielen und der Legitimation der ökologischen Industriepolitik zu klären.

1.2. Gang der Untersuchung

Die ökologische Industriepolitik stellt, wie bereits angesprochen, ein vollkommen neues Konzept hinsichtlich der Verbindung von Wirtschafts- und Umweltgedanken dar. Um dieses Konzept vollständig zu analysieren, müssen zunächst seine Ursprünge dargestellt werden. Danach muss in einem zweiten analytischen Schritt das Konzept inhaltlich vorgestellt werden. Hierbei gilt es kritisch zu hinterfragen, ob dieser Ansatz überhaupt als Problemlösung dienen kann. In weiteren Schritten muss geprüft werden, ob dem Konzept entsprechende Eingriffe volkswirtschaftlich gerechtfertigt sind. An dieser analytischen Systematik soll sich auch die folgende Arbeit orientieren.

Im ersten Teil der Untersuchung wird demnach die Ursache bzw. der Auslöser der ökologischen Industriepolitik betrachtet. Als solch ein Auslöser wird von den Befürwortern der ökologischen Industriepolitik der Klimawandel angeführt. Um diese Ursache umfassend darzustellen, muss zuerst die Umwelt als Grundlage des Lebens beschrieben werden. In der Folge wird die mögliche Gefahr, die sich aus einer Veränderung der Umwelt ergeben könnte, nachvollziehbar. Diesen wichtigen Aspekten widmet sich Kapitel 2.2 umfassend. Dabei kann allerdings keine allumfassende und vollständige Diskussion aller Meinungen erfolgen, da es sich hier um eine wirtschaftswissenschaftliche Arbeit handelt. Dennoch soll der Versuch unternommen werden, wenigstens die grundlegenden Zusammenhänge des Klimawandels zu erläutern. Zuerst soll dabei eine Untersuchung der natürlichen Klimaveränderungen (Abschnitt 2.2.2) vorgenommen werden, um diese dann im folgenden Unterkapitel 2.2.3 von anthropogenen Eingriffen abgrenzen zu können. Um die oftmals angeführte Dramatik der Klimaveränderung abschließend einordnen zu können, werden zum Abschluss dieses Kapitels die zu erwartenden ökonomischen Schäden und Kosten des Klimawandels kritisch diskutiert.

Im nächsten Schritt werden die Ursachen des Klimawandels anhand ökonomischer Theorien beschrieben (Kapitel 2.3), wobei der Schwerpunkt auf der Untersuchung der Eigenschaften der Umwelt als Allmendegut und der Umwelt bzw. des Klimaschutzes als öffentliches Gut liegt, um dann zu einer Synthese mit Bezug auf die Frage einer „ökologischen Revolution" überzuleiten.

Das darauf folgende Kapitel widmet sich den Auslösern einer solchen „ökologischen Revolution" (Kapitel 2.4). Der Schwerpunkt dieses Abschnitts liegt bei der Diskussion von quantitativem und qualitativem Wachstum. Die Kritik am quantitativen Wachstum soll im Abschnitt 2.4.1.2 am Beispiel Chinas verdeutlicht werden, um im Anschluss die Vor- und Nachteile des qualitativen Wachstums zu untersuchen (2.4.2.2.). Darauf aufbauend soll der „ökologische Umbau" der Gesellschaft und der Wirtschaft dargestellt werden. In diesem Zusammenhang wird auch das neue Verständnis von Markt und Staat diskutiert. Letztlich soll in diesem Kapitel das Problem klar abgrenzt werden, auf welches als Ursache und Begründung für die ökologische Industriepolitik verwiesen wird.

Nach der Ökologie steht im weiteren Verlauf (Kapitel 3) der zweite Teil des Begriffes „ökologische Industriepolitik" im Zentrum des Interesses: Industriepolitik soll anhand der traditionellen Industriepolitik beschrieben werden, um den doch sehr unscharfen Begriff zu konkretisieren. In diesem Teil werden die unterschiedlichen Definitionen analysiert und es wird der Versuch unternommen, diese in bestimmte Kategorien einzuordnen und zu bewerten.

Nach der Bestimmung des Begriffes werden die Ziele der Industriepolitik vorgestellt. Dabei liegt der Schwerpunkt auf dem Hauptziel der Industriepolitik, der internationalen Wettbewerbsfähigkeit. Die Wettbewerbsfähigkeit ist ein ebenso diffuser Begriff wie jener der Industriepolitik. In diesem Kapitel soll daher eine Klärung anhand der Determinanten der Prozess- und Ordnungspolitik vorgenommen werden (Kapitel 3.2). Um zu prüfen, ob die ökologische Industriepolitik lediglich „neuer Wein in alten Schläuchen" ist, sollen nachfolgend die bisherigen industriepolitischen Entwicklungen in Europa und Deutschland aufgezeigt werden. Dabei gilt es die gesetzlichen Rahmenbedingungen und die bisherige Geschichte der Industriepolitik in Europa und Deutschland in den Blick zu fassen. Damit wird eine Grundlage gelegt, um an späterer Stelle die ökologische Industriepolitik von der Umwelt- und Industriepolitik abzugrenzen. Ebenfalls werden die Besonderheiten der deutschen Industriepolitik erläutert (Abschnitt 3.2.4.2.5).

Den Hauptteil der Arbeit bildet das 4. Kapitel. Zuerst wird das Konzept der ökologischen Industriepolitik vorgestellt; die Ziele und die nachfolgend zu diskutierenden Prinzipien der Industriepolitik werden separat in den Abschnitten 4.1.2.1 und 4.1.2.2 beschrieben. Nach der Diskussion der Ziele und Prinzipien werden die Erweiterungen aus dem Jahr 2010 eingearbeitet. Im Anschluss an die Vorstellung des Konzeptes sollen die innovationsorientierte („ökonomische“) Umweltpolitik und die traditionelle Industriepolitik in kritischer Betrachtung von der ökologischen Industriepolitik abgegrenzt werden. Eine solche Abgrenzung wurde bereits im 3. Kapitel vorbereitet und es gilt auf dieser Grundlage zu prüfen, wo genau Unterschiede und Gemeinsamkeiten liegen.

Dass letztlich der deutsche Zugang zur ökologischen Industriepolitik aus verschiedenen Gründen das umfassendere Konzept und die Grundlage für die europäische Variante ist, wird in Unterkapitel 4.1.4.1 erläutert. In diesem Bereich rücken auch mögliche Unterschiede zwischen dem deutschen und dem europäischen Ansatz zur ökologischen Industriepolitik in das Zentrum der Betrachtung. Im weiteren Verlauf der Arbeit werden die politischen Begründungen, die Besonderheiten der Umweltinnovationen, die eine zentrale Bedeutung für die ökologische Industriepolitik haben, und die strategischen Wettbewerbsvorteile kurz vorgestellt (4.1.5.1 und 4.1.5.2), um damit später zur ökonomischen Legitimierung überleiten zu können. Zuvor sollen im Abschnitt 4.1.6 jedoch die Ziele der ökologischen Industriepolitik einer inhaltlichen Kritik unterzogen werden.

Zur Analyse gehört neben der inhaltlichen Kritik des Konzeptes auch die Überprüfung der Gründe für das Eingreifen des Staates in Marktprozesse (4.2). In diesem Abschnitt sollen zuerst die Begriffe des Markt- und Wettbewerbsversagens geklärt werden, um später die möglichen Versagenstatbestände einer kritischen Analyse zu unterziehen. Es wird jeweils zu Beginn in die theoretischen Modelle eingeführt, um dann die Konsequenzen für die ökologische Industriepolitik abzuleiten. Hierbei sollen auch die vorgebrachten politischen Argumentationen sowie Alternativmodelle einbezogen werden, um eine kritische Betrachtung zu ermöglichen. In der Analyse können nicht alle Formen des Markt- und Wettbewerbsversagens berücksichtigt werden. Der Fokus liegt hier auf jenen Ausprägungen, die tatsächlich in Zusammenhang mit der ökologischen Industriepolitik auftreten können. Daher werden in dieser Arbeit die öffentlichen Güter, die externen Effekte und die Informationsasymmetrien untersucht. Neben diesen Tatbeständen wird noch eine weitere Ausprägung in Form der Pfadabhängigkeiten einbezogen. Das Anliegen der Erläuterungen besteht darin, dass an diesem Punkt die möglichen Beweggründe für eine staatliche Intervention hinreichend dargestellt, untersucht und kritisch gewürdigt werden. Abschließend soll das gesamte Thema zusammengefasst werden.

2. Der Bedeutungszuwachs des Themas „Umwelt“ und seine Ursachen

Im Oktober 2006 veröffentlichte das Bundesumweltministerium ein neues Konzept: „Ökologische Industriepolitik – Memorandum für einen ‚New Deal‘ von Wirtschaft, Umwelt und Beschäftigung“[2]. Dabei wurde der Fokus entgegen der bisherigen wirtschaftspolitischen Ausrichtung vollständig auf die Ökologie gelegt. Im nachfolgenden Abschnitt soll zuerst die Bedeutung der Umwelt vorgestellt werden. Nachfolgend werden die Ursachen für den neuen Fokus analysiert. Dabei soll auch untersucht werden, warum die Umwelt für so wichtig erachtet wird, dass man sogar von einer „Dritten Industriellen Revolution“ spricht, mit der ein Aufbruch in ein „ökologisches Jahrhundert“ verbunden sei.

2.1. Die Umwelt als Grundlage des menschlichen Lebens

In den letzten Jahren wurde die Umwelt durch vielfältige Einflüsse – z. B. Umweltkatastrophen in Form von Überschwemmungen und Unwettern, aber auch ausbleibenden Regenfällen – immer bedeutender für die Menschen. Die Umwelt[3] bildet für die Menschheit die Grundlage für das Leben und Wirtschaften, denn sie dient den Menschen als Ressource, um Produktion und Konsum zu ermöglichen. Die Natur alleine bietet dem Menschen eine karge Lebensgrundlage, erst die produktive Umwelt schafft eine gute Basis. Der Mensch produziert aus den natürlichen Ressourcen für ihn nutzbringende bzw. werthaltige Güter und kultiviert damit die Natur nach seinen Vorstellungen.[4] Solch eine Produktion verursacht bei der Umwandlung der Ressourcen Emissionen und Abfälle, die die Natur absorbiert, um die Funktionsfähigkeit des Umweltsystems zu gewährleisten. Damit nimmt die Umwelt auch Emissionen[5] und Abfälle[6] auf, die bei der

---

[2] Vgl. Bundesministerium für Umwelt, Naturschutz und Reaktorsicherheit (2006), S. 1ff.

[3] „Umwelt selbst wird dabei definiert als die Gesamtheit aller Prozesse und Räume, in denen sich die Wechselwirkung zwischen Natur und Zivilisation abspielt. Somit schließt „Umwelt“ alle natürlichen Faktoren ein, welche von Menschen beeinflusst werden oder diese beeinflussen.“ Wissenschaftlicher Beirat der Bundesregierung Globale Umweltveränderungen (1993), S. 10.

[4] Vgl. Knorring, E. von (1997), S. 8f.; Suchanek, A. (2000), S. 8.

[5] Nur ein bestimmter Teil der Emissionen verursacht Immissionen. Die Immissionen sind das tatsächliche Ausmaß der Luft-, Boden- und Wasserverschmutzung. Die Abweichung zwischen Emissionen und Immissionen kommt über verschiedene Abbau- und Diffusionsprozesse zu Stande. Vgl. Cansier, D. (1993), S. 5; Karl, H. (1998), S. 83.

[6] Vgl. Stephan, G./Ahlheim, M. (1996), S. 17.

Transformation von Ressourcen entstehen.[7] Neben der Gewährleistung der Funktionsfähigkeit des Gesamtsystems bietet sie die Basis für neue Ressourcen[8] durch diese Absorption, unter Nutzung von Sonnenlicht und einer Reihe an Stoffkreisläufen[9], z. B. nimmt die Atmosphäre gasförmige Emissionen auf, verdünnt, speichert und absorbiert sie.[10]

Abbildung 1: Übersicht eines ökologischen Kreislaufs

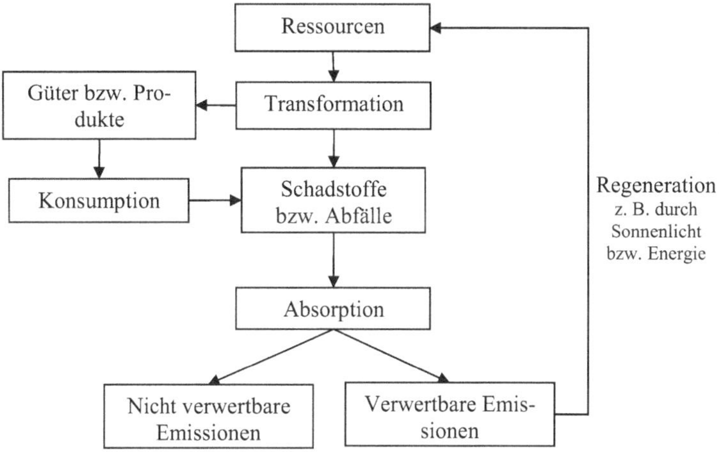

Quelle: eigene Darstellung.

Allerdings ist die Aufnahmefähigkeit der Umwelt begrenzt. Die Transformation der Ressourcen in der Wertschöpfungskette zu Produkten oder Dienstleistungen und deren Konsumption gehen mit Abfallprodukten in Form von Emissionen einher, diese sind in unterschiedlichem Maße schädlich.[11] Die Wirkung von Emissionen kann zwischen Stunden (Wasser) und mehreren Jahrhunderten (z. B. Fluorkohlenwasserstoffe) andauern[12] und ist abhängig von den chemischen und

---

[7] Vgl. Daly, H. E./Farley, J. C. (2004), S. 63.

[8] Ein Absorptionskreislauf ist die Fotosynthese bei Pflanzen bei der CO_2 und H_2O in Energie und O (Sauerstoff) umgewandelt werden, die wiederum Ausgangspunkte für neue Stoffkreisläufe sind.

[9] Vgl. Stephan, G./Ahlheim, M. (1996), S. 19ff.

[10] Vgl. Wissenschaftlicher Beirat der Bundesregierung Globale Umweltveränderungen (1993), S. 7.

[11] Vgl. Holzer, V. L. (2007), S. 44.

[12] Vgl. Wissenschaftlicher Beirat der Bundesregierung Globale Umweltveränderungen (1993), S. 16.

physikalischen Eigenschaften der eingebrachten Stoffe.[13] Es kann immer nur ein bestimmter Teil der Emissionen regeneriert werden, die restlichen Emissionen müssen in der Natur gelagert oder verteilt werden. Die gelagerten Emissionen können sog. *feed-back*-Effekte auslösen und die Absorptionsfähigkeit anderer Stoffe behindern. Die Absorptionsfähigkeit der Umwelt unterliegt somit auch einer Art von ökonomischer Rivalität.[14] Der Regenerationskreislauf funktioniert nicht unbegrenzt; nach den Hauptsätzen der Thermodynamik existieren Grenzen, weil bei jeder Transformation Energie und Materie unwiederbringlich verloren gehen.[15] Die Regenerationsfunktion gilt zudem nicht für alle Emissionen. Einzelne Emissionsarten können nicht von der Natur wiederverwertet werden, da sie nicht chemisch reagieren. Diese Emissionen bleiben dann dauerhaft in der Umwelt (siehe Abbildung 1: Übersicht eines ökologischen Kreislaufs).[16]

Bei jeder Transformation entstehen neben dem Produkt bzw. Gut noch weitere Produkte.[17] Diese können erwünschte und unerwünschte Emissionen sein. Dies ist von hoher Bedeutung für die Umwelt, da die meisten Umweltprobleme durch die unerwünschten Emissionen ausgelöst werden.[18] Als unerwünschte Emissionen können feste, flüssige oder gasförmige Substanzen anfallen,[19] die nicht zwangsläufig weiter verwertbar sind. Neben der Unterscheidung anhand der Verwertbarkeit sind Emissionen anhand ihrer jeweiligen Schädlichkeit differenzierbar. Bei der Transformation können demnach für die Umwelt schädliche und unschädliche Emissionen entstehen. Doch sind auch die sog. unschädlichen Emissionen keineswegs immer völlig harmlos. Ab einer bestimmten Konzentration und infolge von mangelnder Neutralisation können auch sie eine schädigende Wirkung entfalten, die zu einer Umweltbelastung führen können.[20] Nicht nur bei der Produktion fallen Nebenprodukte an. Auch die Konsumption ist eine Form der Transformation, d. h. der Konsum produzierter Güter und Produkte zieht weitere Emissionen nach sich. Letztlich sind diese Prozesse ubiquitär und

---

13 Vgl. Feichter, J. (2008), S. 44.

14 Vgl. Daly, H. E./Farley, J. C. (2004), S. 108f.

15 Vgl. Majer, H. (1999), S. 325. Weitere Ausführungen zu den Hauptsätzen der Thermodynamik in Rehbinder, E. (2008), S. 5ff. oder auch Sartorius, C. (1999), S. 425ff.

16 Radioaktive Emissionen können von der Natur nicht neutralisiert werden und müssen in der Umwelt verbleiben, in der sie dramatische Folgen für alle Organismen haben können. Vgl. Meadows, D. H./Meadows, D. L. et al. (1993), S. 121f.

17 In der Betriebswirtschaftslehre werden diese als Kuppelprodukte bezeichnet, während in der Umweltökonomie bei unerwünschten Produkten häufig von Kondukten gesprochen wird.

18 Vgl. Baumgärtner, S./Schiller, J. (2001), S. 363f.

19 Vgl. Günther, E./Wittmann, R. et al. (1997), S. 182.

20 Vgl. Cansier, D. (1993), S. 5f.

haben damit eine große Relevanz für die Umwelt. Von besonderer Bedeutung sind die gasförmigen Emissionen, da sie die Atmosphäre als Lebensgrundlage des Menschen sehr stark beeinflussen können.[21]

Die Funktionsweise des Ökosystems wird durch jeden der Eingriffe verändert. Diese schwächen u. a. die Widerstandsfähigkeit bzw. Absorptionsfähigkeit der Ökosysteme, die darauf aufbauenden Stoffkreisläufe werden dadurch empfindlich gestört und können versagen.[22] Die Folgen von Emissionen zeigen sich nicht unbedingt sofort. Wegen des möglichen zeitlichen Abstandes zwischen Ursache und Wirkung besteht in der Ökologie eine erhebliche Unsicherheit. Die Determinanten der Umwelt sind so vielfältig, dass Folgereaktionen ablaufen können, welche zum Zeitpunkt des Emissionsaustritts noch unbekannt sind. Langfristigkeit und Irreversibilität verstärken die Unsicherheit hinsichtlich physikalisch-chemischer und ökologischer Wirkungszusammenhänge.[23] Meist sind die Folgen der erhöhten Stoffeinträge erst viel später zu sehen, z. B. zeigen sich die Folgen erhöhter CO_2-Konzentration gemäß empirischen Studien erst ca. 800 Jahre später.[24] Neben der zeitlichen Differenz können die Probleme auch räumlich divergieren. Der Emissionsort muss nicht zwangsläufig der Ort sein, an denen sich eine Belastung einstellt, vielmehr können die ökologischen Auswirkungen sehr weit entfernt von der Emissionsquelle auftreten.[25] In der Umweltpolitik können deshalb kaum Fehler gemacht werden, da die Folgen der Fehler oftmals irreversibel sind.[26] Schließlich ist zu erwähnen, dass durch irreversible Umweltbelastungen die wirtschaftlichen Möglichkeiten eingeschränkt werden[27], da die Organismen immer abhängig vom Ökosystem sind.[28]

Die Umwelt ist daher ein äußerst komplexes System, das dem Menschen gebend (Ressourcen), aber auch aufnehmend (anfallende Stoffe) dient. Im nächsten Abschnitt sollen die möglichen Auswirkungen eines Eingriffs in das Ökosystem dargestellt werden.

---

[21] Vgl. Baumgärtner, S./Schiller, J. (2001), S. 383.

[22] Vgl. Edler, D./Blazejczak, J. et al. (2007), S. 16; Rogall, H. (2008), S. 32.

[23] Vgl. Holzer, V. L. (2007), S. 46.

[24] Vgl. Sinn, H.-W. (2008a), S. 38 und 42ff.

[25] Vgl. Karl, H. (1998), S. 83.

[26] Vgl. Pearce, D. W./Turner, R. K. (1990), S. 48ff.

[27] Vgl. Cansier, D. (1993), S. 5.

[28] Vgl. Daly, H. E./Farley, J. C. (2004), S. 109.

2.2. Der Klimawandel

2.2.1. Klimavariationen, -schwankungen und -änderungen und der Klimawandel

„Das Klima an einem Ort der Erde ist definiert als die Statistik der Wettererscheinungen für einen bestimmten Zeitraum, der lang genug ist, um eine annähernd stabile Statistik zu erhalten, der aber auch kurz genug ist, um die Scharung der Ereignisse um den Mittelwert noch zu garantieren. Diese Statistik mit Mittelwerten und Abweichungen sowie deren Eintrittswahrscheinlichkeit für Klimaparameter wie Wind, Temperatur, Niederschlag usw., die meist für einige Jahrzehnte gilt, ist Ausdruck der vielfältigen Wechselwirkungen zwischen den Komponenten des Klimasystems (Luft, Wasser, Eis, Boden, Gestein und Biosphäre).“[29] Sie wird durch viele Determinanten beeinflusst[30], die sich ständig verändern. Die Rahmenbedingungen, die internen und externen Prozesse, die auch miteinander interagieren, führen dazu, dass das Klima nicht konstant ist. Das Klima ist daher seit der Entstehung der Erde einem permanenten Wandel unterworfen. Ein Klimawandel in diesem Sinne ist also nicht erst vom Menschen verursacht worden, sondern systemimmanent.

Die Effekte der am Wandel beteiligten Prozesse können unterschiedlich ausfallen. Schwankungen können sich überlagern oder gegenseitig kompensieren, sodass der Gesamteffekt kaum präzise aus seinen Einzeleffekten erklärt werden kann. Der Gesamteffekt muss aber prinzipiell danach unterschieden werden, ob es sich um eine Klimavariabilität, eine Klimaschwankung oder eine Klimaänderung handelt: Die Klimavariabilität ist eine kurzfristige und kleinteilige Schwankung um einen Referenzwert, die meist von internen Prozesse ausgelöst wird. Im Gegensatz dazu ist die Klimaschwankung ein längerfristiges Phänomen, das bereits in einer dekadischen Zeitskala verläuft. Gekennzeichnet sind Klimaschwankungen durch eine vorzeichenwechselhafte Klimaentwicklung, die von internen und externen Prozessen ausgelöst werden kann. Von Klimaänderungen wird hingegen gesprochen, wenn im Betrachtungszeitraum ein solcher Vorzeichenwechsel fehlt, die Änderung jedoch wiederum Teil einer übergeordneten Schwankung sein kann. Dabei ist es unerheblich, ob die Ursache natürlich oder anthropogen ist.[31] Klimaänderungen können sowohl langfristig vonstatten-

---

[29] Wissenschaftlicher Beirat der Bundesregierung Globale Umweltveränderungen (1993), S. 33.

[30] Aufgrund der vielfältigen Einflussfaktoren werden hier nur die wichtigsten Einflussfaktoren aufgegriffen. Weiterhin erlaubt der thematische Bezug auch keine tief greifende naturwissenschaftliche Diskussion.

[31] Vgl. IPCC (2008), S. 34.

gehen als auch kurzfristig und abrupt eintreten, wenn bestimmte kritische Schwellenwerte überschritten werden und sich der Systemzustand ändert. Ein Klimawandel kann erst bestimmt werden, wenn die konkreten Ausmaße von Klimavariation, Klimaschwankungen und Klimaänderungen bekannt sind. Problematisch ist, dass diese nicht konstant sind und Teil von größeren Entwicklungen sein können. Von einem Klimawandel wird erst gesprochen, wenn langfristige Veränderungen signifikant von den üblichen Klimavariationen abweichen. Somit können extreme Einzelereignisse wie Phasen mit sehr hohem Niederschlags- oder Hitzeanteil keinen Klimawandel begründen. Hingegen kann eine Aneinanderreihung von Einzelereignissen wie mehrere aufeinander folgende Hitzesommer, wodurch die durchschnittliche Variabilität erhöht wird, einen Klimawandel darstellen.[32]

Der Klimawandel kann anhand verschiedener Indikatoren bestimmt werden. Der bedeutendste ist die durchschnittliche Temperatur der Erdoberfläche, die wiederum von vielen Parametern beeinflusst wird. Faktisch wurde in den letzten Jahren ein größerer Temperaturanstieg verzeichnet. Von den letzten zwölf Jahren waren elf mit den wärmsten Temperaturen seit der instrumentellen Aufzeichnung 1850 verbunden. Laut den Erkenntnissen des Intergovernmental Panel on Climate Change (IPCC) hat sich die Temperatur der Erdoberfläche in den letzten 100 Jahren um ca. 0,74°C verändert; die Temperaturerhöhung betrug 0,07°C pro Dekade. Am Anfang des Jahrhunderts (ca. 1910) lag die Temperatur 0,35°C höher als um 1850, nach dieser Erwärmungsphase folgte eine Phase der relativen Abkühlung bis 1940 (-0,1°C). Seitdem geht die Temperatur tendenziell wieder nach oben: Der jährliche Anstieg hat sich in den letzten 50 Jahren mehr als verdoppelt und beträgt mittelfristig 0,13°C pro Jahr, was deutlich über dem langfristigen Trend liegt. In den letzten 25 Jahren betrug die Zuwachsrate bereits 0,177°C pro Dekade. Insgesamt hat sich die Temperatur damit in den letzten 50 Jahren um 0,55°C erhöht (siehe Abbildung 2: Entwicklungspfade der Temperatur von 1800 bis heute).[33]

[32] Vgl. Jacobeit, J. (2007), S. 1ff.
[33] Vgl. Trenberth, K. E./Jones, P. D. et al. (2007), S. 252.

Abbildung 2: Entwicklungspfade der Temperatur von 1800 bis heute

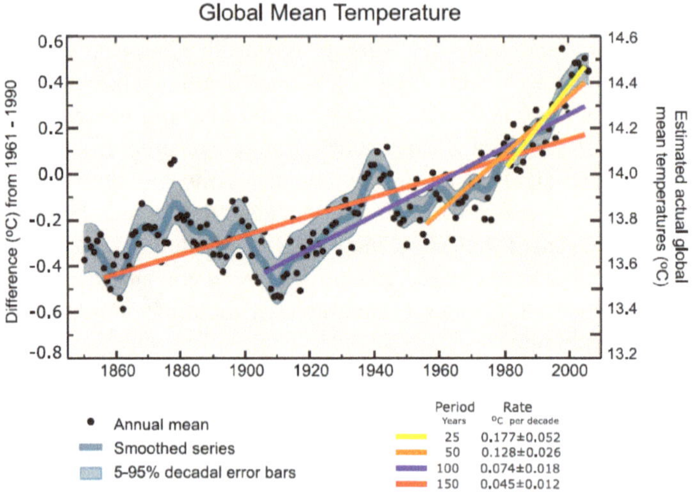

Quelle: Trenberth, K. E. et al. 2007, S. 253.

Diese Temperaturveränderungen bedeuten einen Anstieg der Temperatur gegenüber der vorindustriellen Zeit um 1,1°C. Generell ist die Temperatur auf der Erde nie konstant gewesen und schwankte immer stark. Sie betrug beispielsweise in der letzten Interglazialzeit (vor 21.000 Jahren) noch 8,99°C, vor der Industrialisierung (1800) nur 13,52°C und stieg dann auf heute 14,6°C an.[34] Insgesamt verweisen diese Veränderungen allerdings deutlich auf einen Klimawandel, da der Temperaturanstieg deutlich über dem langfristigen Trend liegt und kein Vorzeichenwechsel erkennbar ist. Nach verschiedenen Szenarien geht u. a. das IPCC davon aus, dass sich die Temperatur bis zum Jahr 2100 um 4°C auf 18,6°C erhöhen wird.[35] In der Vergangenheit gab es hierzu schon wesentlich höhere Schätzwerte, was in den letzten Jahren relativiert wurde. Derzeit liegen fundierte Schätzungen bei Werten zwischen 3°C und 6°C.[36]

Außer der Temperaturerhöhung werden ein Ansteigen des Meeresspiegels und ein Abschmelzen von Schnee und Eis beobachtet.[37] Der Meeresspiegel stieg

---

[34] Vgl. Otto-Bliesner, B. L./Brady, E. C. et al. (2006), S. 2528.

[35] Vgl. Stern, N. (2007), S. 3; IPCC (2008), S. 45 oder auch Meehl, G. A./Stocker, T. F. et al. (2007), S. 749.

[36] Vgl. Sinn, H.-W. (2008a), S. 51.

[37] Vgl. Wissenschaftlicher Beirat der Bundesregierung Globale Umweltveränderungen (2009), S. 11.

nach Aussage des IPCC in den letzten 50 Jahren durchschnittlich um 1,8 mm, wobei sich in den letzten zehn Jahren der Anstieg dramatisch verstärkt habe (3,1 mm pro Jahr). Ursachen werden im Temperaturanstieg des Wassers mit Abschmelzen der Gletscher und Rückgang des polaren Eises gesehen.[38] Zudem beobachten Wissenschaftler eine Veränderung natürlicher Wetterphänomene. Die Häufigkeit deren Auftretens hat sich in den letzten 100 Jahren ebenso verändert wie die Intensitäten, z. B. der Stürme in Amerika und in Asien. Auch bei den Niederschlagsmengen gibt es auffällige Entwicklungen. In den nördlicheren Breiten haben die Niederschlagsmengen signifikant zugenommen, während sie in den ohnehin niederschlagsarmen Gebieten nochmals signifikant zurückgegangen sind.[39] Dies ist besonders dramatisch, da primär in diesen Regionen die sog. Entwicklungsländer liegen. Die hier in aller gebotenen Kürze skizzierten gravierenden Veränderungen können erhebliche Auswirkungen auf die Ökosysteme haben – bereits geringere Änderungen beeinflussen die Biodiversität negativ. Nach Schätzungen sind ca. 15–40 % aller Arten vom Aussterben bedroht, wenn die Temperatur um 2°C ansteigt.[40]

Im nachfolgenden Abschnitt soll versucht werden, den Klimawandel analytisch zu trennen in einen natürlichen und in einen anthropogenen Effekt. Um die Unterschiede zwischen diesen beiden besser zu erkennen, wird mit den natürlichen Faktoren begonnen.

2.2.2. Der natürliche Klimawandel

Der natürliche Klimawandel beruht nach Ansicht der Klimaforscher auf den Veränderungen der Rahmenbedingungen, der externen und internen Antriebsfaktoren. Im Folgenden wird ein kurzer Überblick über die verschiedenen Einflussfaktoren gegeben, um darauf aufbauend die anthropogenen (menschlichen) Einflussfaktoren im Vergleich zu erläutern.

2.2.2.1. Externe Rahmenbedingungen und Faktoren

Die Rahmenbedingungen des Systems beeinflussen das Klima in vielerlei Hinsicht. Durch plattentektonische Veränderungen wird die Land- und Meerverteilung geprägt. Die Bildung von Hochgebirgen lässt die durchschnittliche Tempe-

---

[38] Vgl. IPCC (2008), S. 34ff.

[39] Vgl. IPCC (2007b), S. 8f; Feichter, J. (2008), S. 53.

[40] Nach Schätzungen des Wissenschaftlicher Beirat der Bundesregierung Globale Umweltveränderungen (2001), S. 37; Wissenschaftlicher Beirat der Bundesregierung Globale Umweltveränderungen (2009), S. 11 werden in den nächsten 50 Jahren ebenfalls 10-50 % der Arten verloren gehen. Die gesamte Anzahl der Arten die auf der Erde leben wird mit 4 bis über 100 Mio. beziffert, wobei dies auch nur eine unsichere Schätzung ist. Vgl. Stern, N. (2008), S. 6.

ratur sinken, weil die Hochgebirge die Hauptströmungsrouten des Windes beeinflussen und zu permanenten Luftdruckunterschieden führen, die auf das Klima wirken. In der Erdgeschichte löste das Auseinanderbrechen des sog. „Superkontinents" eine Abkühlung der Erdtemperatur durch die Einlagerung des atmosphärischen Kohlenstoffs aus.[41] Die Veränderungen der Rahmenbedingungen vollziehen sich sehr langsam, sodass der Wandel des Klimas in sehr großen Zeiträumen geschieht.[42]

Außer den Rahmenbedingungen bestimmen auch die Sonnenstrahlung, das Erde-Sonne-Verhältnis und die Vulkanausbrüche als externe Antriebsfaktoren das Klima. Die Sonne strahlt mit unterschiedlicher Intensität Energie auf die Erde ab (Insolation). Die Intensitätsschwankungen entstehen durch kühlere Sonnenflecken mit gleichzeitig auftretenden Sonnenfackeln und Sonneneruptionen. Diese Schwankungen bewegen sich zurzeit in einem Bereich von 0,1 %. Diese unterschiedlichen Intensitäten bewirken eine natürliche Schwankung der Temperatur von ± 0,2°C. Bei Beobachtungen in den letzten 350 Jahren konnte festgestellt werden, dass die Sonnenaktivität zurückgegangen ist und ein Absinken der Temperatur von 0,5°C bewirkt hat. Der Strahlungseintrag in unserem Klimasystem unterliegt noch weiteren Effekten: So hängt der Eintrag u. a. von der Position und Orientierung der Erde zur Sonne ab. Durch die Präzession der Erdachse und aufgrund der elliptischen Bahn der Erde um die Sonne entstehen charakteristische Variationszyklen der Insolation, die jedoch recht lang sind (22.000–100.000 Jahre). Verändert sich die Erdachse um + 1°, so steigt die Insolationsintensität um 10 %.[43] Die astronomischen Gegebenheiten haben insgesamt nur einen sehr geringen Einfluss auf die Temperatur in Höhe von ca. ± 0,01°C und können somit weitgehend vernachlässigt werden. Gegenwärtig befinden wir uns in einer Kaltphase und erreichen in 25.000 Jahren ein neues astronomisches Strahlungskurvenminimum.[44]

Ein anderer Effekt, der das natürliche Klima verändern kann, sind die klimatischen Auswirkungen von Vulkanausbrüchen. Bei solch einem Ausbruch können Partikel (natürliche Aerosole) bis in die Stratosphäre gelangen (12 km Höhe) und dort das Absorptions- und Reflexionsverhalten beeinflussen.[45] Die direkt ausgeworfenen Partikel haben keinen klimarelevanten Einfluss, doch die später gebildeten Partikel mit Schwefeloxiden (SO_x) können klimarelevant werden, da sie kurzwelliges Licht absorbieren und damit eine Temperaturerhöhung in der

---

[41] Vgl. Rahmstorf, S./Schellnhuber, H. J. (2006), S. 15.

[42] Vgl. Jacobeit, J. (2007), S. 1f.

[43] Vgl. Bubenzer, O./Radtke, U. (2007), S. 19ff.

[44] Vgl. Jacobeit, J. (2007), S. 3.

[45] Vgl. Mäder, C. (2009), S. 9.

Stratosphäre auslösen, währenddessen die bodennahe Atmosphäre auskühlt. Diese Abkühlung kann mehrere Zehntel Grad Celsius ausmachen. Diese Abkühlung wird durch einen Temperaturanstieg in den nachfolgenden Perioden wieder kompensiert. Dieser Effekt kann das gegenwärtige Ansteigen der Temperatur ebenso wenig erklären, da wir uns zurzeit in einer Ruhephase der Vulkanaktivitäten befinden.[46] Derselbe Abkühlungseffekt kann auf Staubanreicherung in der Atmosphäre zurückgehen, weil der Staub die kurzwellige Sonneneinstrahlung schwächt.[47]

2.2.2.2. Die internen Faktoren

Eine weitere Erklärung des konstatierten Temperaturanstiegs könnte sich aus dem System selbst ergeben: Selbst dann, wenn alle Rahmenbedingungen und externen Faktoren konstant sind, verändert sich unser Klima ständig. Diese Schwankungen verlaufen in unterschiedlichen Zeitskalen. Die bedeutendsten internen Auslöser sind die Meeresströmungen und deren Folgen in Form von unterschiedlichen Luftdruckverhältnissen, die atmosphärische Zirkulation und der natürliche Treibhauseffekt. Das Klima wird nicht zuletzt von der Atmosphäre bestimmt[48] und diese besteht zum gegenwärtigen Zeitpunkt der Erdgeschichte größtenteils aus Stickstoff, Sauerstoff, Edelgasen und anderen Spurengasen. Vor vier bis fünf Milliarden Jahren befand sich die Erde jedoch noch in einem flüssigen Aggregatzustand, der sich dann verfestigte. Dabei entstand eine Uratmosphäre mit Methan, Ammoniak, Wasserstoff und Wasserdampf. Die Zusammensetzung der Atmosphäre änderte sich im Zeitablauf und die „Uratmosphäre“ wurde von einer Atmosphäre abgelöst, die vorrangig aus Wasserdampf (80 %), Kohlendioxid (CO_2) (20 %) und Schwefelwasserstoff (10 %) bestand. Der für das Leben unentbehrliche Sauerstoff war noch nicht enthalten. Zudem war das biologische Leben dadurch behindert, dass kein Schutzschirm für die Sonnenstrahlung existierte, der die DNA-Moleküle und -Proteine vor der Zerstörung schützte. Folglich entstanden die ersten Lebensformen in tiefem Wasser, weil dieses vor der langwelligen solaren Strahlung schütze. Die ersten Lebensformen, die auf dem Land Sauerstoff unter der Assimilation von CO_2 herstellten, kamen erst später hinzu. Diese Lebensformen entzogen der Atmosphäre CO_2 und lagerten es in fester Form in die Sedimente ein. Durch die beginnende Fotosynthese wurde eine neue Atmosphäre mit zunehmender Sauerstoffkonzentration geschaffen. Als Nebeneffekt stellte sich eine Abkühlung der Erdatmosphäre ein[49],

---

[46] Vgl. Jacobeit, J. (2007), S. 3ff.

[47] Vgl. Bubenzer, O./Radtke, U. (2007), S. 21.

[48] Vgl. Wissenschaftlicher Beirat der Bundesregierung Globale Umweltveränderungen (1993), S. 7.

[49] Vgl. Bubenzer, O./Radtke, U. (2007), S. 20.

weil dank der zunehmenden Sauerstoff-Konzentration ein Schutzschild gegen die langwelligen Strahlen der Sonne aufgebaut wurde. Die heutige Zusammensetzung der Atmosphäre entstand folglich vor 350 Mio. Jahren durch die Lebewesen selbst und wird von den biologischen Lebewesen überhaupt erst aufrechterhalten.[50] Eine Auswirkung der beschriebenen Prozesse ist der natürliche Treibhauseffekt: Die Sonne strahlt lang- und kurzwellige Strahlen ab. Hierbei werden die langwelligen Strahlen von der oberen Schicht der Atmosphäre (Stratosphäre) reflektiert. Die kurzwelligen Strahlen passieren ungehindert den Schutzschirm, treffen auf die Erdoberfläche und werden von dort in langwelliger Form reflektiert. Sie gelangen aber nicht durch die Atmosphäre hindurch zurück ins Weltall, sondern werden von der Atmosphäre wiederum reflektiert und erwärmen diese letztlich.[51] Verantwortlich für diesen Rückstrahleffekt sind verschiedene Gase in der Atmosphäre[52], die eine Art Membran oder Filter bilden. Dieser Filter lässt nur bestimmte Energiearten passieren, während z. B. für Erde und Lebewesen gefährliche Strahlen reflektiert werden.[53] Diese Membranwirkung ist äußerst wichtig, da der skizzierte Prozess die Troposphäre ebenfalls beeinflusst. Dieser (untere) Teil der Atmosphäre bildet die Grundlage jeglichen Lebens auf der Erde, weil sich dort die lebensnotwendigen Gase befinden. Zudem wird das Klima bzw. das Wetter dort bestimmt.[54]

Der natürliche Treibhauseffekt kann durch verschiedene Veränderungen gestört werden. Wasserdampf und Treibhausgase wie Kohlendioxid, Lachgas und Ozon (siehe Tabelle 1: Eigenschaften der verschiedenen klimarelevanten Gase in der Atmosphäre), die nur 1 % der Atmosphäre ausmachen, können sich erheblich auf den Treibhauseffekt auswirken. Den größten Anteil nimmt Wasserdampf mit durchschnittlich 2,5 % ein[55], allerdings hat er im Vergleich zu anderen Gasen fast keine umwelt- bzw. atmosphärenschädigende Wirkung, da Abregnen für einen schnellen Ausgleich des Wasserdampfgehalts sorgt. Die bedeutendste gasförmige Emission bei der Transformation betrifft das Kohlendioxid. Das ist vor allem vor dem Hintergrund relevant, dass dieses Gas im Verdacht steht, das Klima zu beeinflussen, und weil seine Konzentration in der Atmosphäre nicht

---

50 Vgl. Nentwig, W. (2005), S. 369ff.

51 Vgl. Malberg, H. (2007), S. 49ff.

52 Vgl. Wolff, U. (2008), S. 85.

53 Vgl. Dyckhoff, H./Souren, R. (2007), S. 35ff.

54 Vgl. Wissenschaftlicher Beirat der Bundesregierung Globale Umweltveränderungen (1993), S. 7.

55 Der Wasserdampf wird normalerweise nicht mit berücksichtigt, doch hat der Wasserdampf über die Wolkenbildung einen Einfluss auf die Temperatur. Der Anteil des Wasserdampfes ist von der Luftfeuchtigkeit und der Höhe abhängig und schwankt deshalb sehr stark. Die Werte können regional dann zwischen 0,4 % und 4 % liegen.

nur von natürlichen Prozessen bestimmt wird. Der Anteil beträgt zwar nur 0,04 %, doch ist die Aufnahme- und Absorptionsfähigkeit von CO_2 im Vergleich zu Wasser begrenzt. Die CO_2-Konzentration wird normalerweise über die Fotosynthese des Phytoplanktons der Meere und der ländlichen Biomasse reguliert. Der größte Teil des Kohlenstoffs ist in den Sedimenten der Ozeane und im Ozean selbst eingelagert. Die Menge beträgt im Vergleich zur Atmosphäre das 100.000-Fache (80 Mio. Gt C).[56] Doch kann ein Temperaturanstieg zu einer vermehrten Lösung des gebundenen CO_2 in den Meeren führen, da das Phytoplankton bei einer erhöhten Temperatur weniger CO_2 assimilieren kann. Die erhöhte CO_2-Konzentration hat einen Anstieg an Landbiomasse zur Folge, diese wiederum entzieht der Atmosphäre mehr CO_2 und schwächt mithin den Treibhauseffekt ab, der wiederum die Biomasse reduziert. Steigt die Temperatur zu schnell an, kann dieser Assimilierungskreislauf gestört werden – die aufnehmende Biomasse wird weniger und die gelösten CO_2-Moleküle können nicht mehr absorbiert werden.[57] Deshalb dauert die Regeneration sehr lange; die durchschnittliche Verweildauer von CO_2 in der Erdatmosphäre beträgt ca. 35.000 Jahre. Es ist zudem sehr stabil und geht daher nicht ohne Weiteres mit anderen Gasen (unschädliche) Verbindungen ein.[58]

[56] Vgl. Feichter, J. (2008), S. 47.
[57] Vgl. Jacobeit, J. (2007), S. 5ff.
[58] Vgl. Sinn, H.-W. (2008a), S. 24ff.

Tabelle 1: Eigenschaften der verschiedenen klimarelevanten Gase in der Atmosphäre

Stoff	*Anteil in der Atmosphäre*[59]	*Verweildauer in Jahren*	*Schädigungs-grad*[60]
Wasserdampf	25.000 ppm (2,5 %)	ca. 0,02 (8–10 Tage)	0,04
CO_2 (Kohlendioxid)	380 ppm (0,4 %)	30.000–35.000	1
CH_4 (Methan)	1,8 ppm	15	25
N_2O (Distickstoffmonoxid)	0,3 ppm	115	298
O_3 (Ozon)	0,015-0,050 ppm	ca. 0,16 (2 Monate)	ca. 2000
FCKW (Fluorchlorkohlen-wasserstoffe)[61]	0,0001 ppm	100	1.810–10.900
FKW (Fluorkohlenwasser-stoffe)		10.000–50.000	100–15.000
SF_6 (Schwefelhexafluorid)	0,005 ppb	3.200	22.800

Quelle: Wissenschaftlicher Beirat der Bundesregierung Globale Umweltveränderungen 1993, S. 16; Forster, P. et al. 2007, S. 212f.; Sinn, H.-W. 2008a, S. 30.

Neben CO_2 sind weitere klimarelevante Gase zu nennen. Methan (CH_4) ist das zweite wichtige Treibhausgas, das auch als Energieressource verwendet wird, weil es, vereinfacht ausgedrückt, Erdgas entspricht. Methan entsteht bei der Verrottung organischer Abfälle und hat im Vergleich zu CO_2 eine 25-Mal höhere Schädigungswirkung. Sein Anteil ist mit 1,8 ppm relativ niedrig, aber die Schadenswirkung auf die Umwelt relativiert die niedrigere Konzentration. Allerdings hat es mit 15 Jahren eine weitaus geringere durchschnittliche Verweildauer als CO_2, da es mit anderen Gasen zu unschädlicheren Verbindungen reagiert. Auch das Ozon (O_3) und das Distickstoffmonoxid bzw. Lachgas (N_2O) haben eine gewisse Relevanz für das Klima. Ihre Bedeutung ist mit einer Konzentration von 0,3 ppm (Lachgas) und 0,015–0,050 ppm (Ozon) zwar relativ gering, jedoch spürbar. Das natürliche N_2O entsteht durch Bakterien im Boden und in Ozeanen; Hauptquelle sind Böden in tropischen Regionen.[62] Ozon hat zwei Auswirkungen: Einerseits dient es in der Stratosphäre als Schutz vor Strahlung aus dem Weltall, andererseits kann es gesundheitsschädliche Wirkungen in Bodennähe entfalten. Lachgas hat eine 298-Mal stärkere Wirkung als die entsprechende

---

[59] Die Angaben erfolgen in ppm (parts per milion, Teile pro Million), ppb (parts per billion, Teile pro Milliarde) und ppt (parts per trillion, Teile pro Billiarde).

[60] Der Schädigungsgrad ist relativ zum CO_2 über 100 Jahre dargestellt, das bedeutet z. B. das 1 kg SF_6 genauso schädlich ist wie 22.800 kg CO_2.

[61] Es gibt verschiedene FCKW-Arten, die für die Atmosphäre bedeutendsten Arten sind FCKW-11, FCKW-12 und FCKW-22.

[62] Vgl. Cubasch, U./Kasang, D. (2000), S. 56.

Einheit CO_2. Im Vergleich dazu hat Ozon einen deutlich höheren Schädigungsgrad (2.000-fach bezogen auf ein Molekül CO_2).[63]

Die schädigende Wirkung von Emissionen in der Atmosphäre ist zu relativieren, da ohne den natürlichen Treibhauseffekt die Temperatur auf der Erde wesentlich geringer wäre (in Erdnähe minus 18°C). Hierdurch würden die Lebens- und Wirtschaftsbedingungen stark eingeschränkt. Die Emissionen bewirken einen Anstieg der Temperatur auf +16°C[64], wobei Wasserdampf einen Anteil von ca. 20,6°C hat, CO_2 einen von 7,2°C, das CH_4 von 0,8°C. Das N_2O trägt 0,6°C zum Treibhauseffekt bei.[65] Die Temperatur ist keineswegs stabil, denn sie kann aufgrund verschiedener Einflüsse schwanken und tat dies auch im Verlauf der Erdgeschichte.[66] Auch heute können die Unterschiede noch – raum- und zeitabhängig – bis zu 150°C betragen.[67] Dessen ungeachtet erklärt der natürliche Treibhauseffekt die starke Temperaturänderung in den letzten 50–100 Jahren nicht; es muss demnach noch weitere Ursachen und Faktoren geben.

2.2.3. Der Klimawandel als Folge des anthropogenen Eingriffs

Die Umweltwissenschaften haben als weiteren wesentlichen Klimafaktor den Einfluss des Menschen ausgemacht. Die bedeutendsten menschlichen Spuren in der Umwelt sind die Emission von klimawirksamen Spurengasen und Partikeln. Zudem unternimmt der Mensch durch die Veränderung der Erdoberfläche infolge von Be- und Zersiedlung weitere Eingriffe in die Umwelt und gefährdet damit unter Umständen deren Funktionen.[68] Es ist mittlerweile eine gesicherte Erkenntnis, dass Umweltveränderungen vom Menschen verursacht werden, zugleich ist der Mensch Betroffener der globalen Umweltveränderungen.[69]

2.2.3.1. Das Kohlendioxid

Der natürliche Treibhauseffekt basiert, wie erläutert, auf den in der Atmosphäre vorkommenden Spurengasen, unter denen der natürliche Wasserdampf mit ca. 66 % und das natürliche CO_2 mit ca. 20 % für den Effekt am wichtigsten sind. Dadurch resultiert, wie bereits beschrieben, ein Erwärmungseffekt von ca. 30°C, der die mittlere Erdtemperatur von lebensfeindlichen -18°C auf lebensfreundli-

---

63 Vgl. Forster, P./Ramaswamy, V. et al. (2007), S. 212.
64 Vgl. Wolff, U. (2008), S. 85.
65 Vgl. Klose, B. (2008), S. 26ff.
66 Vgl. Bubenzer, O./Radtke, U. (2007), S. 20ff.; Endlicher et al. 2007, S. 21ff.
67 Vgl. Wolff, U. (2008), S. 85.
68 Vgl. Jacobeit, J. (2007), S. 10.
69 Vgl. Stephan, G./Ahlheim, M. (1996), S. 19ff.

che +16°C ansteigen lässt. In den letzten Jahrzehnten nahm die Konzentration der Spurengase in der Atmosphäre stark zu (Abbildung 3: Die Entwicklung der wichtigsten Treibhausgase bis 2005). Die Konzentration von CO_2 lag in der vorindustriellen Zeit (1860) bei 280 ppm (0,3 %). Mit dem verstärkten Einsatz von kohlenstoffhaltigen Energieträgern seit der Industrialisierung kam es zu einem massiven Anstieg der CO_2-Konzentration in der Atmosphäre auf 380 ppm (0,4 %).[70] Die CO_2-Emissionen haben sich in der Folge in den letzten 30 Jahren verdoppelt[71] und die Konzentration von CO_2 in der Atmosphäre steigt jährlich, was auf eine bereits überschrittene Aufnahmefähigkeit und eine nicht mehr erfüllbare entsprechende Funktion des CO_2 schließen lässt.[72] So betrug die Konzentration in der Mitte der letzten Interglazialphase (21.000) 185 ppm, vor 6.000 Jahren (Mitte des Holozäns) wie auch in der vorindustriellen Zeit (ca. 1800) 280 ppm und heute (2006) ca. 380 ppm. Die Konzentration schwankte in den letzten 800.000 Jahren stark, und zwar zwischen 180 und 280 ppm.[73]

Abbildung 3: Die Entwicklung der wichtigsten Treibhausgase bis 2005

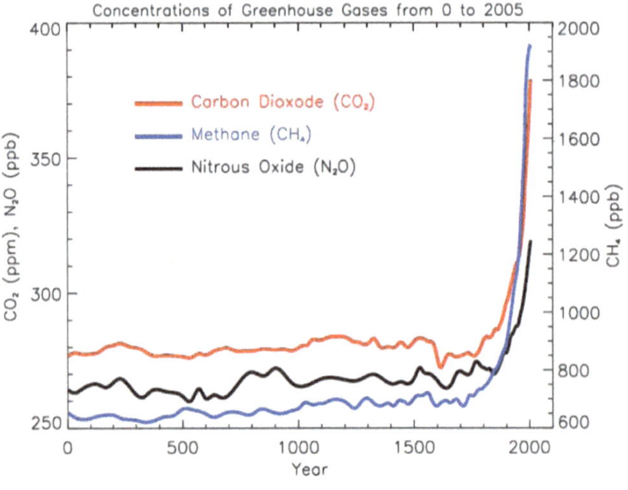

Quelle: Forster, P. et al. 2007, S. 135.

Die meisten CO_2-Emissionen kommen aus dem Industriesektor, da die Industrie kohlenstoffhaltige Inputgüter wie Kohle, Erdöl und Erdgas zur Energieerzeu-

[70] Vgl. Otto-Bliesner, B. L./Brady, E. C. et al. (2006), S. 2528.
[71] Vgl. Sinn, H.-W. (2008b), S. 113.
[72] Vgl. Suchanek, A. (2000), S. 7.
[73] Vgl. Sinn, H.-W. (2008a), S. 38 und 42ff.

gung, aber auch als Ausgangspunkt für weitere Produkte nutzt.[74] Neben den CO_2-Emissionen entstehen noch weitere schädliche Kohlenwasserstoffe, Schwefeldioxide und Rußpartikel, die ebenfalls auf das Klima einwirken.[75] Die kohlenstoffhaltigen Energieträger sind vor vielen Millionen Jahren aus der Atmosphäre in die Sedimente eingelagert worden; nun werden sie vom Menschen wieder genutzt, um Energie zu erzeugen. Dabei gelangen die gebundenen CO_2-Moleküle wieder in die Atmosphäre zurück. 20 % der CO_2-Emissionen gehen auf Landnutzung, Verbrennung von Biomasse und Waldrodungen zurück. Auch hier wird die Assimilationsfähigkeit der Natur eingeschränkt, zudem werden durch die vermehrte Zersetzung von Biomasse noch mehr CO_2-Emissionen freigesetzt.[76] Der vermehrte Stoffeintrag verbleibt aber nicht vollständig in der Luft. Von den vom Menschen zusätzlich eingetragenen CO_2-Emissionen verbleiben ungefähr 40 % in der Atmosphäre, 30 % werden von Ozeanen aufgenommen und die restlichen von der Landbiosphäre.[77]

Ein Zusammenhang zwischen CO_2-Konzentration und Temperatur gilt als sehr wahrscheinlich (Tabelle 2: Durchschnittliche Temperaturentwicklung der Erdoberfläche), obwohl die Temperatur mit Verzögerung auf CO_2-Emissionen reagiert. Dass hier eine Verbindung besteht, erkannte ARRHENIUS bereits in der zweiten Hälfte des 19. Jahrhunderts. Er äußerte die Befürchtung, eine Anreicherung von CO_2 in der Atmosphäre könne die Ozonschicht negativ beeinflussen und damit die Durchlässigkeit der Wärmestrahlung erhöhen, was zu einem starken Temperaturanstieg führen könne.[78] Empirisch nachweisbar reagiert die Temperatur erst ca. 800 Jahre nach dem vermehrten Stoffeintrag von CO_2.[79] Dessen ungeachtet hat sich die Temperatur in den letzten 25 Jahren im Vergleich zu langfristigen Pfaden sehr stark erhöht.

---

[74] Vgl. Forster, P./Ramaswamy, V. et al. (2007), S. 135.
[75] Vgl. Feichter, J. (2008), S. 42.
[76] Vgl. Jacobeit, J. (2007), S. 10.
[77] Vgl. Jacobeit, J. (2007), S. 11.
[78] Vgl. Baumgärtner, S./Schiller, J. (2001), S. 386; Wolff, U. (2008), S. 85.
[79] Vgl. Sinn, H.-W. (2008a), S. 42.

Tabelle 2: Durchschnittliche Temperaturentwicklung der Erdoberfläche

	Letzte Interglazialzeit (vor 21.000 Jahren)	*Mitte des Holozäns (vor 8.000 Jahren)*	*Vorindustrielle Zeit (ca. 1800)*	*2006*	*2050*	*2100*
CO_2	185 ppm	280 ppm	280 ppm	380 ppm	550 ppm	900 ppm
Temperatur	8,99°C	13,44°C	13,52°C	14,6°C	16,6°C	18,6°C

Quelle: Otto-Bliesner, B. L. et al. 2006, S. 2528; IPCC 2008, S. 45; Stern, N. 2008, S. 3.

Besonders problematisch sind Rückkoppelungseffekte. Infolge eines geringfügigen Anstiegs der Temperatur beginnen die Permafrostböden zu tauen. Dies mag auf den ersten Blick einen positiven Aspekt beinhalten, da neue Ressourcenquellen erschlossen werden könnten. Dieser vermeintliche positive Effekt wird jedoch überkompensiert durch die Freisetzung des im Boden gebundenen CO_2 und der Beschädigung der Infrastruktur (Straßen, Pipelines usw.).[80] Überdies können freigesetzte Rußpartikel zu einer Verringerung der Fotosynthese führen, da sie die Nährstoffaufnahme von Pflanzen behindern.[81] Somit könnte ein Selbstverstärkungseffekt auftreten: Durch die vermehrte Freisetzung könnte der Klimawandel weiter beschleunigt werden und zu einer erneuten Erhöhung der Temperatur beitragen.[82]

2.2.3.2. Weitere Treibhausgase (Methan, Lachgas und Ozon)

Die Konzentration der anderen wichtigen Treibhausgase CH_4 und N_2O stieg ebenfalls an (Tabelle 3: Historische Entwicklung der wichtigsten Treibhausgase).[83] Methan ist als zweitwichtigstes Treibhausgas zu nennen. Es wird voraussichtlich an Relevanz gewinnen und das CO_2 als wichtigstes anthropogenes Treibhausgas ablösen, da die Konzentration von CH_4 eng mit dem Bevölkerungswachstum verbunden ist: In erster Linie produzieren Bakterien unter Wasser Methan und die Mehrzahl der Menschen konsumiert Reis. Ein Reisfeld verursacht so viele Methan-Emissionen wie ein ganzes Moor. Auch der steigende Fleischkonsum, speziell von Rindfleisch, führt zu einem Anstieg von Methan. Außerdem entsteht Methan bei der Verrottung von Pflanzenresten, z. B. auf Mülldeponien. Mit einer steigenden Bevölkerungszahl steigen auch die aus dem Müll resultierenden CH_4-Emissionen.[84]

---

80 Vgl. Umweltbundesamt (2004), S. 11f.

81 Vgl. Feichter, J. (2008), S. 49.

82 Vgl. Sinn, H.-W. (2008a), S. 26ff.

83 Vgl. Otto-Bliesner, B. L./Brady, E. C. et al. (2006), S. 2528.

84 Im Gegensatz zum CO_2 fallen die Emissionen regional sehr unterschiedlich aus. In Japan entstehen 82 % aller Methan-Emissionen durch den Reisanbau, während in den USA

Überdies entsteht Methan bei der Verbrennung von fossilen kohlenstoffhaltigen Energieträgern. Entsprechend stieg die Methan-Konzentration seit der Industrialisierung um 136 % und gegenüber der letzten Interglazialzeit um 414 %. In den letzten Jahren wurde die Zuwachsrate geringer und hat sich den Steigerungsraten der anderen Treibhausgase angenähert.[85] Es wird davon ausgegangen, dass 60–80 % der Methan-Emissionen vom Menschen verursacht werden.[86] Der Effekt wird zusätzlich dadurch verstärkt, dass das Methan in der Atmosphäre mit anderen Gasen reagiert, dabei entstehen als Spaltprodukte wieder CO_2, aber auch H_2O und Ozon. Aus diesem Grund ist das Methan überaus schädlich für die Atmosphäre.[87] Ein Teil wird auch von der Stratosphäre aufgenommen. Ein positiver Aspekt, der allerdings die negativen Effekte des Ozonlochs keineswegs kompensiert, besteht darin, dass Methan dort gebunden wird und wieder zu Wasser und CO_2 reagiert. Außerdem kann Methan in geringem Umfang im Boden gebunden werden.[88]

Eine Parallele besteht zum CO_2 und den Folgen bei einem Anstieg der CO_2-Konzentration. In Permafrostböden ist nicht nur CO_2, sondern auch Methan gebunden. Mit steigender Temperatur taut der Untergrund auf und gibt das gebundene Methan wieder frei. Dieser Selbstverstärkungseffekt führt zu einer erhöhten Konzentration von Methan in der Atmosphäre.[89]

Tabelle 3: Historische Entwicklung der wichtigsten Treibhausgase

	Letzte Interglazialzeit (vor 21.000 Jahren)	*Mitte des Holozäns (vor 8.000 Jahren)*	*Vorindustrielle Zeit (ca. 1800)*	*2006*
CO_2	185 ppm	280 ppm	280 ppm	380 ppm
CH_4	350 ppb	650 ppb	760 ppb	1.800 ppb
N_2O	200 ppb	270 ppb	270 ppb	330 ppb

Quelle: Otto-Bliesner, B. L. et al. 2006, S. 2528; IPCC 2007a, S. 100; Sinn, H.-W. 2008a, S. 30.

Nach CO_2 und Methan ist Distickstoffmonoxid bzw. das sog. Lachgas (N_2O) zu nennen als Stoff, der am anthropogenen Treibhauseffekt, wenngleich relativ gering, beteiligt ist. Natürliche Quellen sind vor allem im Boden und in den Meeren befindliche Mikroorganismen, die alleine zwei Drittel der gesamten Emissionen produzieren.[90] Das anthropogen verursachte Distickstoffmonoxid kommt

30 % der Methanemissionen von den Mülldeponien ausgehen. In Europa entfällt ca. der gleiche Anteil auf die Rinderhaltung. Vgl. Cubasch, U./Kasang, D. (2000), S. 54.

[85] Vgl. IPCC (2008), S. 5.

[86] Vgl. Cubasch, U./Kasang, D. (2000), S. 53.

[87] Vgl. Gassmann, F. (1994), S. 31ff.

[88] Vgl. Cubasch, U./Kasang, D. (2000), S. 52ff.

[89] Vgl. Cubasch, U./Kasang, D. (2000), S. 52ff.

[90] Vgl. Gassmann, F. (1994), S. 43ff.

vor allem aus der Landwirtschaft und der Energieerzeugung.[91] Durch die Düngung mit Stickstoff entsteht in den Böden ein entsprechender Überschuss, den Bakterien in atmosphärisches N_2O umsetzen. Dessen Wirkung ist etwa 220-Mal so stark wie jene eines CO_2-Moleküls. Das N_2O verbleibt sehr lange in der Atmosphäre, da es relativ stabil ist; in der Stratosphäre kann es nur langsam abgebaut werden. Die Konzentration ist seit der letzten Interglazial- und der vorindustriellen Zeit im Vergleich zu den anderen Treibhausgasen geringer gestiegen. Die Zuwachsrate beträgt dennoch gegenüber der Eiszeit vor 21.000 Jahren noch 65 % und gegenüber 1800 noch 22 %.[92] Die Stratosphäre kann die natürlichen Emissionen problemlos aufnehmen und umwandeln. Doch hat der anthropogene Effekt im Zuge der immensen Ausweitung der Landwirtschaft dramatisch an Stärke gewonnen, sodass die Senkenfunktion der Stratosphäre ebenfalls bereits überschritten scheint.[93] Die verschiedenen Stickoxide lösen in Verbindung mit Schwefeldioxid den sog. „sauren Regen" aus, der zu Waldsterben und einer Verringerung der Bodennährstoffe führen kann.[94]

Als letztes natürliches Treibhausgas ist Ozon zu nennen, das differenziert betrachtet werden muss. Auf der einen Seite schützt Ozon in der Stratosphäre die Erde vor langwelligen Sonnenstrahlen, die schädlich für fast alle Organismen sind, und reflektiert diese Strahlung zurück in den Weltraum. Kurzwellige Energie, die von der Erde reflektiert wird, wird absorbiert. Andererseits kann Ozon, das sich in der Troposphäre befindet, für den Menschen gefährlich werden. Ozon ist in dieser Schicht recht ungleich verteilt, da es nur eine sehr kurze Verweildauer hat und durch komplexe Reaktionen abgebaut wird.[95] Diese Ungleichverteilung kann beispielsweise einen Sommersmog auslösen, der negative Folgen für viele Organismen hat. Das troposphärische Ozon stammt größtenteils aus der höher liegenden Stratosphäre und gelangt über Luftströmungen in die tieferen Luftschichten. Außerdem entsteht es als Reaktionsprodukt von Stickoxiden, Kohlenmonoxid (CO) und FCKW-Verbindungen.[96] Das Vorkommen anthropogener Stickoxide ist in den letzten Jahren dramatisch angestiegen; entsprechend, so erweist sich bei Betrachtung der historischen Werte, hat auch das troposphärische Ozon im Vergleich zur letzten Eiszeit und auch der vorindustriellen Zeit zugenommen. Die Belastung ist, ebenso wie bei Stickoxiden, regional unterschiedlich: In der nördlichen Hemisphäre ist ein deutlicher Anstieg zu ver-

---

91 Vgl. Forster, P./Ramaswamy, V. et al. (2007), S. 135.
92 Vgl. Otto-Bliesner, B. L./Brady, E. C. et al. (2006), S. 2528; IPCC (2007a), S. 100.
93 Vgl. Gassmann, F. (1994), S. 43ff.
94 Vgl. Feichter, J. (2008), S. 49.
95 Vgl. Gassmann, F. (1994), S. 37.
96 Vgl. Forster, P./Ramaswamy, V. et al. (2007), S. 135.

zeichnen, während in der südlichen Hemisphäre keine Veränderungen zu beobachten sind. Hier unterscheidet sich das troposphärische vom atmosphärischen Ozon. Über der Antarktis ist ein dramatischer Rückgang an Ozon zu verzeichnen, der hauptsächlich durch künstliche Klimagase wie FCKW (siehe 2.2.3.3) verursacht wird.[97] Dieser Rückgang führt dazu, dass die für den Menschen und auch viele Pflanzen schädlichen langwelligen Energiestrahlen ungehindert die Atmosphäre passieren und in der Folge Krankheiten verursachen können. Der Abbau des stratosphärischen Ozons hat auch Auswirkungen auf den Treibhauseffekt bzw. die Temperatur. Ein Rückgang des Ozons zieht eine Abkühlung der Erde von mehreren Grad Celsius nach sich. Dies führt wiederum zu einer Störung des Kohlenstoffkreislaufes, da bei einem zu starken Absinken der Temperatur die Absorptionsfähigkeit von CO_2 eingeschränkt wird.[98]

2.2.3.3. Künstliche Klimagase

Der Treibhauseffekt basierte früher ausschließlich oder weitestgehend auf den in der Atmosphäre natürlich vorkommenden Gasen (CO_2, N_2O, CH_4, O_3 und Wasserdampf). In den letzten 150 Jahren sind auch vom Menschen vollständig künstlich hergestellte Gase wie Fluorchlorkohlenwasserstoffe (FCKW), Fluorkohlenwasserstoffe (FKW) und Schwefelhexafluorid (SF_6) in die Atmosphäre gelangt.[99] Sie verbleiben in der Atmosphäre und können nicht vollständig durch Reaktionen abgebaut werden. Daher beträgt die Verweildauer dieser beiden Gruppen von Gasen zwischen 100 und 50.000 Jahre. Der Schädigungsgrad von Molekülen der FCKW-Verbindungen variiert stark. Sie haben in jedem Fall mit dem 100- bis 15.000-Fachen im Vergleich zu einem Molekül CO_2 die zweithöchste Schädigungswirkung.[100] Außerdem sind sie gefährlich für die Gesundheit von Menschen, Tieren und Pflanzen. FCKW-Verbindungen wurden unter anderem als Treibgase für Spraydosen, als Kältemittel in Kühlschränken und als Schäumungsmittel für Kunststoffe eingesetzt. Bei der Verwendung oder Entsorgung sind die Gase in die Atmosphäre gelangt. Problematisch ist außer der Gesundheitsgefährdung durch die Gase an sich, dass diese die Ozonschicht als Schutzschild der Erde angreifen (siehe Tabelle 1: Eigenschaften der verschiedenen klimarelevanten Gase in der Atmosphäre), da sie bei der Reaktion in der Atmosphäre Nebenprodukte bilden, die das Ozon zerstören, ohne selbst abgebaut zu werden. Fluorchlorkohlenwasserstoffe und Fluorkohlenwasserstoffe sind zu 11 % am anthropogenen Treibhauseffekt beteiligt, haben eine höhere Rele-

---

[97] Vgl. Cubasch, U./Kasang, D. (2000), S. 57ff.

[98] Vgl. Gassmann, F. (1994), S. 42.

[99] Vgl. Feichter, J. (2008), S. 50.

[100] Vgl. Sinn, H.-W. (2008a), S. 28ff.

vanz als Ozon und Lachgas und sind nach CO_2 und Methan das drittwichtigste Gas im Rahmen des anthropogenen Treibhauseffekts.[101]

Des Weiteren produziert der Mensch Schwefelhexafluorid, das als schädlichstes Gas überhaupt gilt. Es wird häufig in der Industrie als Füllgas und zur Wärmeisolation verwendet. Der Schädigungsgrad beträgt das 22.800-Fache einer gleichgroßen Gewichtseinheit CO_2. Die Verweildauer des Schwefelhexafluorids in der Atmosphäre ist mit 3.200 Jahren lange, weil das Gas nur schwer weitere Verbindungen eingeht. Allerdings ist der Anteil von Schwefelhexafluorid mit $0{,}5*10^{-11}$ % im Vergleich zu 0,4 % CO_2 sehr viel geringer in der Atmosphäre, sodass die Wirkung nur eingeschränkt ist. Doch ist der Anstieg in den letzten Jahren – trotz Beschränkungen bei der Verwendung – um 24 % als dramatisch zu bezeichnen. Diese Entwicklung wird sich fortsetzen, da Schwefelhexafluorid sehr stabil ist und sich in der Vergangenheit produziertes Schwefelhexafluorid noch in der Atmosphäre befindet.[102]

Die künstlichen Gase sind im Gegensatz zu CO_2 nur in geringem Umfang in der Atmosphäre vorhanden. Problematisch sind die hohen Verweildauern aufgrund der Stabilität der chemischen Verbindungen und die hohe Ozonabbaurate. Die genannten künstlichen Gase bauen das nützliche Ozon sehr schnell ab und schädigen mithin die natürliche Lebensgrundlage des Menschen und alle weiteren lebenden Organismen.

2.2.3.4. Die anthropogenen Aerosole

In der Atmosphäre kommen kleinste feste Stoffe, die Aerosole (Feinstäube), vor. Diese Teilchen können sowohl anthropogen bei der Verbrennung von fossilen Brennstoffen oder Biomasse entstehen als auch natürlich durch Vulkanausbrüche, Staubstürme und Auswaschung von Meersalzen.[103] Die festen Teilchen haben eine besondere Eigenschaft: Sie wirken in der Atmosphäre kühlend. Aerosole reflektieren das Sonnenlicht, da sie die Wolkenbildung verstärken;[104] überdies haben sie einen Einfluss auf die Niederschlagsmengen. Infolge hoher Aerosolbelastung wird die Sonneneinstrahlung (direkter Effekt) und damit die Verdunstung reduziert und dies kann Auswirkungen auf die Intensität, Häufigkeit und das Einsetzen von Niederschlägen (indirekter Effekt) haben. In diesen Effekten liegen die wesentlichen Unterschiede zu den Treibhausgasen, welche die thermische Strahlung beeinflussen.[105] Die Lebensdauer beträgt – auch dies eine ent-

[101] Vgl. Gassmann, F. (1994), S. 34f.
[102] Vgl. Umweltbundesamt (2008), S. 1ff.
[103] Vgl. Forster, P./Ramaswamy, V. et al. (2007), S. 135f.
[104] Vgl. Cubasch, U./Kasang, D. (2000), S. 70ff.
[105] Vgl. Feichter, J. (2008), S. 56.

scheidende Abweichung zu den meisten Treibhausgasen – nur vier bis fünf Tage, da diese Aerosole durch Niederschläge sehr schnell wieder ausgewaschen werden können.[106] Die anthropogenen und natürlichen Aerosole sind in der Atmosphäre unterschiedlich verteilt: Auf der nördlichen Hemisphäre dominieren die anthropogenen, auf der südlichen Hemisphäre die natürlichen. Aerosole wurden in den 70er-Jahren zusammen mit Stickoxiden und Schwefeloxid für den sog. „sauren Regen" verantwortlich gemacht.[107] In der Wissenschaft wird häufiger erwogen, sie zur Bekämpfung des Temperaturanstiegs zu nutzen, obwohl ihre Wirkungen kaum erforscht und nur sehr schwer abschätzbar sind.[108]

2.2.3.5. Zwischenresümee

Es lässt sich feststellen, dass der anthropogene Treibhauseffekt zu ca. 60 % von CO_2 ausgelöst wird, von CH_4 zu ca. 18 %, vom Distickstoffmonoxid zu ca. 4 %; ca. 11 % macht das FCKW aus, mit O_3 ist ein Anteil von ca. 8 % verbunden. Der Rest wird von SF_6 und anderen relevanten Klimagasen ausgelöst.[109] Im Vergleich zum natürlichen können beim anthropogenen Treibhauseffekt völlig andere Effekte entstehen (Tabelle 4: Beiträge der einzelnen Treibhausgase zum jeweiligen Treibhauseffekt), da bei Ersterem das H_2O (speziell der Wasserdampf) der Hauptverursacher ist, das bei Letzterem überhaupt keine Rolle spielt. CO_2 ist in beiden Fällen relevant.

Tabelle 4: Beiträge der einzelnen Treibhausgase zum jeweiligen Treibhauseffekt

	H_2O	CO_2	CH_4	N_2O	O_3	*FCKW*
Beitrag zum natürlichen Treibhauseffekt	66 %	22 %	2 %	4 %	8 %	–
Beitrag zum anthropogenen Treibhauseffekt	–	60 %	18 %	4 %	8 %	11 %

Quelle: Jacobeit, J. 2007, S. 10.

Der anthropogene Treibhauseffekt hat im Vergleich zum natürlichen Klimawandel immens an Bedeutung gewonnen. Im Gefolge der Industrialisierung sind viele Stoffe in die Umwelt gelangt, deren tatsächliche Auswirkungen erst heute sichtbar werden. Als besonders problematisch erweist sich die zunehmende anthropogen bedingte Emission. Trotz Beschränkungen, welche die Emission der sog. Treibhausgase im Rahmen halten sollen, sind die freigesetzten Mengen in den letzten Jahren stark gestiegen. Die Menge an Emissionen der besonders klimarelevanten Treibhausgase hat sich in den letzten 30 Jahren fast verdoppelt,

106 Vgl. Albritten, D./Jonas, P. et al. (1996), S. 105.

107 Vgl. Cubasch, U./Kasang, D. (2000), S. 71f.

108 Vgl. Feichter, J. (2008), S. 56f.; IPCC (2008), S. 45.

109 Vgl. Cubasch, U./Kasang, D. (2000), S. 42; Jacobeit, J. (2007), S. 10.

parallel hat die Selbstreinigungskraft der Atmosphäre durch Reaktion mit anderen Gasen abgenommen. Die meisten Emissionen in die Atmosphäre entstehen nach wie vor aus der Nutzung fossiler Brennstoffe bzw. in der Industrie mit fast 50 %. Überdies sind *feed-back*-Reaktionen besonders problematisch. Steigende Temperaturen führen zu einem Selbstverstärkungseffekt, der die natürliche Entstehung von Treibhausgasen intensiviert. Die daraus resultierenden Folgen sind allerdings kaum quantifizierbar. Die möglichen Kompensationswirkungen, z. B. über Aerosole, reichen nicht aus, um die Temperaturerhöhung zu kompensieren. Überdies sind die Wirkungen und *feed-back*-Effekte kaum erforscht. An dieser Stelle besteht noch weiterer Forschungsbedarf.

Diese Veränderungen führen dazu, dass große und wichtige Kreisläufe der Umwelt empfindlich gestört werden. Die steigende CO_2-Belastung führt zu einem Temperaturanstieg, wodurch sich letztlich die natürliche Artenvielfalt verringert. Die genannten künstlichen Gase führen zu einem Abbau des lebensnotwendigen Ozonschilds. Diese Veränderungen belasten auch die Volkswirtschaften und es ist notwendig zu erfassen, wie hoch die volkswirtschaftlichen Schäden des Klimawandels sind. Im nachfolgenden Kapitel wird daher ein kurzer Überblick über das Thema der Quantifizierung der Kosten des Klimawandels gegeben und hinterfragt, welche Folgen dieser haben könnte.

2.2.4. Die Kosten des Klimawandels

Der Klimawandel verursacht für den Menschen Kosten, da er Schäden verursacht. Die Kosten des Klimawandels sind in der Wissenschaft umstritten, da es kaum Informationen und Berechnungen dazu gibt.[110] Überdies hängen sie nicht zuletzt von der Technologie ab; deren Bedeutung für die Anpassung an den Klimawandel ist immens.[111] Des Weiteren sind die Kosten abhängig vom Ort, der Geschwindigkeit und Intensität des Klimawandels. Die heutigen Kosten bestehen größtenteils aus Folgekosten von Stürmen, Überschwemmungen und Hitzewellen. Die gesamten Kosten dürften aber noch weitaus höher liegen, wenn langfristige Folgen und auch kleinere Schadensereignisse mit einbezogen werden.[112] Die Europäische Union schätzt, dass sich die Kosten des Klimawandels für die Union bis 2020 jährlich auf ca. 175 Mrd. € belaufen werden.[113]

Die Schätzungen für die zukünftigen Kosten des Klimawandels schwanken jedoch stark, so ging das IPCC noch 2001 davon aus, dass diese Kosten bis zu

---

110 Vgl. IPCC (2008), S. 62.

111 Vgl. Adger, W. N./Agrawala, S. et al. (2007), S. 727ff.

112 Vgl. Ott, H. E./Richter, C. (2008), S. 11.

113 Dabei sind dies nur die Nettokosten, in denen die positiven Effekte bereits mit berücksichtigt worden sind. Vgl. Kafsack, H. (2009), S. 13.

3,5 % des globalen Bruttoinlandsprodukts[114] (BIP) betragen können, wobei die Industriestaaten lediglich mit Kosten in Höhe von 1 % des globalen BIP belastet würden.[115] In ihrem neuesten Bericht geht das IPCC davon aus, dass die Kosten des Klimawandels wahrscheinlich über dem angegebenen Wert liegen werden. Die bisher veranschlagten Kosten sind allerdings evtl. nach wie vor zu gering angesetzt.[116] Eine ähnliche Prognose gibt TOL ab, der die Kosten auf 2,7 % des globalen BIP schätzt.[117] STERN geht davon aus, dass die Kosten einen Wohlfahrtsverlust von 5 % des globalen BIP pro Jahr ausmachen. Die Kosten decken hierbei nicht alle Schäden ab – werden die Risiken und Unsicherheiten in größerem Umfang[118] einbezogen, können sie auch 20 % des globalen BIP betragen. Die Kosten können aufgrund der großen Unsicherheiten nicht solide geschätzt werden. Problematisch ist die Frage der monetären Bewertung von langfristigen Umweltschäden, da derartige Wirkungen sehr viel später zum Tragen kommen können. Ebenso schwierig ist die Bemessung des technologischen Fortschritts, der die Kosten des Klimawandels senken könnte.[119] Überdies sind die Kosten abhängig von politischen Interventionen und der zeitlichen Einführung einer Klimaschutzpolitik. Je eher eine aktive staatliche Politik zum Schutz des Klimas verfolgt wird, desto geringer werden – im Vergleich zu einer inaktiven Klimaschutzpolitik – die Kosten sein.[120] Ein weiteres Problem bei der Schätzung ist die tatsächliche Temperaturentwicklung. Die Schäden könnten mit einem verstärkten Temperaturanstieg noch erheblich größer werden, weil sich dann der Kreis der Betroffenen erweitert. Die Schadenskosten steigen deshalb nicht linear, sondern konvex, und mit einem weiteren Anstieg der Temperatur werden die Kosten überproportional zunehmen.[121]

---

114 Das Bruttoinlandsprodukt (BIP) ist der aggregierte monetäre Wert aller im Inland erzeugten Waren und Dienstleistungen. Während das Bruttosozialprodukt (BSP) der aggregierte monetäre Wert aller erzeugten Waren und Dienstleistungen von Inländern ist. Die Erzeugung des BSP kann damit auch im Ausland geschehen. Das globale BIP ist dann letztlich der gesamte Wert, der auf der Welt erzeugten Güter und Dienstleistungen.

115 Vgl. Mendelsohn, R./Morrison, W. et al. (2000), S. 564; Morita, T./Robinson, J. et al. (2001), S. 118.

116 Vgl. Fankhauser, S./Tol, R. S. J. (2005), S. 16; Schneider, S. H./Semenov, S. et al. (2007), S. 796f.

117 Vgl. Tol, R. S. J. (2009), S. 13.

118 Eine genauere Beschreibung der hinzugenommen Auswirkungen findet sich in Yohe, G. W./Lasco, R. D. et al. (2007), S. 821.

119 Vgl. Edenhofer, O./Lessmann, K. et al. (2006), S. 16ff.

120 Vgl. Kemfert, C. (2005), S. 209.

121 Vgl. Stern, N. (2007), S. XV und 63.

Die finanziellen Folgen des Klimawandels sind abhängig vom Ort. Einige Regionen haben unter dem Klimawandel mehr zu leiden als andere.[122] Die Temperaturdifferenz und deren Auswirkungen – wie vermehrte Niederschläge – sind vor allem in den Staaten der nördlichen Hemisphäre besonders spürbar, während die sog. Entwicklungsländer von Temperaturerhöhungen weniger betroffen sind.[123] Letztere haben nichtsdestotrotz nach herrschender Meinung unter den Veränderungen der Niederschlagsmengen in großem Maße zu leiden. Die Niederschlagsgebiete verschieben sich in die Tropen und die höheren geografischen Breiten (Skandinavien), während bereits jetzt schon niederschlagsarme Gebiete (Subtropen, Südafrika, Australien) noch weniger Niederschläge bekommen werden. Dies wird dramatische Folgen wie Wasserknappheit und Dürren, gerade auch in manchen Entwicklungsländern, nach sich ziehen, während Länder in höheren Breiten mit Überschwemmungen rechnen müssen. In beiden Fällen werden die landwirtschaftlichen Erträge massiv beeinflusst.[124] Der Klimawandel wird die Entwicklungsländer dennoch härter treffen, weil sie schon jetzt geografisch benachteiligt sind und nicht die Möglichkeiten der Anpassung haben wie die Industriestaaten. Die Industriestaaten verfügen im Gegensatz zu den Entwicklungsländern über den notwendigen Kapitalstock und das Wissen, um sich an die Veränderungen besser anpassen zu können.[125] Entwicklungsländern drohen durch den Klimawandel Kosten von mehr als 10 % des BIP (z. B. Mikronesien mit einem Verlust von mehr als 50 % des BIP), hingegen haben die Industriestaaten Klimawandelkosten nur in Höhe von 5–10 % des BIP. Einige Industriestaaten, vor allem solche in der Nähe des Polarkreises, könnten zunächst von den höheren Temperaturen profitieren, da durch die Temperaturerhöhung mehr Ressourcen genutzt werden können (z. B. Kanada +1,7 % BIP).[126] Die Effekte könnten allerdings zum Teil lediglich theoretischer Natur sein, da von einer optimalen, aber evtl. letztlich so nicht umsetzbaren Ausnutzung der neuen Ressourcen ausgegangen wird. Beispielsweise wird in der Landwirtschaft die Anpassung einige Zeit dauern, und überdies kommt hinzu, dass das Klima unberechenbar ist.[127] In den anfänglich begünstigten Ländern könnte es aber zu höchsten Temperaturveränderungen kommen, die auch die Umwelt bzw. die Artenvielfalt massiv beeinträchtigen würden. Letztendlich wären alle vom Klimawandel betroffen, weil er die Lebensgrundlagen der Menschen bedroht, Wasserver-

---

[122] Vgl. Lang, E. (2009), S. 745.

[123] Vgl. Gerstengarbe, F.-W./Werner, P. C. (2007), S. 35ff.; Yohe, G. W./Lasco, R. D. et al. (2007), S. 821f.

[124] Vgl. Feichter, J. (2008), S. 53.

[125] Vgl. Rahmstorf, S./Schellnhuber, H. J. (2006), S. 78.

[126] Vgl. Stern, N. (2008), S. 7ff.; Tol, R. S. J. (2009), S. 13.

[127] Vgl. Rahmstorf, S./Schellnhuber, H. J. (2006), S. 78f.

sorgung und Lebensmittelerzeugung beeinträchtigt, sodass schließlich ein negativer Nettonutzen zu erwarten wäre.[128] Dieser negative Nettonutzen ist aber nicht unvermeidlich, da die Nutzenbestimmung des Klimawandels analog zu den Kosten erheblichen Unsicherheiten unterliegt.

Der Klimawandel wird Auswirkungen auf die Gesundheit der Menschen haben, die bislang nicht in Berechnungen einbezogen werden. Durch die Temperaturerhöhung und die Veränderung der Niederschlagsmengen wird voraussichtlich die Ausbreitung von Krankheiten vorangetrieben. Eine Temperatur von 1°C bewirkt z. B. eine Ausweitung der Malaria um 10 %.[129] Der Klimawandel hat jetzt schon für viele Menschen dramatische Folgen wie Lebensmittelknappheit durch Überschwemmungen, Dürren usw. Die Zahl der Betroffenen dürfte sich im Zuge des voranschreitenden Klimawandels erhöhen.[130] Durch die Folgen des Klimawandels hat sich die Sterbewahrscheinlichkeit seit 1990 weiter erhöht und es gilt als gesichert, dass der technologische Fortschritt wenig daran ändern kann, da die meisten Menschen von den Folgen des Klimawandels negativ betroffen sein werden.[131]

Der Klimawandel hat neben den direkten Kosten auf die Volkswirtschaft auch noch weitere Auswirkungen, da dem Wirtschaftskreislauf Kapital entzogen wird. Er könnte des Weiteren zu Wachstumseinbußen führen, die von einer reduzierten Produktion und Konsumption verursacht werden. Weiterhin könnte dies langfristige Folgen für den technischen Fortschritt haben, da aufgrund der Schäden die Kapitalakkumulation und infolgedessen die Investitionstätigkeit sinken.[132] Vor allem Entwicklungsländer, deren Wachstum hauptsächlich auf physischer Kapitalakkumulation basiert, sind in dieser Hinsicht vom Klimawandel stärker betroffen als hoch entwickelte Länder, da deren Volkswirtschaften hauptsächlich durch Humankapitalakkumulation wachsen.[133]

Insgesamt lässt sich feststellen, dass der Klimawandel einen negativen Nettonutzen verursacht. Die genaue Quantifizierung des Schadens fällt der Wissenschaft sehr schwer, da viele Einflüsse zu berücksichtigen sind. Auf der mikroökonomischen Ebene lassen sich der ökonomische Wert von Ökosystemen und die entsprechenden Verluste bereits fundiert feststellen.[134] Aber auf der makroökono-

---

128 Vgl. Stern, N. (2008), S. 7ff.
129 Vgl. Fankhauser, S./Tol, R. S. J. (2005), S. 13.
130 Vgl. Rahmstorf, S./Schellnhuber, H. J. (2006), S. 79f.
131 Vgl. Schneider, S. H./Semenov, S. et al. (2007), S. 796f.
132 Vgl. Fankhauser, S./Tol, R. S. J. (2005), S. 2.
133 Vgl. Fankhauser, S./Tol, R. S. J. (2005), S. 13.
134 Vgl. Markandya, A./Nunes, P. A. L. D. et al. (2008), S. 11ff.

mischen Ebene besteht noch ein erheblicher Forschungsbedarf.[135] Neben der schwierigen statistischen Bewertung von Ökosystemen besteht zudem eine zunehmende dynamische Schwierigkeit darin, die Kosten des Klimawandels und des Verlustes der Biodiversität zu berechnen, da die Folgen kaum vorhersehbar und unbestimmt sind.

Der Klimawandel verlangt große zukünftige Anstrengungen seitens der Länder, aber es muss auch hinterfragt werden, wo aus ökonomischer Perspektive die Ursachen liegen. Im nachfolgenden Abschnitt sollen daher zuerst theoretisch und dann am praktischen Beispiel des Klimawandels die ökonomischen Ursachen für Klimawandel und Umweltprobleme aufgezeigt werden.

2.3. Die ökonomischen Ursachen der Umweltprobleme

Die Ursachen für den vermehrten Stoffeintrag sind vielfältiger Natur. Die bedeutendsten Ursachen stehen im Zusammenhang mit der Eigenschaft der Umwelt als sog. Gemeingut und jener des Klimaschutzes als (globales) öffentliches Gut. Der nachfolgende Abschnitt soll sich daher intensiv mit der Frage der Güterkategorien und deren Auswirkungen befassen.

2.3.1. Umwelt als Allmendegut

Gemäß der Volkswirtschaftslehre werden Güter genutzt, um die Bedürfnisse der Menschen zu befriedigen. Objekte zur Bedürfnisbefriedigung können verschiedenen Güterkategorien zugeordnet werden: freie Güter, öffentliche Güter, private Güter und Mischformen.[136] Als Prinzipien zur Unterscheidung dienen die Kriterien Exklusivität der Nutzung und Rivalität im Konsum (siehe Abbildung 4: Typologie der Güterarten).[137] Freie Güter können weder produziert werden noch unterliegen sie Nutzungsbeschränkungen, da sie nicht knapp sind. Folglich kostet der Konsum der Güter nichts und kein Individuum kann vom Konsum ausgeschlossen werden. Überdies haben die freien Güter sehr hohe positive externe Effekte. Als freie Güter galten früher die natürlichen Umweltmedien: Boden, Luft und Wasser.[138]

---

135 Vgl. Kommission der Europäischen Gemeinschaften (2009a), S. 10f.
136 Vgl. Bontrup, H.-J. (1998), S. 33f.
137 Vgl. Priddat, B. P. (2008), S. 154.
138 Vgl. Petersen, H.-G./Müller, K. et al. (1999), S. 132f.

Abbildung 4: Typologie der Güterarten

		Exklusivität	
		Ausschließbar	*Nicht ausschließbar*
Rivalität	*Rivalität*	Private Güter	Allmende- oder Gemeingüter
	Nichtrivalität	Klubgüter	Öffentliche Güter

Quelle: in Anlehnung an Priddat, B. P. 2008, S. 154.

Die Umwelt als freies Gut wurde in den letzten Jahren zu einem knappen Gut: Boden wurde im Zuge des Bevölkerungswachstums quantitativ knapp, ebenso zeichnet sich für das Element Luft bzw. für die Atmosphäre eine zunehmende Knappheit ab. Die Emission der Treibhausgase hat dazu geführt, dass eine Rivalität im Konsum entstand. Die Nutzung bzw. der Konsum der Atmosphäre als Senke seitens der einen Konsumenten beeinträchtigt die entsprechende Nutzung durch andere Konsumenten, da die Absorptionsfähigkeit der Atmosphäre begrenzt ist.[139] Luft bzw. Atmosphäre stellt folglich heute kein freies Gut mehr dar, sondern entspricht einem Allmende- oder Gemeingut.[140]

Allmendegüter lassen sich als eine Zwischenform zwischen öffentlichen und privaten Gütern bezeichnen, da jeweils eine charakteristische Eigenschaft von beiden Güterarten hier auftritt. Mit den öffentlichen haben die Allmendegüter die kostenlose Nutzung und mit den privaten Gütern die Rivalität im Konsum gemeinsam. Dieses Phänomen beschrieben erstmalig HARDIN, zudem DALES und sehr ausführlich OSTROM.[141] Kein Individuum kann von der Nutzung des Allmendegutes ausgeschlossen werden, da es keine exklusiven Verfügungsrechte gibt. Daher ist es kurzfristig rational, eine Ressource übermäßig zu nutzen, um den eigenen, individuellen Nutzen zu maximieren. Investitionen in die Erhaltung des Gutes, hier der Ressource, werden hingegen minimiert oder sogar ganz unterlassen. Die einzelnen Konsumenten werden die Ressource so lange nutzen, bis die Kosten den zusätzlichen Nutzen übersteigen. Die individuelle

139 Vgl. Daly, H. E./Farley, J. C. (2004), S. 108f.

140 Vgl. Hens, T./Pamini, P. (2008), S. 246. In vielen Büchern der Umweltökonomie werden die Umweltgüter den öffentlichen Güter zugerechnet, dies ist aber falsch. Bei öffentlichen Gütern muss gleichzeitig eine Nicht-Rivalität im Konsum vorliegen und es darf kein Dritter vom Konsum ausgeschlossen werden. Die Nicht-Rivalität ist bei den Umweltgütern jedoch meist nicht mehr gegeben.

141 Die Problematik der Allmendegüter wurde aber schon viel früher theoretisch beschrieben. LLYOD hat dieses Problem bereits (1833) erstmals skizziert, jedoch erst HARDIN (1968) analysierte dieses Problem ausführlich. Parallel analysierte auch DALES (1968) eine Fehlallokation bei Allmendegütern. Vgl. Ostrom, E./Schöller, E. (1999), S. 3.

Nutzenmaximierung führt dazu, dass der gesamte soziale Nutzen abnimmt. Würden die Individuen die optimale gesamtwirtschaftliche Nutzungsrate wählen, könnten sie den höchsten sozialen Nutzen erzielen, aber einen geringeren individuellen Nutzen.[142] Das Problem liegt in der Nicht-Ausschließbarkeit der einzelnen Individuen vom Konsum:[143] Diese mangelnde Ausschließbarkeit kann langfristig zu einer Übernutzung der Ressource und zu einem kollektiven Schaden führen.[144] Ebenso wenig haben die Nutzer ein Interesse an der Erstellung eines Regelsystems zur Verhinderung der Übernutzung, da sie ihren individuellen Nutzen damit einschränken würden.

Eine weitere Unterscheidung zwischen öffentlichem und gemeinschaftlichem Gut liegt in der Bereitstellung. Bei der Bereitstellung des öffentlichen Gutes gibt es kein Interesse daran, wer wann wie häufig das Gut konsumiert, solange es genügend andere Individuen gibt, die die Bereitstellung mitfinanzieren. Anders hingegen verläuft die Bereitstellung der gemeinschaftlichen Ressourcen: Hier wird sehr darauf geachtet, wer wie häufig die Ressource nutzt, auch wenn mehrere Anbieter das Gut bereitstellen.[145] Für die Umweltnutzer ist es ökonomisch rational, die von ihnen verursachten Umweltschäden zu externalisieren, da die Nutzung der entsprechenden Güter, hier Ressourcen, kostenlos ist und sie von der Nutzung generell nicht ausgeschlossen werden können. Das Paradoxon ist, dass Schäden zeitlich verzögert und räumlich verschoben auftreten können. Der Immissionsursprung muss nicht zwangsläufig die Stelle sein, an dem der Umweltschaden eintritt. Die Schäden können regional, national oder global eintreten.[146] Überdies können auch kleine Umweltschäden in der Summe große nach sich ziehen.[147]

Zur Lösung des Problems scheinen theoretisch und in der politischen Praxis nur die Optionen Regulierung oder private Verfügungsrechte in Betracht zu kommen. Doch sollte die Politik nicht vorschnell handeln, denn es gibt weitere Lösungsmöglichkeiten, die diesen zwei Optionen in bestimmten Fällen überlegen sind. Die Fehlallokation ist abhängig von der Anerkennung gemeinsamer Insti-

---

[142] Vgl. Cansier, D. (1993), S. 21ff.

[143] Neben dem Auftreten des Problems zwischen mindestens zwei Individuen kann dieses Verhalten auch auf eine größere globale Ebene übertragen werden. Die Probleme treten dann nicht mehr auf der individuellen Ebene auf sondern auf der Ebene der verschiedenen Nationalstaaten.

[144] Vgl. Schüller, A. (2002), S. 86f.; Lang, E. (2009), S. 744; Schmale, I. (2009), S. 765ff.

[145] Vgl. Schmale, I. (2009), S. 766.

[146] Vgl. Wissenschaftlicher Beirat der Bundesregierung Globale Umweltveränderungen (1993), S. 141; Karl, H. (1998), S. 83.

[147] Vgl. Jänicke, M./Kunig, P. et al. (1999), S. 299ff.

tutionen[148] (Normen, Werte und Vertragssysteme) und von der Anzahl der Ressourcennutzer bzw. Akteure. Je kleiner die Gruppe, umso eher kommen kooperative Lösungen zwischen den Akteuren zustande, weil die Überwachung viel effektiver ist und die Institutionen besser durchgesetzt werden können.[149] Die Schaffung und Beachtung von Institutionen ist immer abhängig von der Gruppengröße. Wird die Gruppe zu groß, werden Überwachung bzw. Anerkennung der Institutionen immer schwieriger; andere Lösungen sind dann effizienter und wirksamer. Eine weitere Lösung der Fehlallokation bei großen Gruppen kann in einer Festsetzung von Eigentumsrechten nach COASE liegen[150], leider gibt es diese nur im nationalen Kontext. In vielen Staaten werden für die gewerbliche Emission von Schadstoffen in die Atmosphäre mittlerweile Rechte vergeben (z. B. das europäische Emissionshandelssystem). Mit diesen Rechten können Emittenten von der Nutzung der Ressource als Senke ausgeschlossen werden. Auf globaler Ebene erweist es sich als sehr schwierig, zwischen den souveränen Staaten Eigentumsrechte zu schaffen, sodass kein Land von der Nutzung ausgeschlossen werden kann. Nur auf dem Wege der Verhandlung über den Ausschluss zur Nutzung der Ressource könnte eine Übernutzung verhindert werden, diese Verhandlungslösung könnte hohe volkswirtschaftliche Kosten nach sich ziehen.

2.3.2. Umwelt- bzw. Klimaschutz als öffentliches Gut

2.3.2.1. „Gefangenendilemma" und Trittbrettfahrerverhalten

Mit den meisten globalen Umweltgütern sind nur unzureichende oder gar keine Eigentumsrechte verbunden, dies ist auch bei Maßnahmen zur Verbesserung dieser Güter der Fall. Deshalb scheidet der Markt grundsätzlich als Koordinationsinstrument von vornherein aus, da für die Nutzungsrechte kein Preis existiert. Dies führt dazu, dass kein konventioneller Markt die Koordinationsaufgabe wahrnehmen kann und dieses Problem durch eine staatliche Politik gelöst werden muss.[151] Die Schwierigkeit liegt, wie oben beschrieben, darin, dass niemand vom Konsum des „Gutes Umwelt" ausgeschlossen werden kann und entsprechend kein Anreiz besteht, es herzustellen oder dafür zu zahlen.[152] Diese Eigen-

---

[148] Eine ähnliche Definition von Schotter, A. (1986), S. 117: „Institutions are seen as a set of rules that constrain individual behavior and define the social outcomes that result from individual action."

[149] Vgl. Ostrom, E./Schöller, E. (1999), S. 115ff.

[150] Vgl. Coase, R. (1991), S. 18ff. Auf eine Darstellung des COASE-Theorems soll an dieser Stelle verzichtet werden.

[151] Vgl. Cansier, D. (1993), S. 20.

[152] Vgl. Hösel, U. (2008), S. 280ff.

schaften kennzeichnen allgemein ein öffentliches Gut (siehe 4.2.2.2).[153] Charakteristisch für die öffentlichen Güter ist die mangelnde technische Ausschließbarkeit, überdies würde selbst im Falle einer theoretischen Möglichkeit der Ausschließbarkeit deren Durchsetzung unverhältnismäßig hohe Kosten, die den Nutzen übersteigen, verursachen.[154] Des Weiteren zeichnet sich der Konsum öffentlicher Güter durch eine Nicht-Rivalität im Konsum aus. Konsumiert ein Nutzer das Gut, so schränkt er gleichzeitig nicht den Konsum anderer Nutzer ein.[155] Außerdem gibt es keinerlei zusätzliche Kosten bei Konsumption des Gutes durch ein zweites Individuum, wenn dieses Gut bereits produziert ist.[156]

Die beiden Eigenschaften der öffentlichen Güter verursachen einige kritische Entwicklungen. Kein potenzieller Konsument ist bereit, einen Marktpreis für das Gut zu zahlen, wenn er nicht vom Konsum ausgeschlossen werden kann und er in jedem Falle kostenlos an der Nutzung teilhaben kann. Für die Nutzer ist es deshalb individuell rational, sich strategisch als sog. Freifahrer, Trittbrettfahrer oder *free rider* zu verhalten. Die möglichen Produzenten können keine Entschädigung für die Nutzung des Gutes durchsetzen und sind daher nicht bereit, dieses herzustellen. In der Folge kommt es zu einem Marktversagen, obwohl Präferenzen vorhanden sind. Auch potenzielle Nachfrager, die vom Angebot profitieren, wenn sie einen finanziellen Beitrag leisten, werden keine Nachfrage nach diesem Gut äußern, da sie Sorge haben müssen, von anderen Nachfragern getäuscht zu werden („Gefangenendilemma“) und damit vollständig zur Finanzierung herangezogen zu werden. Gesamtwirtschaftlich wäre eine Kooperation die beste Lösung, aber aufgrund des Gefangenendilemmas kommt keine Kooperation zustande; es entsteht ein suboptimales Ergebnis.[157] Eine Möglichkeit, das Gefangenendilemma zu durchbrechen, wäre eine staatliche Lösung, bei der alle Individuen unabhängig von der Nutzung zur Finanzierung des entsprechenden Gutes herangezogen werden. Problematisch dabei ist, dass diejenigen, die das Gut überhaupt nicht konsumieren wollen, auch nicht gezwungen werden könnten, diesen Beitrag zu entrichten, weil es eben nicht möglich ist, vom Konsum auszuschließen.[158]

Der Treibhauseffekt geht mithin zum Teil auf die Eigenschaften eines Allmendegutes zurück. Doch ebenso kann der Schutz der Umwelt mit spezifischen Eigenschaften eines öffentlichen Gutes verbunden werden. Es ist hier analytisch

---

[153] Vgl. Samuelson, P. A. (1954), S. 387ff.; Samuelson, P. A. (1955), S. 350ff.

[154] Vgl. Petersen, H.-G./Müller, K. et al. (1999), S. 135.

[155] Vgl. Cansier, D. (1993), S. 20f.

[156] Vgl. Hösel, U. (2008), S. 281.

[157] Vgl. Cansier, D. (1996), S. 21ff.; Petersen, T. (2008), S. 502.

[158] Vgl. Hösel, U. (2008), S. 282.

zu unterscheiden, ob Minderungs- oder Anpassungsmaßnahmen vorgenommen werden. Minderungsmaßnahmen weisen die Eigenschaften eines öffentlichen Gutes auf[159], denn jeder kann vom Schutz infolge der Reduktion der CO_2-Emissionen profitieren, ohne ausgeschlossen zu werden. Für den Klimaschutz[160] ist dieser Effekt besonders gefährlich. Die Senkenfunktion, also die Aufnahmefähigkeit der Erde für Abfallprodukte, ist begrenzt und der Eintrag der Nutzer kann eine Größenordnung erreichen, die die Überlebensfähigkeit der Menschheit gefährdet. So können sich z. B. einzelne Länder bereits hinsichtlich des Emissionsausstoßes ihrer Bewohner als Trittbrettfahrer verhalten, ihre Umweltbelastungen exportieren und auf andere Länder abwälzen.[161] Daraus entsteht eine dritte räumliche Eigenschaft, die diese Güter in einem weiteren Punkt von den öffentlichen Gütern abgrenzt. Die Effekte, die über die Grenzen hinaus entstehen, werden als internationale öffentliche Güter bezeichnet. Erreicht der Effekt die maximale räumliche Ausdehnung, wird von globalen öffentlichen Gütern gesprochen.[162] Mit der Emission nimmt jeder Staat einen internen Effekt in Kauf, weil sich die Umweltqualität verschlechtert. Dies muss aber nicht der Fall sein, da gerade bei den Treibhausgasen die Wirkung und der globale Gesamteintrag viel wichtiger sind als der Entstehungsort. Neben dem internen Effekt, der bei einigen Schadstoffen nicht zwangsläufig zum Tragen kommt, entsteht auch ein externer Effekt für alle anderen Länder, da für sie bei der Emission von schädlichen Treibhausgasen die Umweltqualität sinkt.[163]

Davon abzugrenzen sind Anpassungsmaßnahmen, die dem Klimaschutz dienen. Größtenteils sind dies regionale Maßnahmen: Maßnahmen, die für den Klimaschutz ergriffen werden (z. B. der Deichbau) sind regional und national begrenzt und es können damit andere Individuen bzw. Länder von der Nutzung ausgeschlossen werden. Damit ist bereits eine Eigenschaft für private Güter gegeben. Überdies ist die Trittbrettfahrergefahr eingeschränkt. Jedes Individuum und jedes Land müsste prinzipiell ein Interesse daran haben, die Schäden durch den Klimawandel zu minimieren. Eine Auseinandersetzung mit dem Klimawandel und eine Vorbereitung darauf erscheint unabdingbar. Die Kosten werden die

---

159 Vgl. Dasgutpa, P. (1990), S. 51ff.; Bardt, H. (2005), S. 264ff.

160 Im Nachfolgenden sollen die beiden Begriffe Umwelt- und Klimaschutz synonym verwendet werden. Die Ausführungen zum Klimaschutz können allgemein auch auf alle anderen Arten des Umweltschutzes übertragen werden.

161 Vgl. Petersen, H.-G./Müller, K. et al. (1999), S. 202.

162 Dies hat aber in der weiteren Diskussion des Marktversagens einen vernachlässigbaren Effekt, da die Hauptursache in der Ausschließbarkeit liegt. Die globalen öffentlichen Güter haben die gleichen problematischen Eigenschaften wie die reinen öffentlichen Güter. Vgl. Hielscher, S./Pies, I. (2005), S. 9.

163 Vgl. Endres, A. (2008), S. 350f.

Nutznießer tragen müssen, da im Falle, dass kein Schutz besteht, die Individuen Standortverlagerungskosten hätten, um den unsicheren Standort gegen einen sicheren zu tauschen und damit ihre individuellen Schadenskosten zu minimieren. Auch werden die Individuen für die Maßnahmen aufkommen müssen, da regionale Voraussetzungen für Steuern und Abgaben existieren, um eine Bereitstellung des Gutes zu sichern.[164]

Außer beim Ausstoß kann das Trittbrettfahrerverhalten zusätzlich beim Schutz des Klimas auftreten, da alle von der Verbesserung der Umweltqualität profitieren und keiner ausgeschlossen werden kann. Dieses Phänomen führt dazu, dass kein Einzelner etwas für den Klimaschutz unternimmt, obwohl jeder dadurch besser gestellt wäre. Individuen und sogar ganze Länder orientieren sich im Wesentlichen an ihrem eigenen Vorteil und gehen davon aus, dass das einzelne Individuum bzw. Land zu unbedeutend ist, um die Umweltqualität zu beeinflussen. Im Falle des Klimawandels ist dies eindeutig belegbar. Selbst wenn beispielsweise die EU ihren CO_2-Ausstoß erheblich verringern würde, hätte dies kaum einen spürbaren Einfluss auf den globalen CO_2-Ausstoß (siehe Abbildung 5: Die länderspezifischen energiebezogenen CO2-Emissionen).[165]

Abbildung 5: Die länderspezifischen energiebezogenen CO_2-Emissionen

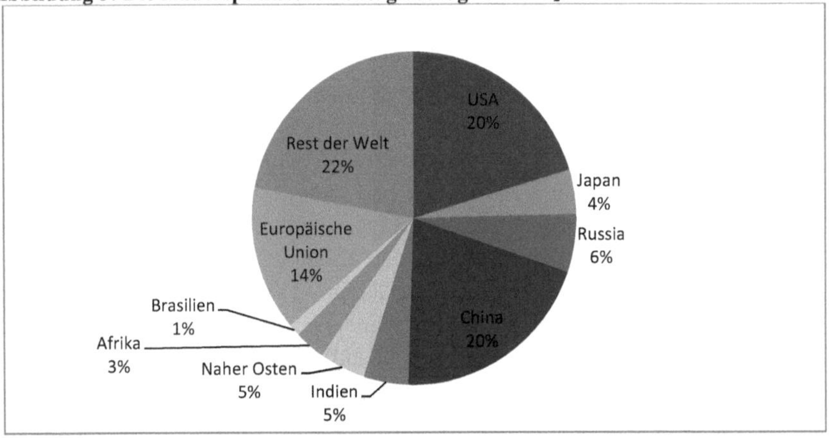

Quelle: eigene Darstellung; Daten: International Energy Agency 2008a.

Einzelne Länder verhalten sich mithin individuell rational, wenn sie erstens nur ihre eigene Umweltqualität betrachten und zweitens erwarten, dass andere Länder Maßnahmen zum Klimaschutz ergreifen werden. Überdies verursacht die

---

164 Vgl. Bardt, H. (2005), S. 266f.

165 Vgl. Böhringer, C./Vogt, C. (2001), S. 3; Böhringer, C./Vogt, C. (2003), S. 86f.

Emissionsminderung erhebliche volkswirtschaftliche Kosten (siehe 2.2.4). Darum leisten einzelne Länder keinen Beitrag zum Klimaschutz und profitieren von den Emissionsminderungen der anderen, ohne dafür zu bezahlen. Zudem hätten ihre Minderungsmaßnahmen keinen stabilisierenden Effekt auf das Weltklima, weil der nationale Minderungsbeitrag nur einen marginalen Einfluss hat. Erwägen andere Länder dennoch Klimaschutzmaßnahmen, werden diese Schutzmaßnahmen unterlassen, da deren Kosten wesentlich höher erscheinen als der Nutzen.[166] Diese Logik führt dazu, dass das globale Gut Klimaschutz durch Emissionsminderungsmaßnahmen nicht oder zu wenig bereitgestellt wird, obwohl alle Staaten von einer Kooperation Vorteile hätten,[167] da alle Staaten die gleichen Überlegungen anstellen.[168] Hier entsteht ein Marktversagen, das auf nationaler Ebene durch den Staat mithilfe von Steuer behoben werden kann, um das öffentliche Gut anzubieten. Allerdings gibt es auf globaler Ebene keine Instanz, die das Marktversagen beseitigen könnte, da es sich um eine globale Angelegenheit zwischen souveränen Staaten handelt, was die Probleme noch ver-

166 Vgl. Cansier, D. (1996), S. 21ff.; Böhringer, C. (2008), S. 236.

167 Die Staaten bestimmen ihr optimales Umweltschutzniveau, um ihre individuelle nationale Wohlfahrt zu maximieren. Die gewünschte Umweltqualität ist abhängig von der gesellschaftlichen Schadensfunktion und den gesellschaftlichen Vermeidungskosten. Der Staat wird seine Umweltschutzaktivitäten soweit ausdehnen, bis die Grenzvermeidungskosten den Grenzschadenskosten entsprechen. Insgesamt entspricht dieses Kalkül dem NASH-Gleichgewicht für private Güter, in dem die individuellen Grenzkosten dem individuellen Grenznutzen entsprechen. Die optimale Umweltqualität bzw. Emissionsmenge ist damit abhängig von der Höhe der Grenzkosten und dem Grenznutzen. Die Umweltqualität bzw. die Emissionsminderungen sind umso höher, je geringer die Grenzvermeidungskosten sind und je höher der Grenznutzen der Minderung ist. Diese Lösung führt für die globale Umweltqualität zu einem suboptimalen Ergebnis, in dem eine zu geringe Minderungsmenge bzw. Umweltqualität bereitgestellt wird, da sich die Länder nur an ihren individuellen Grenzvermeidungskosten orientieren. Um die optimale globale Umweltqualität bzw. die Emissionsminderung zu bestimmen, müssten sich die Länder an den globalen Grenzschadenskosten orientieren. Nach der LINDAHL/SAMUELSON-Bedingung entspricht die optimale Umweltqualität dann dem Punkt, in dem die nationalen Grenzvermeidungskosten der globalen Summe der geminderten Schäden (globalen Grenzschadenskosten) entsprechen. Dabei ist es unerheblich, ob die Minderungsmaßnahmen im eigenen Land oder in einem anderen Land durchgeführt werden. Die Länder mit den niedrigsten Grenzvermeidungskosten, die die Klimaschutzmaßnahmen günstig durchführen können und hohe Beiträge zur Reduktionsmenge aufbringen, werden dadurch mehr belastet als die Länder mit hohen Grenzvermeidungskosten. Dieser Nettoverlust könnte durch eine Kompensationsabgabe durch die anderen profitierenden Länder ausgeglichen werden, jedoch behindern auch die Transaktionskosten einen Ausgleich. Vgl. Cansier, D. (1996), S. 25ff.; Endres, A. (2008), S. 351.

168 Vgl. Petersen, T. (2008), S. 502f.

schärft.[169] Hierfür ist der Begriff des Marktversagens irreführend. Eine Voraussetzung für den marktlichen Allokationsmechanismus ist die Zuweisung von privaten Nutzungsrechten an Güter oder einzelne Faktoren, was theoretisch durchaus möglich ist (zu erwähnen wäre hier das Modell und die Praxis des europäischen Emissionshandels). Bei globalen Umweltgütern ist dies aber gemäß vorangegangener Diskussion praktisch nicht möglich, weshalb der Markt als Allokationsmechanismus de facto ausscheidet. Aufgrund dieses Sachverhalts müssen die Staaten die Aufgabe der Allokation übernehmen, da sie die Wirtschaftsordnungen bestimmen. Kommt es zu schädlichen Umweltbelastungen, liegt dies im falschen Verhalten des Staates bzw. der Staaten begründet. Somit muss in diesem Zusammenhang eher von einem Staats- bzw. Demokratieversagen denn von einem Marktversagen gesprochen werden.[170]

2.3.2.2. Anlässe für Klimaschutzabkommen

Der Klimaschutz kann theoretisch wegen des Gefangenendilemmas nicht zustande kommen. Trotzdem gibt es Länder, die Klimaschutzmaßnahmen durchführen, obwohl alle anderen auch davon profitieren können, ohne dafür zu bezahlen. BARETT zeigt auf, dass es sich durchaus für die Staaten lohnen kann, internationalen Umweltschutzabkommen beizutreten[171] und sich entgegengesetzt zur üblichen Strategie im Gefangendilemma in Form der Nicht-Kooperation zu verhalten. Im Folgenden soll daher ein kurzer Blick auf mögliche Sachverhalte geworfen werden, die den Ausgang des Gefangenendilemmas verändern. In der Theorie handelt es sich grundsätzlich um ein Gefangenendilemma mit mehreren Individuen bzw. Staaten. Der nächstliegende Weg, Fehlanreize zu minimieren, ist die Kombination der Klimaschutzverträge mit anderen Verträgen (z. B. Handels- oder Technologieabkommen). Die Staaten hätten dann einen Anreiz, die sie betreffenden Emissionsminderungen auch umzusetzen. Wenn die Staaten den Verpflichtungen nicht nachkommen, müssen sie mit Nachteilen aus den kombinierten Abkommen rechnen.[172]

Ein wichtiges Argument für den Beitritt zu Umweltschutzabkommen ist die öffentliche Nachfrage nach Klimapolitik. Der Stellenwert des Umweltschutzes ist in den letzten Jahren erheblich gestiegen und lag teilweise über jenem, welcher dem Thema Arbeitslosigkeit eingeräumt wurde. Diese hohe Präferenz führte zu einem politischen Aktionismus, dem aber oftmals keine entsprechende Zah-

---

169 Vgl. Böhringer, C./Vogt, C. (2001), S. 2ff.

170 Vgl. Cansier, D. (1996), S. 45f.

171 Vgl. Barrett, S. (1994), S. 878ff., aber sehr ausführlich dazu auch Finus, M. (2008), S. 1ff.

172 Vgl. Böhringer, C./Vogt, C. (2003), S. 87.

lungsbereitschaft der Konsumenten gegenüber stand und steht. So gibt es evtl. zwar einen Beitritt zu Klimaschutzabkommen, aber Ökonomen befürchten in diesen Fällen eher eine symbolische Politik ohne konkrete Minderungsmaßnahmen. Damit nähert sich dieses Verhalten wieder der Nicht-Kooperation an[173], weil die Präferenzerhöhung nicht die Gefahr des Gefangenendilemmas ausschaltet. Trotzdem verstärkt die Präferenzerhöhung die nationalen Klimaschutzbemühungen, da die Grenznutzenkurve jetzt auf einem höheren Niveau verläuft. Dies hat aber keine Auswirkungen auf das globale Optimum.[174]

Das Problem des Gefangenendilemmas ist grundsätzlich von der Höhe der Kosten und des Nutzens abhängig, was sich in der Realität kaum konkret quantifizieren lässt. Die tatsächlichen Kosten und der Nutzen können nicht mit absoluter Sicherheit bestimmt werden. Die Unsicherheit über die Kosten und den Nutzen können den Ausgang des Gefangenendilemmas im Klimaschutz erheblich beeinflussen. Die Länder kennen allenfalls ihre wahrscheinlichen Kosten und den möglichen Nutzen sowie vorhandene Erwartungswerte. Hinzu kommt das Problem der Risikowahrnehmung, das ebenfalls den Ausgang des Gefangenendilemmas bestimmen kann. Sind die Entscheidungsträger risikoneutral, ändert sich am Ausgang des Spiels nichts und es ist weiterhin individuell rational, sich nicht am Klimaschutz zu beteiligen. Diese Haltung ist aber nicht generell zu vermuten. Entscheidungsträger können auch risikoscheu (risikoavers) sein. Dies führt dazu, dass den Ländern nur eine bestimmte Bandbreite des Kosten-Nutzen-Verhältnisses bekannt ist. Diese Bandbreite wird mit dem zunehmenden Klimawandel immer größer und im Umkehrschluss mit der zunehmenden Vermeidung von CO_2-Emissionen kleiner. Eine große Bandbreite wird von den risikoaversen Ländern negativ bewertet und resultiert in einem Beitritt zu Klimaschutzabkommen.[175] Der Klimaschutz dient damit als eine Art Versicherung, um sich vor den Risiken des Klimawandels zu schützen. Dafür muss aber auch Bereitschaft bestehen, die Prämie für die Versicherung zu zahlen.[176] Die Kosten des Klimaschutzes werden von den Wissenschaft geringer als die Kosten des Klimawandels veranschlagt (siehe 2.2.4).[177] Überdies sind auch viele Entscheidungsträger bereit, den Klimaschutzabkommen beizutreten und vom individuellen rationalen Kalkül abzuweichen, wenn weniger Moral geopfert werden muss. Dies bedeutet: Wenn der jeweilige Nutzen schon ungleich ist, müssen von den Entscheidungs-

173 Vgl. Böhringer, C./Vogt, C. (2001), S. 3ff.; Böhringer, C./Vogt, C. (2003), S. 89ff.
174 Vgl. Endres, A. (2008), S. 370.
175 Vgl. Endres, A./Ohl, C. (2000), S. 183ff.; Endres, A./Ohl, C. (2003), S. 378ff.
176 Vgl. Endres, A. (2008), S. 366ff.
177 Vgl. Kemfert, C. (2005), S. 213ff.; Stern, N. (2007), S. 211ff.; Wissenschaftlicher Beirat der Bundesregierung Globale Umweltveränderungen (2007), S. 13.

trägern die Kosten minimiert werden, indem sie zu kostensenkenden Instrumenten des Klimaschutzes (z. B. Emissionshandel) greifen (siehe Kapitel 4.1.5.2).[178]

Ein weiteres wichtiges Argument für Klimaschutzabkommen ist die Generierung von Pionierrenten. Die Vorreiter müssen nicht mehr Reduktionsverpflichtungen übernehmen als sich später anschließende Länder. Doch können sie die Möglichkeit nutzen, kostengünstige Maßnahmen zu entwickeln, die sie später anderen Ländern anbieten können. Diese neuen Technologien können dann an die anderen Länder verkauft werden und eine weitere spezifische Nachfrage an Klimaschutztechnologien auslösen. Dies führt gegenüber anderen Ländern zu temporären Wettbewerbsvorteilen. Überdies könnte die nationale Vorreiterrolle auch andere Staaten dazu animieren, Klimaschutzmaßnahmen durchzuführen. Nach Erreichen einer überschaubaren Zahl an Vorreitern könnte auch der Rest der Welt für den Klimaschutz gewonnen werden, sodass sich tatsächlich ein globaler Klimaschutz einstellen könnte.[179]

Klimaschutzabkommen sind allerdings keineswegs nur positiv zu sehen; durch die Abkommen können fatale falsche Anreize entstehen. Der Normalfall bei der Emissionssenkung ist eine Reaktion des Angebots; wenn das Angebot vollkommen elastisch ist, reagiert das Angebot sofort auf die Nachfragereduzierung aus den Klimaschutzmaßnahmen. Diese Reaktion schlägt sich in einer Verringerung der Emissionen nieder, die eine Verlangsamung des Klimawandels bewirken könnte. Doch muss die Reaktion nicht zwangsläufig so ausfallen.[180] Es kann auch andere Reaktionen auf Klimaschutzmaßnahmen geben, die sich aus der Elastizität des Angebots ergeben. Entscheidet sich z. B. eine Staatengruppe dafür, Klimaschutzmaßnahmen durchzuführen und die Emissionsmengen zu reduzieren, indem fossile Energieträger durch erneuerbare Energieträger ersetzt werden, wird die nachgefragte Menge an fossilen Energieträgern zurückgehen (siehe Abbildung 6: Der *Leakage-Effekt*). Dieser Rückgang zieht eine Preissenkung auf dem Weltmarkt von P^* zu P^{**} nach sich. Die sinkenden Weltmarktpreise führen wiederum dazu, dass die Nachfrage nach fossilen Energieträgern aufgrund des preisunelastischen Angebots von anderen Ländern angeregt wird, was letztlich wieder in einem Anstieg der Emissionen mündet. Die Wirkung der eigentlichen Emissionsreduzierung verpufft.[181] Der Verbrauch liegt aufgrund des

---

[178] Vgl. Endres, A. (2007a), S. 10

[179] Vgl. Bardt, H. (2005), S. 262ff.

[180] Vgl. Sinn, H.-W. (2008b), S. 113ff.

[181] Die Theorie dieses *Leakage*-Effekts lässt sich aus dem Cournot-Oligopol mit Mengenwettbewerb herleiten. Der Gewinn des einzelnen Oligopolisten hängt von der aggregierten Angebotsmenge aller Anbieter ab. Senkt ein oligopolistischer Anbieter seine Angebotsmenge, so führt dies zu einer neuer Mengenaufteilung der anderen Anbieter. Diese

Leakage-Effektes letztendlich wieder auf dem gleichen Niveau wie vor bzw. ohne Durchführung der Klimaschutzmaßnahme. Mithin subventionieren die Klimaschutzländer die Nachfrageausweitung der eigentlichen Klimasünder und ermöglichen diesen einen emissionsintensiveren Wachstumsprozess. Die Kosten tragen die Klimaschutzländer, während für die „Klimasünder" keine zusätzlichen Kosten entstehen.[182] Dieser Effekt wird von den Klimaschutzländern antizipiert und reduziert den Anreiz, Klimaschutzabkommen beizutreten.[183]

Abbildung 6: Der *Leakage*-Effekt

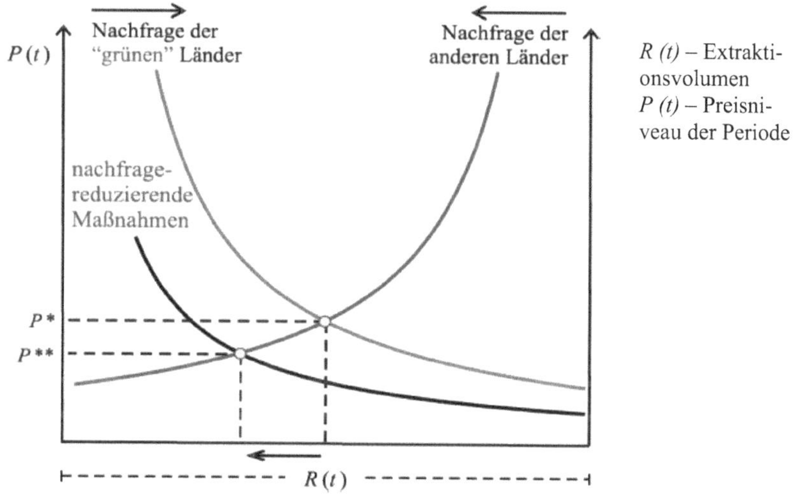

Quelle: Sinn, H.-W. 2008b, S. 116.

Der Verpuffungseffekt ist von vielen Determinanten abhängig: Die Größe und Lage des Landes spielt neben der Angebotskurve bzw. Preiselastizität des Angebots eine große Rolle. Überdies wird der Effekt von der Preiselastizität der Nachfrage und Substitutionselastizitäten zwischen den Energieträgern bestimmt.[184] Die Preiselastizität des Angebots bestimmt die Höhe des *Leakage*-Effektes. Ist das Angebot vollkommen starr, ergibt sich ein Kompensationsef-

Reaktion kann über die Reaktionsfunktionen der Oligopolisten abgebildet werden. Die Reaktionsfunktionen sind in diesen Fall allgemein negativ, dies führt dazu, dass wenn ein Oligopolist seine Menge senkt, es für die anderen rational ist, ihre Angebotsmenge im Umfang der Reduktion auszuweiten. Vgl. Endres, A. (2008), S. 354ff.

182 Vgl. Sinn, H.-W. (2008b), S. 113ff.

183 Vgl. Endres, A. (2008), S. 354ff.

184 Vgl. Gerlagh, R./Kuik, O. (2007), S. 3ff.

fekt von 100 %. Verbrauchseinsparungen verursachen eine Preissenkung, die wiederum eine Zusatznachfrage der anderen Länder auslöst, welche genau der Reduktionsmenge entspricht. Die Klimaschutzmaßnahmen werden demnach von der Nachfrageausweitung zunichte gemacht und die Geschwindigkeit des Klimawandels wird letztlich nicht im Geringsten beeinflusst. Derartige Abläufe haben Auswirkungen auf die Umweltpolitik. Eine zunehmende Einsparung an Emissionen begünstigt den Klimawandel noch, deswegen müssten die Instrumente nicht nur auf die Nachfrage- sondern auch auf die Angebotsseite abgestimmt werden.[185] Die Wissenschaft hat bereits empirische Studien zur Höhe des *Leakage*-Effekts vorgelegt. Das IPCC bietet in seinem letzten Sachstandsbericht einen Überblick über die verschiedenen Ergebnisse und schätzt den tatsächlichen *Leakage*-Effekt auf 5–20 %.[186]

2.4. Die „Synthese" zur „ökologischen Revolution"

2.4.1. Die Auslöser für eine ökologische Umwälzung

2.4.1.1. Das traditionelle quantitative Wachstum

Die Treibhausgasemissionen sind seit der Industrialisierung um 1860 sehr stark angestiegen. Der Hauptgrund wird im starken Wirtschaftswachstum gesehen. Unter dem Begriff Wirtschaftswachstum sind in der Wissenschaft viele verschiedene Definitionen bekannt. Eine einfache Definition bezeichnet „Wirtschaftswachstum als laufende Vergrößerung der volkswirtschaftlichen Güterproduktion bei konstanten Strukturen."[187] Die Strukturen einer Volkswirtschaft sind aber nicht konstant und können sich durch Präferenzverschiebungen der Konsumenten oder durch Veränderung der relativen Preise wandeln. Die Struktur der Volkswirtschaft muss in umweltbezogene Überlegungen einbezogen werden, da sich aufgrund des Strukturwandels auch die Umwelt ständig verändert. Dies muss sich nicht zwangsläufig negativ auf die Umwelt auswirken (siehe 2.4.2 und 2.4.2.2).[188]

Das Sozialprodukt ist in den meisten Ländern in den letzten 150 Jahren mit einem relativ stetigen Wachstum stark angestiegen[189] und wird allgemein über die

185 Vgl. Sinn, H.-W. (2008b), S. 113ff.

186 Vgl. Barker, T. B. I./Alharthi, A. et al. (2007), S. 622 und 665.

187 Wissenschaftlicher Beirat der Bundesregierung Globale Umweltveränderungen (1993), S. 137 auch vgl. Luks, F. (2001), S. 23; Rogall, H./Meier, M. et al. (2006), S. 191.

188 Vgl. Wissenschaftlicher Beirat der Bundesregierung Globale Umweltveränderungen (1993), S. 137f.

189 Vgl. Rogall, H. (2008), S. 124.

Veränderung des BIP bzw. BSP gemessen.[190] Dieses Wachstum ist für alle Länder notwendig, um Arbeitslosigkeit zu vermindern und die Staatshaushalte zu stabilisieren. Zum Beispiel hat in China das Wirtschaftswachstum oberste Priorität, um die Armut in China zu lindern und Beschäftigung für die Bevölkerung zu sichern (siehe 2.4.1.2).[191] Wirtschaftliches Wachstum wird von der Politik als notwendig erachtet und wurde sogar in einigen Ländern gesetzlich verankert[192], um den Nutzen der Menschen zu steigern und deren Bedürfnisse zu befriedigen sowie Knappheiten zu überwinden.[193] Stagnierendes oder gar rückläufiges Wirtschaftswachstum birgt Risiken. Die Einkommen der Bevölkerung steigen nicht mehr. Kommt es zu Produktivitätssteigerungen, steigt die Arbeitslosigkeit, wenn die Arbeitszeit nicht angepasst wird. Zudem wirkt sich mangelndes Wirtschaftswachstum auf den Staatshaushalt aus; das Angebot öffentlicher und meritorischer Güter bleibt bei stagnierendem Staatshaushalt bestenfalls konstant. Außerdem hat eine Wachstumsschwäche Folgen für die Sozialkassen, wenn die Kosten bei gleichbleibenden Einnahmen steigen.[194]

Andererseits kann Wachstum durchaus auch weitere negative Folgen haben. Besonders bedeutend sind die ökologischen Gefahren, die durch das Wachstum entstehen können. Zusätzliche Mengen an Treibhausgasen können freigesetzt werden, was die positiven Wachstumseffekte mindern kann. In Modellrechnungen wird davon ausgegangen, dass die Schadstoffmenge exponentiell zunimmt, was in direktem Zusammenhang mit Wirtschaftswachstum und technischem Fortschritt stehe.[195] Produktionsausweitungen führten zu einem steigenden Ressourcenverbrauch – Energie und weitere Inputfaktoren –, die eine Ausweitung der Treibhausgasemissionen und einen beschleunigten Abbau von erneuerbaren und nicht erneuerbaren Ressourcen bewirken. Auch erneuerbare Ressourcen

---

[190] Das BIP bzw. BSP wurde als Vergleichsmaßstab in den dreißiger Jahren von KUZNETS entwickelt und ermöglicht einen Vergleich im Zeitablauf sowie auch einen Vergleich zwischen verschiedenen Ländern. Das BIP ist der aggregierte monetäre Wert aller im Inland erzeugten Waren und Dienstleistungen. Während das BSP der aggregierte monetäre Wert aller erzeugten Waren und Dienstleistungen von Inländern ist, die Erzeugung kann damit auch im Ausland geschehen. Vgl. Kommission der Europäischen Gemeinschaften (2009a), S. 2.

[191] Vgl. Bohnet, M. (2008a), S. 2.

[192] Das Ziel Wirtschaftswachstum wurde in Deutschland 1967 sogar gesetzlich verankert. Im § 1 S. 2 StabG hat sich die Bundesrepublik u. a. ein stetiges und angemessenes Wirtschaftswachstum als Ziel gesetzt. Vgl. Krumm, R. (1996), S. 98ff.

[193] Vgl. Wissenschaftlicher Beirat der Bundesregierung Globale Umweltveränderungen (1993), S. 139; Rogall, H. (2008), S. 125f.

[194] Vgl. Rogall, H./Meier, M. et al. (2006), S. 191f.

[195] Vgl. Meadows, D. (1987), S. 59.

können über ihre natürliche Regenerationsfähigkeit hinaus beansprucht werden. Problematisch wird dies, weil der Ressourcenbestand zeitlich versetzt reagiert und die Ressourcen nicht sofort wieder verfügbar sind. Beide Effekte haben zur Folge, dass der Kapitalstock der Natur schwindet und nur noch teilweise durch Real- und Humankapitel substituiert werden kann.[196] Trotz Wachstums könnte es dann zu einem negativen Gesamteffekt kommen.[197]

Der theoretische Nachweis über die Abhängigkeit der ökologischen Belastung vom Wirtschaftswachstum kann fundiert erbracht werden. Der empirische Nachweis ist schwierig. Dennoch kann empirisch ein langfristiger Zusammenhang zwischen Wirtschaftswachstum und Schadstoffemissionen hergestellt werden.[198] Im Zuge der Industrialisierung sind viele Länder stark gewachsen. Infolge des globalen Wachstums sind die weltweiten Treibhausgasemissionen in den letzten 40 Jahren weiter angestiegen (Abbildung 7: Zusammenhang zwischen globalem BIP und dem Ausstoß von CO2-Emissionen).

196 Es gibt noch weitere Gefahren (z. B. soziale und kulturelle), die an dieser Stelle aufgrund eines anderen thematischen Bezugs nicht weiter diskutiert werden können. Vgl. Rogall, H. (2008), S. 126.

197 Vgl. Luks, F. (2001), S. 25.

198 Im Bereich des Zusammenhangs zwischen Energieverbrauch und Wirtschaftswachstum gibt es eine Fülle von Studien, die statistisch einen Nachweis zwischen beiden Variablen erbringen möchten. Dabei sind die Ergebnisse sehr unterschiedlich. Die Studien sind vor dem Hintergrund interessant, dass die meisten CO_2-Emissionen bei der Energieerzeugung entstehen. Neue statistische Untersuchungen weisen einen Zusammenhang zwischen Energieverbrauch und Wirtschaftswachstum nach, wobei die beiden Variablen sich aber nicht gegenseitig bedingen. Vgl. Belke, A./Dreger, C. et al. (2010), S. 5ff.

Abbildung 7: Zusammenhang zwischen globalem BIP und dem Ausstoß von CO_2-Emissionen

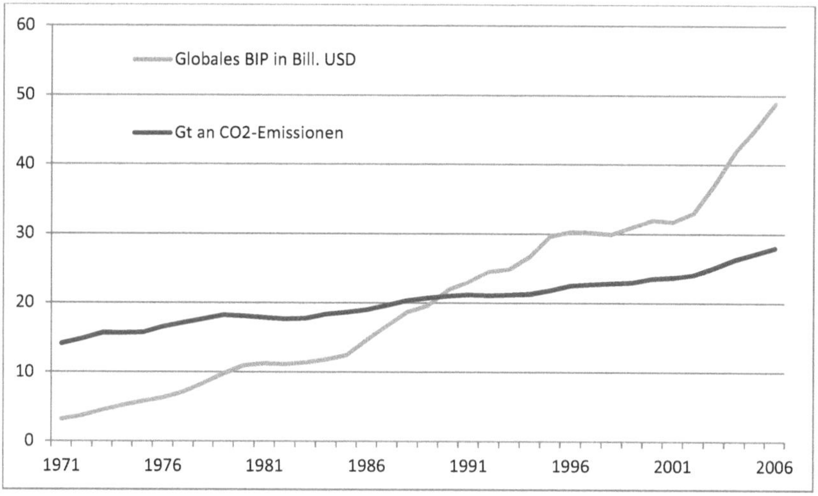

Quelle: eigene Darstellung; Daten: International Energy Agency 2008a und Statistisches Bundesamt.

Wird der Emissionsausstoß eines Landes in Abhängigkeit vom Einkommen betrachtet, können noch weitere Zusammenhänge beobachtet werden. In empirischen Studien kann nachgewiesen werden, dass Volkswirtschaften in ihrer Entwicklung verschiedene Stadien durchmachen. Zu Beginn einer Industrialisierungsphase werden mit dem Wachstum und mit steigendem Pro-Kopf-Einkommen (BIP pro Kopf) auch die Umweltbelastungen größer und erreichen bei einem bestimmten Einkommen ihr Maximum. Danach fallen mit jeder weiteren Erhöhungen des Pro-Kopf-Einkommens die Werte für Umweltbelastungen aufgrund verschiedener sozioökonomischer Änderungen wieder ab (Abbildung 8: Theoretischer Zusammenhang zwischen Wirtschaftswachstum und Umweltbelastung).[199] Aufgrund der U-förmigen Kurve wird dieser Zusammenhang als *Environmental Kuznets Curve* (EKC) bezeichnet. Eine sozioökonomische Ursache könnte in den Präferenzen der Bevölkerung für die Umwelt liegen. Sind die Präferenzen relativ gering ausgebildet, führt dies zu einer steigenden Umweltbelastung. Sind die Präferenzen relativ hoch ausgebildet, wächst das Umweltbewusstsein und entsprechend verstärken sich Umweltschutzaktivitäten. Ein ähnlicher Zusammenhang kann für das Einkommens- und Bildungsniveau hergeleitet werden. Mit steigenden Einkommen bzw. mit höherer Bildung wird die Wahr-

---

[199] Vgl. Arrow, K. J./Bolin, B. et al. (1995), S. 520; Simonis, U. E. (2005), S. 6f.

nehmung von Umweltproblemen bzw. der Umwelt insgesamt höher.[200] Überdies können Investitionen in die Entwicklung umweltfreundlicherer Technologien induziert worden sein, die die Effizienz der jeweiligen Güterproduktion erhöhen und die zunehmende Knappheit der natürlichen Ressourcen kompensieren sollen. Die Effizienzsteigerungen bewirken einen geringeren Input an Ressourcen, sodass die Ressourcenbestände geschont werden könnten.[201] Das Wachstum der Wirtschaft hätte damit seinen Schrecken für die Umwelt verloren und würde sogar zur Lösung des Problems beitragen, da reiche Länder eine geringere Umweltbelastung verursachen.[202]

Abbildung 8: Theoretischer Zusammenhang zwischen Wirtschaftswachstum und Umweltbelastung (EKC)

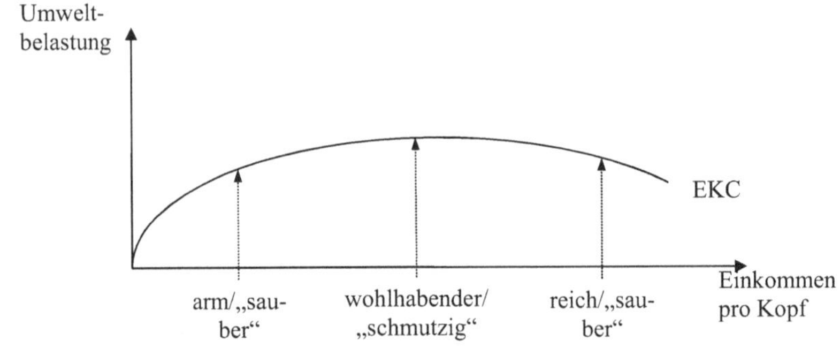

Quelle: eigene Darstellung.

Doch gilt diese Kurve nicht für alle Schadstoffe. Exemplarisch konnte dieser Zusammenhang vor allem bei Stick- und Schwefeloxiden gefunden werden.[203] In einigen Fällen konnte nur eine Entkopplung oder gar keine Abhängigkeit zwischen Pro-Kopf-Einkommen und Belastungsgrad festgestellt werden. Der positive Zusammenhang kann auf den gesamtwirtschaftlichen Strukturwandel, bei der die besonders „schmutzige“ Industrie in andere Länder abgewandert ist, oder auf eine Veränderung der Schadstoffzusammensetzung zurückgehen. Ein Schadstoff wird durch einen anderen abgelöst, wobei die Gesamtemissionsmen-

200 Vgl. Sachverständigenrat für Umweltfragen (2008), Tz. 64. Eine genauere und detaillierte Analyse der Wahrnehmung der Umwelt auch im Zeitablauf findet sich in Kuckartz, U./Rheingans-Heintze, A. (2006), S. 49ff.

201 Vgl. Pittel, K. (2004), S. 539.

202 Vgl. Stern, D. I. (2003), S. 4.

203 Eine detaillierte Übersicht der Untersuchungen von verschiedenen Autoren über verschiedene Stoffe findet sich in Lieb, C. M. (2004), S. 485. Vgl. Stern, D. I. (2003), S. 8.

ge konstant bleibt.[204] Der Zusammenhang kann richtig sein, jedoch kann bereits in der ersten Phase die maximale Aufnahmefähigkeit der Senken erreicht worden sein und es können bereits irreversible Schäden vorliegen. Überdies endet der Emissionsausstoß nicht. Es kommt trotz der inversen U-Form der Kurve zu weiteren Emissionsausstößen. Der spätere Abfall der Kurve führt dann zwar zu einer geringeren Neubelastung, dennoch ist nach wie vor eine steigende Gesamtbelastung zu verzeichnen. Der Nachweis des positiven Zusammenhangs zwischen Umweltbelastung und Einkommen weist trotz seiner fundierten Grundlage doch erhebliche Schwächen auf.[205] In Deutschland hat sich in letzten 20 Jahren die Abhängigkeit zwischen der Entnahme von Rohstoffen und dem Wirtschaftswachstum verändert. Die Entnahmeentwicklung hat sich stark von der Entwicklung des BIP abgekoppelt.[206] Es kann aber auch ein gegenteiliger Effekt bestehen, welcher hauptsächlich beim CO_2 zu beobachten ist: Mit steigendem Wachstum kommt es auch zu einer steigenden CO_2-Konzentration in der Luft (siehe Abbildung 7: Zusammenhang zwischen globalem BIP und dem Ausstoß von CO2-Emissionen).[207] Deshalb kann das Wirtschaftswachstum gegenwärtig nicht viel zur Lösung des Umweltproblems beitragen und durch Wachstum bzw. Einkommenssteigerung wird keine bessere Umweltqualität erreicht.[208]

Der CLUB OF ROME veröffentlichte 1972 eine Studie zu den Grenzen des Wachstums. In den dort niedergelegten Modellen wurden die negativen Folgen des Wachstums illustriert; Engpassfaktoren des Wachstums wurden bestimmt. Die Autoren definierten Wirtschaftswachstum als Durchflusswachstum, welches ab einem bestimmten Zeitpunkt zum Problem werde, da die nicht erneuerbaren Ressourcen erschöpft seien und nur ungenügende bzw. gar keine Substitutionsmöglichkeiten zum Naturkapital existierten.[209] Als Engpassfaktoren haben sie daher die begrenzte Verfügbarkeit der nicht erneuerbaren Ressourcen und deren Verbrauch als Faktor, der das Wachstum limitiert, bestimmt. Auf der Output-Seite identifizieren sie die beschränkte Aufnahmekapazität der Atmosphäre[210] und die Ozonzerstörung durch künstliche Klimagase als wachstumsbegrenzende Determinanten.[211] Diese Engpassfaktoren bewirken ohne Interventionen ab ei-

---

204 Vgl. Pittel, K. (2004), S. 540f.

205 Vgl. Binswanger, H. C. (2006), S. 23f.

206 Vgl. Statistisches Bundesamt (2008), S. 5ff.

207 Vgl. Stern, D. I. (2003), S. 8f.; Lieb, C. M. (2004), S. 485.

208 Vgl. Arrow, K. J./Bolin, B. et al. (1995), S. 521; Binswanger, H. C. (2006), S. 24.

209 Vgl. Wissenschaftlicher Beirat der Bundesregierung Globale Umweltveränderungen (1993), S. 139ff.

210 Vgl. Meadows, D. (1987), S. 59ff.

211 Vgl. Meadows, D. H./Meadows, D. L. et al. (1993), S. 122ff.

nem bestimmten Zeitpunkt einen Zusammenbruch des Systems und infolgedessen eine Abnahme der Bevölkerungszahlen, der Lebenserwartung, der Versorgung mit Konsumgütern und Nahrungsmitteln. Die Studie präsentiert bestimmte Szenarien, wie die Engpassfaktoren beseitigt werden könnten und welche Folgen dies hätte. Doch kommen die Autoren zu der Auffassung, dass eine Intervention den Zusammenbruch nur hinausschiebe, nicht verhindere. Anfangs wurde angenommen, dass die Grenzen noch weit entfernt sind. Zwischenzeitlich wurde deutlich, dass sie zum Teil schon erreicht oder gar überschritten worden sind[212] und dringend Maßnahmen gegen die dramatischen Veränderungen ergriffen werden müssen, um die Entwicklung aufzuhalten, die nicht zuletzt in einem massiven Wohlstandsverlust münden würde.[213]

Die Grenzen können sich verändern, denn sie werden durch eine gesellschaftliche Diskussion festgelegt. Diese erlaubt zwar eine Ausdehnung der Grenzen, aber wiederum begrenzt durch andere Grenzen. Die Grenzen können durch Substitute verschoben werden, aber es gibt nicht für alle wirtschaftlich essenziellen Stoffe umweltfreundliche Alternativen. Die Substitution wird dann zu einer politischen Herausforderung, da natürliche Grenzen, physikalische Gesetze und ökonomische Restriktionen die Substitution behindern.[214]

Neben dem Wachstum der Wirtschaft ist ein weiterer Grund für den Emissionsanstieg die steigende Bevölkerungszahl. Den Zusammenhang zwischen Bevölkerungswachstum und Elend benannte bereits MALTHUS um 1800. Er erkannte, dass das Wachstum der Bevölkerung irgendwann eine Grenze erreichen werde, weil die Nahrungsmittelproduktion, die nur linear ansteigen könne, mit dem exponentiellen Wachstum der Bevölkerung nicht Schritt halten könne. Die zunehmende Knappheit der Ressourcen und das Wachstum der Bevölkerung führten zu einer Verelendung und Verarmung.[215] Unter anderem die Überlegungen von MALTHUS aufgreifend kam es in den 1970er-Jahren seitens des CLUB OF ROME ebenfalls zur wissenschaftlichen Debatte über die Folgen des Bevölkerungswachstums. MEADOWS stellt die These auf, dass die Wachstumsrate der Bevölkerung über dem exponentiellen Wachstum liege, denn auf Erde lebten 1650 etwa 500 Mio. Menschen mit einer Wachstumsrate von 0,3 % pro Jahr. Die Weltbevölkerung hätte sich bei dieser Wachstumsrate in 250 Jahren verdop-

---

212 Vgl. Meadows, D. H./Meadows, D. L. et al. (1993), S. 10ff.; Wissenschaftlicher Beirat der Bundesregierung Globale Umweltveränderungen (1993), S. 157f.; Meadows, D./Randers, J. et al. (2007), S. 1ff.

213 Vgl. Wissenschaftlicher Beirat der Bundesregierung Globale Umweltveränderungen (1993), S. 140.

214 Vgl. Luks, F. (2001), S. 185ff.; Altvater, E. (2009), S. 62ff.

215 Vgl. Malthus, T. R. (1820); Malthus, T. R./Gilbert, G. (1999).

peln müssen. Doch betrug die Bevölkerungszahl 1970 bereits 3,6 Mrd. Menschen, und diese Zahl verdoppelte sich unter dem damaligen jährlichem Wachstum von 2,1 % schon wieder in 33 Jahren (siehe Tabelle 5: Entwicklung der Weltbevölkerung von 1950-2010).[216] In Studien wird davon ausgegangen, dass im Jahr 2013 mehr als 7 Mrd. Menschen[217] und im Jahre 2050 zwischen 8 und 11 Mrd. Menschen – die Zahl schwankt in Abhängigkeit von diversen Entwicklungsmöglichkeiten – auf der Erde leben werden, die natürlich auch versorgt werden müssen.[218]

Tabelle 5: Entwicklung der Weltbevölkerung von 1950-2010

Zeit	*1950*	*1960*	*1970*	*1980*	*1990*	*1995*	*2000*	*2005*	*2010*	*2013*	*2050*
Anzahl in Mrd.	2,52	3,02	3,68	4,43	5,29	5,71	6,11	6,51	6,90	7	8-11

Quelle: eigene Darstellung; Daten: (United Nations 2008)

Die Wachstumsrate der Bevölkerung wird von zwei Regelkreisen beeinflusst: zum einen von der Geburtenrate, zum anderen von der Sterberate. Wenn die Sterberate unter die Geburtenrate sinkt, wächst die Bevölkerung weiter an. Dank technischer und anderer Innovationen wurde die Sterberate gesenkt, sodass die Bevölkerungszahlen weiter angewachsen sind.[219] Tatsächlich ist die relative Wachstumsrate der Bevölkerung rückgängig, aber aufgrund der absoluten Größe der Bevölkerung ist das absolute Wachstum der Bevölkerung in den letzten Jahren konstant geblieben.[220]

Die Probleme des Bevölkerungs- und Wirtschaftswachstums sind miteinander verknüpft. Die zunehmende Bevölkerungszahl verursacht einen steigenden Ressourcenverbrauch, denn die Menschen müssen mit Gütern und Produkten versorgt werden, dabei fallen vermehrt Schadstoffe an. Es könnte zu einem verstärkten Effekt kommen, wenn die vorhandenen Senken durch das Bevölkerungswachstum weiter reduziert werden. Dann können noch weniger Schadstoffe absorbiert werden, was wiederum zu einer steigenden Schadstoffbelastung führt. Durch den technischen Fortschritt kann die Ressourceneffizienz gesteigert und die Schadstoffbelastung vermindert werden. Doch ist die Zunahme der Effi-

---

[216] Vgl. Meadows, D. (1987), S. 26.

[217] Vgl. Deutsche Stiftung Weltbevölkerung (2005), S. 1.

[218] Vgl. United Nations (2008), S. 1.

[219] Vgl. Meyer, B. (2008), S. 42f.

[220] Die Wachstumsrate der Bevölkerung wird durch zwei Regelkreise beeinflusst. Einmal durch die Geburtenrate und der negative Regelkreis ist die Streberate. Wenn die Sterberate unter die Geburtenrate sinkt, wächst die Bevölkerung weiter an. Vgl. Meadows, D./Randers, J. et al. (2007), S. 29ff.

zienz in einigen Ländern geringer als das Bevölkerungswachstum, sodass es trotzdem zu einer steigenden Umweltverschmutzung kommt.[221]

Die Problematik des Wirtschaftswachstums ohne Berücksichtigung der Umweltfolgen kann am Beispiel Chinas gut illustriert werden. Im nachfolgenden Teil sollen die Auswirkungen einer solchen Politik kurz dargestellt werden.

2.4.1.2. Kritische Entwicklungen am Fallbeispiel China

Ungezügeltes Wirtschaftswachstum kann regelrecht dramatische Auswirkungen auf die Umwelt haben. So sind in China aufgrund des rasanten Wachstums mehrere große Umweltprobleme entstanden. Mehr als eine Milliarde Menschen sind dadurch hinsichtlich ihrer Lebensgrundlage bedroht. 31 von 50 Städten mit der höchsten Luftverschmutzung weltweit liegen in China. Erkrankungen der Atemwege sind die häufigsten Krankheiten in China.[222] Die Luftverschmutzung verursacht 70–80 % aller Krebserkrankungen bei Chinesen, wobei der Lungenkrebs die häufigste Todesursache dort ist.[223] Das hohe Emissionsaufkommen liegt in der Energieerzeugung begründet, denn 70 % der benötigten Energie wird mit Kohlekraftwerken erzeugt, die als nicht sehr umweltverträglich gelten.[224] China war bis 2005 der zweitgrößte Emittent von Treibhausgasen nach den USA (siehe Abbildung 9: Die Entwicklung der länderspezifischen energiebezogenen CO2-Emissionen von 1900 bis 2005).[225] Im Jahr 2009 hat China die USA als größter Emittent von Treibhausgasen abgelöst, dies ist insofern erstaunlich, als China im Jahr 2000 nur die Hälfte des Ausstoßes der USA verursachte.[226]

---

221 Vgl. Meyer, B. (2008), S. 48.

222 Vgl. Bohnet, M. (2008b), S. 8.

223 Vgl. Rogall, H. (2008), S. 127f.

224 Vgl. Kolonko, P. (2007), S. 3.

225 Vgl. International Energy Agency (2007), S. 192ff.; Sims, R. E. H./Schock, R. N. et al. (2007), S. 261; International Energy Agency (2008b), S. 382ff.

226 Vgl. International Energy Agency (2010), S. 6.

Abbildung 9: Die Entwicklung der länderspezifischen energiebezogenen CO_2-Emissionen von 1900 bis 2005

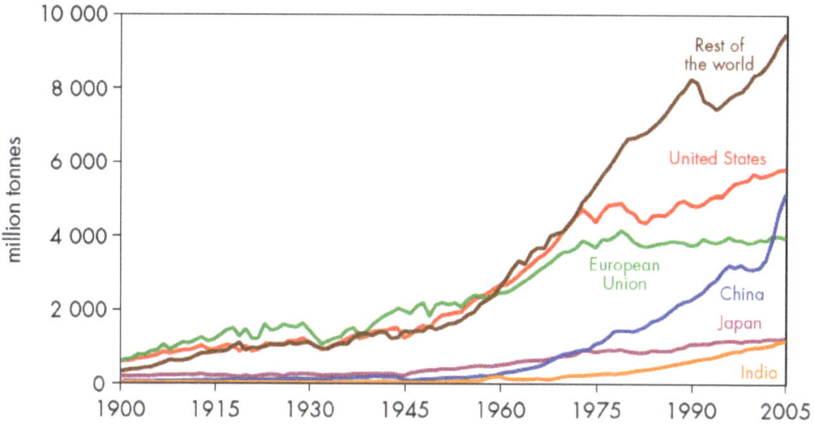

Quelle: International Energy Agency 2007, S. 201.

Nicht nur die Atmosphäre, sondern auch die natürlichen Ressourcen (Wasser und Boden) werden überlastet. Dies führt u.a. zu einer dramatischen Wasserknappheit, die die Mehrheit der chinesischen Städte betrifft. Bereits heute haben 200 Mio. Chinesen keinen Zugang zu sauberem Trinkwasser. Die Lage wird sich in den nächsten 30 Jahren durch den Klimawandel noch weiter verschlechtern und die Verschärfungen könnten zu sozialen Unruhen führen.[227] China hat mit einer zunehmenden Wasserverschmutzung zu kämpfen. Die Hälfte der Flüsse, die zur Trinkwasserversorgung genutzt werden, ist verschmutzt. Diese Probleme betreffen nicht nur China allein, denn die Folgen der Umweltverschmutzung übertragen sich auf andere Länder, vor allem die Nachbarstaaten.[228] Überdies ist die Bodenerosion ein großes Problem. Fast ein Drittel der Fläche ist davon bedroht – dass China wenig bewaldet ist, verschlimmert die Lage zusätzlich. Im Norden des Landes ist eine fortschreitende Desertifikation zu beobachten. Dadurch entstehen Sandstürme, die u. a. Japan und Korea erreichen und dort erhebliche Probleme verursachen.[229] Die Bodenerosion führt dazu, dass in den nächsten Jahren die landwirtschaftliche Nutzfläche um voraussichtlich mehr als 30 % zurückgehen wird. Die Erosion wird durch Landwirtschaft weiter ver-

---

227 Vgl. Wissenschaftlicher Beirat der Bundesregierung Globale Umweltveränderungen (2008), S. 156f.

228 Vgl. Bohnet, M. (2008a), S. 5f.

229 Vgl. Bohnet, M. (2008b), S. 8.

stärkt, wenn die verbleibenden Flächen intensiver genutzt werden müssen, was oftmals mittels unsachgemäßer Düngung erfolgt, welche die verbleibenden Flächen letztlich durch eine fortschreitende Versalzung unbrauchbar für den Anbau macht.[230] Zur Überlastung der natürlichen Medien trägt zudem ein Abfallentsorgungsproblem bei. Die bisherige Abfallentsorgung Chinas ist kaum umweltgerecht; Schadstoffe können ungehindert und unkontrolliert ins Trinkwasser gelangen und führen zu gesundheitlichen Schäden bei der Bevölkerung.[231] Zudem bedroht der Klimawandel China in außerordentlichem Maße. Extremwetterereignisse werden zunehmen und es werden verstärkt Dürren und Starkregenphasen auftreten. Für den Osten des Landes wird davon ausgegangen, dass die Niederschlagsmengen um bis zu 20 % zunehmen werden. Überdies wird die Temperatur überdurchschnittlich steigen.[232]

Die beschriebenen Folgen werden von der chinesischen Regierung mittlerweile ernst genommen. Im Jahr 2005 wurde eine Reihe an Maßnahmen verabschiedet, um eine nachhaltige Entwicklung für China voranzutreiben und die Folgen des Klimawandels zu mildern.[233] So kündigte China 2009 erstmals Klimaschutzziele an, die eine Verminderung der Treibhausgasemissionen[234] bis 2020 vorsehen. Diese Ziele sind aber keineswegs verbindlich im Sinne eines internationalen Klimaschutzabkommens.[235]

2.4.2. Übergang zur Nachhaltigkeit

2.4.2.1. Nullwachstum

2.4.2.1.1. Ziele eines Nullwachstums

Das Beispiel China verdeutlicht eindringlich, welche negativen Folgen quantitatives Wachstum für die Umwelt haben kann. Als Ausweg aus dieser Situation und sinnvolle Alternative sehen einige Ökonomen das „Nullwachstum" an. Im Folgenden soll kurz die Möglichkeit der *steady state economy*, der stationären Wirtschaft, diskutiert werden. Die Idee ist keineswegs neu, MILL äußerte sie bereits Mitte des 19. Jahrhunderts.[236]

---

230 Vgl. Wissenschaftlicher Beirat der Bundesregierung Globale Umweltveränderungen (2008), S. 156f.

231 Vgl. Rogall, H. (2008), S. 127f.

232 Vgl. Wissenschaftlicher Beirat der Bundesregierung Globale Umweltveränderungen (2008), S. 156f.

233 Vgl. OECD (2007), S. 200ff.; Bohnet, M. (2008a), S. 15ff; Bohnet, M. (2008b), S. 8.

234 Die CO_2-Intensität (CO_2-Menge pro Einheit BIP) soll um 40 bis 45 % gegenüber 2005 sinken.

235 Vgl. Geinitz, C. (2009), S. 1.

236 Vgl. Mill, J. S. (1909).

Die Probleme des quantitativen Wachstums können, wie schon beschrieben, nicht durch das Wachstum selbst gelöst werden. Deshalb fordern einige Ökonomen (u. a. DALY) den Verzicht auf physisches Wachstum[237], da dessen Kosten den Nutzen übersteige. Es besteht nach Ansicht der Wachstumskritiker ein Zusammenhang zwischen Wirtschaftswachstum und Umweltschäden; mit einer wachsenden Wirtschaft komme es zu mehr Umweltbelastungen bzw. -schäden. Deshalb müsse der Punkt gesucht werden, an dem sich Grenznutzen und Grenzschaden des Wachstums entsprechen.[238] Das Ziel, das mit einer stationären Volkswirtschaft verfolgt wird, ist die Entkopplung des Materialdurchsatzes (Emissionen) vom Wirtschaftswachstum[239], sodass es lediglich zu einem konstanten Ressourcendurchsatz kommt, wobei die Allokation frei variieren kann.[240] Überdies solle die Wirtschaft auf ein nachhaltiges ökologisches Niveau kommen, auf welchem die Welt bereits vor der Industrialisierung gelebt habe.[241] Um diese Entkopplung zu erreichen, sollen das Sozialprodukt der Wirtschaft und die materielle Ausstattung mit Gütern konstant bleiben, was weitere Umweltschäden vermeide.[242] Den Funktionen des Marktes wird von den Befürwortern des Nullwachstums nicht vertraut, da sie bislang nicht geeignet gewesen seien, die Umweltprobleme zu lösen. Der Markt habe weder der zunehmenden Verknappung etwas entgegensetzen noch eine nachhaltige Allokation der Ressourcen herbeiführen können. Es wird Marktmechanismen somit prinzipiell nicht zugetraut, die ökologischen Probleme zu lösen.[243]

2.4.2.1.2. Kritik am Konzept des Nullwachstums

Das Problem und Paradoxon, das mit Nullwachstum verbunden ist, lautet, dass trotz konstanten Nullwachstums das Niveau der Verschmutzung zunehmen kann. Auch unter den Bedingungen des Nullwachstums werden weiter Emissionen ausgestoßen. Nur der Zuwachs der Emissionen ist auf Null gesunken, durch die stetigen konstanten Emissionen steigt das Verschmutzungsniveau dennoch weiter an (Abbildung 10: Wachstumsrate, Niveau des BSP, Emissionszuwachs und Verschmutzungsniveau unter Nullwachstum). So kann es weiterhin dazu kommen, dass die Emissionen irgendwann die natürlichen Grenzen übersteigen.

---

237 Vgl. Daly, H. E. (1999), S. 52ff.

238 Vgl. Luks, F. (2001), S. 27.

239 Vgl. Luks, F. (2007), S. 123f.

240 Vgl. Daly, H. E./Farley, J. C. (2004), S. 52.

241 Vgl. Luks, F. (2001), S. 28.

242 Vgl. Rogall, H. (2008), S. 130.

243 Vgl. Daly, H. E. (1999), S. 52ff.

In diesem Fall hat das Nullwachstum keinen positiven Einfluss auf die Umweltqualität.[244]

Abbildung 10: Wachstumsrate, Niveau des BSP, Emissionszuwachs und Verschmutzungsniveau unter Nullwachstum

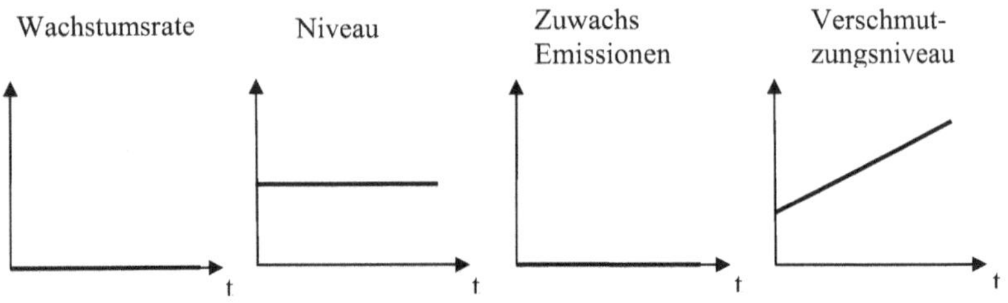

Quelle: In Anlehnung an Krol, G.-J., Karpe, J. 1999, S. 11.

Neben den Problemen für die Umwelt treten auch noch weitere Schwierigkeiten auf. Allgemein wird das Nullwachstum aus verteilungspolitischer Sicht für die Umwelt als wenig problematisch angesehen, denn die Ungleichverteilung des Gutes Umwelt, die in den Gesellschaften bestehe, könne durch ein Gleichgewicht überwunden werden, was zu einer Gleichberechtigung aller führen könne.[245] Das Nullwachstum erlaube Umverteilungen, die niemanden schlechter stelle, denn allen könne absolut mehr gegeben werden, während die relative Umverteilung einige bevorzuge, die überproportional profitierten.[246]

Allerdings sind einige Auswirkungen übersehen worden. Die Einkommensverteilung im Nullwachstum ist wesentlich schwieriger zu lösen als bei einem stetigen positiven Wirtschaftswachstum. Durch die Erhöhung der Anzahl an produzierten Waren und Dienstleistungen steigen die Realeinkommen. Die Umverteilung zugunsten der benachteiligten unteren Schichten kann leichter durchgesetzt werden, da die oberen Einkommensschichten ein konstantes oder sogar wachsendes Realeinkommen haben. Im Nullwachstum würden die oberen Einkommensschichten keinen Ausgleich für den Einkommensverlust erhalten, da das gesamte Volkseinkommen konstant bleibt.[247] Aufgrund des konstanten Volkseinkommens können auch keine zusätzlichen sozialen Leistungen vom Staat angeboten werden.[248]

244 Vgl. Wicke, L./Blenk, L. (1993), S. 581.
245 Vgl. Meadows, D. (1987), S. 160.
246 Vgl. Krol, G.-J./Karpe, J. (1999), S. 12.
247 Vgl. Luks, F. (2007), S. 125.
248 Vgl. Wicke, L./Blenk, L. (1993), S. 583.

Nullwachstum bedeutet einen Verzicht auf Erhöhung der materiellen Ausstattung. Für die reichen Industrieländer stellt dies nur eine geringe Belastung dar. Im Gegensatz dazu dürfte diese Tatsache für die weniger entwickelten Länder eine unüberwindbare Restriktion zur Überwindung von Knappheiten darstellen. Wachstum ist für diese Länder essenziell, um den Wohlstand zu erhöhen. Ein Verzicht auf Wachstum könnte für sie ein ökonomisches und politisches Chaos bedeuten. Überdies träfe ein Verzicht der Industrieländer auf Wachstum die Entwicklungsländer empfindlich, da deren Exportchancen für eigene Produkte sinken würden. Die Wachstumsrate der Entwicklungsländer würde sich damit verkleinern und die internationalen Verteilungsprobleme bestünden weiter.[249]

Eine bedeutende Querverbindung besteht zum Arbeitsmarkt. Verzicht auf Wachstum könnte die Arbeitslosigkeit verstärken, denn aufgrund ökonomischer Effekte (Lernkurveneffekte, Skaleneffekte usw.) kann ein gleichbleibender Output im Zeitablauf immer effizienter produziert werden. Dieses Allokationsproblem würde einen Einfluss auf die Kapitalausstattung haben, denn die Erhöhung des Arbeitsfaktors würde gemäß dem Nullwachstum eine Reduzierung der Kapitalausstattung zu Folge haben. Möchte man den Faktor Kapital konstant halten, führt dies zwangsläufig zu einer Reduzierung der Arbeitszeit, um die steigende Wachstumsrate der Arbeitsproduktivität zu kompensieren.[250] Um diesen Effekt zu vermeiden, kann die Wachstumsrate der Arbeitsproduktivität nur in der Höhe steigen, wie die Arbeitszeit verringert wird, um die Anzahl der Arbeitskräfte konstant zu halten.[251] Doch ist offen, wie diese Wachstumsrate der Arbeitsproduktivität festzulegen wäre, wenn der Markt nur noch eine untergeordnete Rolle spielen soll.[252]

Gemäß dem *steady-state*-Modell spielt die Technologie eine untergeordnete Rolle, da mit ihr eine nachhaltige Wirtschaft nicht zu erreichen sei und sie irgendwann endet, da sie ein exogener Faktor ist. In dieser Hinsicht wird die Bedeutung von Innovationen nicht ausreichend berücksichtigt, denn Technologie kann dazu führen, dass Wachstum und eine Verbesserung der Umweltqualität doch miteinander vereinbar sind, wenn durch Innovationen mehr Güter mit einem geringeren Einsatz produziert werden können. So stimmt der Zusammenhang zwischen Wirtschaftswachstum und steigenden Umweltschäden nicht uneingeschränkt, denn ebenso kann ein umgekehrter Zusammenhang existieren.[253] Außerdem ist technischer Fortschritt notwendig, um die Umwelt zu schützen; es

249 Vgl. Siebert, H. (1998), S. 269; Renn, O. (2007), S. 33.
250 Vgl. Krol, G.-J./Karpe, J. (1999), S. 11f.
251 Vgl. Meadows, D. (1987), S. 158.
252 Vgl. Rogall, H. (2008), S. 130.
253 Vgl. Luks, F. (2001), S. 43.

sind hohe Investitionen vonnöten, um neue, umweltfreundliche Technologie zu entwickeln. Der Verzicht auf Wachstum behindert diesen Vorgang, da die Aufteilung von Arbeit und Kapital relativ unflexibel ist. Generell ist mit dem Ansatz eine wachstumsfeindliche Grundphilosophie verbunden. Neue, umweltfreundliche Technologien könnten das Wachstum stimulieren, doch dieses wird prinzipiell abgelehnt.[254]

Zusammenfassend erscheint die Alternative Nullwachstum wenig hilfreich, um die ökologischen Folgen des Wachstums zu begrenzen. Es kann sogar eher das Gegenteil eintreten, denn auch unter dem Nullwachstum kann es durchaus zu einer Verschlechterung der Umweltqualität und außerdem zu erheblichen Problemen bei der Beschäftigung und Verteilung kommen. Folglich ist das Konzept des Nullwachstums weder eine akzeptable Lösung für die Umwelt noch für die Gesellschaft.

2.4.2.2. Qualitatives bzw. nachhaltiges Wachstum

2.4.2.2.1. Die Ziele und deren Umsetzung

Der Begriff des qualitativen Wachstums entstand bereits in den 70er-Jahren im Zuge der heftig geführten Diskussionen über die Grenzen des Wachstums. Es wurde ein Weg gesucht, wie Wirtschaftswachstum und Umweltverträglichkeit miteinander in Einklang gebracht werden könnten. Es erwies sich, dass das Nullwachstum keine Alternative zum herkömmlichen Wachstum sein kann (s.o.). Das Konzept des qualitativen oder selektiven Wachstums stellt eine weitere Alternative dar. Es soll ökologische Folgen von Wachstum einbeziehen, um den Wohlstand ohne Umweltschäden zu erhöhen. Sowohl Nullwachstum als auch qualitatives Wachstum sind darauf ausgerichtet, die Umweltbelastung vom Wirtschaftswachstum zu entkoppeln.[255] Der Begriff des qualitativen Wachstums wird dann weiterentwickelt zu jenem des nachhaltigen Wachstums, der erstmals im Brundtland-Bericht auftauchte.[256] Die Ideen des nachhaltigen Wachstums sind aber bereits sehr viel älter und gehen auf das frühe 18. Jahrhundert zurück.[257]

---

254 Vgl. Siebert, H. (1998), S. 269.

255 Vgl. Wicke, L./Blenk, L. (1993), S. 588ff.

256 Der Begriff des nachhaltigen Wachstums wird deshalb von vielen Autoren als Synonym für qualitatives Wachstum verwendet. In der weiteren Darstellung wird deshalb immer der Begriff des qualitativen Wachstums verwendet. Vgl. Rogall, H. (2008), S. 132.

257 Vgl. Ott, K. (2009), S. 63.

Das Ziel, das mit dem qualitativen Wachstum verfolgt wird, ist im Gegensatz zum Nullwachstum die Erhöhung der Wohlfahrt bzw. Lebensqualität[258] bei gleichzeitig sinkender oder zumindest gleich bleibender Umweltbelastung durch den verminderten oder konstanten Einsatz nicht erneuerbarer Ressourcen.[259] Qualitatives Wachstum schließt gesamtwirtschaftliches Wachstum nicht aus, vielmehr soll eine nachhaltige Entwicklung erreicht werden, indem das Nationalvermögen einschließlich Umweltkapital und Wachstumspotenzial für die Zukunft erhalten bleibt. Während das Nullwachstum auf den Punkt bezogen ist, an dem Schäden und Nutzen sich entsprechen, ist das qualitative Wachstum mit dem möglichen positiven Nettoeffekt zwischen Nutzen und Umweltschäden verbunden.[260] Dabei ist sogar eine Zunahme des realen Sozialprodukts zulässig[261], die Steigerung der materiellen Bedürfnisse kann auch durch eine Zunahme des Wertes von marktlichen als auch nicht marktlichen Gütern und Leistungen geschehen.[262] Mit dem Wirtschaftswachstum steigen zwar die Mittel, die für den Umweltschutz zur Verfügung stehen, doch wachsen auch die Anforderungen an den Umweltschutz kontinuierlich, da das Wirtschaftswachstum zusätzliche Belastungen mit sich bringt und zudem die Aufwendungen für den Umweltschutz immer höher werden. Die zusätzlichen Mittel, die infolge von Wirtschaftswachstum entstehen, müssen dafür verwendet werden, die negativen Folgen des Wachstums zu korrigieren. Die Korrektur kann dazu führen, dass das Wachstum vollständig für den Umweltschutz aufgezehrt wird und nur noch geringe Teile für andere Zwecke übrig bleiben.[263] Die Verbesserung der Umweltqualität soll mittels technischen Fortschritts und umweltfreundlichen Strukturwandels umgesetzt werden, wobei der Staat die Rahmenbedingungen vorgibt.[264] Des Weiteren bezieht das Konzept des qualitativen Wachstums im Gegensatz zum Nullwachstum mögliche Auswirkungen auf den Arbeitsmarkt ein. Versucht wird, einen möglichst hohen Beschäftigungsstand zu erreichen. Dem Problem der fortschreitenden Arbeitslosigkeit infolge des Verzichts auf quantitatives

258 Die Wohlfahrt ist im Gegensatz zum Wohlstand, der die materielle Ausstattung eines privaten Haushalts erfasst, um mehrere sozioökonomische Komponenten erweitert, denn er umfasst neben dem privaten auch den öffentlichen Bereich mit dessen sozialen Sicherungssystemen. Die Lebensqualität umfasst beide Bereiche und erweitert diese noch um Gesellschaft, Politik, Wissenschaft, Technik und Kultur. Vgl. Majer, H. (1999), S. 332f.

259 Vgl. Binswanger, H. C. (1988), S. 4.

260 Vgl. Wicke, L./Blenk, L. (1993), S. 588ff.

261 Vgl. Bourcarde, K./Tripp, C. (2006), S. 25.

262 Vgl. Binswanger, H. C./Bonus, H. et al. (1981), S. 81ff.

263 Vgl. Binswanger, H. C. (1991), S. 133.

264 Vgl. Rogall, H. (2008), S. 132.

Wachstum soll mit einer entsprechend aktiven Wirtschaftspolitik entgegengesteuert werden.[265]

Im Konzept des nachhaltigen Wachstums wird nicht nur eine intragenerative, sondern auch eine intergenerative Perspektive eingenommen, es schließt also die Verteilung der Ressourcen über die nächsten Generationen hinweg ein. Dabei sollen die Güter und Ressourcen gerecht über die Generationen verteilt werden. Die heutige Generation soll für die zukünftigen Generationen sicherstellen, dass diese über genügend Ressourcen verfügen, um ihre Bedürfnisse zu befriedigen. Der Begriff der Ressourcen wird dabei sehr umfassend verwendet, denn neben der Qualität und Quantität von Rohstoffen wird hierunter auch die umgebende Natur mit ihrer Artenvielfalt und ihren Funktionen verstanden.[266] Volkswirtschaftlich gesehen soll der gesamte Kapitalstock, der aus Sach-, Human- und Naturkapital besteht, allen zukünftigen Generationen in seinem jetzigen Umfang zur Verfügung stehen, um das Wohlfahrtsniveau zu sichern.[267] Die Generation, die den Kapitalstock erhalten hat, soll diesen in der gleichen Qualität und Quantität an die nächste Generation übergeben.[268]

Zu dem Konzept bildeten sich zwei verschiedene Standpunkte heraus: Ein Standpunkt geht davon aus, dass eine vollständige Substitution zwischen Natur- und Sachkapital besteht. Der Verbrauch nicht erneuerbarer Ressourcen könne durch eine Investition in Kapital kompensiert werden (schwache Nachhaltigkeit).[269] Die Substituierbarkeit bei schwacher Nachhaltigkeit wird aber von einigen Autoren grundsätzlich infrage gestellt, da eine Substituierbarkeit zwischen Natur- und Sachkapital in vielen Fällen nicht gegeben sei.[270] Dies erscheint vor dem Hintergrund nachvollziehbar, dass oftmals Sachkapital ohne natürliches Kapital nicht existieren kann. Ein Fischerboot als Sachkapital ist ohne das natürliche Kapital in Form des Meeres mit ausreichendem Fischbestand vollkommen nutzlos. Um die Lebensqualität zu erhöhen, muss also der Kapitalstock aus Natur- und Sachkapital erhalten werden (starke Nachhaltigkeit). Das menschliche Leben ist vor allem auf das sensible Ökosystem angewiesen und von dessen

---

265 Vgl. Wicke, L./Blenk, L. (1993), S. 589; Renn, O. (2007), S. 35ff.

266 Vgl. Meyer, B. (2008), S. 89.

267 Vgl. Hauff, M. v. (2007), S. 52.

268 Vgl. Meyer, B. (2008), S. 90.

269 Vgl. Klepper, G. (1999), S. 312; Hauff, M. v. (2007), S. 52.

270 Vgl. Sachverständigenrat für Umweltfragen (1994), Tz. 128. Generell ist der Sachverständigenrat für Umweltfragen (SRU) ein Verfechter für die starke Nachhaltigkeit. Vgl. Sachverständigenrat für Umweltfragen (1994), Tz. 128ff.; Sachverständigenrat für Umweltfragen (2002), Tz. 28ff.

Funktionsfähigkeit abhängig. Darauf stützt sich die starke Nachhaltigkeit.[271] Da diese einen Verzicht des Konsums von nicht erneuerbaren Ressourcen verlangt und die schwache Nachhaltigkeit zu stark auf der Idee der Substitution beruht, wurde die sog. kritische Nachhaltigkeit als Alternative entwickelt. In diesem Konzept müssen nur die für das Überleben wichtigen Naturmechanismen und die dafür notwendigen nicht substituierbaren Komponenten des Naturkapitalstocks erhalten werden, da Schäden an diesem Kapitalteil irreversibel sind und zu unumkehrbaren Degenerationsprozessen führen können. Die nicht kritischen Komponenten des natürlichen Kapitalstocks sind substituierbar und können gemäß der kritischen Nachhaltigkeit konsumiert werden.[272]

Im Zuge des qualitativen Wachstums sollen die bisher genutzten nicht erneuerbaren Ressourcen oder umweltschädlichen Güter durch die Entwicklung neuer, umweltfreundlicher Produktionsverfahren oder durch umweltfreundliche Substitute ersetzt werden. Überdies sollen die Verhaltensweisen der Menschen in Richtung Umweltschutz verändert werden. Zentral beim Gedanken des qualitativen Wachstums ist die Ressourcenproduktivität, die im Wertschöpfungsprozess ständig erhöht werden soll[273], um die Umweltqualität zu verbessern. Die Steigerung der Umweltqualität ist nur gegeben, wenn die Zuwachsrate der Ressourcenproduktivität größer ist als die Wachstumsrate des Sozialprodukts.[274] Die Ressourcenproduktivität kann bei qualitativem Wachstum über verschiedene Stellschrauben (Verbesserung der Effizienz, Entwicklung neuer Produkte und Wandel des Konsumentenverhaltens) verändert werden.[275]

Ein Ansatzpunkt zur Verbesserung der Umweltqualität ist die Effizienzstrategie, mit der die Ressourceneffizienz der vorhandenen Produkte gesteigert werden soll.[276] Dies kann auf der Inputseite mit einem effizienteren Einsatz von Rohstoffen erreicht werden und auf der Outputseite mittels Verringerung der Emissions- und Schadstoffbelastung bei der Produktion.[277] Eine weitere Möglichkeit, die Umweltqualität zu verbessern, ist die Substitution alter umweltschädlicher Produkte durch neue, umweltfreundlichere und nachhaltige Produkte (Substitutionsstrategie) bei gleicher Leistung der Produkte.[278]

---

[271] Vgl. Pittel, K. (2004), S. 538; Ott, K. (2009), S. 67ff.

[272] Vgl. Endres, A. (2004), S. 96; Pittel, K. (2004), S. 538; Endres, A. (2007b), S. 319f., zu den Konzepten mit Kritik auch Sachverständigenrat für Umweltfragen (2002), Tz. 7ff.

[273] Vgl. Renn, O. (2007), S. 34.

[274] Vgl. Rogall, H. (2008), S. 132f.

[275] Vgl. Rogall, H. (2008), S. 135f.

[276] Vgl. Rogall, H. (2008), S. 135f.

[277] Vgl. Krol, G.-J./Karpe, J. (1999), S. 13.

[278] Vgl. Krol, G.-J./Karpe, J. (1999), S. 13.

Die letzte Möglichkeit, die Umweltqualität im Rahmen des qualitativen Wachstums zu verändern, besteht darin, auf das Konsumentenverhalten im Sinne einer Suffizienzstrategie einzuwirken. Diese Strategie hat zum Ziel, den Lebensstil und die Lebensweise in den Industriestaaten auch strukturell zu beeinflussen. Die Struktur soll so verändert werden, dass der Ressourcenverbrauch auf möglichst wenige Güter beschränkt wird. Wenn Güter durch andere Güter ohne Ressourcenverzehr substituiert werden, ändert sich nur die Struktur der Zusammensetzung, aber das Gesamtniveau des Konsums bleibt gleich. Die Konsumenten müssten folglich nicht auf Konsum verzichten. Überdies ist die Konzentration des Ressourcenverbrauchs auf wenige Güter aus dynamischer Sicht sinnvoll, denn Produkt- und Prozessinnovationen können dann viel intensiver wirken als bei der herkömmlichen Verteilung.[279] Die Konsumenten sollen eine Nachhaltigkeitsethik verinnerlichen, um umweltschädliche Dienstleistungen zu vermeiden oder sogar gänzlich darauf zu verzichten.[280] Die Strukturveränderung kann – ohne das Vorhandensein eines technischen Fortschritts – einen erheblichen Einfluss auf die Ressourcenverbräuche haben und ist im Grunde nur durch eine Verhaltensänderung umzusetzen. Die Änderung der Konsumentenpräferenzen könnte für die Unternehmen einen Anreiz bilden, ihre Innovationen auf umweltfreundliche und ressourcensparende Produkte zu fokussieren.[281]

Die Umsetzung des qualitativen Wachstums lässt sich in drei Stadien aufgliedern. Der Ressourceneinsatz pro Einheit Sozialprodukt soll in der ersten Phase stetig verringert werden. Die produzierten Güter sollen mit immer weniger Ressourcen entstehen als die vorher produzierten Güter. In der nächsten Phase soll der Ressourceneinsatz pro Kopf stetig gesenkt werden. Dies bedeutet, dass die zusätzliche Inanspruchnahme der Ressourcen geringer sein muss als Einspareffekte durch eine bessere Umweltnutzung. Es können dann nur jene Branchen wachsen, die eine höhere Wertschöpfung bei einem geringeren Verbrauch der Umweltressourcen aufweisen. Nach Verbesserung des Ressourceneinsatzes in Bezug zum Sozialprodukt und pro Kopf soll in der dritten Phase der Einsatz der Ressourcen pro Volkswirtschaft verbessert werden und damit letztlich der Ressourceneinsatz global verringert werden. Dieser Schritt ist für Länder, die eine hohe Geburtenrate aufweisen, besonders schwierig umzusetzen, da sie auch ihren absoluten Ressourceneinsatz senken müssen. Aus dem Grund ist die dritte Stufe des qualitativen Wachstums bisher noch nicht erreicht worden.[282]

---

279 Vgl. Meyer, B. (2008), S. 109.
280 Vgl. Rogall, H. (2008), S. 136ff.
281 Vgl. Meyer, B. (2008), S. 115.
282 Vgl. Renn, O. (2007), S. 34.

Abbildung 11: Entwicklung der Rohstoffproduktivität und Rohstoffentnahme in Deutschland

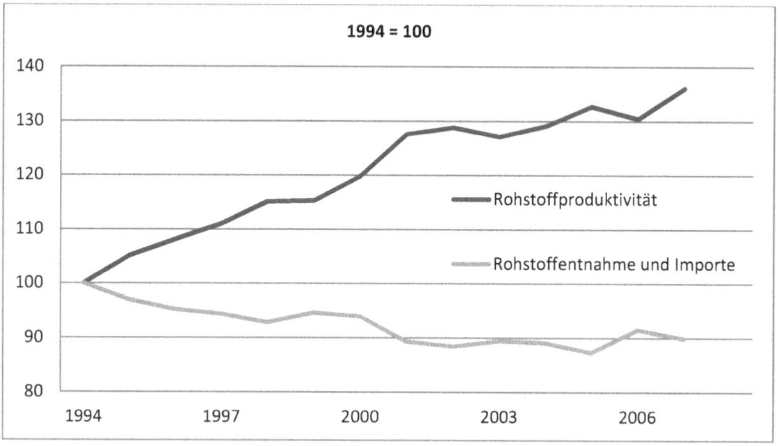

Quelle: Eigene Darstellung; Daten: Statistisches Bundesamt.

Die einzelnen theoretisch niedergelegten Entwicklungsstadien sind von einigen Ländern bereits (teilweise) erreicht worden. Die meisten Industrieländer befinden sich immerhin schon im ersten Stadium, so ist die Rohstoffproduktivität in Deutschland in den letzten 15 Jahren deutlich gestiegen (Abbildung 11: Entwicklung der Rohstoffproduktivität und Rohstoffentnahme in Deutschland). Die Bundesregierung strebt an, bis 2020 die Produktivität auf 200 zu erhöhen und die Rohstoffentnahme weiter zu senken. Die günstige Entwicklung in Form einer steigenden Rohstoffproduktivität ist vor allem auf den Strukturwandel hin zu weniger rohstoffintensiven Branchen zurückzuführen.[283] Die zweite Phase, in der der Ressourceneinsatz pro Kopf gesenkt werden soll, konnte bislang allerdings nur in wenigen Branchen erreicht werden.[284]

2.4.2.2.2. Kritik am Konzept des nachhaltigen Wachstums

Das Konzept des nachhaltigen oder qualitativen Wachstums ist allerdings hinsichtlich verschiedener Aspekte vielstimmiger Kritik ausgesetzt. Es stellt den bisherigen Wohlstandsindikator des Sozialprodukts in Form des BIP oder BSP

283 Vgl. Statistisches Bundesamt (2008), S. 6f. Auf diesem Gebiet gab es in den letzten Jahren intensive Forschungsarbeiten. Letztendlich muss die Entwicklung der Rohstoffproduktivität etwas nach unten korrigiert werden. Vgl. Buyny, Š./Klink, S. et al. (2009), S. 51.

284 Vgl. Renn, O. (2007), S. 34.

infrage,[285] denn es werden nicht alle Tätigkeiten und Leistungen – vor allem jene, die nicht über den Markt abgegolten werden – darin (richtig) erfasst.[286] Problematisch bei der Verwendung des BIP ist, dass eine zunehmende Umweltverschmutzung mit anschließender Beseitigung zu einer Erhöhung des BIP und des daraus abgeleiteten Wirtschaftswachstums führt. Wenn infolge eines stetigen Eintrags an Schadstoffen der Staat die Verschmutzung wieder beseitigt, fördert dies das Wirtschaftswachstum, da sich durch die entsprechenden Investitionen das Sozialprodukt erhöht. Dies trägt aber nicht zur Wohlfahrtssteigerung bei, da mit diesen Investitionen lediglich Wohlfahrtseinbußen, die infolge der früheren ökologischen Belastung durch die überhöhte Ressourcenentnahme oder den überhöhten Schadstoffeintrag entstanden sind, kompensiert oder abgewehrt werden.[287] Das Sozialprodukt soll deshalb um zusätzliche ökologische und sozioökonomische Kriterien erweitert werden, um die Lebensqualität zu widerzuspiegeln.[288] Ungeklärt sind vor allem die Fragen, welche Indikatoren verwendet werden müssten, um die Umwelt- bzw. Lebensqualität zu bestimmen, wie solche Indikatoren gemessen werden sollen und wie die Gewichtung der einzelnen Indikatoren aussehen müsste, damit sich diese tatsächlich nachhaltig entwickeln.[289] Hierzu sind viele verschiedene Kennzahlen entwickelt worden, die mannigfaltige Tätigkeiten, Leistungen und abstrakte Aspekte (z. B. „Glück") einbeziehen.[290] Es ist äußerst schwierig, diese Indikatoren zu quantifizieren, und wenn weitere soziale Komponenten zum BIP bzw. BSP hinzugefügt werden, verliert der Wert für andere Zwecke an Aussagekraft.[291] Zudem kann es zu einem *trade-off* zwischen den Niveaus der Indikatoren kommen.[292]

Demnach gibt es hinsichtlich des qualitativen Wachstums eine Reihe an Problemen und offenen Fragen. Grundsätzlich ist das Konzept der starken Nachhal-

---

285 Vgl. Binswanger, H. C. (1988), S. 5, sehr ausführliche Diskussion in Priewe, J. (1991), S. 144ff. Ebenfalls eine sehr gute Diskussion über die Aussagekraft des traditionelle BIP und der neuen Wohlfahrtsindizes findet sich in Lippe, P. von der/Breuer, C. et al. (2010), S. 444ff.

286 Vgl. Kommission der Europäischen Gemeinschaften (2009a), S. 2ff.; Diefenbacher, H./Zieschank, R. (2010), S. 17ff.

287 Vgl. Krol, G.-J./Karpe, J. (1999), S. 8.

288 Vgl. Binswanger, H. C. (1997), S. 88f.; Kommission der Europäischen Gemeinschaften (2009a), S. 5ff.

289 Vgl. Rogall, H. (2008), S. 133; Lippe, P. von der/Breuer, C. et al. (2010), S. 447ff.

290 Vgl. Leipert, C. (1997), S. 100ff.; Commission on the measurement of economic performance et social progress (2009), S. 11ff.

291 Vgl. Bourcarde, K./Tripp, C. (2006), S. 25f.; Lippe, P. von der/Breuer, C. et al. (2010), S. 446.

292 Vgl. Endres, A. (2004), S. 92f.

tigkeit kritisch zu prüfen. Im Extremfall besteht aufgrund der prinzipiellen Nichtsubstituierbarkeit die Vorgabe, jeglichen natürlichen Bestand an nicht erneuerbaren Ressourcen konstant zu halten und nicht weiter auszubeuten. Diese Ressourcen würden dann als Inputgüter dem Produktionsprozess entzogen. Dies erweist sich dann als besonders problematisch, wenn die Ressourcen für die Produktion anderer Güter essenziell notwendig sind.[293] Das Konzept setzt die eindeutige Abgrenzbarkeit des Naturkapitalstocks und dessen wertmäßige Erfassung voraus. Andernfalls kann der Naturkapitalstock später nicht konstant gehalten werden. Diese Abgrenzung ist ungeachtet aktueller Fortschritte bei der Bewertung der Umwelt sehr schwierig und umstritten. Außerdem ist eine prinzipielle Nichtsubstituierbarkeit nicht gegeben. Es gibt zwischen den diversen Kapitalarten durchaus Substitutionsmöglichkeiten, die aber für jede Art spezifisch ausfallen. Die starke Nachhaltigkeit fordert des Weiteren die wertmäßige Konstanz des Naturkapitals, was auch Substitutionsmöglichkeiten im Naturkapital selbst impliziert, denn wenn die Erträge des Abbaus einer Ressource für die Regeneration einer anderen Ressource verwendet werden, besteht trotzdem eine starke Nachhaltigkeit.[294] Schließlich werden gegen den Ansatz der starken Nachhaltigkeit polit-ökonomische Argumente vorgebracht: Die bislang Bevorteilten seien an einer Bewahrung des Status quo interessiert und verfügten über die politischen Mittel, dies auch durchsetzen.[295]

Die Befürworter des Konzepts der schwachen Nachhaltigkeit benutzen als Hilfsmodell – ebenso wie die Befürworter des quantitativen Wachstums – die *Environmental Kuznets Curve* (EKC), wobei die Kritik an der EKC auch hier gilt. Sie stellt keine ökonomische Gesetzmäßigkeit dar, sondern beruht lediglich auf einem beobachteten empirischen Zusammenhang bei einigen Schadstoffen.[296] Überdies wäre gemäß der schwachen Nachhaltigkeit von einem andauernden technischen Fortschritt auszugehen. Über eine Verknappung induzierte Preiserhöhungen lösen neue Suchprozesse aus, die in neuen Substitutionsmöglichkeiten münden. Die Resultate sehen empirisch jedoch anders aus. Die Substitution hat nicht dauerhaft, sondern allenfalls temporär zu einer Entkopplung geführt.[297] Des Weiteren ist die Umrechnung der verschiedenen Kapitalarten mit Schwierigkeiten verbunden, da die Preise vollkommen unterschiedlich sein kön-

---

293 Vgl. Klepper, G. (1999), S. 310ff.
294 Vgl. Pittel, K. (2004), S. 538.
295 Vgl. Ott, K. (2009), S. 81.
296 Vgl. Sachverständigenrat für Umweltfragen (2002), Tz. 17ff.
297 Vgl. Sachverständigenrat für Umweltfragen (2002), Tz. 9.

nen. Die Preise reflektieren zudem nicht unbedingt die tatsächliche Verknappung und können somit zu völlig falschen Schlüssen führen.[298]

Die kompromisshafte Zusammenführung der beiden Konzepte in Form der kritischen Nachhaltigkeit kann der Kritik zwar durchaus in manchen Punkten entgegenwirken, ist aber trotzdem ebenfalls mit Schwierigkeiten behaftet. Die Abgrenzung des kritischen Naturkapitals und der kritischen Minimalfunktionen der Natur erscheint sehr problematisch, da noch sehr wenig gesichertes Wissen über die Funktionsweise und Wechselwirkungen im Ökosystem vorliegt (z. B. Klimawandel, Kapitel 2.2). Überdies bedeutet die Beschränkung des Konsums von nicht erneuerbarem kritischem Naturkapital eine Freiheitseinschränkung, die gesellschaftlich akzeptiert werden muss.[299] Die Nachhaltigkeitsregeln fordern zudem einen Emissionsausstoß, der unter der Assimilationskapazität der Umwelt liegt. Diese Kapazität hängt von vielen Faktoren ab. Daher könnte eine Folge der Regeln sein, dass gar keine Emissionen mehr ausgestoßen werden dürfen, die nicht mehr von der Umwelt aufgenommen werden können. Außerdem führt die Überlastung eines Aufnahmemediums zu einer direkten Senkung der Emissionen, da auch nicht auf andere Medien der Emissionsaufnahme oder menschliches Kapital bzw. erneuerbare Ressourcen zurückgegriffen werden darf. Überdies ist die Aufnahmefähigkeit für einzelne Schadstoffe wiederum abhängig von der Aufnahme anderer Schadstoffe.[300]

Eine bedeutende Stellschraube des qualitativen Wachstums ist die Ressourcenproduktivität und deren Entwicklung. Die Wachstumsrate der Ressourcenproduktivität ist von weiteren Determinanten abhängig. Es wird nicht ausreichen, dass die Zuwachsrate gleich der Wachstumsrate des Sozialproduktes ist, wenn die Umweltsenken bereits überlastet sind. In diesem Fall müsste die Ressourcenproduktivität um einen festgelegten höheren Prozentsatz steigen, um die Umweltqualität zu verbessern. Eine Verbesserung der Effizienz ist nicht unbegrenzt möglich. Nach dem Gesetz des abnehmenden Grenzertrages werden die Steigerungen am Ende immer geringer ausfallen und mit deutlich höheren Kosten verbunden sein. Weiterhin trägt die Effizienzsteigerung nicht zur Substitution der nicht erneuerbaren Ressourcen bei, sondern verlagert das Problem nur in die Zukunft. Die Effizienzgewinne, die erzielt werden, können durch einen steigenden Güterkonsum wieder zunichte gemacht werden. Außerdem können die Effizienzgewinne zu einem umweltschädlichen Effekt führen; wenn der Nachfragerückgang zu einer starken Preissenkung führt, könnte es zu einer ineffizienten Verwendung bestimmter Ressourcen für die Umwelt kommen (*Leakage-*

298 Vgl. Endres, A. (2004), S. 95.
299 Vgl. Endres, A. (2007b), S. 319f.
300 Vgl. Endres, A. (2007b), S. 327.

Effekt, siehe 2.3.2.2). Die Substitution der umweltschädlichen durch neue Produkte ist sehr abhängig von F&E.[301] Zum Teil sind trotz intensiven Forschungswettbewerbs noch keine Lösungen für einzelne Produkte gefunden worden. Der Verzicht auf umweltschädliche Dienstleistungen kann ebenfalls zu ähnlichen Problemen wie im Nullwachstum führen und das wirtschaftliche Wachstum verlangsamen. Die Durchsetzung einer Nachhaltigkeitsethik durch den Staat kann sehr schwierig werden[302], da dies die Konsumentensouveränität beschränken könnte.[303] Das qualitative Wachstum ist auch in der heutigen Zeit mit vielen Umsetzungsproblemen behaftet, wenngleich die Umsetzung in vielen Ländern im Zuge eines Strukturwandels bereits begonnen hat. In jedem Falle wird der Prozess des quantitativen Wachstums durch das qualitative Wachstum nicht obsolet.

2.4.3. Der „ökologische Umbau" von Wirtschaft und Gesellschaft

Das Konzept des qualitativen Wachstums wird in der Wissenschaft in den letzten Jahren verstärkt weiterentwickelt. Die ökologischen Probleme wie Klimawandel und sinkende Ressourcenvorräte stellen globale Herausforderungen dar. Überdies sind die meisten Ökosysteme stark bedroht, da die Erde ihre kritische Aufnahmefähigkeit erreicht oder sogar schon überschritten hat.[304] Die Politik verlangt angesichts der Dringlichkeit einer Lösung der gravierenden ökologischen Probleme einen kompletten Umbau in Form einer Ökologisierung der Marktwirtschaft und des Staates („Dritte Industrielle Revolution").[305]

2.4.3.1. Die bisherigen „Industriellen Revolutionen"

Die Anhänger des ökologischen Umbaus der Gesellschaft sehen, dass die bisherigen Umwälzungen agrarisch wie industriell die Umwelt stark belastet haben. Des Weiteren waren sie Ausdruck ökonomischer Knappheiten. Die Sesshaftigkeit der Menschen resultierte aus der ökonomischen Knappheit von Ressourcen. Mit dieser Sesshaftigkeit wurden erste chronische Umweltprobleme geschaffen, da Müll in der Nähe der Menschen entsorgt werden musste. Die „landwirtschaftliche Revolution" begünstigte einen kontinuierlichen Bevölkerungsanstieg, der wiederum zu verschärften Knappheitssituationen führte. Es kam zu Restriktionen in Bezug auf potenzielle Anbauflächen und Energieversorgung, die vorrangig auf Holz basierte. Diese Restriktionen lösten die „Erste

---

301 Vgl. Rogall, H. (2008), S. 134ff.
302 Vgl. Fleischer, T./Grunwald, A. (2002), S. 114f.
303 Vgl. Offe, C. (2008), S. 70.
304 Vgl. Jänicke, M./Jacob, K. (2008a), S. 32.
305 Vgl. Gabriel, S. (2006), S. 15.

Industrielle Revolution" um ca. 1780 aus (siehe Abbildung 12: Übersicht über die „Industriellen Revolutionen). Mit den „Industriellen Revolutionen" von 1780 und 1890 kam es zu einem sprunghaft ansteigenden Ressourcenverbrauch und Emissionsausstoß, was in einer dramatisch steigenden Umweltverschmutzung mündete.[306] In dieser Zeit ist die Umwelt mehr belastet worden als in der ganzen Zeit davor.[307] Die „Industriellen Revolutionen" haben wiederum zur Verknappung von Ressourcen geführt, vor allem der Umweltressourcen bzw. des natürlichen Kapitals. Der technische Fortschritt hat zwar die Möglichkeiten für die Ressourcennutzung erweitert, aber die Ressourcen werden dennoch immer knapper, sodass sie nicht mehr richtig genutzt werden können. Es gibt beispielsweise genügend Pumpen, um Wasser zu fördern, doch wird das saubere Wasser knapper.[308] Die Ökosysteme bzw. die Senken werden aufgrund der steigenden Umweltverschmutzung bis an den Rand ihrer ökologischen Tragfähigkeit und darüber hinaus belastet.[309] Die Überlastung der ökologischen Tragfähigkeit äußert sich dann unter anderem im anthropogen begründeten Klimawandel (siehe 2.2.3) und in der wachsenden Bedrohung der biologischen Arten.

---

306 Vgl. Meadows, D. H./Meadows, D. L. et al. (1993), S. 261ff.; Meadows, D./Randers, J. et al. (2007), S. 277ff.

307 Vgl. Hawken, P./Lovins, A. et al. (2000), S. 19.

308 Vgl. Hawken, P./Lovins, A. et al. (2000), S. 20.

309 Vgl. Meadows, D./Randers, J. et al. (2007), S. 278f.

Abbildung 12: Übersicht über die „Industriellen Revolutionen"

	„Erste Industrielle Revolution"	*„Zweite Industrielle Revolution"*	*„Dritte Industrielle Revolution"*
Zeit	Ab 1780	Ab 1890	Ab 1990
Dominante Techniken und Rohstoffe	Dampfstuhl, mechanischer Webstuhl, Eisenverarbeitung	Elektrizität, Chemie, Verbrennungsmotor, Kunststoffe, Fließband, Elektronik	Informatik- und Kommunikationstechnologie. Mikroelektronik, neue Werkstoffe, saubere Technologien, Biotechnologie, Recycling, nachwachsende Rohstoffe
Dominante Energieträger	Kohle	Kohle, Öl, Kernkraft	Erneuerbare Energie, Energieeffizienz
Gesellschaft/Staat	Bürgerliche Gesellschaft, Gewerbefreiheit und Rechtsstaat	Massenproduktion, Massengesellschaft, parlamentarische Demokratie, Sozialstaat	Zivilgesellschaft. Globalisierung, Governance

Quelle: Jänicke, M., Jacob, K. 2008, S. 14

Die Revolutionen sind allerdings nicht nur negativ, sondern bringen auch viele technologische und gesellschaftliche Restrukturierungen hervor. Im Zuge der „agrarischen Revolutionen" entwickelten sich Techniken zu Bodenmanagement, Lagerung und Nahrungsverteilung;[310] die „industriellen Revolutionen" ermöglichten die Entwicklung des Sozialstaates, des Rechtsstaates, der parlamentarischen Demokratie usw.[311] Im Zuge der bisherigen „Industriellen Revolutionen" kam es aber auch zu einer Veränderung der Einkommenssituation und -verteilung. Mit der „Zweiten Industriellen Revolution" stiegen die Einkommen der meisten Menschen aufgrund sozialer Sicherungssysteme und staatlicher Umverteilung an. Aufgrund des steigenden Einkommens konnten die Menschen mehr für Konsum von Gütern und Dienstleistungen ausgeben. Dadurch entstanden Nachfrageausweitungen, die wiederum den Ressourcenverbrauch und den Emissionsausstoß erhöhten (Abbildung 3: Die Entwicklung der wichtigsten Treibhausgase bis 2005). Die gestiegenen Einkommen der Bevölkerung verursachten eine fortschreitende Substitution der menschlichen Arbeitskraft durch Kapital, was eine deutlich steigende Arbeitsproduktivität nach sich zog. Andererseits tauchte das neue Problem auf, dass aus dem Anstieg der Löhne über die Erhöhung der Arbeitsproduktivität hinaus eine strukturelle Arbeitslosigkeit ent-

310 Vgl. Rifkin, J. (2008), S. 2f.

311 Vgl. Jänicke, M./Jacob, K. (2008a), S 32ff.

stand. Dieses Problem wirkt sich in der Hinsicht aus, dass die Bevölkerung eine geringe Akzeptanz für Umweltschutz und Klimaschutz entwickelte.[312]

2.4.3.2. Der komplette Umbau des Staates

Die anstehenden Gefahren der bisherigen Wachstumsgesellschaft verlangen nach Ansicht vieler Politiker und Klimaforscher eine neue „Industrielle Revolution". Die Gesellschaft müsse sich den Herausforderungen der Knappheit und Endlichkeit der natürlichen Ressourcen und der dramatischen Überlastung der Ökosysteme (Klimawandel) stellen.

Die Ökologisierung betreffe nicht nur ausgewählte Bereiche der Wirtschaft, sondern die gesamte Wirtschaft, Gesellschaft und Kultur.[313] Das Konzept der Ökologisierung ist keineswegs neu, die Anfänge dieses Konzeptes reichen bereits in die 1980er-Jahre zurück,[314] und es wird in letzter Zeit verstärkt thematisiert.[315] Das Ziel des Umbaus der gesamten Gesellschaft und Wirtschaft ist die Berücksichtigung der Umwelt bei jeglichen Prozessen, denn alle ökonomischen Vorgänge sind in die Umwelt eingebettet. Im Gegensatz zur Ökonomie kann die Umwelt nicht wachsen, sodass wir immer von ihr abhängig sind.[316] Die Gesellschaft soll dahin geführt werden, Verschwendungen zu beseitigen, indem mit Rohstoffen effizienter umgegangen wird, daraus soll eine Entkopplung des Ressourcenverbrauchs vom Wirtschaftswachstum resultieren. Es soll auf nachwachsende Rohstoffe und erneuerbare Energien umgestiegen werden.[317] Die Umwelt hat das Potenzial, die Basis für den neuen Wohlstand zu bilden. Diese Veränderungen können nicht alleine dem Markt überlassen werden. Sie bedürfen wegen ihrer bedrohlichen Aspekte einer umfassenden aktiven staatlichen Unterstützung mithilfe der Politik, weil die Märkte dafür zu langsam sind.[318] Der Umbau zum „Umweltstaat" erfordert tiefgreifende Einschnitte in die Wirtschafts-, Umwelt-, Sozial- und Kulturpolitik und ein Hinwirken auf Akzeptanz in der Bevölkerung. Zudem darf die Umgestaltung nicht zu sozialen Härten wie bei den vorherigen Revolutionen führen. Dies betrifft vor allem die traditionellen, auf natürlichen Ressourcen aufbauenden Industrien und deren Beschäftigte, deren Kapitalbe-

---

312 Vgl. Jänicke, M./Jacob, K. (2008a), S. 33f.

313 Aus thematischen Gründen kann in dieser Arbeit nur auf die Umwelt- und auch auf die Wirtschaftspolitik eingegangen werden. Zu den anderen Themengebieten wird im Rahmen der Soziologie und Politikwissenschaften auch intensiv geforscht und publiziert. Vgl. Jänicke, M./Jacob, K. (2008b), S. 12ff.

314 Vgl. Sachverständigenrat für Umweltfragen (2002), Tz. 42.

315 Vgl. Jänicke, M./Jacob, K. (2008b), S. 12.

316 Vgl. Priewe, J. (1991), S. 142f.; Hawken, P./Lovins, A. et al. (2000), S. 26.

317 Vgl. Gabriel, S. (2008), S. 6f.

318 Vgl. Schellnhuber, H. J./Pietsch, J. (2008), S. 78.

stand bei einem ökologischen Strukturwandel entwertet oder in deren privates Eigentum durch die Transformation eingegriffen wird.[319]

Die ökologische Transformation würde des Weiteren politische Veränderungen mit sich bringen. Die bisherigen Politikbereiche würden in Zukunft miteinander verknüpft (*Policy-Mix*). Die Umweltpolitik müsse ihre Aufgabe des reinen Schutzes der Umwelt erweitern und sich zu einem Treiber für Innovationen und Veränderungen entwickeln, welche auch Grundlage der Wirtschaftspolitik ist.[320] Der Umweltgedanke könne dann Einzug in andere Bereiche halten. Die bisherigen Rahmenbedingungen müssten an den neuen Stellenwert, welcher der Umwelt eingeräumt wird, angepasst werden. In diesem Sinne wird von Umweltökonomen und Politikern beispielsweise vorgeschlagen, in die Unternehmensphilosophie den Umweltgedanken als gleichrangiges Ziel neben der Mitbestimmung der Arbeitnehmer zu verankern. Das bisherige Wettbewerbs- und Kartellrecht soll ebenfalls an die Prämisse der Nachhaltigkeit angepasst werden.[321] REHBINDER plädiert dafür, „[...] einem Wettbewerb, der nicht den Anforderungen der Nachhaltigkeit entspricht, generell die Schutzwürdigkeit abzusprechen."[322] Die Nachhaltigkeit würde damit alle Bereiche der Ordnungspolitik erreichen und zu einem übergreifenden und gleichrangigen Ziel werden. Überdies solle nach BINSWANGER das Aktienrecht nachhaltig umgestellt werden. Die Unternehmen müssten sich von ihren kurzfristigen maximalen Renditezielen verabschieden, welche auf schnelles Wachstum ausgerichtet seien und letztlich Umweltverschmutzung förderten. Die Unternehmen sollten sich vielmehr am Stiftungs- und Genossenschaftsgedanken orientieren und nicht mehr an der Börse gehandelt werden, um sich ökologisch und ökonomisch nachhaltig ausrichten zu können.[323]

Das bedeutendste Mittel des ökologischen Umbaus ist die Ressourcenproduktivität. Diese sollte radikal erhöht werden, da sich dadurch die meisten Umweltprobleme lösen ließen. Sie setzt an drei verschiedenen Punkten an: Zuerst könnte sie den Ressourceneinsatz am Anfang des Produktionsprozesses reduzieren oder am Ende des Produktionsprozesses die Umweltverschmutzung reduzieren. Des Weiteren hätte sie Auswirkungen auf die sozialen Systeme, da die Erhöhung der Ressourcenproduktivität auch eine Verbesserung der Lebensqualität bewirkt, da Abfälle und Lärm reduziert werden können. Zudem kann die Arbeitslosigkeit gesenkt werden, da Kosteneinsparungen bei der Reduzierung des

---

319 Vgl. Jänicke, M./Jacob, K. (2008a), S. 33ff.
320 Vgl. Gabriel, S. (2008), S. 7f.
321 Vgl. Rehbinder, E. (2008), S. 57ff.
322 Rehbinder, E. (2008), S. 58.
323 Vgl. Binswanger, H. C. (2009), S. 16.

Ressourceneinsatzes zu einer Erhöhung der Qualität und Quantität der Arbeit führen können. Personelle Umstrukturierungen können damit obsolet werden.[324] Ressourcenschonende, umweltfreundliche Technologien müssten den Stellenwert von Leitindustrien eingeräumt bekommen und könnten vielfältige Chancen bieten. Sie sollten aufgrund ihres Zukunftscharakters die neue Basis für zukünftigen Wohlstand und Beschäftigung bilden. Die problematische Phase der Diffusion von neuen Technologien könnte durch eine aktive staatliche Gestaltung beeinflusst werden, um die Durchsetzung zu Leitindustrien zu erreichen.[325] Die Umstellung der alten auf neue, umweltfreundliche und ressourceneffizientere Technologien könnte auch den herkömmlichen Industrien dienen, denn aus ihnen können erhebliche Kosteneinsparungen resultieren, die im späteren Verlauf zu Wettbewerbsvorteilen würden.[326] Folglich könnte der ökologische Strukturwandel auch für diese Unternehmen interessante Chancen und Vorteile bieten. Wirtschaftspolitisch wird die „Dritte Industrielle Revolution“ letztlich mit einem neuen Produktivitätsmodell verbunden, das auf umweltfreundlichen und ressourcensparenden Innovationen beruht und den Faktor Arbeit wieder aufwertet. Der Verbrauch der natürlichen Ressourcen sollte gesenkt werden, während die Bedeutung des technischen Fortschritts und der Investitionen in das Humankapital erheblich zunimmt. Die ökologische Transformation könnte die Bedeutung der Umwelt insgesamt erhöhen. Die Betonung des Innovationsansatzes durch neue umweltfreundliche und ressourcensparende Technologien kann schließlich Vorteile für die Umwelt bringen, weil die Stoffströme reduziert werden. Die Reduzierung der Stoffströme könnte somit zum Klima- und Umweltschutz beitragen und ermöglicht eine Entkopplung vom Wirtschaftswachstum.[327]

2.4.3.3. Markt versus Staat

Früher wurde dem Markt die Aufgabe überlassen, die beschriebenen Herausforderungen zu bewältigen. Doch hat sich in den letzten Jahren eine Diskussion über den Marktfundamentalismus intensiviert.[328] Hinterfragt wird, ob die Herausforderungen des Klimawandels überhaupt vom Markt bzw. den Märkten bewältigt werden können[329], denn diese reagieren zu langsam auf die Veränderungen. Der Markt (bzw. seine Träger) habe nach Ansicht vieler Kritiker zum Kli-

[324] Vgl. Hawken, P./Lovins, A. et al. (2000), S. 31ff. und 93f.

[325] Vgl. Jänicke, M./Jacob, K. (2008b), S. 22ff.

[326] Vgl. Lovins, A. B./Lovins, H. l. et al. (2007), S. 172ff.

[327] Vgl. Jänicke, M./Jacob, K. (2008b), S. 22ff.

[328] Vgl. Jörg Meyer-Stamer (2009), S. 9.

[329] Vgl. Biedenkopf, K. (1991), S. 94; Bundesministerium für Umwelt, Naturschutz und Reaktorsicherheit (2006), S. 21; Bundesministerium für Umwelt, Naturschutz und Reaktorsicherheit (2008a), S. 9.

mawandel über verschiedene Mechanismen beigetragen (siehe 2.3 und 2.4.1.1) und die Chancen des Klimawandels nur unzureichend vorausgesehen.[330] Einige Sachverhalte können die Funktionsweise des Marktes behindern und sogar zu negativen ökologischen Effekten führen (externe Effekte siehe 4.2.2.1).[331] Der Markt belohnt eher die ineffiziente Verwendung der Ressourcen. Ineffizienzen im Abbau von Ressourcen sowie Umweltverschmutzung werden teilweise durch staatliche Subventionen noch gefördert. Deshalb hat der Markt keine Anreize mehr, Effizienz und Innovationen voranzutreiben. Würden die umweltschädlichen Subventionen abgebaut, könnten sich gemäß den Marktkritikern neue umweltfreundliche Technologien entwickeln und die eingesparten Subventionen könnten anderweitig und nachhaltig eingesetzt werden sowie in die Einkommensumverteilung fließen.[332] Überdies bemängeln die Kritiker, dass der Markt, wie schon erwähnt, schlichtweg zu langsam auf die Veränderungen reagiere und deshalb der Staat aktiv in den Strukturwandel eingreifen müsse.[333]

Bereits in den Diskussionen über Nullwachstum und qualitatives Wachstum wurde der Markt als zentrales Koordinationsinstrument in den Hintergrund gedrängt. Die Kritik am Markt ist aber nur teilweise gerechtfertigt. Die Alternative zur Koordination der individuellen Wirtschaftspläne durch den Markt könnte nur mithilfe von zentralen staatlichen Plänen funktionieren. Die zentralen Pläne weisen aber sehr große Nachteile auf. Die Pläne werden von staatlichen Stellen entwickelt und diese repräsentieren häufig eine immense Ansammlung an Macht, die in vielen Fällen nur schwer kontrollierbar ist. Ebenso wenig kann eine effektive Kontrolle durch autonome Stellen, die von den Plänen betroffen sind, wahrgenommen werden.[334] Demgegenüber begrenzt und kontrolliert der Markt mittels Wettbewerb Macht durchaus effektiv.[335]

Wenn Märkte funktionsfähig sind, tragen sie auch zum nachhaltigen Umgang mit Ressourcen bei, denn immer knapper werdende Ressourcen verursachen steigende Preise. Aus den gestiegenen Preisen resultiert eine stärkere Innovationstätigkeit, eine Verschiebung der Nachfrage (Beschränkung oder Substitution) oder eine Angebotsausweitung, um die Restriktionen zu aufzuheben. Damit tragen funktionsfähige Märkte sehr wohl zum Ziel der Nachhaltigkeit bei.[336] Die Funktionsfähigkeit ist aber nicht auf allen Märkten gegeben. Funktionsstörungen

---

330 Vgl. Franz, P./Tidow, S. (2009), S. 16.

331 Vgl. Sachverständigenrat für Umweltfragen (2000), Tz. 47.

332 Vgl. Hawken, P./Lovins, A. et al. (2000), S. 35ff.

333 Vgl. Jänicke, M./Jacob, K. (2008a), S. 36; Schellnhuber, H. J./Pietsch, J. (2008), S. 78.

334 Vgl. Biedenkopf, K. (1991), S. 94ff.

335 Vgl. Knieps, G. (2008), S. 4f.

336 Vgl. Endres, A. (2007b), S. 331.

in Form von Markt- und Wettbewerbsversagen können zu schwerwiegenden Fehlallokationen führen. Die mangelnde Internalisierung von negativen sozialen Kosten oder die *free rider*-Problematik bei öffentlichen Gütern, bei denen kein individueller Ausschluss möglich ist, schränken die Funktionsfähigkeit des Marktes ein und können negative Umweltfolgen nach sich ziehen. Doch hat die heutige Generation ein Interesse daran, solche Fehlallokationen zu beseitigen, um die eigene Allokationseffizienz und damit die Wettbewerbsfähigkeit zu erhöhen. Daher ist der Markt auch hier in der Lage, zu einem nachhaltigen Wachstum beizutragen, obwohl die Beseitigung der Fehlallokation nicht direkt für zukünftige Generationen gedacht ist.[337] Die Funktionsfähigkeit der Märkte wird des Weiteren vom Staat negativ beeinflusst, der die Rahmenbedingungen falsch setzt. Marktpreise können oftmals Verknappung gar nicht richtig signalisieren, da sie durch staatliche Eingriffe verzerrt werden. So können staatliche Subventionen die Preise aus sozialpolitischen Gesichtspunkten künstlich niedrig halten, ohne die ökologischen Folgen zu berücksichtigen. Diese Form des Versagens des Marktes kann nicht dem Markt vorgeworfen werden.[338]

Der Staat kann sich nicht gegen die Märkte stellen, denn er ist auf sie bzw. auf marktbasierte Instrumente angewiesen. Ein Beispiel ist die staatliche Gestaltung für erneuerbare Energie, mit der versucht wird, Märkte aufzubauen bzw. zu gestalten. Das wichtigste Instrument, um den Wohlstand zu erhöhen, stellen Märkte mit funktionsfähigem Wettbewerb dar, denn diese fördern Innovationen und führen zu effizienten Ergebnissen, die auch der Umwelt dienen können.[339]

Zweifellos können die Märkte im Zuge der ökologischen Modernisierung der Marktwirtschaft keinesfalls vollständig abgeschafft werden. Die Märkte müssen nicht nur kurzfristig ihre Ziele auf die effiziente Verteilung knapper Ressourcen ausrichten, sondern auch langfristig.[340] Der Staat bringt sich in der Weise ein, dass er die Rahmenbedingungen für die Entwicklung vorgibt (ökologische „Leitplanken"). Diese „Leitplanken" könnten die Funktionsweise der Märkte sichern, drohendes Marktversagen ausgleichen und eine ökologische Modernisierung sicherstellen.[341] Dabei sollte der Staat das Ergebnis definieren, welches es umweltpolitisch zu erreichen gilt. Der Weg dorthin sollte dem Markt und den Unternehmen bzw. den Konsumenten überlassen werden. Die Alternativen zum Markt in Form staatlicher Pläne oder zumindest staatlicher dirigistischer Interventionen sind äußerst kritisch zu sehen. Es ist fraglich, ob der Staat wirklich ein

---

337 Vgl. Endres, A. (2007b), S. 331.

338 Vgl. Petersen, H.-G./Müller, K. et al. (1999), S. 178ff.

339 Vgl. Jörg Meyer-Stamer (2009), S. 25f.

340 Vgl. Hawken, P./Lovins, A. et al. (2000), S. 378ff.

341 Vgl. Rogall, H. (2008), S. 113.

Markt- und Wettbewerbsversagen mit politischen und institutionellen Rahmenbedingungen am besten ausgleichen kann. Überdies ist die Debatte sehr irreführend, denn die Industriepolitik ist auf Märkte bzw. marktbasierte Instrumente angewiesen, um überhaupt funktionieren zu können.

2.5. Resümee

Die Natur hat für den Menschen eine essenzielle Bedeutung. Sie bildet die Grundlage für das Leben und letztlich auch für die Wirtschaft. Für die Wirtschaft stellt sie alle materiellen Ressourcen bereit, um Produktion und Konsum zu ermöglichen. Dabei kann sie über den direkten Verbrauch oder indirekt über die Transformation von natürlichen Ressourcen in nutzenbringende Güter konsumiert werden. Die Transformation der Ressourcen geht mit erwünschten und unerwünschten (Neben-)Produkten (Immissionen, Emissionen und andere, feste Abfälle) einher. Somit erfüllt die Natur neben der Ressourcenfunktion eine weitere wichtige Aufgabe: Sie dient als Senke für die Emissionen und Abfälle aus Konsumption und Transformation. Solche Abfälle kann die Natur über verschiedene Kreisläufe neutralisieren und daraus sogar neue unschädliche Ressourcen erzeugen. In der letzten Zeit ist die Neutralisationsfähigkeit der Umwelt spürbar zurückgegangen, sodass es auch bei der Absorption der Stoffe einen Engpass gibt, der Folgen auf alle Stoffkreisläufe hat. Mit jedem Eingriff wird die Widerstands- und Absorptionsfähigkeit der Umwelt weiter geschwächt. Auswirkungen der Umweltschäden zeigen sich nicht immer sofort und auch nicht immer an der ursprünglichen Schadensquelle. Bei einigen Stoffen besteht sogar die Möglichkeit, die Umweltschäden auf andere Länder abzuwälzen.

Diese Problematik der räumlichen oder zeitlichen Divergenzen macht Umweltpolitik noch schwieriger. Diese ist seit geraumer Zeit sowieso stark unter Druck geraten, da sich die Umweltbedingungen dramatisch verändert haben. Die durchschnittliche Temperatur der Erdoberfläche ist nach herrschender Meinung stärker gestiegen, als es der langfristige Trend erwarten ließ. Ebenso haben sich Niederschlagshäufigkeit und -intensitäten in den letzten Jahren in bedenklicher Weise verändert. Die Temperaturerhöhung betrug in den letzten 100 Jahren 0,07°C pro Dekade; nunmehr hat sich dieser jährliche Anstieg in den letzten 25 Jahren auf 0,17°C pro Dekade gesteigert. Klimaforscher gehen davon aus, dass sich die Temperatur bis 2100 um 3-6°C gegenüber dem heutigen Referenzwert von 14,6°C verändern wird.[342] Die Entwicklung der Niederschläge ist regional heterogen. In den Regionen mit ohnehin schon wenigen Niederschlägen sind die Niederschläge nicht seltener, aber dafür intensiver geworden. In Regionen mit

---

[342] Der Aussagegehalt der Studien kann im Rahmen der Arbeit nicht überprüft werden und soll an dieser Stelle ohne Kommentierung wiedergegeben werden.

häufigen Niederschlägen sind diese noch öfter zu verzeichnen, wobei analog zu den trockenen Gebieten die Intensität stark angestiegen ist. Diese Entwicklung hat Auswirkungen auf alle Ökosysteme und die Artenvielfalt. Schon bei geringfügigem Temperaturanstieg sind viele Arten vom Aussterben bedroht. In wissenschaftlichen Untersuchungen wird die Ansicht vertreten, dass 15-40 % der Arten aussterben, wenn die Temperatur um 2°C ansteigt.

Diese Entwicklung hat eine breite wissenschaftliche Diskussion ausgelöst, die sich grundsätzlich in zwei Richtungen aufspaltet. Die eine Gruppe der an der Debatte Beteiligten wertet diese Entwicklung als eine natürliche. Die andere Fraktion betrachtet den Temperaturanstieg als Resultat des menschlichen Eingriffs in die Umwelt in Form von Emissionen schädlicher Gase in die Atmosphäre.

Grundsätzlich war das Klima der Erde noch nie konstant, sondern immer im Wandel. Allerdings erklären die natürlichen Faktoren wie astronomische Gegebenheiten, Vulkanismus und natürlicher Treibhauseffekt den jüngsten und gegenwärtigen Anstieg nicht. Der Temperaturanstieg muss folglich auf weitere Ursachen und Auslöser zurückzuführen sein. Neben dem natürlichen Treibhauseffekt kommt dafür nur der anthropogen verursachte Treibhauseffekt infrage. Die Menge der emittierten schädlichen Gase in der Atmosphäre stieg seit der vorindustriellen Zeit bei fast allen Treibhausgasen dramatisch. Dies führt neben der reinen Lagerung in der Atmosphäre auch zu einem schwerwiegenden *feedback*-Effekt, einem Selbstverstärkungseffekt, der die Umwelt noch weiter massiv schädigt.

All diese Schädigungen verursachen nach Studien von Klimaforschern und Umweltökonomen hohe volkswirtschaftliche Kosten, die sehr schwer quantifizierbar und überprüfbar sind. Die Europäische Union beziffert die Kosten, die der Klimawandel bis 2020 verursachen wird, auf 175 Mrd. € jährlich. Die notwendigen Investitionen, um den Klimawandel zu bekämpfen, werden in der EU auf 500 Mrd. € pro Jahr geschätzt.[343] Andere Schätzungen (STERN und IPCC) gehen davon aus, dass die durchschnittlichen Kosten des Klimawandels zwischen 3,5 % und 5 % des globalen BIP betragen werden. Die Kostenverteilung ist hierbei ungleichmäßig: die sog. Entwicklungsländer müssen mit höheren Kosten als Industriestaaten rechnen, weil Letztere über mehr technisches Wissen und einen höheren Kapitalstock verfügen. Die Kosten sind natürlich abhängig von der Unsicherheit über die möglichen langfristigen Schäden, die derzeit noch nicht zuverlässig abgeschätzt werden können, und vom Einsatz einer aktiven Klimaschutzpolitik: Mit größeren Unsicherheiten und Risiken können sich die

343 Vgl. Kafsack, H. (2009), S. 13.

Kosten schnell vervielfachen; ein früher Beginn der aktiven Klimaschutzpolitik kann hingegen die nationalen Kosten senken, wenngleich nicht vermeiden. Die konkreten Kosten sind schwer zu prognostizieren, weil sie im Zuge künftig zu erwartender Temperaturentwicklungen nicht linear, sondern überproportional steigen. Neben den Kosten des Klimawandels sind weitere mittelbare Auswirkungen zu nennen, u. a. zunehmende Krankheitskosten. Die Ausgaben für den Klimawandel können den Kapitalstock aufzehren und zu Wachstumseinbußen führen, die langfristig den technischen Fortschritt, die Investitionstätigkeit und die Kapitalakkumulation negativ beeinflussen können.

Allerdings darf auch der mögliche Nutzen des Klimawandels – ein Aspekt, der gegenwärtig wissenschaftlich noch stark vernachlässigt wird – bei Kostenkalkulationen nicht außer Acht gelassen werden. Hierzu lässt sich aufgrund der obigen Erörterungen zusammenfassen, dass zwar von einem Nutzen ausgegangen werden kann, doch wird dieser die Kosten nicht kompensieren können. Letztlich wird nach herrschender Sicht von einem negativen Nettonutzen ausgegangen. Der Nutzen ist analog zu den Kosten nur schwierig pauschal quantifizierbar.

Ökonomisch ist der Klimawandel mit Blick auf die Merkmale von Allmendegütern (*common property ressources*) fassbar. Allmendegüter entsprechen teilweise dem Charakter öffentlicher, zum Teil jenem privater Güter, da die Nutzung Einzelner nicht ausgeschlossen werden kann (öffentliches Gut) und es eine Rivalität im Konsum (privates Gut) gibt. Die mangelnde Exklusion führt zu einer Überbeanspruchung der Ressourcen und einem kollektiven Schaden, sodass eine Rivalität im Konsum entsteht. Die übermäßige Nutzung der Ressource ist für den Einzelnen individuell rational, solange der Nutzen die Kosten übersteigt. Würden die einzelnen Individuen eine sozial optimale Nutzungsrate wählen, die niedriger ist als die individuell optimale Nutzungsrate, könnten sie einen höheren sozialen Nutzen erreichen, aber mit geringerem individuellem Nutzen. Überdies ist diese Entwicklung abhängig von der Anzahl der Nutzer. In einer kleinen Gruppe, in der niemand anonym handeln kann, tritt dieses Problem in weitaus geringerem Maße auf, da gemeinsame Institutionen die Nutzung reglementieren. Ein Gut mit einer größeren Nutzergruppe ist viel anfälliger für eine Überbeanspruchung der Allmendegüter, da die Überwachung schwieriger ist und die Institutionen weniger ausgeprägt sind. Dieses Problem könnte mit der Definition von Eigentumsrechten oder durch staatliche Regulierung verhindert werden, wobei die Lösung immer abhängig von den Guts- bzw. Ressourceneigenschaften (z. B. räumliche Ausdehnung) ist.

Sehr gut lässt sich die Übernutzungsproblematik am Beispiel der Atmosphäre verdeutlichen. Fast alle Staaten der Erde emittieren schädliche Gase in die Atmosphäre und wegen des Mangels an Eigentumsrechten kann keiner von solch einer Emission ausgeschlossen werden. Des Weiteren können Staaten die Klimaschutzaktivitäten anderer Länder mitnutzen, wenn diese Minderungsmaßnahmen durchführen, ohne dafür zu zahlen (*free-rider*-Verhalten). Dieses strategische Kalkül veranlasst Produzenten, Klimaschutzmaßnahmen zu unterlassen, weil sie bei den Nutzern keine Nutzungsentschädigung durchsetzen können. Die Länder handeln wie Individuen. Sie versuchen ihre nationale Wohlfahrt zu maximieren und orientieren sich an den anderen Ländern. Wenn andere Länder die Kosten für die Emissionsminderung übernehmen, können die *free rider* ihre Wohlfahrt maximieren, ohne die eigene Gesellschaft zu belasten. Zudem schätzt jedes einzelne Land den eigenen Beitrag als viel zu gering ein, als dass dieser die Qualität der Umwelt verbessern könnte. Diese Haltung bremst Klimaschutzaktivitäten, da alle Staaten solche strategischen Überlegungen anstellen. Mit einer Kooperation im Klimaschutz könnten sich alle Länder besser stellen und auch die Minderungsmaßnahmen kostengünstiger umsetzen.

Ein Marktversagen könnte mittels Einführung privater Nutzungsrechte verhindert werden. Dies ist im Fall von globalen Umweltgütern kaum möglich, da alle Staaten eigenständige Souveräne sind. Ein Markt mit privaten Nutzungsrechten eröffnet zwar theoretisch einen Lösungsweg, jedoch müssten alle Staaten einer entsprechenden Vereinbarung zustimmen, um ein optimales Ergebnis zu erreichen. Dies dürfte in der Realität schwierig werden, da es bei der großen Anzahl von Staaten sehr viele unterschiedliche Interessen gibt.

Trotz dieser ökonomischen strategischen Überlegungen gibt es einige Länder, die Klimaschutzaktivitäten verfolgen oder sich in Verträgen zu Klimaschutzanstrengungen verpflichten. An sich müssten diese Staaten nach dem Kalkül der Nutzenmaximierung keine Klimaschutzmaßnahmen vornehmen. Doch sei erwähnt, dass derartige Aktivitäten keineswegs als altruistisch einzuschätzen sind. Vielmehr wird langfristig mit positiven Wohlfahrtseffekten aus den Klimaschutzmaßnahmen kalkuliert. Die Länder erhoffen sich, durch die frühe Einführung von Klimaschutzzielen Pionier- bzw. Monopolrenten abschöpfen zu können. Außerdem gibt es noch weitere politökonomische Aspekte, die Klimaschutzmaßnahmen begünstigen. Eine hohe öffentliche Präferenz für Umwelt und Klima veranlasst einzelne Staaten, den Klimaschutz tendenziell nachzufragen und Klimaschutzanstrengungen zu unternehmen.

Klimaschutzmaßnahmen haben aber nicht per se positive Folgen. In der Theorie können Klimaschutzmaßnahmen durch Emissionsminderung auch verpuffen. Reduzieren einige Länder ihre Emissionen, indem sie z. B. ihre emissionshaltigen Energieträger durch emissionsärmere ersetzen, sinkt nach den Marktgesetzen der Preis infolge von geringerer Nachfrage. Der niedrigere Preis führt bei anderen Nachfragern zu einer Mengenausweitung auf das alte Verbrauchs- und

Emissionsniveau. Der Effekt aus der Emissionsminderung einiger Länder wird kompensiert durch die Nachfrageausweitung – aufgrund des gesunkenen Preises – der anderen Länder. Die emissionssenkenden subventionieren damit die Emissionsausweitung der anderen Länder und zusätzlich müssen sie die eigenen Kosten der Klimaschutzmaßnahmen tragen. Damit entstehen doppelte volkswirtschaftliche Kosten für die Länder mit Klimaschutzaktivitäten. Den Ländern ohne Klimaschutzaktivitäten entstehen keine zusätzlichen volkswirtschaftlichen Kosten und sie können sogar teilweise ihre Wohlfahrt erhöhen, weil sie nun ihre Kosten für die Energieträger senken können. Dieser Effekt (*Leakage*-Effekt) wird von den Ländern antizipiert und könnte Klimaschutzmaßnahmen verhindern. Er ist aber von vielen verschiedenen Determinanten abhängig. In der Realität beträgt der Kompensationseffekt keine 100 %, sondern nach verschiedenen wissenschaftlichen objektiven Schätzungen 5–20 %.

Neben der theoretischen Erklärung anhand des Charakters von Allmendegütern wird als weitere ökonomische Begründung das wirtschaftliche Wachstum aufgeführt. Das enorme Wachstum vieler Länder zog in den letzten 150 Jahren massive Umweltschäden nach sich. Der Wachstumsprozess führte zu einem steigenden Bedarf und Verbrauch an Ressourcen. Der steigende Ressourcenbedarf und die daraus folgende Verknappung wurde nicht zuletzt durch ein massives Bevölkerungswachstum in den letzten 150 Jahren verschärft. Die Produktion muss mit dem Bevölkerungswachstum Schritt halten, um einen konstanten Lebensstandard zu bewahren, weil ansonsten Verelendung und Verarmung drohen. Der beschleunigte Abbau der Ressourcen führt zu einem Selbstverstärkungseffekt: Folgeschäden treten ein, die die Problematik weiter verstärken. Dies ist nicht nur bei den nicht erneuerbaren Ressourcen der Fall, vielmehr können auch die erneuerbaren nachwachsenden Ressourcen Schaden nehmen. Dies geschieht, wenn die Abbaurate über der Regenerationsrate liegt, weil der Ressourcenbestand zeitlich versetzt reagiert und nicht sofort zur Verfügung steht. Erneuerbare Ressourcen, die nicht nachwachsen müssen, wie beispielsweise Sonne und Wind, stehen immer zur Verfügung. Eine vollständige Substitution durch Real- und Humankapital kann deshalb nur teilweise erfolgen, sodass der gesamte Kapitalstock schwindet. Die Folgen eines starken quantitativen Wachstums können am Beispiel Chinas eindrücklich verdeutlicht werden, wo das Wachstum massive Umweltschäden verursacht (siehe Kapitel 2.4.1.2).

Angesichts der beschriebenen Problematik kamen alternative Ansichten über das „richtige" Wachstum auf, da der Markt anscheinend nicht in ausreichendem Maße zur Lösung beitragen kann. Einige bedeutende Ökonomen forderten den Verzicht auf quantitatives bzw. physisches Wachstum unter dem Hinweis darauf, dass eine Abhängigkeit zwischen physischem Wachstum und Umweltschäden bestehe. Wachstum führe daher letztlich zu mehr Kosten als Nutzen. Das Ziel ist die Entkopplung von Materialdurchsatz und Wirtschaftswachstum und die Entwicklung hin zu einer stationären Volkswirtschaft (konstantes Sozialprodukt und materielle Güterausstattung). Letztlich bietet allerdings das sog. Nullwachstum ebenso wenig eine vollständige Lösung des Umweltproblems, da Emissionen weiterhin auf konstantem Niveau ausgestoßen würden. Wenn die Emissionsrate über der Regenerationsrate liegt, treten weiterhin Umweltschäden auf, da irgendwann die natürlichen Grenzen überschritten werden. Zudem dürfte eine stationäre Volkswirtschaft mit erheblichen Problemen bei Beschäftigung und Verteilung verbunden sein. Das Nullwachstum hätte somit das angestrebte Ziel klar verfehlt.

Eine weitere Alternative entwickelte sich auf Basis des Konzepts des Nullwachstums in Form der Idee eines nachhaltigen (bzw. qualitativen oder auch selektiven) Wachstums, mit der versucht wurde, die Probleme und Konflikte des Nullwachstums zu erkennen und zu lösen. Das Anliegen, das mit einem nachhaltigen Wachstum verfolgt wird, ist die Erhöhung der Wohlfahrt bei gleichzeitiger Verringerung des Materialdurchsatzes. Dieses Ziel soll mithilfe des technischen Fortschritts und eines umweltfreundlichen Strukturwandels erreicht werden. Die Schwierigkeit, die mit einem nachhaltigen Wachstum verbunden ist, ist wiederum der *Leakage*-Effekt. Hinzu kommt die Geschwindigkeit der Innovationsfindung und -entwicklung, welche ungeachtet eines intensiven Forschungswettbewerbs von vielen Aspekten abhängt und sehr unterschiedlich ausfallen kann. Überdies werden sich nicht alle umweltschädlichen Produkte dank Ergebnissen einer intensiven F&E substituieren lassen. Ein weiteres Problem könnte in der Beschränkung der Konsumentensouveränität liegen, da der Staat bei strikter Durchsetzung einer Nachhaltigkeitsethik einen Verzicht auf umweltschädliche Prozesse verlangen muss. Das nachhaltige Wachstum ist, ebenso wie das Nullwachstum, demnach mit vielen Schwierigkeiten behaftet, welche allerdings weniger gravierend erscheinen als jene des Nullwachstums. Überdies haben viele Volkswirtschaften bereits einen Transformationsprozess zu einer nachhaltigen Volkswirtschaft eingeleitet. Das nachhaltige Wachstum ersetzt jedoch das quantitative Wachstum nicht vollständig.

Um eine nachhaltige Volkswirtschaft umzusetzen, bedarf es nach Ansicht der Politik eines kompletten Umbaus der Wirtschaft sowie auch der Gesellschaft. Die Umwelt soll in all jene Prozesse der Wirtschaft und Gesellschaft eingebunden werden, für die sie Grundlage ist. Die nicht erneuerbaren Ressourcen sollen durch erneuerbare Ressourcen ersetzt werden. Der Einsatz der Ressourcen soll zudem effizienter werden, was sich nur durch eine Verhaltensänderung in der Gesellschaft und durch eine Nachhaltigkeitsethik erreichen lässt. In alle Politikbereiche soll der Umweltgedanke Einzug halten, um den Umbau der Gesellschaft zu unterstützen und die Umwelt zu schützen. Die Umwelt soll letztlich zur neuen Quelle des Wohlstandes werden, deshalb darf diese Entwicklung nicht alleine dem Markt überlassen werden. Politisch soll der Umbau mithilfe einer aktiven staatlichen Unterstützung verwirklicht werden, um soziale Härten zu vermeiden und weil die Märkte zu langsam reagieren. Dem Markt wird von seinen Kritikern unterstellt, dass er eine ineffiziente Verwendung der Ressourcen belohne und fördere, da er keine Anreize für Effizienzerhöhungen oder Innovationen biete. Doch wird die Funktionsfähigkeit des Marktes bzw. der Wettbewerb sehr häufig durch den Staat selbst behindert, indem Subventionen für ineffiziente Produktionen oder umweltschädliche Produkte gewährt werden. Wenn die Märkte in Verbindung mit Wettbewerb funktionsfähig sind, fördern sie über die effiziente Ressourcenallokation auch den Umweltschutz sowohl für die heutige als auch für zukünftige Generationen. Deshalb sind Markt und Wettbewerb sehr wohl in der Lage, zu einem nachhaltigen Wachstum beizutragen.

Nachfolgend soll ein Ausschnitt aus dem *Policy-Mix* des nachhaltigen Umbaus der Gesellschaft untersucht werden. Die Industriepolitik war immer ein Teilbereich der Wirtschaftspolitik, der grundsätzlich nicht mit der Umweltpolitik in Einklang zu bringen war. Im weiteren Verlauf soll eine Übersicht über die „traditionelle Industriepolitik“ die Basis schaffen, um an späterer Stelle eine mögliche Verbindung zwischen der Industriepolitik als spezieller Wirtschaftspolitik einerseits und der Umweltpolitik andererseits zu prüfen.

3. Traditionelle Industriepolitik

3.1. Begriffsklärung

Der Begriff der Industriepolitik ist schon lange bekannt; die Anfänge der Industriepolitik liegen im Frankreich des 17. Jahrhunderts.[344] Doch hat sich in den letzten 400 Jahren trotz wiederkehrender Diskussionen keine einheitliche Definition gefunden. Dies liegt zum einen daran, dass sich der wissenschaftliche terminologische Gebrauch immer wieder durch neue Auffassungen und Erkenntnisse verändert hat. „Industriepolitik" ist bis heute in der Wissenschaft einer der facettenreichsten und meist diskutierten Begriffe überhaupt.[345] Dennoch soll an dieser Stelle der Versuch unternommen werden, eine allgemeingültige Definition aus der Vielzahl unterschiedlicher Ansätze herauszufiltern. Grundsätzlich lassen sich die Begriffsbestimmungen nach verschiedenen Aspekten unterscheiden, weshalb die Definitionen zum Teil sehr stark variieren: nach den Entscheidungsträgern, den Adressaten, welche mit Industriepolitik angesprochen werden sollen, den Instrumenten, die in der Industriepolitik genutzt werden, den Zielen, welche erreicht werden sollen, und nach den Auslösern und Folgen. Die Definitionen können anhand dieser verschiedenen Aspekte in bestimmte Kategorien eingeordnet werden. Die meisten Definitionen enthalten allerdings nicht nur einen Aspekt, sondern mindestens zwei, meist sogar mehr, was eine eindeutige Kategorisierung in das folgende Schema erschwert (Abbildung 13: Unterschiedliche Aspekte der Industriepolitikdefinition).[346]

---

[344] Vgl. Conrad, M. (1987), S. 16.

[345] Vgl. Conrad, M. (1987), S. 17; Oberender, P./Daumann, F. (1995), S. 3ff.; Reul, J. (1998), S. 30ff.; Brösse, U. (1999), S. 12ff.; Hepperle, G. R. M. (2004), S. 5; Cohen, E. (2007), S. 214; Schmidt, A. (2009), S. 59.

[346] Vgl. Reul, J. (1998), S. 31.

Abbildung 13: Unterschiedliche Aspekte der Industriepolitikdefinition

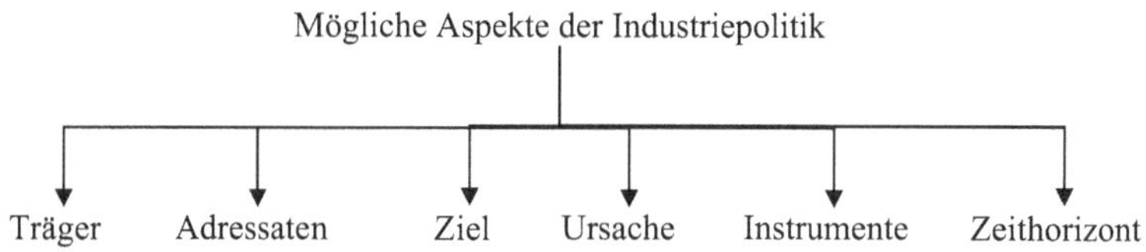

Quelle: eigene Darstellung.

Der erste Ansatz beschäftigt sich hauptsächlich mit den Trägern und den Adressaten. Die Industriepolitik ist demnach Ausgangspunkt von staatlichem Handeln, um das Verhalten der Industrie zu beeinflussen.[347] Mit diesem Ansatz wurde die abstrakte und formalistische Definition eingeführt, dass „Industriepolitik die Summe aller staatlichen Maßnahmen ist, die auf die Gestaltung industrieller Strukturen gerichtet sind."[348] Träger der Industriepolitik sind nach dieser Definition die staatlichen Institutionen[349], die bei einer föderalen Staatsstruktur vielfältig sein können, denn neben den nationalen Entscheidungsträgern können auch supranationale Organisationen (Europäische Union) oder regionale und lokale staatliche Träger (z. B. Bundesländer und Kommunen) Industriepolitik betreiben.

Auch andere, halbstaatliche oder private Institutionen (Unternehmensverbände, Handelskammern und Gewerkschaften) können die Industriepolitik beeinflussen. UTERWEDDE kommt nach Zusammenfassung der industriepolitischen Ereignisse im Europa der jüngeren und jüngsten Vergangenheit, vor allem der 1990er-Jahre, zu einer neuen, sehr kontroversen und andersartigen Definition: Industriepolitik könne als „Lobby der Produzenten gegenüber einer ‚überzogenen' Umwelt- und Verbraucherschutzpolitik verstanden werden."[350] Die Politik war damals primär umwelt- und verbraucherfreundlich ausgerichtet und wurde von der Industrie abgelehnt.[351] Die Definition vertauscht die Träger, die Adressaten und das Ziel. Als Ziel wird definiert, das staatliche Handeln im Interesse der Industrie zu beeinflussen. Die nicht-staatlichen Organisationen können aber unmittelbar keine Industriepolitik betreiben, da sie nur mittelbar auf die staatli-

---

347 Vgl. Conrad, M. (1987), S. 20; Sturm, R. (1991), S. 12; Eickhof, N. (2005), S. 3.

348 Sturm, R. (1991), S. 12.

349 Eine ähnliche Definition von Schotter: „(I)nstitutions are seen as a set of rules that constrain individual behavior and define the social outcomes that result from individual action". Schotter, A. (1986), S. 117.

350 Uterwedde, H. (2004), S. 25.

351 Vgl. Bangemann, M. (1992), S. 11; Uterwedde, H. (2004), S. 25.

chen Entscheidungsträger wirken können. Letztlich treffen die staatlichen Stellen die Entscheidungen über die Industriepolitik. Die nicht-staatlichen Organisationen können lediglich in einzelnen Teilbereichen industriepolitisch tätig werden, zu erwähnen wäre hier die allgemeine und selektive Forschungs- und Technologieförderung. Die Definition ist für eine weitere Analyse nicht sinnvoll, da sie viele industriepolitische Maßnahmen nicht erfasst, wie z. B. die staatlichen Markteingriffe zur Gestaltung des Strukturwandels.

Ein Konsens bestand bis jetzt über den Adressaten. Industriepolitik bezieht sich nur auf den Industriesektor; der Dienstleistungsbereich ist davon ausgenommen. Dies wird vor allem mit der hohen volkswirtschaftlichen Bedeutung[352] der Industrie für die nationale Wohlfahrt begründet. Doch reduziert sich seit Jahren der industrielle Beitrag zu Wohlstand und Gesamtbeschäftigung. Dies ist vor allem darauf zurückzuführen, dass einzelne, ehemals unbedeutende Produktionsschritte mit Dienstleistungscharakter in den letzten Jahren zunehmend an Bedeutung gewannen und deshalb aus dem Industriesektor in den Dienstleistungsbereich ausgelagert wurden (Tertiärisierung der industriellen Produktion). Daher sei die strikte Bereichstrennung zwischen Industrie und Dienstleistung nach Meinung einiger Autoren nicht mehr zweckmäßig. Eine zukünftige Industriepolitik könne aufgrund der veränderten Entwicklungen beide Bereiche mit veränderten Zielen und Instrumenten beinhalten.[353] Mit dieser Ansicht geht der Versuch einher, den Begriff der Industrie zu erweitern, indem jegliche Quelle der Beschäftigung als Industrie bezeichnet wird. Darunter fallen dann viele Bereiche des tertiären Sektors, beispielsweise die „Finanz-“ und „Tourismusindustrie“.[354] Verallgemeinernd würde der traditionelle Industriebegriff (verarbeitendes Gewerbe) auch die industrienahe Produktion beinhalten. In Europa und Deutschland wird diese Entwicklung bereits berücksichtigt, denn die Industriepolitik wird hier als eine Querschnittsaufgabe verstanden, unter die nicht nur die Förderung der industriellen und industrienahen Produktion falle, sondern auch die von ihr abhängigen Dienstleistungen.[355] Viele Dienstleistungen seien von

---

352 Die Europäische Kommission bezeichnet die Industrie als Quelle des Wohlstandes in Europa Kommission der Europäischen Gemeinschaften (2002b), S. 8ff.; Kommission der Europäischen Gemeinschaften (2004c), S. 5 ebenfalls Kommission der Europäischen Gemeinschaften (2005c), S. 3.

353 Vgl. Koopmann, G./Kreienbaum, C. et al. (1997), S. 37f.; Hepperle, G. R. M. (2004), S. 5ff.; Rodrik, D. (2007), S. 2f.; Jörg Meyer-Stamer (2009), S. 12.

354 Vgl. Nester, W. R. (1997), S. 57ff; Federico, G./Foreman-Peck, J. (1999), S. 3.

355 Vgl. Kommission der Europäischen Gemeinschaften (2002b), S. 10; Kommission der Europäischen Gemeinschaften (2004c), S. 7f; Bundesministerium für Wirtschaft und Technologie (2008a), S. 19; Bundesministerium für Wirtschaft und Technologie (2010), S. 9.

Industrieproduktion abhängig[356] und umgekehrt ist die moderne Industrie auf Dienstleistungen angewiesen.

Der Ansatz stellt die bisherige Abgrenzung der Sektoren infrage, bei welcher der Industriesektor immer Mittelpunkt der Industriepolitik war. Wenn die Beschränkung auf den Industriesektor wegfällt, wird jegliche politische Maßnahme, unabhängig vom Sektor, zur industriepolitischen Maßnahme und die Industriepolitik zu einer allgemeinen Unternehmenspolitik für alle Branchen.[357] Grundsätzlich wird man sich mit der Frage auseinandersetzen müssen, ob industrie- bzw. produktbegleitende Dienstleistungen aufgrund der zunehmenden Tertiärisierung ebenfalls unter Industriepolitik fallen können. Doch würde sich dann die Adressatengruppe der Industriepolitik stark vergrößern. Zudem muss hinterfragt werden, ob die Mittel der Industriepolitik überhaupt für industriebegleitende Dienstleistungen geeignet bzw. sinnvoll sind; praktische Industriepolitik wird im tertiären Sektor bereits „erfolgreich" betrieben.[358] Diese Definition stellt die weiteste Auslegung des Begriffes dar, denn die Eingrenzung auf den Industriesektor wird zugunsten des Dienstleistungssektors teilweise aufgehoben. Die Ausweitung wird von vielen Autoren abgelehnt, weil die hohe volkswirtschaftliche Bedeutung der Industrie damit verloren gehe.

Auf eine andere Begriffsbestimmung greift BRÖSSE zurück. Er definiert Industriepolitik als eine staatliche Politik, „[...] die den Sektor Industrie unmittelbar oder mittelbar zum Gegenstand hat und die mit geeigneten und gezielten Maßnahmen bewusst solche Ziele verwirklichen soll, die [...] industriebezogen sind".[359] Dies ist als eine zu enge Auslegung zu betrachten, da auch ungezielte Maßnahmen die Industrie beeinflussen können. Zudem ist der Begriff „industriebezogen" nicht eindeutig geklärt; darunter können sowohl positive Entwicklungen in der Industrie durch Innovations- oder Produktivitätssteigerungen als auch negative Entwicklungen, z. B. durch strengere Gesetze (Umwelt- oder Verbraucherschutzvorschriften) verstanden werden. Deshalb ist die Definition für eine weitere Analyse in der Form nicht zweckmäßig.

---

356 Vgl. Porter, M. E. (1993), S. 642

357 Vgl. Oberender, P./Daumann, F. (1995), S. 3; Brösse, U. (1999), S. 11ff.; Hepperle, G. R. M. (2004), S. 5ff.; Busch, B. (2005), S. 15.

358 Im Bereich der Energieversorgung lassen sich eine Vielzahl von Beispielen für eine nationale Industriepolitik anbringen: Das prominenteste Beispiel war die gescheiterte Fusion zwischen E.ON und Endesa. Aber auch im Bankenbereich gibt es dafür Beispiele z.B. Polen gegen Unicredit/Hypovereinsbank.

359 Brösse, U. (1999), S. 14.

Ein anderer Ansatz greift die Gründe und Ursachen für das Verfolgen einer Industriepolitik auf und ordnet diese der sektoralen Strukturpolitik[360] oder sektoralen Wirtschaftspolitik zu, weil die Industriepolitik selektiv den Industriesektor beeinflusse und sich so von der Ordnungs- und Prozesspolitik abhebe, die gesamtwirtschaftlich ausgerichtet seien. Ordnungspolitik schaffe einen Rahmen, in dem die Wirtschaftssubjekte agieren können, und mit der Prozesspolitik greife der Staat in die gesamtwirtschaftlichen Abläufe ein.[361] Der Ausgangspunkt dieser Definitionen liegt im Strukturwandel, der durch diverse wirtschaftspolitische Maßnahmen aufgehalten, verzögert oder beschleunigt werden soll.[362] Dies deckt nach BUSCH die industriepolitische Realität jedoch immer noch nicht ab, denn de facto dominiere die Selektivität der industriepolitischen Maßnahmen, da die Industriepolitik sich nicht auf den Industriesektor allgemein beziehe, sondern einzelne Branchen[363] oder Unternehmen bevorzuge oder belaste.[364]

EICKHOF kommt bei seinem terminologischen Klärungsversuch zu einer ähnlichen Interpretation: Industriepolitik könne in bestimmten Situationen der sektoralen Strukturpolitik entsprechen, nämlich dann, wenn versucht werde, eine Verschlechterung des gesamtwirtschaftlichen Wettbewerbsprozesses zu verhindern bzw. den sektoralen Strukturwandel mithilfe des Staates zu fördern. Wenn der Staat die Marktstruktur zugunsten der Wettbewerbsfähigkeit[365] des Indust-

---

360 „Die Strukturpolitik ist die gezielte staatliche Lenkung der Verteilung wirtschaftlicher Aktivitäten im Raum […] oder zwischen den Sektoren […]“ Starbatty, J. (2000), S. 2. Sektorale Strukturpolitik ist, „wenn die staatliche Wirtschaftspolitik primär darauf abzielt, die Anteile eines Wirtschaftszweiges an volkswirtschaftlichen Gesamtgrößen zu beeinflussen.“ Hamm, W. (1977), S. 479, weitere Erläuterungen zur sektoralen Strukturpolitik siehe Nienhaus, V. (2003), S. 443ff.

361 Vgl. Busch, B. (2005), S. 10f.

362 Vgl. Kokalj, L./Albach, H. (1987), S. 13; Vetterlein, U. (1992), S. 205; Simons, J. (1997), S. 8; Starbatty, J. (2000), S. 2f.; Cohen, E. (2006), S. 85.

363 In der Europäischen Union wird nicht der Begriff Branche genutzt, sondern es wird vielmehr der Begriff des Sektors genutzt, deshalb werden im weiteren Verlauf der Arbeit die Begriffe Sektor und Branchen synonym verwendet. Nach der traditionellen ökonomischen Definition werden die einzelnen Unternehmen zu Branchen zusammengefasst und dann einem der drei Sektoren (Landwirtschaft, Industrie und Dienstleistung) zugeordnet. Die EU-Kommission nimmt diese Abgrenzung nicht so genau vor und spricht sehr häufig von Sektoren anstatt von Branchen (z. B. Textilsektor) und verwendet den Begriff der Industrie auch für Dienstleistungssektoren (z.B. Finanzindustrie).

364 Vgl. Vetterlein, U. (1992), S. 205; Berg, H./Schmidt, F. (1998), S. 853ff.; Busch, B. (2005), S. 10f.

365 Der Begriff der Wettbewerbsfähigkeit ist ebenfalls ein unbestimmter Begriff (siehe 3.2.1), der von vielen Autoren unterschiedlich verstanden wird. Die Wettbewerbsfähigkeit könnte eine Verbesserung der Produktivität und F&E sein (vgl. Porter, M. E. (1998),

riesektors beeinflusse, komme die Marktstrukturpolitik hinzu, die als Unterfall der sektoralen Strukturpolitik angesehen werden könne. Neben der Marktstrukturpolitik könne der Staat zur Gestaltung der Marktstruktur auch die Forschungs- und Technologiepolitik[366] (FuT-Politik) nutzen, um in den Strukturwandel einzugreifen.[367] Neben der selektiven FuT-Politik beeinflusst auch die allgemeine FuT-Politik die Struktur des Marktes, da von jeglicher FuT-Politik die forschungs- und wissensintensiven Unternehmen vermehrt profitieren[368] und letztlich sich dadurch der Strukturwandel in diese Richtung entwickelt.

Abbildung 14: Definition der Industriepolitik von EICKHOF

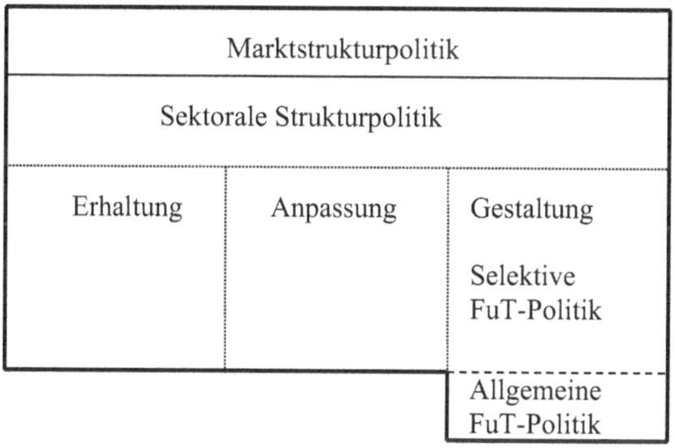

Quelle: Eickhof, N. 1997b, S. 432.

Das konkrete Verständnis der Europäischen Kommission von Industriepolitik ist nicht ohne Weiteres klar auszumachen. Das Ziel für die Kommission und die

S. 6). Aber andere Autoren verbinden den Begriff der Wettbewerbsfähigkeit mit dem Außenhandel, indem verglichen wird wie erfolgreich ein Land seine Produkte im internationalen Vergleich anbieten kann. Der Erfolg des Landes hängt dann aber wieder von der heimischen Produktivität und nationalen Innovationsfähigkeit ab (vgl. Dollar, D./Wolff, E. N. (1995), S. 3).

366 „Die Forschungs- und Technologiepolitik umfasst alle staatlichen Maßnahmen, die auf die Förderung des wissenschaftlichen und technischen Fortschritts abzielen." (Eickhof, N. (1998), S. 82) Die Maßnahmen können in selektive und allgemeine Maßnahmen unterschieden werden. Das Unterscheidungskriterium ist die staatliche Einflussnahmen auf die Richtung des wissenschaftlichen und technischen Fortschritts: Wird staatlich Einfluss genommen, handelt es sich um selektive Maßnahmen. Währenddessen bei den allgemeinen Maßnahmen der Staat auf die Einflussnahmen verzichtet. Vgl. Eickhof, N. (1998), S. 82.

367 Vgl. Eickhof, N. (1997b), S. 431ff.

368 Vgl. Aiginger, K. (2007), S. 308; Rodrik, D. (2007), S. 6.

Mitgliedsstaaten besteht in der Förderung der industriellen Wettbewerbsfähigkeit über die Beeinflussung des Strukturwandels und die Schaffung von geeigneten Rahmenbedingungen (siehe 3.2.4.1 Die industriepolitischen Ziele Europa). Doch definiert die Europäische Kommission konkret die Industriepolitik „als die Anwendung des unternehmenspolitischen Instrumentariums auf die Industrie."[369] Die Unternehmenspolitik sei eine Politik, die allen Unternehmen unabhängig von deren Größe Wachstum und Entwicklung ermöglichen soll.[370] Die EU-Definition lässt sich, wie die industrielle Unternehmenspolitik, in den Definitionsansatz der Industriepolitik als sektorale industrielle Strukturpolitik einordnen.[371]

Die Bestimmung der Industriepolitik als sektorale Strukturpolitik wird von BRÖSSE nicht für sinnvoll erachtet, weil die Strukturpolitik[372] ein relativ unbestimmter Begriff sei: „Strukturpolitik ist [...] ganz allgemein eine Politik, die die Zusammensetzung der strukturbestimmenden Teile und ihr Verhältnis zum Ganzen zielbezogen beeinflusst. Was Strukturpolitik im konkreten Fall ist, hängt demnach von dem Ganzen und seinen Teilen ab, die man steuern möchte."[373] Auch die Bewegung weg vom allgemeinen Industriesektor hin zu bestimmten Teilbereichen, Branchen oder sogar einzelnen Unternehmen, engt den Begriff der Industrie ein. Dieser Definitionsansatz deckt sich laut BRÖSSE nicht mit der Bestimmung der Industriepolitik, jedoch könne die Industriestrukturpolitik eine spezielle Form der Industriepolitik sein. Weiterhin erfasst dieser Ansatz nicht alle industriepolitischen Maßnahmen. Denn Maßnahmen (restriktive Qualitätsstandards oder rechtliche Vorschriften) außerhalb des Erhaltungs-, Anpassungs- oder Gestaltungsziels werden von dieser Definition nicht erfasst.[374]

Die Beschränkung des Industriepolitikbegriffs auf die Instrumente zur Unterstützung der Industrie stellt eine weitere Möglichkeit dar. Dieser Definitionsansatz wird häufig im amerikanischen Raum verfolgt. Die Industriepolitik umfasst dann all jene Instrumente, welche die Industrie in vielfältiger Art beeinflussen.[375] Damit ist Industriepolitik nicht mehr nur auf den Industriesektor bezogen, da sich auch Maßnahmen für den Agrar- oder Dienstleistungssektor direkt oder

---

369 Kommission der Europäischen Gemeinschaften (2002b), S. 25.

370 Vgl. Kommission der Europäischen Gemeinschaften (2002b), S. 25.

371 Vgl. Federico, G./Foreman-Peck, J. (1999), S. 3; Kommission der Europäischen Gemeinschaften (2004c), S. 5ff.

372 Eine ausführliche Beschreibung der Konzeption der Strukturpolitik findet sich in Willms, M. (1999), S. 460ff.

373 Brösse, U. (1999), S. 15

374 Vgl. Brösse, U. (1999), S. 15.

375 Vgl. Ketels, C. H. M. (2007), S. 149.

indirekt auf die Industrie auswirken. Industriepolitik weitet sich zu einer staatlichen Politik für alle Unternehmen in allen Sektoren aus. Diese Ausweitung erscheint auf den ersten Blick nicht zweckmäßig, weil die Industriepolitik vorrangig die Beeinflussung des industriellen Sektors zum Ziel hat und damit fast jeder staatlichen Maßnahme ein industriepolitischer Charakter zuzuweisen ist. Aber in der Realität verschwimmt das Zielobjekt zunehmend, denn es wird immer häufiger eine staatliche Aktivität auch im Dienstleistungsbereich[376] gefordert.

Ein weiterer Aspekt, der berücksichtigt werden kann, ist der zeitliche Horizont der industriepolitischen Instrumente. Hier geht es vorrangig um die Frage, ob auch kurzfristige Maßnahmen als Industriepolitik bezeichnet werden können. Einige Autoren gehen davon aus, dass es sich bei der Industriepolitik immer um eine langfristige kohärente Strategie handeln müsse und mithin kurzfristige *ad-hoc*-Maßnahmen nicht unter den Begriff der Industriepolitik fallen könnten, weil sie nicht koordiniert seien und keiner Gesamtkonzeption unterlägen. Diese Abgrenzung erscheint etwas kurz gegriffen, denn *ad-hoc*-Maßnahmen können durchaus industriepolitische Zwecke verfolgen. Entscheidend ist nicht der Zeithorizont der Instrumente, vielmehr sind immer die Ziele[377], die mit dem Mitteleinsatz erreicht werden sollen, maßgebliches Kriterium.[378]

---

376 In den letzten Jahren gibt es in Europa zunehmend Beispiele dafür, dass auch für einige Dienstleistungsbranchen Abschottungsgedanken und nationale Interessen an Bedeutung gewinnen. Das Interesse gilt vor allem dem Banken- und Börsenbereich, weil die Finanzwirtschaft einen immensen Einfluss auf das Wachstum und die Wohlfahrt der Volkswirtschaften erlangt hat, wie sich in den vergangenen Finanzkrisen gezeigt hat. Aus den Finanzkrisen haben sich letztlich dann auch Wirtschaftskrisen entwickelt.

377 Das Ziel der *ad hoc*-Maßnahmen ist im Gegensatz zu den restlichen Definitionen, die prozessorientiert sind, eine klare Ausrichtung auf das angestrebte Ergebnis.

378 Vgl. Nester, W. R. (1997), S. 4; Reul, J. (1998), S. 36; Brösse, U. (1999), S. 13; Gurbaxani, I. (2000), S. 23ff.

Abbildung 15: Unterschiedliche Definitionsansätze der Industriepolitik

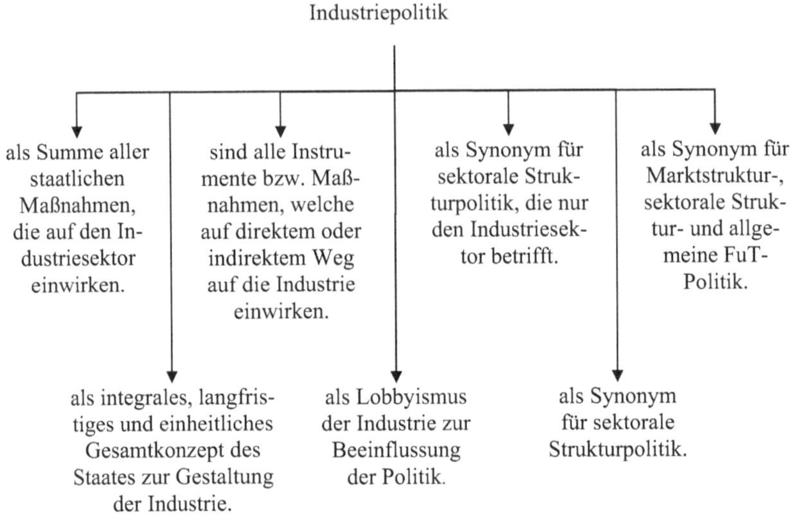

Quelle: eigene Darstellung auf der Basis von Oberender, P., Daumann, F. 1995, S. 3ff.

Es erweist sich als schwierig, aus den hier vorgestellten Varianten (siehe Abbildung 15: Unterschiedliche Definitionsansätze der Industriepolitik) eine schlüssige und prägnante Industriepolitikdefinition abzuleiten, da eine ganze Reihe an Aspekten berücksichtigt werden muss. Für vorliegende Untersuchung wird im Kern auf die Definition von EICKHOF zurückgegriffen[379] und die Industriepolitik als eine staatliche Politik aufgefasst, welche eine Marktstrukturpolitik und eine sektorale Strukturpolitik mit dem Ziel der Erhaltung, Anpassung oder Gestaltung enthält, um die Wettbewerbsfähigkeit der Industrie zu fördern. Die staatlichen Entscheidungen ersetzen den Selektionsmechanismus des Wettbewerbs, wodurch die Allokation der Ressourcen stark verfälscht oder generell dem Wettbewerb entzogen wird.[380] Der Adressatenkreis wird im weiteren Verlauf relativ weit ausgelegt. Neben der klassischen Industrie des verarbeitenden Gewerbes müssen industrieähnliche Bereiche wie Energieversorgung und die industrienahen Dienstleistungen hinzugezählt werden, weil die industrielle Produktion auch von den industrienahen Dienstleistungen abhängig ist und in entsprechenden Branchen bereits praktische Industriepolitik betrieben wird.

[379] Vgl. Eickhof, N. (1997b), S. 433.

[380] Vgl. Schmidt, A. (2009), S. 61.

3.2. Die Ziele der Industriepolitik

3.2.1. Die (internationale) Wettbewerbsfähigkeit als Ziel

Das übergeordnete industriepolitische Ziel ist die Steigerung der nationalen Wohlfahrt.[381] Die Wohlfahrt eines Landes ist eng verknüpft mit der Wettbewerbsfähigkeit und Produktivität der industriellen Unternehmen und industrieabhängigen Produktion[382], weil diese die Wohlfahrt und die gesellschaftlichen Grundwerte beeinflussen. Der Begriff der Wettbewerbsfähigkeit kam in den 1970er-Jahren auf und verweist, analog zum Industriepolitikbegriff, auf viele verschiedene inhaltliche Komponenten.[383] Drei grundsätzliche Sichtweisen, mit denen man den Terminus fassen kann, sind zu unterscheiden: eine mikroökonomische, eine makroökonomische und eine internationale Perspektive.[384]

Der mikroökonomische Zugang bezieht sich nur auf die Unternehmen. Die Unternehmen sind international wettbewerbsfähig, „wenn sie Preise erzielen, die die Kosten decken und angemessene [...] Renditen verschaffen",[385] oder bessere Güter zu denselben Kosten herstellen können. Die Unternehmen können außerdem einen Wettbewerbsvorteil erlangen, indem sie eine bessere Produktqualität oder eine höhere Produktvielfalt als die Konkurrenz bieten.[386] Nach diesem Konzept bestehen zwischen Volkswirtschaften und Unternehmen grundsätzliche Unterschiede, weil Unternehmen vom Markt verschwinden können, was für Volkswirtschaften unmöglich ist. Unternehmen mit einer geringeren unternehmerischen Produktivität müssen den Markt verlassen, während sich eine gesunkene gesamtwirtschaftliche Produktivität negativ auf die Reallohnentwicklung und den Lebensstandard im Inland auswirkt, ohne dass ein Verlust komparativer Vorteile damit verbunden wäre.[387]

Auf der anderen Seite kann die Wettbewerbsfähigkeit makroökonomisch verstanden werden, indem die einzelnen Unternehmen zusammengefasst und in ihrer Gesamtheit, im gesamtwirtschaftlichen Durchschnitt, betrachtet werden.[388] Die Wettbewerbsfähigkeit wird dann als Fähigkeit verstanden, Produkte im in-

---

381 Vgl. Schmidt, A. (2009), S. 62.

382 Vgl. European Economic Advisory Group (2008), S. 105.

383 Vgl. Krugman, P. R. (1996), S. 17.

384 Vgl. Sachverständigenrat zur Begutachtung der gesamtwirtschaftlichen Entwicklung (2004), S. 455.

385 Berg, H./Schmidt, F. (1998), S. 855.

386 Vgl. European Economic Advisory Group (2008), S. 105.

387 Vgl. Sachverständigenrat zur Begutachtung der gesamtwirtschaftlichen Entwicklung (2004), S. 455.

388 Vgl. Berg, H./Schmidt, F. (1998), S. 855.

ternationalen Handel abzusetzen. Die EUROPEAN ECONOMIC ADVISERY GROUP versteht Ähnliches unter dem Begriff der Wettbewerbsfähigkeit, und zwar „[...] the ability of its companies to compete in the international market.“[389] Preisvorteile werden nämlich nicht nur von unternehmerischen, sondern auch von gesamtwirtschaftliche Determinanten wie Arbeitskosten und Wechselkurs beeinflusst. Die unternehmerische Produktivität kann durch die Politik mit vielfältigen Bündeln aus betrieblichen, sektoralen und gesamtwirtschaftlichen Maßnahmen gesteigert werden.[390]

Der dritte Ansatz geht weiter als die vorherigen, indem zusätzlich die jeweiligen gesamtwirtschaftlichen Rahmenbedingungen berücksichtigt werden. Die Rahmenbedingungen (öffentliche Infrastruktur, Ausgestaltung des Steuersystems, Bildungssystem usw.) haben einen wesentlichen Einfluss auf die Produktivitätsentwicklung und prägen damit indirekt die internationale Wettbewerbsfähigkeit. Die Wettbewerbsfähigkeit wird dann gleichgesetzt mit dem Einkommens- und Lebensstandard. Das Ziel sollte darin bestehen, ein möglichst hohes und nachhaltiges Niveau zu erreichen.[391] Um das Niveau der Wettbewerbsfähigkeit bestimmen zu können, wird nach diesem Konzept immer ein Vergleich zwischen mehreren Ländern angestellt, wobei Indikatoren wie Produktivität, F&E, Arbeitslosenrate oder BIP pro Kopf und Wachstumsraten des BIP verglichen werden.[392]

PORTER verfolgt eine ganz ähnliche Sichtweise, gemäß der die Produktivität des Landes die nationale Wettbewerbsfähigkeit beeinflusst. Die Politik könne die nationale Produktivität, vor allem hinsichtlich der Arbeitskräfte und des eingesetzten Kapitals, fördern, weil diese langfristig der entscheidende Faktor für den Lebensstandard (Wohlstand) eines Landes sei. Die Wettbewerbsfähigkeit kann demnach nur wachsen, wenn die Produktivität mithilfe von Innovationen oder Qualitätsverbesserungen ständig verbessert wird.[393] Die Produktivität hat zudem einen Einfluss auf die Ökologie, denn aufgrund andauernder Produktivitätszuwächse kann die ökologische Effizienz[394] gesteigert werden, sodass die

389 European Economic Advisory Group (2008), S. 105.

390 Vgl. Sachverständigenrat zur Begutachtung der gesamtwirtschaftlichen Entwicklung (2004), S. 456.

391 Vgl. Sachverständigenrat zur Begutachtung der gesamtwirtschaftlichen Entwicklung (2004), S. 457.

392 Vgl. Dollar, D./Wolff, E. N. (1995), S. 3.

393 Vgl. Porter, M. E. (1998), S. 6.

394 Die ökologische Effizienz bezeichnet den produzierten Output in Relation zum Ressourceneinsatz.

Produktivität zur ökologischen Nachhaltigkeit einen wichtigen Beitrag leisten kann.[395]

Äußerst kritisch setzt sich KRUGMAN mit der Wettbewerbsfähigkeit auseinander. Er betont den grundlegenden Unterschied zwischen Unternehmen und Volkswirtschaften, dass Unternehmen aus dem Wettbewerb bei mangelnder Effizienz ausscheiden können, Volkswirtschaften hingegen nicht. Diese Ansicht entspricht noch dem ersten mikroökonomischen Ansatz der Wettbewerbsfähigkeit. Die Wettbewerbsfähigkeit wird gesehen als Fähigkeit, eigene Güter und Dienstleistungen auf dem Weltmarkt zu verkaufen, um den Lebensstandard und ein nachhaltiges Wachstum zu erreichen. Sie hänge hauptsächlich vom Wechselkurs ab, der nur einen geringen Einfluss auf den Lebensstandard habe, weil der Außenhandel nur einen kleinen Anteil an der Volkswirtschaft ausmache. Sollte ein Land überhaupt keinen Außenhandel betreiben, hänge die Wettbewerbsfähigkeit nur von dem heimischen Produktivitätswachstum ab, diese steht aber in keinem Zusammenhang mit dem internationalen Wettbewerb. Das kann sich ändern, wenn die Länder mehr Außenhandel tätigen. Durch ein stetiges Produktivitätswachstum, das zu einem Außenhandelserfolg führen kann, kommt es dann aber zu einer Währungsabwertung, die den Lebensstandard negativ beeinflusst, weil die Kaufkraft für Importe aus dem Ausland nachlässt. Damit tritt genau der gegenteilige Effekt zur makroökonomischen Standarddefinition ein. Des Weiteren betrifft eine Lebensstandarderhöhung der anderen Länder nicht den eigenen Lebensstandard, sodass man nicht von einem internationalen Wettbewerb sprechen kann. Außerdem lassen sich Länder zumeist nur schwer miteinander vergleichen, weil sie durch internationalen Handel verbunden sind. Die Industriestaaten sind zugleich große Anbieter von Gütern auf den ausländischen Märkten und Nachfrager für ausländische Güter. Deshalb sieht KRUGMAN das Konzept der Wettbewerbsfähigkeit insgesamt als sehr problematisch an.[396]

Der Begriff der Wettbewerbsfähigkeit ist, wie diese Erläuterungen aufzeigen, sehr facettenreich, und die Determinanten der Wettbewerbsfähigkeit werden mit dem Aufkommen neuer Konzepte immer zahlreicher und komplexer. Generell ist an dem Konzept der Wettbewerbsfähigkeit – ungeachtet oder gerade wegen der zahlreichen in der Literatur vorgeschlagenen Indizes – kritisch zu hinterfragen, wie man die Wettbewerbsfähigkeit überhaupt feststellen kann.[397] Besonders

[395] Vgl. Kommission der Europäischen Gemeinschaften (2002a), S. 6.

[396] Vgl. Krugman, P. R. (1994), S. 30ff.

[397] Auch für Volkswirtschaften bzw. Staaten gibt es Kennzahlen, mit denen die Wettbewerbsfähigkeit gemessen und letztlich verglichen werden kann. Die Indizes dienen dann der Einordnung der Länder in ein Ranking. Eine genaue Übersicht über die verschiedenen Indizes und auch Rankings findet sich in Küter, J. (2009), S. 692ff.

interessant ist die Messung der dynamischen Wettbewerbsfähigkeit, um zeitliche Veränderungen zu erfassen. Allenfalls kann man aus Unternehmensdaten die statische Wettbewerbsfähigkeit zuverlässig ableiten. Doch ist dies nicht ausreichend, da sich die heutige Wettbewerbsfähigkeit durch Innovationen oder exogene Marktfaktoren sehr schnell wieder verändern kann. Die Daten zur Wettbewerbsfähigkeit können zu widersprüchlichen Aussagen führen; aufgrund von staatlichen Subventionen können Ergebnisse stark verzerrt werden. Man kann nur jene Unternehmen vergleichen, die ihre Wettbewerbsfähigkeit selbstständig, ohne staatliche Hilfe, erwerben.[398] Ein Vergleich zwischen ganzen Volkswirtschaften ist hingegen nicht möglich, da sich diese nach Ansicht vieler Ökonomen nicht in einem Wettbewerb befinden können. Ein Vergleich ist aber sehr wohl zwischen einzelnen Unternehmen oder sektorenbezogen anzustellen.[399] Diese Aussage muss allerdings wiederum differenziert betrachtet und relativiert werden. Volkswirtschaften stehen durchaus in einem Wettbewerb, der dem Unternehmenswettbewerb gleicht. Die Wettbewerbsfähigkeit bildet einen Indikator für Wettbewerb, denn verschiedene Länder konkurrieren um Absatzmöglichkeiten für ihre Produkte und Investitionen unter den jeweiligen landesspezifischen Rahmenbedingungen.[400] Der Wettbewerb verbessert die Ergebnisse und zwingt die Wettbewerber, nach immer neuen institutionellen Lösungen mit verbesserter Effizienz zu suchen.[401] Dieser Wettbewerb ist vergleichbar mit dem normalen Unternehmenswettbewerb. Es gibt nur die Einschränkung des mangelnden Ausscheidens. Die Länder können durch mangelnde Effizienz höchstens an Wettbewerbsfähigkeit verlieren, aber sie scheiden nicht aus dem Markt aus. Deshalb reflektiert die Wettbewerbsfähigkeit die Stellung einer Volkswirtschaft im internationalen Vergleich durchaus, jedoch kann dies aufgrund der angesprochenen Probleme des Vergleichs nur mit Vorsicht interpretiert werden.

3.2.2. Ordnungspolitik als Determinante der Wettbewerbsfähigkeit

Die Wettbewerbsfähigkeit kann von der Ordnungs- und Prozesspolitik beeinflusst werden. Während Ordnungspolitik auf die Gestaltung der Wirtschaftsordnung bzw. Rahmenbedingungen ausrichtet ist, die das individuelle ökonomische Handeln festlegen, bezieht sich die Prozesspolitik auf die Steuerung der Wirtschaftsabläufe.[402]

---

398 Vgl. Berg, H./Schmidt, F. (1998), S. 855.
399 Vgl. Monopolkommission (2005), Rn. 6.
400 Vgl. Ölschläger, J. (2010), S. 419.
401 Vgl. Sinn, H.-W. (2002), S. 391ff.
402 Vgl. Berg, H./Cassel, D. et al. (2007), S. 319ff.

Übertragen auf die Industrie ergeben sich daraus zwei verschiedene Konzeptionen (Abbildung 16: Die allgemeinen Ziele der Industriepolitik). Einmal soll für die Industrie ein möglichst langfristiger stabiler Wirtschaftsordnungsrahmen geschaffen und gesichert werden, um die Funktionsfähigkeit der Markt- und Wettbewerbsprozesse zu gewährleisten. Daneben sollen die weiteren Rahmenbedingungen (institutionelle und materielle Infrastruktur) für die Industrie vorteilhaft gestaltet werden, weil auch andere Politikbereiche wie die Umwelt-, Steuer- und Außenhandelspolitik einen Einfluss auf die Entwicklung der Industrie haben.[403]

Die institutionelle Infrastruktur umfasst Regelungen und Rechtssysteme, die jeglichen Handlungsrahmen für die teilnehmenden Akteure bilden. Zu erwähnen ist in dem Zusammenhang beispielsweise die Rechtsstaatlichkeit einschließlich eines Privatrechtes (u. a. Vertragsfreiheit, Schutz des Privateigentums und Entscheidungsfreiheit), sodass ein konstitutionelles Minimum an Ordnung gewährleistet ist.[404] Außer mit der Weiterentwicklung dieser institutionellen Infrastruktur können die Rahmenbedingungen auch durch Veränderungen der materiellen Infrastruktur (Bildungseinrichtungen, Schienen- und Straßenverkehrsnetz) ordnungspolitisch verbessert werden. Wesentlich ist, dass sie weitestgehend wettbewerbsneutral bzw. nicht diskriminierend wirken, indem sie nicht auf spezielle ökonomische oder soziale Ergebnisse abzielen.[405]

Die ordnungspolitischen Ziele haben in den letzten Jahren an Bedeutung gewonnen, da die Rahmenbedingungen den Erfolg der industriellen Unternehmen bzw. deren Effizienz maßgeblich beeinflussen (z. B. Steuerpolitik).[406] Die besseren Rahmenbedingungen sollen den Unternehmen ein günstiges Umfeld für Innovationen und Investitionen schaffen, vor allem im globalen Zusammenhang des Weltmarktes. Deshalb sind der Abbau bürokratischer Hemmnisse und die Entwicklung des Humankapitals innerhalb der Industriepolitik immer stärker in das Blickfeld gerückt.[407] Grundsätzlich sind die ordnungspolitischen Maßnahmen zu empfehlen, weil sie im Gegensatz zu den jetzt folgenden prozesspolitischen Maßnahmen weitestgehend markt- und wettbewerbsneutral sind. Sie können jedoch auch die Handlungsspielräume der Akteure beeinflussen, jedoch legen sie das Verhalten der Unternehmen nicht zwangsläufig fest, da sie noch verschiedene Alternativen offenlassen.

---

403 Vgl. Brösse, U. (1999), S. 54ff.

404 Vgl. Schüller, A. (2007), S. 15.

405 Vgl. Möschel, W. (1993), S. 190; Oberender, P./Daumann, F. (1995), S. 4f.

406 Vgl. Fronia, J. (1991), S. 237; Kommission der Europäischen Gemeinschaften (2003), S. 12.

407 Vgl. Uterwedde, H. (2004), S. 25.

3.2.3. Prozesspolitik als Determinante der Wettbewerbsfähigkeit

Prozesspolitische Ziele beziehen sich im Gegensatz zu ordnungspolitischen Zielen direkt auf die Industriestruktur. Die Prozesspolitik ist hauptsächlich auf die Lenkung des Strukturwandels ausgerichtet, wobei dieser Wandel entweder vorausschauend gestaltet, an die strukturellen Entwicklungen angepasst werden kann oder alte Strukturen konservieren soll. Im Vordergrund der Konservierung steht, dass die Industrie in den meisten Ländern eine hohe Relevanz für die Beschäftigungslage und das Wirtschaftswachstum hat und in Branchen mit sinkender Bedeutung die vorhandenen Arbeitsplätze sichern oder soziale Härten abfedern soll.[408]

Der Staat kann die Marktstruktur mithilfe der allgemeinen und selektiven FuT-Politik beeinflussen. Während die allgemeine FuT-Politik aufgrund der Grundlagenforschung allen Marktakteuren zur Verfügung steht und keine prozesspolitische Maßnahme ist, kann mit der selektiven FuT-Politik gezielt eingegriffen werden, um den Strukturwandel zu gestalten bzw. zu beschleunigen. Je schneller ein Land den Strukturwandel vollzieht, umso mehr kann es von den positiven Wachstums- und Beschäftigungseffekten profitieren.[409] Mittels FuT-Politik, auch bei der allgemeinen FuT-Politik, können aber auch zukunftsträchtige neue Industrien entstehen. Der Unterschied ist jedoch, dass bei der allgemeinen FuT-Politik die neuen Märkte nicht gezielt entstehen, sondern im Gegensatz zur selektiven FuT-Politik eher zufällig.[410] Daher ist der Aufbau neuer Industrien ein weiteres wichtiges Element der prozesspolitischen industriellen Ziele, da er Wirtschaftswachstum und eine Verbesserung der Beschäftigungssituation verspricht. Somit geht es außer um eine Beeinflussung des Strukturwandels auch um industrielle Standortpolitik, die den Aufbau neuer Industrien oder die optimale Verteilung alter Industrien zur Aufgabe hat.[411] Wegen des Aspekts der gezielten staatlichen Beeinflussung der Industrie haben prozesspolitische Anliegen

---

408 Vgl. Oberender, P./Daumann, F. (1995), S. 5; Simons, J. (1997), S. 8; Brösse, U. (1999), S. 57.

409 Vgl. Seitz, M. J. (2000), S. 166f.

410 Dieser Unterschied macht letztlich in der ökonomischen Bewertung einen signifikanten Unterschied. Die allgemeine FuT-Politik ist volkswirtschaftlich nur wenig zu beanstanden, da die Ergebnisse allen zur Verfügung stehen und es nur zu geringen Wettbewerbsverzerrungen kommt. Die selektive FuT-Politik ist kritisch zu betrachten, da es hier zu massiven Wettbewerbsverzerrungen zu Gunsten der geförderten Branchen kommt, wobei letztlich kein Erfolg dieser Förderung garantiert ist, sodass sich die selektive FuT-Politik nur schwer volkswirtschaftlich vertreten lässt.

411 Vgl. Brösse, U. (1999), S. 56ff.

einen stark interventionistischen Charakter, während ordnungspolitische Ziele eher marktorientiert sind und die Handlungsspielräume der Unternehmen weniger beeinflussen.

In der Praxis kann man die genannten Ziele den einzelnen Kategorien im Zielsystem häufig nur schwer eindeutig zuordnen, da sie sowohl ordnungs- als auch prozesspolitische Elemente enthalten. So können Umweltziele einerseits unter Rahmenbedingungen fallen, weil sie den Handlungsspielraum der Unternehmen bestimmen. Andererseits können Umweltvorgaben dazu genutzt werden, prozesspolitisch einzugreifen, indem beispielsweise bestimmte Grenzwerte für Emissionen vorgegeben werden, um die Industrie gezielt zu lenken. Demnach können Umweltvorschriften zugleich einen ordnungs- und einen prozesspolitischen Charakter haben. Gleiches gilt für die Standortpolitik: Zum einen kann über die Rahmenbedingungen ein günstiges Umfeld für die Entwicklung der heimischen Industrie geschaffen werden. Zum anderen kann die Standortpolitik dazu genutzt werden, kurzfristig neue Industrien anzuziehen bzw. aufzubauen. Damit ist eine klare Zuordnung der einzelnen Ziele zu den Bereichen Ordnungs- oder Prozesspolitik sehr problematisch. Dessen ungeachtet ist die Unterscheidung sinnvoll, um zu überprüfen, ob die Gefahr besteht, eine interventionistische Politik zu betreiben, oder eine solche Politik sogar bereits betrieben wird.[412]

[412] Vgl. Brösse, U. (1999), S. 55.

Abbildung 16: Die allgemeinen Ziele der Industriepolitik

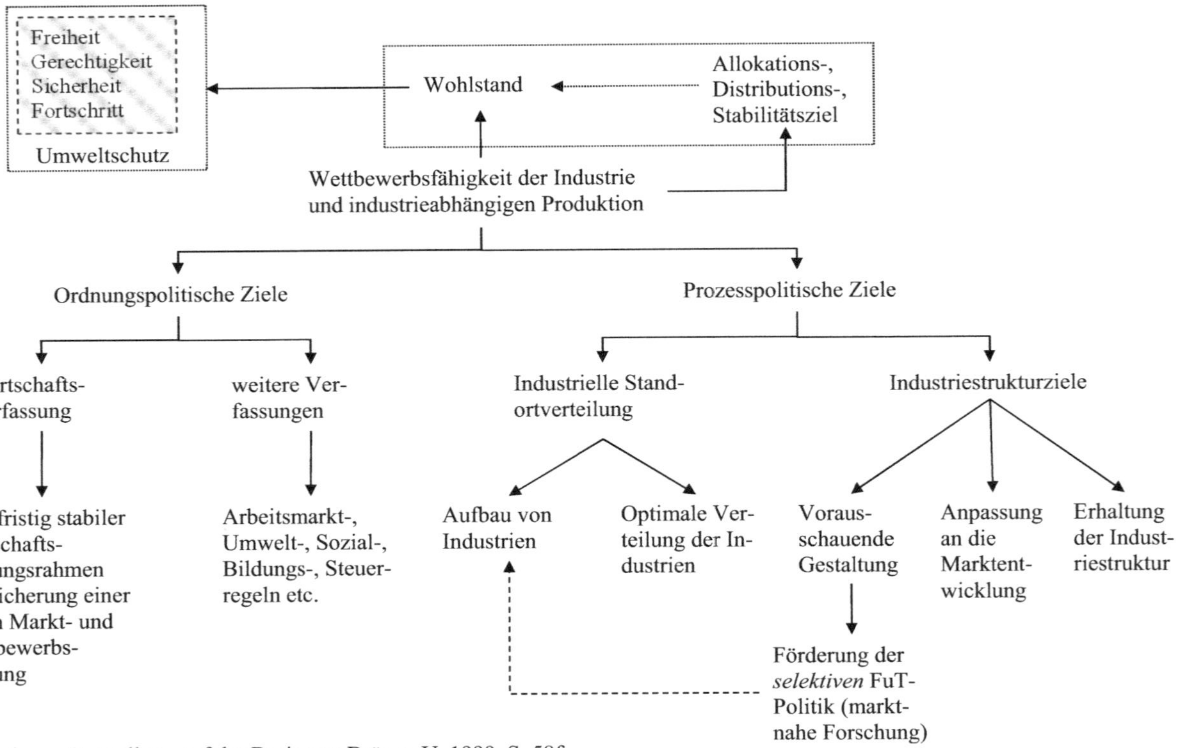

Quelle: eigene Darstellung auf der Basis von Brösse, U. 1999, S. 58f.

3.2.4. Die konkreten Ziele in Europa und Deutschland

Nachdem die Ziele der Industriepolitik im Überblick dargestellt wurden, soll im weiteren Verlauf auf die konkreten Beispiele Europa und Deutschland eingegangen werden, um die komplexen Ziele der Industriepolitik in der Praxis darzustellen. Der Überblick kann aufgrund der Komplexität nicht vollständig erfolgen, jedoch wird der Versuch unternommen werden, die Entwicklung der Ober- und Mittelziele der europäischen wie auch der deutschen Industriepolitik darzustellen und auch die Verbindungen untereinander aufzuzeigen.

3.2.4.1. Die industriepolitischen Ziele Europas

3.2.4.1.1. Der europäische Industriepolitikartikel

Das primäre Ziel der europäischen Industriepolitik ist, wie bereits im allgemeinen Teil zu den industriepolitischen Anliegen erläutert, die Verbesserung bzw. Stärkung der Wettbewerbsfähigkeit. Dieses Ziel ist aber in Europa kein Ziel an sich; es erfüllt keinen Selbstzweck, „sondern [ist] ein grundlegendes Instrument zur Verbesserung der Lebensbedingungen der Bevölkerung“.[413] Die Verbesserung der Wettbewerbsfähigkeit in der europäischen Industriepolitik wurde erstmals mit dem Vertrag von Maastricht 1993 in die Gemeinschaftsverträge der Europäischen Union in Art. 3 EGV implementiert.[414]

Zusätzlich zum Ziel der Wettbewerbsfähigkeit wurde mit Maastricht bei den Erläuterungen der Tätigkeiten der Gemeinschaft auch ein Titel zur Industrie eingeführt. Im ex-Art. 130 EWGV[415] (Art. 157 EGV, Art. 173 AEUV) werden die „Denkschulen“ des Ordoliberalismus, der die industrielle Ordnungspolitik hervorhebt, und des Interventionismus, der auf die Prozesspolitik fokussiert, vereint. Im damals neu eingeführten Artikel wurde die Gewährleistung der Voraussetzungen für die Wettbewerbsfähigkeit der Industrie (Art. 173 Abs. 1 AEUV) als oberstes Ziel definiert, welches eindeutig der interventionistischen Denkschule zuzurechnen ist.[416] Vorrangig geht es der Kommission um die Sicherung der globalen Wettbewerbsfähigkeit der europäischen Industrie.[417] Dies war auch ohne rechtliche Grundlage schon seit den Anfängen der europäischen Industriepolitik in den 70er-Jahren das oberste Ziel der Kommission.

---

413 Kommission der Europäischen Gemeinschaften (1994), S. 11.

414 Vgl. Art. 3 lit. m EGV.

415 Der Industrietitel umfasste früher den Art. 130 EGV, mit dem Vertrag von Amsterdam verschob sich der Titel zu Art. 157 EGV und mit dem Vertrag von Lissabon 2007 wurde er zu Art. 173 AEUV.

416 Vgl. Starbatty, J. (2004), S. 35; Korres, G. M. (2007), S. 106ff.

417 Vgl. Kommission der Europäischen Gemeinschaften (1990), S. 8ff.

Zu Beginn der europäischen Industriepolitik verstand die EU-Kommission unter dem Begriff der industriellen Wettbewerbsfähigkeit „die Fähigkeit der Unternehmen […] im Wettbewerb auf den Inlandsmärkten und auf dem Weltmarkt zu bestehen."[418] Die Wettbewerbsfähigkeit ist von der Entwicklung bestimmter Determinanten – vor allem von der Höhe und Entwicklung der Forschung und Entwicklung (F&E), der Kapital- und Arbeitskosten – abhängig. Diese drei wichtigen Faktoren werden aber durch weitere Einflussgrößen determiniert: Die Arbeitskosten sind unter anderem abhängig von der Produktivität, den Lohnnebenkosten und vom Wechselkurs. Die Einflussfaktoren für die Kapitalkosten sind wesentlicher schwieriger bestimmbar, denn neben den Realzinsen können auch steuerliche Sachverhalte, wie z. B. Abschreibungs- und Anrechnungsmöglichkeiten, die Kapitalkosten der Unternehmen beeinflussen. Abgesehen von den Arbeits- und Kapitalkosten wird die Wettbewerbsfähigkeit am stärksten von der Innovationsfähigkeit und -tätigkeit der Unternehmen beeinflusst, mithin von der Befähigung, neue Produkte zu entwickeln und auf Nachfrageveränderungen zu reagieren.[419] Außer diesen drei Hauptdeterminanten gibt es noch eine Vielzahl weiterer Einfluss- und Bestimmungsfaktoren.

Das Ziel der Wettbewerbsfähigkeit ist an sich nicht konkret gefasst, deshalb sind bereits im Frühjahr 1991 weitere Ziele abgeleitet worden, die auch eine inhaltliche Neuausrichtung der bisherigen Industriepolitik markieren: die Erleichterung der Anpassung an den Strukturwandel, die Förderung der Weiterentwicklung günstiger Rahmenbedingungen vor allem für kleine und mittlere Unternehmen, und die Förderung von F&E. Diese abgeleiteten Ziele sind später in den neuen ex-Artikel 130 Abs. 1 EWGV (Art. 173 Abs. 1 AEUV) aufgenommen worden. Lediglich der Aspekt der Förderung eines günstigen Umfelds wurde im Industriepolitik-Artikel noch um den Punkt erweitert, dass ein günstiges Umfeld für die Zusammenarbeit der Unternehmen gefördert werden solle.[420]

Der Stellenwert der Wettbewerbsfähigkeit wurde mit dem Vertrag von Amsterdam nochmals erhöht, indem sie zusätzlich zur Nennung als Tätigkeitsbereich nun als Aufgabe der Gemeinschaft definiert wurde.[421] Aufgabe der Gemeinschaft sei, so Art. 2 EGV, „einen hohen Grad an Wettbewerbsfähigkeit […] zu fördern". Mit dem Europäischen Rat von Lissabon (2000) wurden die Ziele der Gemeinschaft weiter konkretisiert und teilweise neu formuliert. Dies betrifft auch die wichtigsten Anliegen, die mit der Industriepolitik verbunden sind. Es gehe um die „Verbesserung der Lebensbedingungen der Bevölkerung", um die

---

418 Kommission der Europäischen Gemeinschaften (1986), S. III.
419 Vgl. Kommission der Europäischen Gemeinschaften (1986), S. 8ff.
420 Vgl. Westerhoff, H.-D. (1993), S. 159.
421 Vgl. Schmidt, A. (1998), S. 44; Busch, B. (2005), S. 23.

Förderung und Sicherung des Wachstums und der Beschäftigung in der Gemeinschaft (siehe Abbildung 17: Die industriepolitischen Ziele in Europa). Wettbewerbsfähigkeit wird als „die Fähigkeit der Wirtschaft, der Bevölkerung nachhaltig einen hohen Lebensstandard und eine hohe Beschäftigung zu sichern“,[422] verstanden.

Der Industriepolitik-Artikel enthält auch ordoliberale Elemente. Die ex-Art. 130 Abs. 1 S. 2 und Abs. 3 S. 3 EWGV schränken den interventionistischen Ansatz wieder ein.[423] Die Ausführungen verweisen auf eine Begrenzung des Handlungsspielraums und greifen den Gedanken des Art. 3 lit. g EGV wieder auf. Es müsse auf „ein System offener und wettbewerbsorientierter Märkte“ abgezielt werden, um nicht in die alte, protektionistische Industriepolitik zurückzufallen. Art. 173 AEUV konkretisiert damit die Ausrichtung auf das Ziel einer Stärkung der industriellen Wettbewerbsfähigkeit der Gemeinschaft in ex-Art. 3 lit. m EGV, der ebenfalls neu in die gemeinschaftlichen Verträge aufgenommen wurde.[424] Die Ziele der gemeinschaftlichen Industriepolitik, speziell die Förderung eines günstiges Umfelds für die Zusammenarbeit der Unternehmen und die Förderung von F&E, wirken sich auch auf die europäische Wettbewerbspolitik aus, die bereits 1957 in Gemeinschaftsverträgen eingeführt wurde und einen freien Wettbewerb ohne staatliche Interventionen präferiert. Diese selektiven Maßnahmen könnten zu Wettbewerbsverzerrungen und damit zu einer interventionistischen dirigistischen[425] Industriepolitik führen[426], wenngleich laut Art. 3 lit. g EGV „ein System, das den Wettbewerb im Binnenmarkt vor Verfälschungen schützt“, als gleichrangiges Ziel zur „Stärkung der industriellen Wettbewerbsfähigkeit“ beachtet werden müsse.[427] Auf der Konferenz von Lissabon im Jahr 2000 wurde das Prinzip des freien und unverfälschten Wettbewerbs nochmals bekräftigt.[428] Doch wurde das „Wettbewerbsziel“ gemäß Art. 3 lit. g EGV vier Jahre später auf französischen Wunsch nicht in die (letztlich gescheiterte) Europäische Verfassung und auch nicht in den 2009 ratifizierten Vertrag von Lissa-

422 Kommission der Europäischen Gemeinschaften (2002b), S. 2.
423 Vgl. Starbatty, J. (2004), S. 35.
424 Vgl. Streit, M. E. (1994), S. 193.
425 Die Begriffe Interventionismus und Dirigismus müssen voneinander getrennt behandelt werden. Interventionismus bezeichnet den Eingriff des Staates zur Korrektur eines Marktergebnisses, währenddessen handelt es bei dem Dirigismus ebenfalls um einen staatlichen Eingriff, der neben der Korrektur des Marktergebnisses auch die marktlichen Informations- und Kontrollaufgaben ausschaltet. An dessen Stelle tritt nun eine staatliche Lösung. Vgl. Simons, J. (1997), S. 13.
426 Vgl. Streit, M. E. (1992).
427 Vgl. Wissenschaftlicher Beirat des BMWi (1998), S. 1626.
428 Vgl. Schüller, A. (2007), S. 10.

bon als eines der Grundziele der Gemeinschaft übernommen, während alle weiteren Ziele des Art. 3 EGV in den neuen Art. 3 AEUV des neuen Gemeinschaftsvertrags eingingen. Im neuen Art. 3 AEUV spricht man nur noch von dem Ziel einer wettbewerbsfähigen Sozialen Marktwirtschaft. Das Ziel des freien und unverfälschten Wettbewerbs wird nur noch in einem Protokoll erwähnt.[429]

Bis zu diesem Zeitpunkt war die Industriepolitik vorrangig von der Perspektive des Ordoliberalismus geprägt mit dem Schwerpunkt darauf, dass es gelte angemessene Rahmenbedingungen für Unternehmen zu schaffen. Die Anpassung an den Strukturwandel wurde zuvor den Unternehmen überlassen, denn die öffentliche Hand förderte diese Anpassung nur über die ordnungspolitischen Rahmenbedingungen. Neben der Ordnungspolitik eröffnete sich mit dem neuen Industriepolitikartikel erstmals die Möglichkeit, eine gestaltende Industriepolitik auf europäischer Ebene mit prozesspolitischen Zielen zu verfolgen, um aktiv die Industriestruktur zu formen.[430] Mit dem Vertrag werden zudem die wettbewerblichen Bereiche der Industriepolitik klar vorgegeben: In Art. 173 Abs. 1 Spg. 1 AEUV wird mit der „Erleichterung der Anpassung der Industrie an die strukturellen Veränderungen" die Beihilfekontrolle als Schwerpunkt umrissen und mit der „Förderung eines für die Zusammenarbeit zwischen den Unternehmen günstigen Umfelds" nach Art. 173 Abs. 1 Spg. 2 AEUV wird die Fusionskontrolle als weitere Säule der Wettbewerbspolitik innerhalb der Industriepolitik klar benannt.[431] Dies ist Anlass für Kritik seitens der Wissenschaft, weil viele Autoren mit dem Artikel eine dirigistische Industriepolitik für möglich erachten, die mehrere Gefahren birgt.[432]

Mit der Einführung der Förderung der Wettbewerbsfähigkeit in Art. 2 EGV wird das Prinzip des gleichrangigen Status von freiem Wettbewerb und Förderung der Wettbewerbsfähigkeit durchbrochen, denn infolge der Aufnahme der Förderung der Wettbewerbsfähigkeit dominiert Letztere. Das Prinzip des freien und unverfälschten Wettbewerbs wird mit dem Amsterdam-Vertrag der Wettbewerbsfähigkeitsförderung untergeordnet. Der ordnungspolitische Wechsel, der bereits in der Einheitlichen Europäischen Akte (EEA) und dem Maastricht-Vertrag einge-

---

429 Vgl. Busch, B. (2008), S. 19ff.

430 Vgl. Berg, H./Schmidt, F. (1998), S. 922; Schmidt, A. (1998), S. 195.

431 Vgl. Schmidt, A. (1998), S. 249.

432 Weitere ausführliche Diskussionen finden sich in Möschel, W. (1992); Westerhoff, H.-D. (1993); Streit, M. E. (1994); Wissenschaftlicher Beirat des BMWi (1998), S. 1626 oder Busch, B. (2008), S. 19ff. Aufgrund der breiten Diskussion in der Literatur zum ex-Art. 130 EWGV soll an dieser Stelle auf eine weitere Darstellung verzichtet werden.

setzt hatte, wird fortgeführt.[433] Besonders kritisch wird in jüngster Zeit die Entfernung des Art. 3 lit. g EGV aus der (letztlich nicht verabschiedeten) Europäischen Verfassung und dem ratifizierten Vertrag von Lissabon 2009 gesehen. Der Artikel hatte das Ziel eines freien und unverfälschten Wettbewerbes benannt. Befürchtet wird nunmehr eine Abkehr von der wettbewerbsorientierten Marktwirtschaft hin zu einem dirigistischen Interventionismus.[434] Dieser Konflikt ist besonders prekär, da vielen prinzipiellen Entscheidungen, auch juristischer Natur, die Hauptziele der Gemeinschaft zugrunde gelegt werden. Diese haben im Zweifel stets Vorrang vor den Nebenzielen (z. B. Schutz eines freien und unverfälschten Wettbewerbs).[435] Das Wettbewerbsprinzip wurde somit in den letzten zwei Jahrzehnten immer weiter ausgehöhlt und die marktwirtschaftlichen Prinzipien könnten einer interventionistischen dirigistischen Politik weichen.[436] Diese Kritik ist durchaus berechtigt, aber es muss unterschieden werden zwischen theoretisch möglicher und praktischer Industriepolitik. Die Möglichkeiten des Art. 173 AEUV sind von der Kommission nie voll ausgeschöpft worden.

3.2.4.1.2. Die Rahmenbedingungen

Die Verbesserung der Rahmenbedingungen ist ein grundlegendes Prinzip der Europäischen Union bei der Rechtssetzung und damit eines der zentralen Ziele der Kommission in den letzten Jahrzehnten.[437] Bereits 1990 wurde in einem industriepolitischen Memorandum die Bedeutung der Rahmenbedingungen für die Entwicklung der Unternehmen betont.[438] Hintergrund ist, dass fast alle Unternehmenstätigkeiten von Rechtsvorschriften (Gesellschafts-, Steuer-, Arbeitsrecht, usw.) beeinflusst werden. Die Kosten der Unternehmen können durch zu viele Rechtsvorschriften erheblich steigen und den Unternehmen können dadurch Kostennachteile gegenüber Unternehmen im Ausland entstehen, deren Rechtssysteme möglicherweise wesentlicher effizienter und besser sind. Ein Fehlen von Rechtsvorschriften kann aber ebenfalls die industrielle Wettbewerbsfähigkeit behindern, weil sich die Unternehmen nicht auf einen Rechtsrahmen, der die Spielregeln zwischen den Marktakteuren festlegt, und auf Rechtssicherheit verlassen können, was die Handlungs- bzw. Wahlmöglichkeiten der Unter-

---

433 Vgl. Schmidt, A. (1998), S. 44.

434 Das Prinzip eines unverfälschten und freien Wettbewerbs wurde auf Drängen Frankreichs aus dem Reformvertrag der europäischen Union als gemeinsames Ziel gestrichen. Es findet sich jetzt nur noch in einer Protokollnotiz und weiteren Fundstellen im Vertrag wieder. Vgl. Klocker, P. (2009), S. 55f.

435 Vgl. Busch, B. (2008), S. 19ff.

436 Vgl. Basedow, J. (2007), S. 14.

437 Vgl. Pelkmans, J. (2006), S. 60.

438 Vgl. Kommission der Europäischen Gemeinschaften (1990), S. 11.

nehmen erheblich einschränken könnte.[439] In den vergangenen Jahren sind viele institutionelle Verbesserungen im Bereich der Rahmenbedingungen erzielt worden, unter anderem im Zuge der Errichtung eines europäischen Binnenmarktes, mit einer gegenseitigen Anerkennung von Normen und Regeln und mit der Entwicklung einer Gesetzesfolgenabschätzung, die die Belastung, welche neue Gesetze und Verordnungen für die Unternehmen mit sich bringt, ermittelt[440]. Doch sieht die Kommission immer noch in einigen Bereichen sehr großen Handlungsbedarf, um die Rahmenbedingungen für die Unternehmen weiter zu verbessern und in der Folge Wachstum, Beschäftigung und Umweltschutz voranzutreiben. So hat die Gewährleistung von günstigen Rahmenbedingungen für die Industrie nach wie vor einen hohen Stellenwert für die Kommission.[441]

3.2.4.1.3. Die Politikfelder der europäischen Industriepolitik

Die Rahmenbedingungen sind nur eine Säule des industriepolitischen Konzepts der Gemeinschaft. Daneben werden die Wettbewerbs-, Handels- und FuT-Politik in das Zielsystem der Industriepolitik mit einbezogen, weil mit ihnen die Wettbewerbsfähigkeit direkt erhöht werden kann. Diese drei Politikbereiche haben eine lange Tradition in der Industriepolitik und wirken sich am meisten auf die Wettbewerbsfähigkeit aus. Neben diesen traditionellen Politikfeldern werden in der letzten Zeit weitere Politikfelder in die europäische Industriepolitik integriert. Im Anschluss an die traditionellen sollen daher im Folgenden weitere Politikbereiche dargestellt werden, so die Umwelt-, aber auch die Bildungs- und Sozialpolitik, die aufgrund des neuen, integrierten Ansatzes in die europäische Industriepolitik implementiert wurden.

3.2.4.1.3.1. Die traditionellen Politikfelder

Forschungs- und Technologiepolitik (FuT)

Die meisten Ziele der Industriepolitik lassen sich mithilfe einer FuT-Politik verfolgen, daher war und ist diese auch das wichtigste Instrument der Industriepolitik, insbesondere der europäischen.[442] Die europäische FuT-Politik war das erste industriepolitische Instrument, welches der Kommission nach der Verabschiedung der Einheitlichen Europäischen Akte 1986 zur Verfügung stand. Dadurch wurde eine gemeinschaftliche FuT-Politik, noch vor der europäischen Industriepolitik, in den Gemeinschaftsverträgen rechtlich fixiert.[443] Eine industrielle FuT-Politik soll den Anpassungsprozess der Unternehmen an den Strukturwandel

---

439 Vgl. Kommission der Europäischen Gemeinschaften (2004c), S. 22ff.
440 Vgl. Wagner, P. M. (2004), S. 170; Pelkmans, J. (2006), S. 67.
441 Vgl. Kommission der Europäischen Gemeinschaften (2005c), S. 6.
442 Vgl. Kommission der Europäischen Gemeinschaften (1986), S. 13.
443 Vgl. Simons, J. (1997), S. 223ff.

erleichtern bzw. beschleunigen.[444] Nach Spiegelstrich 4 des Art. 173 Abs. 1 AEUV wird die Bedeutung der FuT-Politik für die Industriepolitik deutlich, denn hier wird sinngemäß das Ziel der europäischen FuT-Politik wiederholt[445], welches in Art. 179 Abs. 1 AEUV (ex-Art. 130 f EWGV) kodifiziert ist: Die FuT-Politik solle die technologischen Grundlagen der Industrie und Gemeinschaft stärken und die internationale Wettbewerbsfähigkeit verbessern, und zwar einerseits durch die Förderung von (strategischen) Schlüsselindustrien[446] und andererseits im Zuge einer breiten Grundlagenforschung. Überdies diene die europäische FuT-Politik dem Kohäsionsziel und solle dazu beitragen, die technologische Heterogenität innerhalb Europas auszugleichen.[447] Dazu legt die Kommission Forschungsrahmenprogramme (FRP) vor, welche die als strategisch wichtig erachteten Bereiche für die nächsten vier Jahre vorgibt und unterstützt.[448] In den Forschungsrahmenprogrammen finden sich fast alle Bereiche der Industrie wieder, weil alle Mitgliedsstaaten beteiligt werden müssen[449], es werden lediglich einige Bereiche mehr und andere weniger gefördert. Die strategischen Bereiche änderten sich seit den Anfängen der europäischen FuT-Politik mehrfach: Zu Beginn stand die Energietechnologie (vor allem die Kernenergie) im Vordergrund, dann folgte der Übergang zur Informations- und Kommunikationstechnologie und anschließend zur Biotechnologie.[450] Im 7.

---

444 In dem Vertrag zur Gründung der Europäischen Gemeinschaft wird nur in der deutschen Übersetzung des Art. 173 I Spg. 1 AEUV von der Erleichterung des Strukturwandels gesprochen, in der englischen und französischen Version wird immer von Beschleunigung der Anpassung an den Strukturwandel gesprochen. Vgl. Schmidt, I. (1992), S. 628. Selbst im Vertrag von Lissabon (2007) wird in der englischen und französischen Fassung weiterhin von Beschleunigung anstatt Erleichterung gesprochen.

445 Vgl. Kallmeyer, A. (2007), Rn. 14.

446 Über die Bedeutung des Wortes strategisch wird in der Literatur sehr viel diskutiert. Die erste Bedeutung des Wortes strategisch war in der europäischen Industriepolitik die Sicherung der Rohstoffe oder von Basistechnologien, die die Grundlage für weitere Produkte waren. Eine zweite Interpretation kommt aus der Handelstheorie, in dem Bereiche als strategisch definiert werden, in denen ein Land komparative oder zukünftig potenzielle Kostenvorteile gegenüber anderen Ländern besitzt. In der dritten Variante wird die Wichtigkeit einzelner Sektoren betont, die möglichst viele vertikale und horizontale Querverbindungen zu anderen Sektoren haben, sodass die Regierung sie für die gesamte Volkswirtschaft als strategisch wichtig erachtet. Vgl. Soete, L. (2007), S. 276f.

447 Vgl. Korres, G. M. (2007), S. 104.

448 Vgl. Simons, J. (1997), S. 223ff.

449 Vgl. Pelkmans, J. (2006), S. 70.

450 Vgl. Starbatty, J./Vetterlein, U. (1998), S. 699ff.; Korres, G. M. (2007), S. 109.

Rahmenforschungsprogramm kommt nunmehr die Umwelt- und Klimatechnologie als Schwerpunkt hinzu.[451]

Vor dem Hintergrund der Lissabon-Agenda, in der das Ziel gesetzt worden war, die Gemeinschaft bis 2010 „zum wettbewerbsfähigsten und dynamischen wissensbasierten Wirtschaftsraum der Welt zu machen“[452], wird auch der hohe Stellenwert von Innovationen für die Gemeinschaft deutlich, denn durch eine bessere Nutzung des Wissens können Ressourcen viel effektiver genutzt werden.[453] Die Europäische Union verfolgt daher das Anliegen, die F&E-Ausgaben bis 2010 auf 3 % des BIP zu steigern und die Rahmenbedingungen so zu gestalten, dass sie einen Anreiz zum Innovieren geben. So soll die Innovationsleistung gegenüber den anderen Industriestaaten gesteigert werden[454], da Innovationen die Grundlage für weiteres Wachstum und Beschäftigung bilden. F&E-Investitionen sollen nicht nur öffentlicher Natur sein, vielmehr sollen zwei Drittel der Investitionen aus privater Hand kommen.[455] Es gelte die Rahmenbedingungen für F&E und die Effektivität der öffentlichen F&E-Unterstützung zu verbessern und die bisherigen europäischen Fonds auf F&E auszurichten.[456]

Neben direkter F&E-Förderung werden Investitionen in Humankapital – speziell über die Sozial- und Bildungspolitik – für die europäische Industriepolitik immer wichtiger, da die industrielle Wettbewerbsfähigkeit sehr stark von der Humankapitalausstattung und von der Nutzung vorhandenen Wissens abhängig ist.[457] Die Humankapitalausstattung bildet das Fundament für die Entwicklung neuer Innovationen. Ihre Verbesserung kann eine Diffusion von Technologien in andere Sektoren und weitere Technologieentwicklungen bewirken, was den gesamten Wachstumsprozess positiv beeinflussen kann.[458] Eine Steigerung des Humankapitalbestandes und ihre Folgeerscheinungen können die Anpassungsschwierigkeiten, die ein Strukturwandel mit sich bringt, abmildern und zugleich dank Innovationen die Produktivität erhöhen und letztlich die Wettbewerbsfä-

451 Bereits vorher war die Förderung der Umwelttechnologien mit in dem Europäischen Rahmenforschungsprogramm enthalten, jedoch wurde mit dem 7. Rahmenforschungsprogramm ein eigenständiger Bereich für die Umwelt geschaffen, der 1,890 Mrd. € umfasst. Vgl. Hertin, J./Jacob, K. et al. (2006), S. 81ff.; Bundesministerium für Bildung und Forschung (2007), S. 36ff.

452 Rat der europäischen Union (2000), S. 2.

453 Vgl. Schüller, A. (2007), S. 5.

454 Vgl. Kommission der Europäischen Gemeinschaften (2002b), S. 20ff.

455 Vgl. Kommission der Europäischen Gemeinschaften (2003), S. 18ff.

456 Vgl. Pelkmans, J. (2006), S. 67.

457 Vgl. Busch, B. (2005), S. 8.

458 Vgl. Soete, L. (2007), S. 278f.

higkeit verbessern.[459] Die Förderung der Nutzung von Wissen (Diffusion) ist eine der zentralen Aufgaben der Kommission hinsichtlich einer Verbesserung der Wettbewerbsfähigkeit.[460]

Die FuT-Politik beeinflusst ebenso die Wettbewerbspolitik. In den Anfängen der europäischen Industriepolitik wurden Zusammenschlüsse von Unternehmen gefördert[461], um die industrielle F&E und die Wettbewerbsfähigkeit zu erhöhen.[462] Seit 2000 werden verstärkt Forschungs- und Entwicklungskooperationen in Form von Clustern bzw. Forschungsverbünden zwischen den Unternehmen unterstützt. Derartige Kooperationen sieht allerdings die Wettbewerbsbehörde kritisch, weil es in der Folge zu Absprachen zwischen den Unternehmen im späteren Produktwettbewerb mit negativen Wohlfahrtseffekten für die Konsumenten kommen kann. Des Weiteren sinkt aufgrund des verminderten Wettbewerbsdrucks die Forschungsmotivation, was das Suchen und Finden von alternativen Lösungsmöglichkeiten beeinträchtigt.[463] Demnach haben die FuT- und die Wettbewerbspolitik einige Schnittstellen, die Konflikte bergen. Entgegen den Bedenken von Wettbewerbspolitikern wurden die erwähnten Forschungskooperationen vom europäischen Wettbewerbsrecht – speziell vom Kartellverbot (Art. 101 Abs. 3 AEUV) und von der Beihilfenkontrolle (Art. 107 Abs. 3 AEUV)[464] – ausgenommen.[465] Darin zeigt sich wieder der generelle Bedeutungsverlust des Wettbewerbsgedankens in den Gemeinschaftsverträgen.

Wettbewerbspolitik

Die Wettbewerbspolitik im engeren Sinne einschließlich des Schutzes des Wettbewerbs gehören nicht zur Industriepolitik, da sich die beiden Bereiche grundsätzlich nur schwierig vereinbaren lassen (siehe 3.2.4.1.1).[466] Trotzdem ist die

---

459 Vgl. Kommission der Europäischen Gemeinschaften (2002b), S. 29.

460 Vgl. Kommission der Europäischen Gemeinschaften (2002a), S. 14.

461 Vgl. Kommission der Europäischen Gemeinschaften (1970).

462 Vgl. Kommission der Europäischen Gemeinschaften (1994), S. 22.

463 Vgl. Schmidt, A. (1998), S. 233.

464 Die Beihilfenkontrolle war am Anfang Art. 89 ff. EWGV. Vor dem Amsterdam-Vertrag war die Beihilfenkontrolle Art. 92ff. EGV, mit der Verabschiedung des Amsterdam-Vertrags verschob sich der Artikel zu Art. 87 ff. EGV.

465 Vgl. Verordnung (EG) Nr. 2659/2000 Art. 1; AGVO vom 01.09.2008, Rn. 1.

466 Diese These erscheint etwas überspitzt und bezieht sich auf die bisherige praktisch angewandte Industriepolitik in vielen Bereichen. Letztlich können theoretisch Wettbewerbspolitik und Industriepolitik durchaus sinnvoll miteinander kombiniert werden, da eine „gute" Wettbewerbspolitik, die einen ausreichenden Wettbewerb sicherstellt, vermehrt Innovationen hervorbringt, die auch in der Industriepolitik einen immer wichtiger Stellenwert einnehmen, um die Wettbewerbsfähigkeit der Industrie zu fördern bzw. sicherzustellen.

Wettbewerbspolitik im weiteren Sinne natürlich ein Mittel, um die Marktstruktur im Sinne der Industriepolitik zu beeinflussen. So verstandene Wettbewerbspolitik kann über Fusions- und Beihilfekontrolle durchaus auf die Wettbewerbsfähigkeit einwirken. Anfänglich, in der frühen europäischen Industriepolitik bezogen sich die wettbewerbspolitischen Ziele auf eine staatlich geförderte Umstrukturierung der europäischen Unternehmen zu international wettbewerbsfähigen Konzernen. Dahinter stehen die Ideen der strategischen Handelspolitik[467] und der nationalen Champions[468], welche in den 1960er-Jahren entwickelt wurden.[469] Die Kommission wollte die kleinteilige industrielle Unternehmensstruktur verändern, indem Zusammenschlüsse zu großen Unternehmen (Europäische Champions) politisch gefördert wurden. Im Hintergrund stand das Anliegen, international mit der Konkurrenz aus den USA und später Japan mithalten zu können. Größere Unternehmen könnten, so die Überlegung, den *economies of scale*-Effekt[470] besser nutzen.[471] Die wettbewerbspolitischen Ziele der Industriepolitik veränderten sich im Zeitablauf, weil die Förderung europäischer Champions nicht den ordnungspolitischen Ansichten einzelner Mitgliedsländer entsprach. Zudem konnte empirisch und theoretisch die behauptete Wirkung nationaler

---

[467] Das Konzept der strategischen Handelspolitik wurde mit den grundlegenden Arbeiten u.a. von Spencer, B. J./Brander, J. A. (1983) in den achtziger Jahren theoretisch entwickelt. Das Konzept zeigte sich bei empirischen Überprüfungen jedoch eher als schädlich, denn als nützlich. An dieser Stelle soll aufgrund der umfangreichen Ausführungen in der wissenschaftlichen Literatur auf weitere Diskussion der Konzepte der strategischen Handelspolitik und der nationalen Champions verzichtet werden. Eine breite Diskussion findet sich in Monopolkommission (2005), Rn. 21ff.

[468] In der wissenschaftlichen Literatur gibt es keine einheitlichen Kriterien für nationale Champions. Die Größe, ab wann ein Unternehmen ein nationaler Champion ist, kann aber sehr unterschiedlich sein und hängt immer von der jeweiligen Marktsituation ab. Vgl. Navarro, L. (2003), S. 7f.

[469] Vgl. Uterwedde, H. (2004), S. 24.

[470] Die *economies of scale* bezeichnen steigende Skalenerträge durch Größenvorteile. Bei den *economies of scale* steigt bei einer Erhöhung des Inputs um eine Einheit der Output überproportional an (um mehr als eine Einheit). Die *economies of scale* können durch technischen Größen-, Spezialisierungsvorteile, Transaktionskosteneinsparungen oder Lernkurveneffekte entstehen. Vgl. Bühler, S./Jaeger, F. (2002), S. 17ff.; Bester, H. (2007), S. 150f. Neben den *economies of scale* kann es auch *economies of scope* geben, welche Verbundvorteile darstellen, die aufgrund der ausgedehnten Unternehmensgröße entstehen. Unterschieden werden beide Effekte durch die Gütervielfalt. Tritt die Kostensenkung bei der Produktionsausweitung von einem Gut auf, handelt es sich um *economies of scale*. Währenddessen entsteht die Kostensenkung bei den *economies of scope* bei der Produktion von mehreren Gütern zwischen denen dann externe Effekte auftreten. Vgl. Tirole, J. (1999), S. 33.

[471] Vgl. Janicki, T. (1990), S. 196.

Champions nicht nachgewiesen werden. Deren Förderung erwies sich letztlich sogar eher als schädlich[472], weil die Wettbewerbsintensität auf den heimischen Märkten sinkt. Die monopolähnliche Stellung, welche für die nationalen Champions entstehen kann, zeigt negative Folgen sowohl für die heimischen als auch die globalen Konsumenten.[473] Das Ziel der Förderung von *economies of scale* wurde jedoch weiter verfolgt, um so die Wettbewerbsfähigkeit der Gemeinschaft zu verbessern.[474]

Mit der Mitteilung „Industriepolitik in einem offenen und wettbewerbsorientierten Umfeld" von 1990 vollzog die Kommission eine inhaltliche Neuausrichtung in der Industriepolitik. Die Kommission bekannte sich mit ihrem neuen industriepolitischen Vorstoß zur Schaffung und Erhaltung von offenen und wettbewerbsorientierten Märkten[475], um die ständigen Anpassungen der Industrie an die Veränderungen zu fördern und die bisherigen sektoralen Probleme zu lösen.[476] Die Wettbewerbspolitik ist in der Folge eines der zentralen Ziele zur Steigerung der Wettbewerbsfähigkeit gewesen, weil die Unternehmen durch einen „gemeinschaftlichen" erhöhten Wettbewerbsdruck zu einer ständig steigenden Effizienz und einer Verbesserung der Marktergebnisse angeregt werden sollten.[477] Trotz der Wettbewerbsorientierung wurde das Kooperations- und Zusammenschlussziel mit ex- Art. 130 Abs. 1 Spg. 3 EGV in den Vertrag von Maastricht aufgenommen. Fusionskontrolle und Kartellrecht könnten damit zu einem industriepolitischen Instrument werden, das gegen das bis dato dominierende Wettbewerbsprinzip eingesetzt wird.[478] Im Rahmen der Förderung eines günstigen Umfelds für die Zusammenarbeit von Unternehmen eröffnet sich der Kommission die Möglichkeit einer aktiven Unterstützung von Unternehmenszusammenschlüssen und Unternehmenskooperationen.[479] Die einzige Handhabe, mit der Fusionskontrollverordnung (FKVO) a. F. Industriepolitik zu betreiben, bot der Art. 2 Abs. 1 lit. b FKVO, der besagt, dass bei einer Fusion auch das Merkmal des technischen und wirtschaftlichen Fortschritts zu betrachten sei.[480] Die neue FKVO von 2004 bietet über die Effizienzeinrede ebenfalls die Möglichkeit, Industriepolitik zu betreiben, indem bei der Prüfung der Auswirkungen

---

472 Vgl. Monopolkommission (2005), Rn. 22, zur theoretischen Würdigung der nationalen Champions auch Schmidt, I. (1992), S. 628ff.

473 Vgl. Südekum, J. (2008), S. 477 und 499f.

474 Vgl. Korres, G. M. (2007), S. 106.

475 Vgl. Kommission der Europäischen Gemeinschaften (1990), S. 11f.

476 Vgl. Hellmann, R. (2003), Rn. 57.

477 Vgl. Kommission der Europäischen Gemeinschaften (1990), S. 18.

478 Vgl. Schmidt, A. (1998), S. 249ff.

479 Vgl. Schmidt, A. (1998), S. 259ff.

480 Vgl. Burholt, C. (2005), S. 38ff.

eines Zusammenschlusses wahrscheinliche Effizienzgewinne mitberücksichtigt werden sollen. Die Prüfung der Effizienz wurde nicht mit in die neue FKVO übernommen, sondern lediglich im Erwägungsgrund des Tz. 29 aufgeführt. Der Rat nahm dabei keine Konkretisierung der Effizienzprüfung in der FKVO vor. Der diskretionäre Entscheidungsspielraum wurde durch die Leitlinie der Kommission zur Beurteilung von horizontalen Unternehmenszusammenschlüssen[481] konkretisiert und eingeschränkt.[482] Die Gelegenheit, über die FVKO in der Fassung von 1989 und 2004 Industriepolitik zu betreiben, wurde in der Praxis von der Kommission nur selten ergriffen.[483]

Neben der Fusionskontrolle kann das Kartellrecht industriepolitisch genutzt werden, wenn bestimmte Kooperationen – vor allem F&E-Zusammenschlüsse – vom Kartellverbot ausgenommen werden. Auch die Beihilfenkontrolle wurde mit dem Maastricht-Vertrag industriepolitisch instrumentalisiert, denn nach Art. 107 AEUV prüft die Kommission die Beihilfen der Mitgliedsstaaten darauf, ob sie den Wettbewerb verfälschen oder zu verfälschen drohen, mit dem Binnenmarkt vereinbar sind oder den Handel zwischen den Mitgliedsstaaten beeinträchtigen. Die Beihilfen werden hauptsächlich dafür genutzt, die Anpassung der Industrie an die Veränderungen des Strukturwandels zu ermöglichen, was als Ziel in Art. 173 Abs. 1 Spg. 1 AEUV kodifiziert wurde. Das strenge Beihilfenverbot wird aber durch mehrere Regelungen durchbrochen, da bestimmte Beihilfen seitens der Kommission von der Kontrolle nach Art. 107 Abs. 3 AEUV ausgenommen werden können. Zudem unterliegen die industriepolitischen Beihilfen der Gemeinschaft bzw. der Kommission nicht der Beihilfenaufsicht nach Art. 107 Abs. 1 AEUV.[484]

Bis zur Verabschiedung der Lissabon-Agenda bleibt die Wettbewerbspolitik trotzdem den Grundsätzen des offenen und unverfälschten Wettbewerbs und der unternehmerischen Anpassung an den Strukturwandel treu. In Lissabon hat sich die EU das Ziel gesetzt, die Gemeinschaft bis 2010 „zum wettbewerbsfähigsten und dynamischen wissensbasierten Wirtschaftsraum der Welt zu machen“.[485] Die Industriepolitik soll auch zu diesem obersten gemeinschaftlichen Ziel einen Beitrag leisten, weil die Industrie von der Kommission als Quelle des Wohlstandes betrachtet wird.[486] Die Stärkung des Wettbewerbs ist das zentrale Element der europäischen Wettbewerbspolitik in Bezug auf die Realisierung der

---

481 Siehe Kommission der Europäischen Gemeinschaften (2004a).

482 Vgl. Burholt, C. (2005), S. 64ff.; Strohm, A. (2006), S. 38ff.

483 Vgl. Burholt, C. (2005), S. 75.

484 Vgl. Schmidt, A. (1998), S. 259ff.

485 Rat der europäischen Union (2000), S. 2.

486 Vgl. Kommission der Europäischen Gemeinschaften (2002b), S. 8f.

Lissabon-Strategie, weil der Wettbewerb einen Anreiz zu Effizienz- und Produktivitätssteigerungen mithilfe von Innovationen schafft. Auch sollen in der Gemeinschaft die Märkte weiter geöffnet werden, um Innovationen und Investitionen anzuregen.[487] Die Wettbewerbspolitik ist ein zentrales Instrument zur Steigerung der Wettbewerbsfähigkeit, weil sie sehr viele Politikbereiche (FuT- und Handelspolitik usw.) beeinflusst. Doch ist die Wettbewerbspolitik in den letzten Jahren einigen Angriffen, vor allem aus Frankreich, ausgesetzt, wobei die Kritiker bereits die Streichung des freien Wettbewerbs aus den Zielen der Gemeinschaft durchgesetzt haben.

Handelspolitik

Neben der FuT- und der Wettbewerbspolitik ist die Handelspolitik eines der weitreichendsten und wichtigsten Instrumente der Industriepolitik. Nach Art. 131 S. 2 AEUV sollte die Handelspolitik bis 2004 auch die Wettbewerbsfähigkeit der Gemeinschaft berücksichtigen.[488] Mit der nicht ratifizierten Verfassung für Europa und dem nachfolgenden Vertrag von Lissabon 2009 wurde Satz 2 des Art. 131 AEUV mit der Berücksichtigung der Wettbewerbsfähigkeit in der gemeinsamen Handelspolitik entfernt. Die Ziele der gemeinsamen Handelspolitik im Sinne der Industriepolitik ist die Öffnung der Märkte im Ausland[489] durch den Abbau tarifärer und nicht-tarifärer Handelshindernisse[490] und die Abwehr unlauterer Handelspraktiken anderer Länder (z. B. durch Exportsubventionen), um die industriellen Märkte der Gemeinschaft vor internationalen Wettbewerbsverzerrungen zu schützen oder sie zu korrigieren (siehe Abbildung 17: Die industriepolitischen Ziele in Europa).[491] In Verbindung mit FuT-Politik kann die Handelspolitik ein sehr wirksames Instrument für die Industriepolitik sein, denn durch kostensenkende oder strategische Innovationen in bestimmten Marktsegmenten können einzelne Länder Wettbewerbsvorteile erlangen. Die Handelspolitik kann diese Entwicklung unterstützen, indem sie die heimische Industrie durch ein vielfältiges Maßnahmenbündel (Anti-Dumping-Maßnahmen, Zölle,

---

[487] Vgl. Kommission der Europäischen Gemeinschaften (2004d), S. 3ff.

[488] Vgl. Bourgeois, J. H. J. (2003), Rn. 6.

[489] Vgl. Kommission der Europäischen Gemeinschaften (1990), S. 24f.

[490] In der Handelstheorie werden mehrere Arten von Verzerrungen unterschieden, um den Markt abzuschotten. Die tarifären Handelshemmnisse sind alle Abgaben in Form von Zöllen, die beim Import in das Land zusätzlich entrichtet werden müssen, um die Preise künstlich zu erhöhen. Die nicht-tarifären Handelshindernisse sind sehr oft Mengen- und Qualitätsregulierungen in Form von Normen und haben eine zollähnliche Wirkung, die den Import von Gütern und Dienstleistungen verteuern und letztlich unattraktiv machen sollen.

[491] Vgl. Kommission der Europäischen Gemeinschaften (2006), S. 2.

Exportbeschränkungen, Einfuhrregeln usw.) vor der ausländischen Konkurrenz schützt.[492]

3.2.4.1.3.2. Der neue integrierte Ansatz

Diese drei Politikfelder sind nicht die einzigen, die die Wettbewerbsfähigkeit beeinflussen. Die Kommission versucht verstärkt einen systematischeren und breiten Ansatz zu finden, indem weitere Politikbereiche in die Industriepolitik integriert werden, die sich auf die industrielle Wettbewerbsfähigkeit auswirken, weil die einzelnen Politikfelder in starker Wechselwirkung zueinander stehen (siehe Abbildung 17: Die industriepolitischen Ziele in Europa).[493] Mit der Lissabon-Strategie möchte die Kommission übergreifend Synergien nutzen, um die Wettbewerbsfähigkeit der Industrie und der gesamten Gemeinschaft zu steigern. Außer den bisherigen integrierten traditionellen Politikbereichen wird die Nutzung von Synergien aus der Umwelt- und Sozialpolitik wichtiger. Mit dem Europäischen Rat von Helsinki (1999) und Göteborg (2001) ist der Umweltschutz zum zentralen Ziel neben Wachstum und Beschäftigung in der Gemeinschaft und in der Industriepolitik geworden, nachdem bereits 1990 und 1994 Vorstöße der Kommission zur Förderung des Umweltschutzes, unter anderem auch als industriepolitisches Ziel, unternommen worden waren.[494] Der Umweltschutz wird vor dem Hintergrund des Klimawandels mit der Fokussierung einer nachhaltigen Industriepolitik nochmals hervorgehoben und unterstreicht damit dieses Ziel neben jenen des wirtschaftlichen Wachstums und der Schaffung von Arbeitsplätzen. Die nachhaltige Industriepolitik soll die Entwicklung von kohlenstoffarmen und effizienten Produkten, Technologien und Dienstleistungen fördern.[495]

Zudem werden Verbraucher-, Gesundheits-, Energie- und Verkehrspolitik in die industriepolitische Konzeption eingebunden. Die Energiepolitik hat zum Beispiel einen sehr großen Einfluss auf den Umweltschutz, weil die Industrie einer der größten Verursacher umweltschädlicher Emissionen ist. Die Förderung von erneuerbaren, umweltfreundlichen und sauberen Technologien für die Energieerzeugung mithilfe selektiver FuT-Politik hat damit einen unmittelbaren Effekt für den Umweltschutz. Eine nachhaltige Produktpolitik kann zu mehr Produktivität und Wachstum führen und damit die Wettbewerbsfähigkeit verbessern, aber auch dem Umweltschutz dienen, wenn die neuen Verfahren und Produkte

---

[492] Vgl. Schmidt, A. (1998), S. 237ff.

[493] Vgl. Allen, C./Herbert, D. et al. (2006), S. 134ff.; Pelkmans, J. (2006), S. 66; Aiginger, K. (2007), S. 315.

[494] Vgl. Kommission der Europäischen Gemeinschaften (1990), S. 14f.; Kommission der Europäischen Gemeinschaften (1994), S. 13f.; Böhringer, C. (2008), S. 237.

[495] Vgl. Winkler, K. (2008), S. 159f.

die Inputfaktoren effizienter und sauberer nutzen können.[496] Die Umweltpolitik bekommt in der aktuellen europäischen Industriepolitik eine zentrale Rolle zugewiesen, denn nur mithilfe der Industriepolitik können auch die ehrgeizigen klimapolitischen Ziele erreicht werden, zu der sich die Gemeinschaft verpflichtet hat. Vor allem die Ziele der Umweltpolitik besitzen sehr große Synergiepotenziale mit anderen Politikbereichen, allen voran der Energiepolitik. Es wird verstärkt an der Entwicklung eines integrierten Ansatz gearbeitet, um die Ziele gemeinsam im Sinne der Lissabon-Strategie für gegenwärtige und zukünftige Generationen zu verwirklichen.[497]

In der europäischen Industriepolitik muss das Zielsystem noch um die Kohäsions- bzw. Regionalpolitik ergänzt werden, da die vielen Mitgliedsländer und ihre Regionen wirtschaftlich unterschiedlich weit entwickelt sind. Die Gemeinschaft hat in Art. 158 S. 1 AEUV das Anliegen formuliert, das wirtschaftliche Niveau der Mitgliedsstaaten anzugleichen, „um eine harmonische Entwicklung der Gemeinschaft als Ganzes zu fördern". Der Artikel benennt damit die Aufgabe der Gemeinschaft, die bislang vorhandene Heterogenität zu beseitigen (Art. 3 Abs. 2 AEUV).[498] Die Regionalpolitik weist einige Schnittstellen mit der Industriepolitik auf, sodass auch diese zur Angleichung der weniger entwickelten Länder an die besser entwickelten beitragen kann. Kohäsionspolitik kann industriellen Wandel unterstützen, indem für die betroffenen Regionen ein vorausschauender, gestaltender Ansatz entwickelt wird, mit dem solche industriellen Strukturen aktiv gefördert oder erhalten werden können, die eine Überwindung der wirtschaftlichen Disparitäten erlauben.[499]

3.2.4.1.4. Die sektoralen Initiativen der EU-Kommission

Schließlich sind sektorale Initiativen der Kommission zu nennen. Sie markierten den Beginn der europäischen Industriepolitik ab Mitte der 70er-Jahre, weil die Zuständigkeiten für die Industriepolitik noch bei den Nationalstaaten lagen. Die ersten Maßnahmen bezogen sich deshalb auf Krisenbranchen (Stahl-, Textil- und Schiffbauindustrie), in denen sich die Kommission unter Zustimmung der Mitgliedsländer engagierte.[500] Des Weiteren unterstützte die Kommission in der Folgezeit neue Wachstumsbranchen im Hochtechnologiebereich (Mikroelektronik, Fernmeldetechnik, Luft- und Raumfahrt usw.). Auf diesen sektoralen Maßnahmen lag bis zur Neuausrichtung 1990 der Schwerpunkt der europäischen In-

---

496 Vgl. Kommission der Europäischen Gemeinschaften (2002b), S. 22ff. und 28ff.

497 Vgl. Kommission der Europäischen Gemeinschaften (2008d), S. 2.

498 Vgl. Schüller, A. (2007), S. 9.

499 Vgl. Schmidt, A. (1998), S. 229ff.

500 Vgl. Fendel, F. (1981), S. 217ff. und 326; Kokalj, L./Albach, H. (1987), S. 296ff.

dustriepolitik.[501] 1990 wurden die sektoralen Maßnahmen aufgegeben, die im Grunde eher auf soziale Ziele ausgerichtet waren, da ihnen selbst die Kommission äußerst geringen Erfolg bescheinigen musste. Die Maßnahmen verzögerten den Strukturwandel eher denn die Anpassung zu erleichtern.[502] Anstatt eines sektoralen Ansatzes bevorzugte die Kommission nun einen völlig entgegengesetzten, horizontalen (allgemeinen) Ansatz[503], gemäß dem nicht einzelne, sondern alle Sektoren branchenübergreifend unterstützt werden sollten. Zwar wurden von der Kommission auch weiterhin sektorspezifische Initiativen durchgeführt, aber ohne interventionistischen Charakter:[504] Schlüsseltechnologien wurden mit Forschungsrahmenprogrammen oder einzelnen Branchenmaßnahmen unterstützt, die der Verbesserung der Wettbewerbsfähigkeit dienlich sind.[505] Der horizontale Ansatz, der eigentlich weniger Wettbewerbsverzerrungen erzeugen soll, wirkt sich jedoch auf die gesamte Industrie uneinheitlich aus. So können Sektoren mit starkem Wissensanteil (z. B. Biotechnologie, Pharmaindustrie) von einer intensiven FuT- und Bildungspolitik mehr profitieren als andere, in denen die Technologie und der Wissensstand der Mitarbeiter eine weniger wichtigere Rolle spielen (z. B. Stahlindustrie).[506] Überdies wirkt sich eine deregulierende Politik unterschiedlich aus: Eine Deregulierung zieht positivere Folgen für die regulierten Industrien als auf neu entstehende Industrien nach sich.[507]

Mit der Lissabon-Strategie veränderte sich die Ausrichtung der Industriepolitik nochmals. Der horizontale Ansatz wurde 2002 wieder durch ein sektorales Element ergänzt, wobei die branchenspezifischen Anforderungen in einem neuen Matrix-Konzept berücksichtigt werden sollen[508], doch soll dabei eine Rückkehr zu einer interventionistischen selektiven Industriepolitik vermieden werden.[509] Die Matrix berücksichtigt auf der horizontalen Achse die Sektoren (Lebensmittel und Biowissenschaften, Maschinenbau und Systemindustrien, Grund- und Zwischenprodukte, Mode- und Designindustrie) sowie auf der vertikalen Achse

---

501 Vgl. Pelkmans, J. (2006), S. 69.

502 Vgl. Kommission der Europäischen Gemeinschaften (1990), S. 11.

503 Die Verwendung des Wortes horizontal ist irreführend, denn das Gegenstück wären vertikale Maßnahmen, die es nicht gibt. Das Wort „horizontal“ wird in der Bedeutung eher mit dem Wort „allgemein“ gleichgesetzt, da alle Sektoren und Branchen durch den Staat unterstützt werden.

504 Vgl. Pelkmans, J. (2006), S. 69.

505 Vgl. Simons, J. (1997), S. 227ff.

506 Vgl. Aiginger, K. (2007), S. 308; Rodrik, D. (2007), S. 6.

507 Vgl. Aiginger, K./Sieber, S. (2006), S. 579ff.

508 Vgl. Kommission der Europäischen Gemeinschaften (2002b), S. 3; Kommission der Europäischen Gemeinschaften (2004c), S. 3.

509 Vgl. Kommission der Europäischen Gemeinschaften (2005c), S. 4.

die industriepolitischen Instrumente (F&E und Innovationen, bessere Rahmensetzung, Umwelt- und Energiepolitik, Handelspolitik), die hier speziell eingesetzt werden können und als notwendig erachtet wurden.[510] Nach einer gründlichen Überprüfung der Stärken und Schwächen der Industriesektoren hat die Kommission Branchen definiert, in denen sektorale Initiativen nötig schienen. Vor allem im Bereich der Arzneimittel-, der Auto-, Schiffbau-, der Luft- und Raumfahrtindustrie, der Biowissenschaften und der Biotechnologie, aber noch in vielen weiteren Bereichen wurden neben den horizontalen Maßnahmen sektorale Initiativen eingeführt, um die Wettbewerbsfähigkeit der einzelnen Branchen weiter zu verbessern oder zu erhalten.[511] Konflikte zwischen den verschiedenen Disziplinen sollen vermieden werden, weil der neue Ansatz die traditionellen Ziele der Industriepolitik mit den angrenzenden Zielen, z. B. der Wettbewerbs- oder auch der Umwelt- und Sozialpolitik, vereint werden sollen. Diese Strategie bettet die Industriepolitik in die Lissabon-Strategie für mehr Wachstum und Beschäftigung ein.[512]

Ein weiterer sektoraler Weg wird mit dem *lead-markets*-Konzept verfolgt. Die Kommission will zukunftsträchtige Pilotmärkte (*lead markets*) unterstützen, indem in Erfolg versprechenden Bereichen neue, innovative Produkte oder Dienstleistungen durch kombinierte Maßnahmen gefördert werden. Die Maßnahmen kombinieren viele wirtschaftspolitische Instrumente, z. B. Regulierungsrahmen, F&E-Förderung, technische Normen und finanzielle Anreize.[513] Dadurch soll die Entwicklung der neu entstehenden Märkte beschleunigt werden, ohne den freien Wettbewerb zu behindern.[514] Die Kommission hat mehrere Märkte als zukünftige *lead markets* identifiziert, unter anderem die Förderung der erneuerbaren Energien, weil in diesem Bereich enorme Entwicklungschancen gesehen werden, mit deren Verwirklichung die Produktionskosten für Unternehmen gesenkt werden könnten (siehe Abbildung 17: Die industriepolitischen Ziele in Europa).[515]

Das Beispiel Europa zeigt deutlich die Komplexität des industriepolitischen Zielsystems auf. Industriepolitik umfasst viele Unterziele auf diversen Ebenen,

---

510 Vgl. Aiginger, K. (2007), S. 308.

511 Eine gute Übersicht über die verschiedenen sektoralen Maßnahmen findet sich in Kommission der Europäischen Gemeinschaften (2005c), S. 13ff. und Kommission der Europäischen Gemeinschaften (2007b), S. 13ff.

512 Vgl. Aiginger, K./Sieber, S. (2006), S. 581f.

513 Vgl. Kommission der Europäischen Gemeinschaften (2007c), S. 8ff.; Winkler, K. (2008), S. 162.

514 Vgl. Kommission der Europäischen Gemeinschaften (2007c), S. 1.

515 Vgl. Kommission der Europäischen Gemeinschaften (2007c), S. 7.

hat aber auch viele Schnittstellen zu anderen Politikbereichen. Im Vergleich soll nun auf die industriepolitische Tradition in Deutschland eingegangen werden. Deutschland tritt, dies sei vorausgeschickt, eher als Kritiker der Industriepolitik im Allgemeinen und der europäischen im Speziellen in Erscheinung.

Abbildung 17: Die industriepolitischen Ziele in Europa

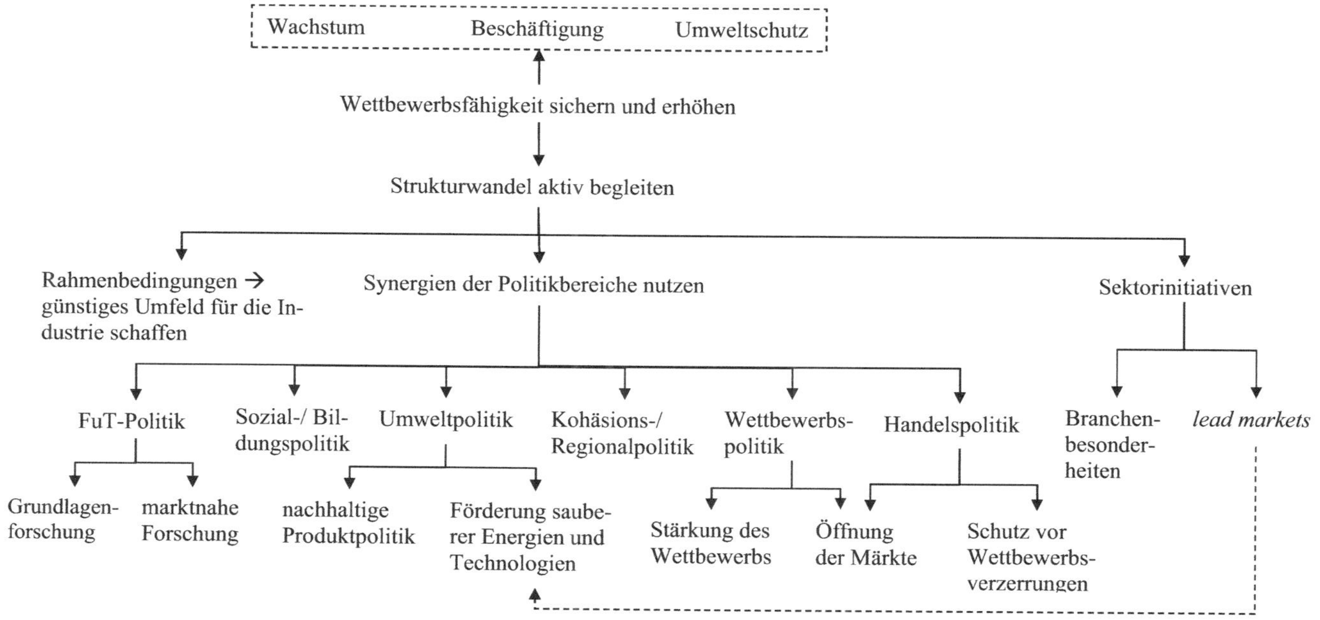

Quelle: eigene Darstellung.

3.2.4.2. Die industriepolitischen Ziele der Bundesrepublik Deutschland

3.2.4.2.1. Geschichtliche Einführung

Die Geschichte der deutschen Industriepolitik reicht im Vergleich zur europäischen weit zurück. Erste Vorboten industriepolitischer Maßnahmen in Deutschland sind bereits im 17. Jahrhundert in Preußen vor dem Hintergrund des Merkantilismus auszumachen – wobei allerdings eine Industrie im eigentlichen Sinne erst im frühen 19. Jahrhundert entstand. Zuvor wurden Manufakturen, Vorläufer industrieller Unternehmen, mit Sonderprivilegien ausgestattet. Einige Manufakturen betrieb der preußische Staat sogar selbst. Im Gefolge der Erkenntnisse von A. SMITH und D. RICARDO setzte ein Umdenken ein, Staaten bauten ihren Interventionismus ab und setzten verstärkt auf Märkte und Wettbewerb zwischen den Unternehmen sowie auf Freihandel, um den nationalen Wohlstand zu erhöhen.[516] Im liberalen preußischen Staat des 19. Jahrhunderts setzte sich im Anschluss eine nicht-sektorale Industriepolitik durch, die sich aktiv für die Ansiedlung neuer Industrien, die Errichtung von Bildungseinrichtungen und die Diffusion von neuen Technologien einsetzte. Zudem unterstützte der preußische Staat Unternehmen durch Schutz vor ausländischer Konkurrenz, eine staatliche Nachfragepolitik und durch den Aufbau von Infrastruktur.[517] Mit der fortschreitenden deutschen Industrialisierung wurde Deutschland bis zum Ende des Zweiten Weltkrieges zu einem Land der Konzerne und Kartelle, einer „speziellen Form der Industriepolitik".[518] Unternehmen bilden ein Kartell, wenn sie vertragliche Vereinbarungen oder Kooperationen mit anderen, rechtlich und wirtschaftlich selbstständigen Unternehmen schließen und auf dieser Grundlage bestimmte Determinanten wie Preise, Qualitäten und Produktionsmengen absprechen.[519] Neben solchen Kartellen wurden auch große Unternehmen (Konzerne) gefördert, die eine frühere Form der oben schon erwähnten „nationalen Champions" waren. Anliegen war, den englischen Weltmarktführern ein deutsches Pendant entgegenzusetzen. Die steigende Marktkonzentration infolge der

---

516 Vgl. Brösse, U. (1999), S. 4f.

517 Vgl. Bianchi, P./Labory, S. (2006), S. 6.

518 Grundsätzlich können die Kartelle in zwei verschiedene Kategorien unterteilt werden: Zu einem in ein staatliches organisiertes Kartell oder in eine private Variante, die nur von den Unternehmen selbst ausgeht. Ein wichtiges Ziel dieser staatlich organisierten Kartelle ist u.a. die Erreichung von Skaleneffekten. Deshalb sind die staatlichen Kartelle bis heute ein wichtiges Mittel in der Industriepolitik. Die privaten Kartelle sind dagegen kein Bestandteil der Industriepolitik.

519 Vgl. Hepperle, G. R. M. (2004), S. 25.

Konzern- und Kartellbildung führte zu einem Nachlassen des nationalen Wettbewerbsdrucks und des Wirtschaftswachstums.[520]

3.2.4.2.2. Die deutsche Industriepolitik von 1949 bis 2002

Mit dem Ende des Zweiten Weltkrieges kam es zu einer inhaltlichen Umgestaltung der Wirtschaftspolitik in Deutschland. Anstelle einer zentralen Organisation trat eine neue, liberale Wirtschaftspolitik mit einer dezentralen Wirtschaftsordnung und den zentralen Merkmalen Markt und Wettbewerb, die die Koordination der Pläne den Marktteilnehmern überließ. Der Staat hatte sich nunmehr nur noch um die ordnungspolitischen Rahmenbedingungen zu kümmern, welche auftretende Marktmängel ausgleichen sollen. Eine Industriepolitik war mit der Einführung der sozialen Marktwirtschaft in den Anfangsjahren der Bundesrepublik nicht dezidiert angedacht.[521] Die liberale deutsche Wirtschaftsordnung sah nur eine staatliche Intervention in besonderen Bereichen vor, wie im Falle des Gesetzes gegen Wettbewerbsbeschränkungen (GWB).[522] Ungeachtet der liberalen Ausrichtung griff der Staat in einer Weise in das Marktgeschehen ein, „die einer staatlichen Investitionspolitik sehr nahe" gekommen sei"[523]. So verfolgte der Staat ab 1948 eine FuT-Politik, die sich überwiegend auf Grundlagenforschung fokussierte, was nicht als wettbewerbsverzerrend gilt. Der Staat intervenierte vor allem in den damaligen Engpasssektoren der Schwerindustrie, Energieversorgung und Eisenbahn.[524] Zur allgemeinen FuT-Politik kam 1955 eine branchenspezifische FuT-Politik hinzu, in der vor allem die Kernenergie- sowie die Luft- und Raumfahrtforschung Schwerpunkte waren.[525]

Nach der Zeit des sog. Wirtschaftswunders, am Ende 50er-Jahre, waren auch in Deutschland die ersten Krisen zu verzeichnen, auf welche der Staat unterschiedlich reagierte. In der Bergbauindustrie kam es aufgrund der Substitution von Kohle durch Öl und der preisgünstigen Importkohle zu einer Absatzkrise, in welche der Staat mit zahlreichen Maßnahmen eingriff, die Unternehmen vor ausländischer Konkurrenz zu schützen versuchte und Beihilfen vergab, die die notwendige Anpassung an den Strukturwandel letztlich verzögerten. Gleichzeitig wurde die Anpassung der Textilindustrie, die ebenfalls unter preisgünstigen Importen litt, dem Markt überlassen. Zahlreiche Anbieter mussten aufgrund des intensiven Wettbewerbs den Markt verlassen, aber dieser Wettbewerb führte auch zu Innovationen, in deren Folge die verlorene Wettbewerbsfähigkeit wie-

---

520 Vgl. Bianchi, P./Labory, S. (2006), S. 8f.
521 Vgl. Cezanne, W. (2005), S. 76.
522 Vgl. Kokalj, L./Albach, H. (1987), S. 244ff.
523 Hepperle, G. R. M. (2004), S. 26.
524 Vgl. Hepperle, G. R. M. (2004), S. 26.
525 Vgl. Kokalj, L./Albach, H. (1987), S. 248.

der zurückgewonnen wurde. In den folgenden Jahren kam es zu immer häufigeren Interventionen des Staates in das Wirtschaftsgeschehen. So half der Staat neben der Bergbauindustrie auch der Schiffbaubranche und der Stahlindustrie.[526] Im Verlauf der Krisen wurde der Ruf nach einer Strukturpolitik zur Steuerung des Strukturwandels immer lauter.[527] Ende der 60er-Jahre kam es zu einer inhaltlichen Neuausrichtung der Wirtschaftspolitik in Deutschland, die dem Staat auch eine Verantwortung für die Steuerung der Wirtschaftsprozesse zuwies.[528] Die Ziele der Wirtschaftspolitik wurden 1967 im neuen Stabilitäts- und Wachstumsgesetz (§ 1 StabG) kodifiziert: ein angemessenes Wirtschaftswachstum, hoher Beschäftigungsstand, Preisniveaustabilität und außenwirtschaftliches Gleichgewicht.

Strukturpolitik wurde ein wichtiges wirtschaftspolitisches Instrument zur Steuerung des Strukturwandels und zur Bekämpfung struktureller Probleme. Aber sie muss sich auch in die marktwirtschaftliche Grundordnung einfügen und darf die Marktsteuerung nicht außer Kraft setzen. Mittels Förderung der Faktormobilität und der strukturellen Anpassungsfähigkeit soll die Marktsteuerung verbessert werden. Die Anpassung an Strukturveränderungen bleibt aber den Unternehmen überlassen. Die Aufgabe des Staates ist es, den Strukturwandel zu erleichtern, indem er verlässliche Rahmenbedingungen schafft und Hindernisse, die den Strukturwandel hemmen, beseitigt.[529] Neben der Hilfe in den Krisensektoren wurde auch die Entwicklung und Förderung von zukunftsträchtigen Wachstumsbranchen zur Aufgabe des Staates, um jene Arbeitsplätze, die in den Krisensektoren verloren gegangen waren, zu ersetzen.[530]

Es sind drei verschiedene Säulen der Strukturpolitik zu nennen: eine sektorale und eine regionale Strukturpolitik sowie eine Mittelstandspolitik. „Die Strukturpolitik wurde dabei nicht als Industriepolitik konzipiert. Sie entfaltete aber gleichwohl industriepolitische Wirkungen insofern, als sie sowohl einzelne Branchen als auch die Industrie als Ganzes durch gewählte Maßnahmen beeinflusste."[531] Die Anpassung kann im Rahmen der sektoralen und regionalen Strukturpolitik in zwei Ausprägungen erfolgen, dazu kann der Strukturwandel entweder verlangsamt oder beschleunigt werden. Die Verlangsamung des Strukturwandels führt jedoch zu einem Verzicht auf zukünftiges Wirtschaftswachstum und künftige Wohlfahrt, weil an einer ineffizienten Allokation der Produk-

---

526 Vgl. Berg, H./Schmidt, F. (1998), S. 883ff.

527 Vgl. Koopmann, G./Kreienbaum, C. et al. (1997), S. 40.

528 Vgl. Kokalj, L./Albach, H. (1987), S. 250.

529 Vgl. Peters, H.-R. (1996), S. 186ff.

530 Vgl. Koopmann, G./Kreienbaum, C. et al. (1997), S. 40.

531 Hepperle, G. R. M. (2004), S. 30.

tionsfaktoren festgehalten wird und ineffiziente Unternehmen dank finanzieller staatlicher Hilfen im Markt verbleiben. Die Beschleunigung des Strukturwandels kann das Wachstum und die Wohlfahrt erhöhen, weil die Produktionsfaktoren in eine effizientere Verwendung umgelenkt werden.[532] Die Verzögerung des Strukturwandels wurde aufgrund der negativen volkswirtschaftlichen Folgen abgelehnt.

Die Mittelstandspolitik ist dabei eine besondere Form der Strukturpolitik, da hier größenspezifisch die kleinen und mittleren Unternehmen gefördert werden, um Wettbewerbsnachteile gegenüber den größeren Unternehmen zu beseitigen.[533]

Die Leitlinien der Bundesregierung zur Strukturpolitik wurden bereits 1970 erweitert und die Ziele verändert. Die Ablehnung der Strukturerhaltungspolitik wurde aufgehoben und einzelne Industrien – vor allem die Bergbau- bzw. Kohleindustrie – sollten nunmehr erhalten werden. Zusätzlich setzte Deutschland verstärkt auf die Gestaltung des Strukturwandels durch den Aufbau neuer, zukunftsträchtiger Industrien[534] und die Förderung der Umweltbelange in Form einer technologieintensiven und ressourcensparenden Produktion.[535]

Der Staat ist in ein Dilemma zwischen der Förderung von neuen Industrien und der Erhaltung der alten Industrie geraten. Flexibilität und Mobilität der Unternehmen für Veränderungen aufgrund des Strukturwandels waren oftmals nicht mehr gegeben. Angesichts des zunehmenden Wohlstands konnte der Staat Einkommensverluste von Strukturwandelverlierern nicht ohne Weiteres hinnehmen. Die Strukturpolitik wandelte sich von einer Gestaltungspolitik für mehr Wachstum teilweise zu einer Verteilungspolitik, in der die Verlierer des Strukturwandels von den Gewinnern finanziert wurden. Dieses Dilemma verschärfte sich infolge von Krisen (Stahl-, Textil-, Schiffbau- und Ölkrisen) und von stärkerem internationalen Wettbewerb. Die ausländische Konkurrenz produzierte oft billiger. Die Verlierer des Strukturwandels wurden immer zahlreicher[536], weil Arbeitskräfte nicht ohne Verzögerung von den schrumpfenden in die wachsenden Sektoren wechseln konnten.[537]

Es wurden einige europäische Tendenzen berücksichtigt, andere abgelehnt. Ab 1970 versuchte die Kommission mit dem oben erwähnten industriepolitischen

---

532 Vgl. Peters, H.-R. (1996), S. 189.
533 Vgl. Kokalj, L./Albach, H. (1987), S. 255.
534 Vgl. Hepperle, G. R. M. (2004), S. 30f.
535 Vgl. Kokalj, L./Albach, H. (1987), S. 256ff.
536 Vgl. Härtel, H.-H./Feldmann, B. et al. (1986), S. 5f.
537 Vgl. Nienhaus, V. (2003), S. 453.

Memorandum eine gemeinsame europäische Industriepolitik aufzubauen (siehe 3.2.4.1.1). Mit dieser Politik sollte auch die wirtschaftliche Entwicklung vorausschauend gestaltet werden. Eine solche Gestaltung sollte mithilfe einer europäischen FuT-Politik und einer aktiven Veränderung der Märkte geschehen. Eine Förderung von Zusammenschlüssen von Unternehmen zu großen Konzernen, die auf dem Weltmarkt konkurrenzfähig sind, war Teil der Überlegungen.[538] Die europäische Industriepolitik wurde von Deutschland bis 1993 abgelehnt, weil sie nicht mit den marktwirtschaftlichen Prinzipien der Bundesrepublik in Einklang stand.

In der Folgezeit, nach der zweiten Ölpreiskrise 1979, kehrte die Bundesregierung zu den ursprünglichen strukturpolitischen Maßnahmen und dem Setzen von Rahmenbedingungen zurück. Die Flexibilität von Unternehmen und Arbeitskräften sollte wieder erhöht und unnötige Vorschriften sollten abgebaut werden.[539] Die gestaltende Strukturpolitik trat in den Hintergrund. In einzelnen Bereichen (Telekommunikation, Energiewirtschaft) wurden Deregulierungs- und Privatisierungsmaßnahmen durchgeführt, in deren Zuge wettbewerbliche Ausnahmen in manchen Bereichen (z. B. Telekommunikation, Post, Verkehr und Versicherungen), Marktzutrittsbeschränkungen, Preiskontrollen und Qualitätsvorschriften aufgehoben wurden.[540] Durch die Vollendung des europäischen Binnenmarktes wurden ebenfalls die bisher abgeschotteten Märkte für einen europäischen Wettbewerb weiter geöffnet.[541] Der Wettbewerb sollte durch die Deregulierung und die Öffnung der Märkte gefördert werden, da in Deutschland viele Bereiche noch stark reguliert waren.[542] Die Industriepolitik war in dieser Zeit darauf ausgerichtet, den Wettbewerb zu stärken, um die Wohlfahrt zu steigern. Die Konsumenten profitierten von dem entstehenden Wettbewerb in Form von höherer Produktvielfalt, niedrigeren Preisen und besseren Qualitäten; sie konnten somit letztlich erhebliche Wohlfahrtsgewinne verbuchen.[543]

Das Hauptziel der Politik war die Reduzierung des Beihilfenniveaus, weil die sektoralen Beihilfen den Wettbewerb verzerren, das Wachstum behindern und der notwendige Strukturwandel lediglich hinausgezögert wird. Durch diese passive Politik wird auch das *rent-seeking*-Problem[544] der Unternehmen einge-

538 Vgl. Koopmann, G./Kreienbaum, C. et al. (1997), S. 41.

539 Vgl. Kokalj, L./Albach, H. (1987), S. 256ff.

540 Vgl. Willms, M. (1999), S. 463.

541 Vgl. Hepperle, G. R. M. (2004), S. 31.

542 Vgl. Koopmann, G./Kreienbaum, C. et al. (1997), S. 42.

543 Vgl. Erber, G./Hagemann, H. (2002), S. 351.

544 Wenn die Politik bekundet Beihilfen für die Unternehmen zu gewähren, kann sich bei den Unternehmen eine Subventionsmentalität bzw. *rent seeking* einstellen. Die Unter-

schränkt.[545] Der Abbau der Subventionen konnte nicht vollständig umgesetzt werden, da die Regierung den traditionellen Subventionsempfängern Landwirtschaft, Verkehr, Wohnungswirtschaft und Bergbau weiterhin Subventionen gewährte.[546] Im Gefolge der Wiedervereinigung wurden die Subventionen sogar noch weiter erhöht, um den Transformationsprozess der Neuen Bundesländer zu unterstützen.[547] Unabhängig von diesem Prozess gab es eine weitere Veränderung in der Industriepolitik, denn die Bundesregierung wechselte den Fokus von den Großunternehmen zu den kleinen und mittleren Unternehmen (KMU), da diese als Stütze der Wirtschaft zu betrachten sind und die meisten Arbeitsplätze in Deutschland bereitstellen.[548] KMU haben im Gegensatz zu Großunternehmen komparative Vorteile durch eine stärkere Spezialisierung und ihr Erfolg ist größtenteils unabhängig von der Nutzung von EoS-Effekten. Außerdem engagieren sich KMU vor allem auf solchen Märkten, die für Großunternehmen nicht attraktiv sind. Kleine und mittlere Unternehmen unterliegen nicht stark dem Druck, stetig ihre Kosten senken zu müssen, um ihren Wert für die Aktionäre zu steigern. Doch erwies sich, dass die deutschen KMU auch lernen müssten, am internationalen Handel teilzunehmen, um die Vorteile der Spezialisierung besser auszunutzen. Seitdem fördert die Bundesregierung die Internationalisierung der deutschen KMU.[549]

Neben der Einführung des gemeinsamen europäischen Binnenmarktes mit seinen positiven Effekten für den Wettbewerb und die Konsumenten hatte auch die Einführung des Industriepolitikartikels der Europäischen Union (Art. Ex-130 EGV) 1993 Auswirkungen auf die Struktur- bzw. Industriepolitik in Deutschland, weil die Ziele in den Gemeinschaftsverträgen Staats- und Gemeinschaftsziele sind. Diese Ziele haben nach MÖSCHEL den Rang einer Verfassung und bilden im Verhältnis zu den Rechtsgrundlagen der Mitgliedsstaaten eine „Überfassung", die Vorrang vor dem nationalen Recht habe.[550] Damit gingen einige Kompetenzen der Struktur- bzw. Industriepolitik an die Europäische Union, speziell die Europäische Kommission, über. Die Abgabe von Kompetenzen an eine supranationale Institution macht die Entscheidungsfindung weniger anfällig

---

nehmen verlagern ihre Anstrengungen Markteinkommen zu erwirtschaften auf die dauerhafte Erlangung von Beihilfen. Dies führt zu Ineffizienzen und Wettbewerbszerrungen gegenüber den nicht subventionierten Unternehmen. Vgl. Boss, A./Rosenschon, A. (2002), S. 32ff.

545 Vgl. Koopmann, G./Kreienbaum, C. et al. (1997), S. 41ff.

546 Vgl. Boss, A./Rosenschon, A. (2000), S. 16ff.

547 Vgl. Berg, H./Schmidt, F. (1998), S. 887.

548 Vgl. Hepperle, G. R. M. (2004), S. 34f.

549 Vgl. Erber, G./Hagemann, H. (2002), S. 351.

550 Vgl. Möschel, W. (1992), S. 416f.

für spezielle Interessen. Es bestehen weniger Möglichkeiten, eigene Forderungen geltend zu machen, da die vielfältigen speziellen Interessen der verschiedenen nationalen Gruppen untereinander im Wettbewerb stehen. Der Industriepolitikartikel der Europäischen Gemeinschaft wurde sehr kontrovers diskutiert und ermöglicht der Kommission eine dirigistische Industriepolitik, die nicht den marktwirtschaftlichen Grundsätzen der Bundesrepublik entsprach (siehe 3.2.4.1.1).[551]

Die Bundesregierung thematisierte 2002 die Struktur- bzw. Industriepolitik mit einem neuen, einheitlichen und umfassenden Ansatz der Innovationspolitik[552], der weit über die bisherige FuT-Politik hinausgeht, um die internationale Wettbewerbsfähigkeit zu verbessern. Der Ansatz fokussiert die Bedeutung von Innovationen, die durch eine Liberalisierung der Märkte gefördert werden sollten, weil sie entscheidend für die Verbesserung der internationalen Wettbewerbsfähigkeit seien. Außer den Innovationen wird die Entwicklung des Humankapitals berücksichtigt, das die Basis von Innovationen darstelle. Des Weiteren gelte es die FuT-Politik an die neuen Herausforderungen anzupassen, indem der Mittelstand, die angewandte Forschung, nationale und internationale Forschungskooperationen und Innovationscluster gefördert würden. Die Politik wollte dabei lediglich die Aufgabe eines Moderators übernehmen und keine Auswahl der besonders wachstums- und zukunftsträchtigen Märkte vornehmen, da keine genauen Zukunftsprognosen erstellt werden könnten. Deshalb sollten Basistechnologien gefördert werden, die allen Märkten zugutekämen.[553]

3.2.4.2.3. Die Renaissance der traditionellen Industriepolitik ab 2003

Seit 2003 vollzieht Deutschland in der Industriepolitik einen erneuten Kurswechsel. Die jeweilige Regierung blieb und bleibt zwar prinzipiell bei der ordoliberalen Ausrichtung in der Industrie- und Strukturpolitik, doch es kommt vermehrt die Frage nach der Notwendigkeit staatlicher Interventionen auf. Dies ist vor allem dem industriepolitischen Handeln Frankreichs geschuldet, das eine stark gestaltende Industriepolitik unter der Prämisse nationaler Interessen betreibt.

Der Bundesregierung dient als Grundlage für die deutsche Industriepolitik das Konzept der nationalen Champions, das aber nie öffentlich propagiert wurde.[554] Die deutsche Regierung will in die Unternehmensstruktur eingreifen und einzel-

---

551 Vgl. Koopmann, G./Kreienbaum, C. et al. (1997), S. 41f.

552 Vgl. Bundesministerium für Wirtschaft und Technologie/Bundesministerium für Bildung und Finanzen (2002), S. 4ff.

553 Vgl. Hepperle, G. R. M. (2004), S. 35ff.

554 Vgl. Wruuck, P. (2006), S. 9f.; Klocker, P. (2009), S. 49f.

ne Unternehmen fördern, um diese in die Lage zu versetzen, auf dem Weltmarkt eine führende Position einzunehmen. Der Wohlstand in Deutschland soll nachhaltig erhöht werden, indem der erste etablierte Marktführer *first-mover*-Vorteile (z. B. EoS-Effekte) realisiert und die Pioniergewinne ins Inland lenkt.[555]

Die industriepolitischen Instrumente für eine strategische Industriepolitik sind zum Teil sogar schon gesetzlich verankert. Ein Beispiel ist die deutsche Ministererlaubnis in der Fusionskontrolle.[556] Der Bundeswirtschaftsminister kann nach § 42 GWB einen kartellrechtlich verbotenen Unternehmenszusammenschluss auf Antrag der beteiligten Unternehmen daraufhin prüfen, ob die negativen Folgen der Wettbewerbsbeschränkungen von den gesamtwirtschaftlichen Folgen kompensiert werden oder ob die Fusion mit einem überragenden Interesse der Allgemeinheit gerechtfertigt werden kann (§ 42 Abs. 1 S. 1 GWB). Die Kriterien für die Berücksichtigung des Gemeinwohls sind dabei sehr streng, um das Risiko zu minimieren, dass außerwettbewerbliche Gründe zu stark berücksichtigt werden. Zudem darf mit der Entscheidung die marktwirtschaftliche Ordnung nicht gefährdet werden.[557] Der verantwortliche Minister kann in seine Überlegungen auch die Wettbewerbsfähigkeit der Unternehmen auf den ausländischen Märkten einbeziehen (§ 42 Abs. 1 S.2 GWB). Die Bundesregierung genehmigte unter diesem Aspekt die Fusion von E.ON und Ruhrgas, um die deutsche Erdgasversorgung zu sichern.[558] Die Ministererlaubnis wurde in der Praxis seit der Einführung 1973 bis heute 21 Mal angewendet; die meisten Anträge auf eine Ministererlaubnis wurden abgelehnt oder von den Antragsstellern zurückgezogen.[559] Außer im Energie- gab es auch im Finanz- und anderen Sektoren Bestrebungen, einen nationalen Champion zu etablieren und die großen deutschen Unternehmen vor Konkurrenz zu schützen. Der Deutschen Post wurde in dieser Zeit das Briefmonopol verlängert, in der Folge konnte sie einen weltumspannenden Logistikkonzern aufbauen. Die Belange der Wettbewerbspolitik wurden mit der Förderung der nationalen Champions deutlich zurückgestellt.[560]

---

555 Vgl. Donges, J. B./Heuskel, D. et al. (2005), S. 3.

556 Vgl. Wruuck, P. (2006), S. 10.

557 Vgl. Rittner, F./Kulka, M. (2008), S. 435ff.

558 Vgl. Monopolkommission (2005), Rn. 1ff.

559 Insgesamt wurden nur drei Anträge auf eine Ministererlaubnis ohne Auflagen genehmigt. Vier Anträge wurden mit Auflagen erteilt und einem Antrag wurde nur zum Teil stattgegeben. Sechs Anträge auf eine Ministererlaubnis zur Fusion wurden durch das BMWi abgelehnt und sieben Anträge wurden von den beantragenden Unternehmen wieder zurückgezogen. Vgl. Bundesministerium für Wirtschaft und Technologie (2008b).

560 Vgl. Monopolkommission (2005), Rn. 1ff.

Die staatliche Förderung von nationalen Champions wird in der Wissenschaft sehr kritisch gesehen, da die Gefahren von künstlich geschaffenen Großkonzernen die positiven Effekte einer technologischen Lokomotivfunktion für vor- und nachgelagerte Marktstufen überwiegen würden. Mit der Etablierung nationaler Champions gehe eine Reihe an Risiken einher, so könnten, wenn die Unternehmen noch staatlich geschützt würden, im Inland Monopolstellungen entstehen, die die Wohlfahrt des Landes durch eine fallende Konsumentenrente aufgrund höherer Preise negativ beeinflussen könnten.[561] Zudem komme es u. U. zu höheren Steuern, um die nationalen Champions zu finanzieren, was ebenfalls die Wohlfahrtsgewinne schmälern würde. Die Subventionierung der nationalen Champions könne zu einer Wettbewerbsverzerrung zwischen den Anbietern führen, weil es zu Preisanpassungen auf den Faktormärkten komme, die das gesamtwirtschaftliche Wachstumspotenzial schmälerten.[562] Neben den heimischen Anbietern wird auch die globale Wohlfahrt beeinflusst. Die Umlenkung der Marktanteile führe bei den vorherigen effizienten Unternehmen zu verzögerten *economies of scale*, da die Lernkurveneffekte nicht mehr ausgenutzt werden können. Außerdem komme es zu einer ineffizienten Doppelforschung zwischen den neuen nationalen Champions und den alten Unternehmen. Letztlich werde dadurch die globale Wohlfahrt gemindert.[563] Zudem könnte eine derartige Förderung andere Staaten dazu veranlassen, ebenfalls nationale Champions zu etablieren, um die positiven Effekte zu nutzen. Dieser Wettbewerb könnte zu einem Gefangenendilemma für die Staaten mit schlechteren Marktergebnissen und zu Ineffizienzen führen.[564] Fraglich ist, ob die positiven Effekte der Lokomotivfunktion oder einer führenden Position auf dem Weltmarkt die negativen Folgen für die Wohlfahrt, die sich aus dem mangelnden Wettbewerb ergeben könnten, kompensieren können. Die nationalen Champions sind nicht *per se* negativ zu beurteilen. Nationale Champions sind allerdings vor allem dann positiv zu sehen, wenn sie aus eigener Leistung im weltweiten Wettbewerb zu einem nationalen Champion als Resultat einer überlegenen Effizienz geworden sind.[565]

Neben dem Konzept der nationalen Champions gab es mehrere staatliche Interventionen, die mit dem Argument begründet wurden, dass mithilfe der Struktur- bzw. Industriepolitik Arbeitsplätze in Deutschland gesichert würden. Dabei handelte es sich nicht um eine gestaltende interventionistische Industriepolitik, sondern eher um die Rettung krisengeschüttelter Unternehmen, die kurz vor der In-

---

561 Vgl. Monopolkommission (2005), Rn. 13ff.
562 Vgl. Donges, J. B./Heuskel, D. et al. (2005), S. 5.
563 Vgl. European Economic Advisory Group (2007), S. 144.
564 Vgl. Biggar, D. (2004), S. 143ff.
565 Vgl. Donges, J. B./Heuskel, D. et al. (2005), S. 11.

solvenz standen (z. B. der Holzmann-Fall 2002/2003 und Opel 2009). Hervorgehoben wird, dass die Unternehmen einfach zu groß seien, um scheitern zu dürfen *(„too big to fail")*; ihr Niedergang könne ernsthafte Konsequenzen für die Volkswirtschaft haben.[566] Der Schutz der Arbeitsplätze ist jedoch letztlich eine wohlstandsreduzierende Politik: Die Kosten werden durch höhere Steuern getragen, dadurch sinkt die Kaufkraft der Konsumenten, dies wirkt sich wiederum negativ auf die Wohlfahrt aus. Deshalb muss sehr gut abgewogen werden, ob die positiven Effekte der Sicherung von Arbeitsplätzen die negativen Folgen einer Intervention tatsächlich kompensieren. Ein zweiter Punkt ist die mittelfristige Entwicklung. Der Strukturwandel lässt sich langfristig nicht aufhalten. Die Maßnahmen können kurzfristig die Beschäftigung sichern, jedoch wird sie sich mittel- oder langfristig wieder an die neuen Verhältnisse anpassen. Die Beschäftigungslage hängt letztlich von der Ausgestaltung des Arbeitsmarktes ab und nicht von der Subventionierung von Arbeitsplätzen. Aus dem Grund ist es wichtiger, die institutionellen Gegebenheiten des Arbeitsmarktes grundlegend zu ändern, als die Arbeitsplätze kurzfristig zu sichern.[567] Auch die gesetzliche Ausnahme bestimmter Branchen oder Unternehmen vom Wettbewerbsprinzip könnte die Wohlfahrt negativ beeinflussen, weil der Wettbewerb zu einer besseren Effizienz und zu einer besseren Marktversorgung führen soll. Diese Funktionen werden durch eine gesetzliche Ausnahme vom Wettbewerbsprinzip ausgeschaltet. In der Folge könnten die Konsumenten negativ beeinflusst werden, weil die Konsumentenrente zugunsten der Produzentenrente – durch höhere Preise oder geringere Mengen als im Wettbewerb möglich – umverteilt wird.

Über die nationale Industriepolitik hinaus versuchte die deutsche Regierung mit Unterstützung von Frankreich und Großbritannien auch einen Einfluss auf die europäische Industriepolitik der Kommission auszuüben. Die deutsche, britische und französische Regierung forderten 2003/2004 in mehreren Mitteilungen an die Kommission eine industriefreundlichere Industriepolitik und eine zunehmende Förderung der industriellen Wettbewerbsfähigkeit der Union. Weiterhin sollten die wirtschaftspolitischen Kompetenzen in Form der Industrie-, Wettbewerbs- und allgemeinen Wirtschaftspolitik der EU bei einem Kommissar gebündelt werden, um eine einheitliche Linie in der Wirtschaftspolitik sicherzustellen. Vor allem die als zu streng empfundene Wettbewerbspolitik sollte dringend verändert werden und sich an die neuen Herausforderungen des internationalen Wettbewerbs anpassen.[568] Die deutsche Regierung wollte, dass die Kommission zur traditionellen Industriepolitik zurückkehrt und verstärkt in Wirt-

---

566 Vgl. European Economic Advisory Group (2007), S. 135.
567 Vgl. European Economic Advisory Group (2007), S. 137.
568 Vgl. Busch, B. (2005), S. 4ff.

schaftsprozesse eingreift, indem mithilfe von F&E Schlüsselbereiche geschaffen oder die Wirtschaftsbereiche durch protektionistische Maßnahmen geschützt werden.[569] Diese Initiative der einflussreichsten europäischen Mitgliedsstaaten hatte Auswirkungen auf die europäische Industriepolitik, aber eine Verbindung zwischen Wettbewerbs- und Industriepolitik unter einem Kommissar konnte sich nicht durchsetzen (siehe 3.2.4.1), weil viele Kritiker eine Abwertung der Wettbewerbspolitik gegenüber der Industriepolitik befürchteten.[570]

3.2.4.2.4. Das neue Leitbild der Industriepolitik ab 2008

Die Industriepolitik in Deutschland weicht trotz der vorgegebenen Ziele von der europäischen Industriepolitik ab, da sie nur teilweise direkt gesetzlich fixiert ist. Das heißt aber nicht, dass es in Deutschland keine Industriepolitik gäbe. Das übergeordnete Ziel in Deutschland ist heutzutage dasselbe wie in Europa: die dauerhafte Erhaltung der Wettbewerbsfähigkeit der Industrie und der industrieabhängigen Sektoren. Das BMWi hat im Januar 2008 vor dem Hintergrund der Veränderungen des weltwirtschaftlichen Umfeldes seine aktuelle Position und ein Leitbild zum Thema „Industriepolitik in Deutschland und Europa" veröffentlicht. Einige Transformationsländer, in erster Linie China und Indien, sind in jüngster Vergangenheit wirtschaftlich immens gewachsen und haben sich zu bedeutenden internationalen Akteuren entwickelt, was bei den etablierten Industriestaaten einige Befürchtungen auslöst. Daneben bringt, wie auch der beschleunigte Strukturwandel, der Klimawandel neue Herausforderungen für die deutsche Industrie mit sich. In diesem „Strategiepapier" wird die deutsche Industriepolitik eher als eine Form der Standortpolitik verstanden, in deren Zuge ein günstiges Umfeld für die heimischen Standorte geschaffen werden soll. Der Strukturwandel soll nicht gezielt gesteuert werden. Ausgangspunkt der Industriepolitik sind die Grundsätze der sozialen Marktwirtschaft in Deutschland. Die Aufgabe der Politik sei, die „gedeihliche Entwicklung der heimischen Standorte zu schaffen"[571], um einen fairen Wettbewerb zwischen den heimischen und ausländischen Standorten zu gewährleisten. Der Staat müsse für gute Rahmenbedingungen sorgen, die aus einer leistungsfähigen Infrastruktur und qualifizierten Arbeitnehmern bestehe. Ferner sollten die Standortbelastungen – Steuern, Abgaben und Bürokratie – für die Unternehmen im internationalen Wettbewerb tragbar sein. Demnach ist die deutsche Industriepolitik als Querschnittsaufgabe aus vielen Politikbereichen aufzufassen.[572]

---

569 Vgl. Starbatty, J. (2004), S. 37f.

570 Vgl. Monopolkommission (2005), Rn. 3.

571 Bundesministerium für Wirtschaft und Technologie (2008a), S. 20.

572 Vgl. Bundesministerium für Wirtschaft und Technologie (2008a), S. 19ff.

Traditionell wird in Deutschland ein flankierender Ansatz der Industriepolitik verfolgt, jedoch gab es auch Ausnahmen. Die Industriepolitik bestand im Wesentlichen aus dem Ausbau der Infrastruktur, dem Setzen von marktorientierten Rahmenbedingungen und der Garantie eines fairen Wettbewerbs.[573] Der Staat darf nur in die Marktprozesse eingreifen, wenn der Markt infolge von externen Effekten oder *economies of scale* versagt. Eine weitere mögliche Ausnahme unter sozialpolitischen Gesichtspunkten stellen abrupte Strukturbrüche oder nachteilige regionale Entwicklungen dar. Die selektiven staatlichen Eingriffe unterliegen einem strengen Begründungszwang; das Marktversagen muss genau dargelegt und nachgewiesen werden. Strukturwandel soll grundsätzlich über die Anpassung von Angebot und Nachfrage ablaufen. Protektionistische Maßnahmen und die Förderung von vermeintlichen Schlüsselbranchen werden vom BMWi abgelehnt.[574] Die deutsche Industriepolitik verfolgt daher prinzipiell einen markt- und wettbewerbsorientierten Ansatz, der sich jedoch größtenteils auf die Ordnungspolitik beschränkt.

Das Leitbild scheint aber nicht die politische Praxis widerzuspiegeln. Im Zuge der Finanzkrise wurde das bis dato abgelehnte Konzept der nationalen Champions wiederbelebt. Die Bundesregierung hegte bereits 2002 Pläne zum Aufbau eines nationalen Champions in der Finanzbranche. Damals galt die Deutsche Bank als Kandidat für den Aufbau eines nationalen Champions; das Unternehmen erreichte den Status später aus eigener Kraft, ohne staatliche Hilfe. Aus Sicht der Bundesregierung ergab sich 2009 die Möglichkeit, einen zweiten nationalen Champion im Finanzwesen aufzubauen. Die bisherige Commerzbank, die im Verlauf der Finanzkrise in massive Schwierigkeiten geraten war, wurde teilverstaatlicht und der Bund erkaufte sich eine Einflussmöglichkeit[575] auf die Bank, mit dem Ziel, diese später mit der ebenfalls angeschlagenen Dresdner Bank zu fusionieren. Vordergründig argumentierte die Bundesregierung damit, dass keine ausländischen Konkurrenten einen Zugriff auf nationale Banken haben sollten und dass die volkswirtschaftlichen Kosten des Untergangs größer wären als jene für die notwendigen Hilfen. Ein Ausstieg des Staates bei dem neuen Champion ist jedoch einstweilen ungewiss.[576] Zweifellos handelt es sich hier um eine industriepolitische Aktion, um den deutschen Finanzplatz nachhal-

573 Vgl. Sachverständigenrat zur Begutachtung der gesamtwirtschaftlichen Entwicklung (2009), Tz. 352ff.

574 Vgl. Bundesministerium für Wirtschaft und Technologie (2008a), S. 20f.

575 Der Bund kaufte mehr als 25 % der Anteile, um nach dem Aktienrecht eine Sperrminorität zu haben, da für bestimmte Entscheidungen nach § 179 Abs. 2 AktG 75 % des anwesenden Kapitals für eine Satzungsänderung notwendig sind.

576 Vgl. Hank, R./Siedenbiedel, C. (2009), S. 27.

tig zu stärken. Wenngleich andere Banken auch Rettungshilfen annehmen können, nimmt diese Intervention eine Sonderstellung ein, weil der Bund mit der Transaktion eine Möglichkeit des Einflusses auf die strategische Ausrichtung der Bank hat. Weitere selektive industriepolitische Maßnahmen folgten vor dem Hintergrund der weltweiten Wirtschafts- und Finanzkrisen, so unter anderem die sog. „Abwrackprämie" zur Unterstützung der Automobilhersteller und – als größte Einzelmaßnahme – die staatliche Unterstützung bzw. Begleitung der Opel-Sanierung, mit der auf Staatskosten die zuvor begangenen unternehmerischen Fehler ausgeglichen wurden.[577]

Die neueste Entwicklung der deutschen Industriepolitik ist die besondere Berücksichtigung des Umweltgedankens.[578] Dieser Gedanke wurde zwar schon in den 70er-Jahren aufgegriffen, von einer ökologischen Industriepolitik kann allerdings erst seit 2006 gesprochen werden. Diese Politik wird an späterer Stelle der Arbeit ausführlich dargestellt werden.

3.2.4.2.5. Die Besonderheit des deutschen Föderalismus

Eine Besonderheit der deutschen Industriepolitik geht auf den föderalen Aufbau der Bundesrepublik zurück: Außer dem Bund können auch die Länder Industriepolitik betreiben. Deshalb gibt es in Deutschland neben der Industriepolitik des Bundes noch 16 Industriepolitiken der Länder. Industriepolitik auf Länderebene kann das komplette industriepolitische Instrumentarium anwenden. Die Länder konzentrieren sich meist auf die Förderung der F&E. Im Gegensatz zur Industriepolitik des Bundes konzentrieren sich die Länder auf mögliche Zukunftsbranchen, die vom BMWi nicht gefördert werden. Die Länder versuchen eine gezielte gestalterische Industriepolitik zu betreiben, da die Zuständigkeiten für die Rahmenbedingungen aufgrund der föderalen Aufgabenverteilung in Deutschland größtenteils beim Bund liegen. Diese gegensätzliche Ausrichtung eröffnet Chancen und Risiken für die deutsche Industriepolitik. Aus dem Wettbewerb der Länder untereinander um die besten Ideen und Politikkonzeptionen können sich Chancen ergeben. Die Modelle, die sich erfolgreich behaupten können, geben einen Anreiz zur Übernahme und Weiterentwicklung auf Länder- oder Bundesebene. Der Wettbewerb zwischen den Ländern kann aber auch einige Gefahren mit sich bringen. Aufgrund der Förderung der einzelnen Länder kann es zur Doppelaktivitäten kommen, die mit Ineffizienzen verbunden sein können. Auch könnte es zu einem ineffizienten Förderungswettbewerb zwischen

---

577 Vgl. Sachverständigenrat zur Begutachtung der gesamtwirtschaftlichen Entwicklung (2009), Tz. 346ff.

578 Vgl. Bundesministerium für Umwelt, Naturschutz und Reaktorsicherheit (2006); Bundesministerium für Umwelt, Naturschutz und Reaktorsicherheit (2008a); Bundesministerium für Wirtschaft und Technologie (2008a), S. 23.

den Ländern kommen, da diese miteinander um Industrieansiedlungen konkurrieren, wobei am Ende möglicherweise nur das *rent seeking* der Unternehmen gefördert wird.[579] Wegen der Vielzahl unterschiedlicher Ansätze ist die deutsche Industriepolitik schwer zu überblicken, zudem fehlt es infolge paralleler Zuständigkeiten an einem einheitlichen industriepolitischen Konzept in der Bundesrepublik. Außerdem können aufgrund der Doppelaktivitäten von Bund und Ländern *rent-seeking*-Anreize für die Unternehmen weiter gefördert werden, da eine lokale und nationale Förderung möglich ist.[580]

3.3. Resümee

„Industriepolitik" ist einer der schillerndsten Begriffe in der Wissenschaft und in der Politik. Die Darstellung der diversen Definitionen verdeutlicht, wie unterschiedlich dieser Begriff verstanden wird. Einige Definitionen weisen allerdings Parallelen auf. Insgesamt lässt sich Industriepolitik als eine staatliche Politik begreifen, welche eine Marktstrukturpolitik und eine sektorale Strukturpolitik mit dem Ziel der Erhaltung, Anpassung oder Gestaltung enthält, um die Wettbewerbsfähigkeit der Industrie und industrienahen Dienstleistungen zu erhöhen.

Das Ziel der Industriepolitik, eine Erhöhung der Wettbewerbsfähigkeit, ist sehr allgemein gehalten, und schon hinter dem Begriff „Wettbewerbsfähigkeit" stehen ebenfalls abweichende Auffassungen. Wettbewerbsfähigkeit kann national gesehen werden, indem die Produktqualität oder die Produktvielfalt verbessert werden sollen (mikroökonomische Sichtweise). Andere Definitionen erweitern den Terminus hin zur internationalen Ebene, indem sie unter anderem die Wettbewerbsfähigkeit daraus ableiten, wie gut der Nationalstaat in der Lage ist, seine heimischen Produkte auf dem Weltmarkt abzusetzen (makroökonomische Sichtweise). Eine weitere Begriffsbestimmung geht von der Produktivität weg und verbindet die Wettbewerbsfähigkeit mit dem erreichten Lebens- und Einkommensstandard. Politisch werden diese verschiedenen Sichtweisen oftmals synonym unter dem allgemeinen Begriff Wettbewerbsfähigkeit verwendet. Das Ziel besteht darin, ein möglichst hohes und nachhaltiges Niveau für die Bevölkerung zu erreichen. Überdies hat die Wettbewerbsfähigkeit auch Auswirkungen auf die Umwelt. Eine höhere Wettbewerbsfähigkeit resultierend aus einem Produktivitätswachstum kann den Ressourceneinsatz dauerhaft verringern. Damit dient das Ziel der Erhöhung der Wettbewerbsfähigkeit auch dem Umweltschutz.

Die international ausgeweitete Begriffsbestimmung ist sehr umstritten, da nach Ansicht vieler Ökonomen ein fundierter Vergleich zwischen verschiedenen Ländern aufgrund staatlicher Verzerrungen kaum möglich ist. Überdies wäre

---

[579] Vgl. Hepperle, G. R. M. (2004), S. 41f.

[580] Vgl. Wruuck, P. (2006), S. 10f.

auch ein Wettbewerb zwischen den Staaten unmöglich, da kein Land der Welt aus dem Wettbewerb – wie dies unter realen Bedingungen des unternehmerischen Wettbewerbs der Fall sei – ausscheiden könnte. Deshalb könnten lediglich die nationalen Unternehmen im Wettbewerb stehen. Doch diese Sichtweise ist grundlegend falsch. Die Länder stehen in einem Wettbewerb, ansonsten würde es das Ziel der Wettbewerbsfähigkeitssteigerung nicht geben. Die Länder stehen in einem Wettbewerb, der dem Unternehmenswettbewerb gleicht und Effizienz und Innovationen verlangt. Die effizientesten Länder weisen eine hohe Wettbewerbsfähigkeit auf und zugleich werden Anreize für Innovationen in Form neuer, effizienter institutioneller Lösungen bzw. Rahmenbedingungen geschaffen. Der Wettbewerb der Volkswirtschaften findet eingeschränkt statt, da die Volkswirtschaften im Gegensatz zu Unternehmen nicht aus dem Wettbewerb ausscheiden können.

Die Wettbewerbsfähigkeit kann über die wirtschaftspolitischen Instrumente der Ordnungs- und Prozesspolitik beeinflusst bzw. verändert werden. Die Ordnungspolitik gestaltet über die rechtlichen organisatorischen Maßnahmen (z. B. Wirtschaftsordnungen) die Rahmenbedingungen für den Wirtschaftsprozess. Die Anliegen, die mittels der Ordnungspolitik im Sinne der Industriepolitik verfolgt werden können, sind in erster Linie eine langfristige Stabilität der Rahmenbedingungen und zusätzlich die Gewährleistung eines funktionsfähigen Markt- und Wettbewerbsprozesses. Dies kann grundsätzlich mithilfe der Wettbewerbspolitik erfolgen. Die Wettbewerbspolitik ist eine sehr kontrovers betrachtete Säule der Industriepolitik. Die Wettbewerbspolitik kann innerhalb der Industriepolitik zwei Ausprägungen annehmen. Die erste besteht in der Ausschaltung des Wettbewerbs für Unternehmen durch die staatliche Förderung von Fusionen (nationale Champions) oder in dem gesetzlichen Schutz vor Konkurrenz. Die Erhöhung der Wettbewerbsfähigkeit begründet sich aus der Erhöhung der Produktionsmenge mit degressiven Kostenverläufen (*economies of scale, EoS*). Der Staat fördert aktiv Unternehmenszusammenschlüsse, damit der letztlich entstehende Monopolist auf dem Weltmarkt eine starke Position einnehmen kann. Die Renten werden dann aus den anderen Ländern in das Land des nationalen Champion umgelenkt. Die Renten führen dann zu einer Erhöhung des Wohlstandes. Neue fundierte Studien beweisen, dass nationale Champions nicht zu einem Nettowohlfahrtsgewinn führen, weshalb diese Politik wissenschaftlich sehr stark umstritten ist. Die zweite, konträre Ausprägung ist die Förderung des Wettbewerbs. Die Wettbewerbsfähigkeit steigt mit zunehmendem Wettbewerb, weil eben dieser Innovationen fördert. Innovationen bedeuten einen Wettbewerbsvorteil gegenüber der Konkurrenz: Dieser Wettbewerbsvorteil motiviert die anderen Unternehmen zu neuen Innovationen, und so führt der Wettbewerb zu einer ständig wachsenden Wettbewerbsfähigkeit.

Die Prozesspolitik greift direkt in die Wirtschaftsabläufe ein und versucht diese aktiv zu gestalten. Ein Mittel hierfür ist die FuT-Politik, die in verschiedenen Formen auftreten kann. Es gibt eine allgemeine FuT-Politik, mit der versucht wird, das Technologieniveau des Landes ohne spezifische Ausrichtung zu verbessern. Diese F&E-Maßnahmen kommen allen Unternehmen zugute. Aus dem Grund ist die allgemeine FuT-Politik eher der Ordnungspolitik zuzuordnen. Die allgemeine FuT-Politik ist aber kein Mittel der Prozesspolitik, da hier nicht vom Staat direkt in Wirtschaftsprozesse eingegriffen wird. Die selektive FuT-Politik, welche die Anpassung an den Strukturwandel zu erleichtern bzw. zu gestalten versucht, gehört hingegen zur Prozesspolitik. Das gestaltende Element kommt in der Form des Aufbaus neuer Märkte zum Tragen. Der Staat versucht durch eine aktive staatliche Teilnahme F&E in bestimmten Industrien zu fördern, um Pioniergewinne oder *economies of scale* zu erreichen. Die EoS-Effekte führen über Produktivitätsgewinne zu einer höheren Wettbewerbsfähigkeit.

Manche Maßnahmen lassen sich nicht eindeutig der Ordnungs- oder der Prozesspolitik zuordnen. Neben der Wettbewerbs- und FuT-Politik ist eine weitere Säule zur Beeinflussung der Wettbewerbsfähigkeit die Außenhandelspolitik. Ordnungspolitisch legt die Handelspolitik die Rahmenbedingungen für die ausländischen Unternehmen fest, die auf den inländischen Märkten aktiv sind. Doch kann die Außenhandelspolitik auch prozesspolitisch genutzt werden. Die Handelspolitik zielt dann darauf ab, die ausländischen Märkte zu öffnen, um die EoS-Effekte noch weiter ausdehnen, denn eine höhere Absatzmenge bewirkt steigende EoS-Effekte, die wiederum die Wettbewerbsfähigkeit erhöhen können. Überdies hat die Handelspolitik noch den Zweck, die Wettbewerbsfähigkeit zu sichern, indem heimische Märkte vor ausländischer Dumpingkonkurrenz mithilfe von Importzöllen oder Qualitätsanforderungen geschützt werden. In der praktischen Industriepolitik wurden bzw. werden alle drei Säulen in stark unterschiedlichen Intensitäten verwendet. Die FuT- und die Wettbewerbspolitik sind die Hauptpfeiler der praktischen Industriepolitik, während die Handelspolitik in den letzten Jahren durch die zunehmende Handelsliberalisierung an Bedeutung verloren hat.

In der vorherigen Diskussion fällt auf, dass die Umwelt bisher in der Industriepolitik keine bzw. nur eine untergeordnete Rolle eingenommen hat. In Europa gab es Anfang der 90er-Jahre ein industriepolitisches Memorandum über eine mögliche Verbindung von Umwelt- und Wirtschaftspolitik, das jedoch nicht in die Praxis umgesetzt wurde. Erst mit den Beschlüssen des Rates von Helsinki (1999) und Göteborg (2001) wurde der Umweltschutz zu einem zentralen Ziel der Union, neben Wachstum und Beschäftigung, aufgewertet. Die Verbindung von Umwelt- und Wirtschaftspolitik nimmt eine zentrale Position ein, um die ambitionierten klimapolitischen Ziele der Europäischen Union zu erreichen. Dazu schlägt die EU-Kommission ein neues, integriertes Konzept vor, in dem viele Politikbereiche miteinander verknüpft werden, um die Vorgaben von Lissabon und Kyoto zu erreichen. Die Konkretisierung und teilweise Implementierung dauerte aber weitere sechs Jahre und wurde durch die folgende Rezession verzögert.

In Deutschland hat die Förderung der Umwelt in den 70er-Jahren und Anfang der 90er-Jahre zwar kurzfristig an Bedeutung gewonnen, jedoch ist diese Entwicklung durch die nachfolgenden Wirtschaftskrisen (Ölkrisen 1973/1979, Zusammenbruch der New Economy) obsolet geworden. In Deutschland hat die Bundesregierung erst im Jahr 2006 ein konkretes Konzept der ökologischen bzw. nachhaltigen Industriepolitik vorgestellt und den Umwelt- und Klimaschutz zu einem zentralen Ziel erklärt. Auch mit diesem Ansatz sollen, analog zum europäischen Ansatz, mehrere Politikbereiche verbunden werden, um die Ziele von Kyoto zu erreichen. Zusätzlich soll Wachstum und Beschäftigung generiert werden. Im nachfolgenden Teil wird dieses Konzept genauer vorgestellt.

4. Das Konzept der ökologischen Industriepolitik und deren Legitimierung

Im Oktober 2006 veröffentlichte das Bundesumweltministerium ein neues Konzept für die „Ökologische Industriepolitik – Memorandum für einen ‚New Deal' von Wirtschaft, Umwelt und Beschäftigung". Dabei wurde der Fokus entgegen der bisherigen Ausrichtung vollständig auf die Ökologie gerichtet. Etwa zeitgleich veröffentlichte die Europäische Kommission (2007b) ein ähnliches Konzept; es folgten weitere Konkretisierungen. Im nachfolgenden Abschnitt soll zuerst das grundlegende Konzept vorgestellt und nachfolgend die Auslöser für dieses Konzept erläutert werden. Zu klären ist, warum die Umwelt für so wichtig erachtet wird, dass sogar von einer „Dritten Industriellen Revolution" die Rede ist und ein Aufbruch in ein ökologisches Jahrhundert postuliert wird.

4.1. Die ökologische Industriepolitik

4.1.1. Die Vorgeschichte

Eine konkrete Verbindung zwischen Umwelt- und Wirtschaftspolitik ist keine neue Erscheinung in der Politik. Bereits in den 70er-Jahren wurde die Förderung der Umweltbelange und des qualitativen Wachstums als neues Ziel in die deutsche Wirtschaftspolitik aufgenommen.[581] Ähnliche Konzepte wurden auch in anderen Ländern verfolgt (z. B. Japan).[582] Diese Entwicklungen wurden damals aufgrund der hohen öffentlichen Nachfrage nach Umweltschutz begünstigt. Überdies dachten die politischen Entscheidungsträger, dass der Umweltschutz ein eher langfristiges Ziel sei, welches verfolgt werden könne, wenn es die ökonomische Situation zulasse.[583] Doch ließen die nachfolgenden Wirtschaftskrisen das öffentliche Interesse an Umweltpolitik wieder deutlich sinken, weil andere Probleme (Arbeitslosigkeit und Inflation) dringlicher waren.[584]

Anfang der 90er-Jahre wiederholte sich dieses Phänomen. Die öffentliche Nachfrage nach Umweltschutz wurde zwischen 1989 und 1992 stärker als die Angst vor Arbeitslosigkeit, um danach wieder zurückgestellt zu werden.[585] In diese Zeit fällt auch das neue industriepolitische Memorandum der Europäischen Union. Die EU erkannte bereits den Zusammenhang zwischen Umweltschutz und

---

581 Vgl. Kokalj, L./Albach, H. (1987), S. 256f.

582 Vgl. Jänicke, M./Lindemann, S. (2009), S. 171.

583 Vgl. European Economists for an Alternative Economic Policy (2009), S. 15.

584 Vgl. Sachverständigenrat für Umweltfragen (1978), Tz. 1696; Böhret, C. (1990), S. 219ff.

585 Vgl. Böhringer, C./Vogt, C. (2001), S. 6.

Wirtschaftswachstum, denn ein anhaltendes Wirtschaftswachstum sei ohne Umweltschutz nicht erreichbar. Beide Ziele stellen seitdem keinen Gegensatz mehr dar, denn eine hohe Wettbewerbsfähigkeit lässt sich, so die Erkenntnis, mit dem Umweltziel durchaus vereinbaren.[586]

Die Ressourcen müssen als begrenzt angesehen werden, daher muss ein schonender und rationeller Umgang mit ihnen gefördert werden. Manche Umweltressourcen sind mittlerweile kostbare Güter geworden. Die steigende Nachfrage bzw. das wachsende Umweltbewusstsein soll zu einem höheren Umweltschutzniveau auf der Basis veränderter ökologischer Rahmenbedingungen führen; dies verlangt auch veränderte Verbraucherpräferenzen mit einer steigenden Tendenz zu umweltfreundlichen Gütern und Dienstleistungen. Die Politik soll über die Rahmenbedingungen nicht nur ein hohes Umweltschutzniveau erreichen, sondern auch die Wettbewerbsfähigkeit der Unternehmen mithilfe der Einführung strengerer Umweltschutznormen in Europa steigern. Eine führende Position auf diesem Feld könnte den Gemeinschaftsunternehmen einen Wettbewerbsvorteil durch Kostensenkungen ermöglichen. Die Entwicklung könnte die Unternehmen aber auch zusätzlich belasten, denn vor allem in der Phase der Einführung von neuen Umweltschutznormen entstehen hohe Investitionskosten, die einen kurzfristigen Wettbewerbsnachteil gegenüber ausländischen Unternehmen nach sich ziehen könnten. Dieser Nachteil wird teilweise dadurch kompensiert, dass die entsprechenden Maßnahmen europaweit über den Binnenmarkt verbindlich für alle Unternehmen gelten. Zusätzlich könnte er aber durch einen langfristigen Gewinn an Wettbewerbsfähigkeit durchaus auch um ein Vielfaches überkompensiert werden. Die Normenverschärfung muss so ausgestaltet sein, dass die Unternehmen die zur Generierung der Vorteile notwendige Größe erreichen, um die vorherigen Investitionen zu amortisieren. Die Maßnahmen sollen nicht vom Staat oktroyiert werden, sondern durch freiwillige Vereinbarungen und den Einsatz fiskalischer Instrumente umgesetzt werden. Die Industrie sollte die strengeren Umweltschutzmaßnahmen nicht als Zwang sehen, sondern als Chance für neues Wachstum. Letztlich will dieses Konzept einen Wachstumsschub mithilfe von Innovationen für Europa generieren und zugleich die Wettbewerbsfähigkeit der Unternehmen verbessern.[587]

Diese mögliche Verbindung zwischen Wirtschafts- bzw. Industrie- und Umweltpolitik wurde zunächst nicht weiter konkret verfolgt. Im nächsten industriepolitischen Memorandum von 1994 wurde der Gedanke zwar nochmals aufge-

---

586 Vgl. Kommission der Europäischen Gemeinschaften (1990), S. 25; Hertin, J./Jacob, K. et al. (2008), S. 76f.

587 Vgl. Kommission der Europäischen Gemeinschaften (1990), S. 14f.

griffen, aber ohne dass konkrete praktische Maßnahmen folgten.[588] Mit der Einführung der europäischen Industriepolitik mit dem Vertrag von Maastricht konzentrierte sich die Kommission auf andere Bereiche (siehe 3.2.4.1). Erst viele Jahre später sollten die Ideen wieder aufgegriffen und weiterentwickelt werden. Diese Konzepte sollen nun im Verlauf der weiteren Arbeit dargestellt werden.

4.1.2. Das Konzept der ökologischen Industriepolitik

4.1.2.1. Die Ziele

Im Jahr 2006 erkannte das Bundesministerium für Umwelt, Naturschutz und Reaktorsicherheit (BMU) in dem schon erwähnten Memorandum „Ökologische Industriepolitik – Memorandum für einen ‚New Deal' von Wirtschaft, Umwelt und Beschäftigung", dass die Veränderungen in der Welt neue politische Strategien verlangten. Die Gründe des Strategiewechsels sind im Klimawandel, dem stetigen Bevölkerungswachstum und in einer zunehmenden Ressourcenknappheit zu sehen (siehe Kapitel 2). Überdies kommt es immer mehr zu einer Verknüpfung und Überschneidung von ökologischen und ökonomischen Problemstellungen.[589] Dieses Memorandum überraschte die interessierte Öffentlichkeit eben deshalb, weil es erstmals eine bis dahin unwahrscheinliche Verbindung von Umwelt- und Industriepolitik enthielt. Zuvor wurde eine gemeinsame Zielerreichung der beiden Politikfelder als unmöglich erachtet, denn die Anliegen, die mit der Umweltpolitik verfolgt wurden, widersprachen deutlich jenen der Industriepolitik (siehe 3.1.).[590] Überschneidungen gab es früher nur dort, wo Industriebetriebe Umweltschäden verursachten, oder wenn durch Umweltschutzmaßnahmen den Industriebetrieben Kosten entstanden. Die Umweltpolitik setzte den Rahmen für die Industrie und dieser war bisher immer ethisch und naturwissenschaftlich begründet.[591]

Das Verhältnis zur Ökologie hat sich in den letzten Jahren grundlegend gewandelt, da die ökonomischen und ökologischen Probleme zunehmend verknüpft sind. Die Verbindung ist, wie bereits schon im vorherigen Kapital 4.1.1 erläutert, nicht neu, aber ihre Qualität wird sich zukünftig weiter verstärken. Die Verbindung zwischen Ökologie und Ökonomie ist trotzdem nicht frei von widerstreitenden Interessen. Doch ist die Verknüpfung nach herrschender Meinung in Politik und Wissenschaft sinnvoll, da die ökologischen Probleme zugleich ökonomische Probleme darstellen. Besonders deutlich wird die Verknüpfung, wenn man sich einige ökologische Probleme ansieht. Die weltweit steigende

---

588 Vgl. Kommission der Europäischen Gemeinschaften (1994), S. 13f.
589 Vgl. Franz, P./Tidow, S. (2009), S. 14.
590 Vgl. Uterwedde, H. (2004), S. 25; Sachverständigenrat für Umweltfragen (2008), S. 68.
591 Vgl. Bardt, H. (2008), S. 31.

Ressourcennachfrage führt zu einem steigenden Ressourcenabbau, der die Umwelt zerstört, und zu ökonomischen Schäden. So verursacht der Klimawandel nicht nur ökologische, sondern auch ökonomische Schäden für die Wirtschaftssysteme (z. B. Schädigung der Infrastruktur oder Erhöhung der Krankheitskosten, siehe 2.2.4).[592]

Die ökologische Industriepolitik soll die bisher getrennten Bereiche der Umwelt- und Wirtschaft folglich miteinander verbinden und einen Beitrag zur nachhaltigen Entwicklung leisten sowie gleichzeitig Umweltschutz, Wachstum und Beschäftigung sichern bzw. fördern. Hier zeigt sich bereits deutlich eine Verbindung zwischen den beiden Politikbereichen. Die Industriepolitik steuert das Wachstum und die Beschäftigung bei, während die Ökologie die Nachhaltigkeit betont. Die ökologischen Probleme lassen sich nur mit nachhaltigem wirtschaftlichem Wachstum lösen, zugleich muss das wirtschaftliche Wachstum umweltverträglich ausgestaltet werden. Das Ziel der ökologischen Industriepolitik ist nicht die vollständige Entkoppelung des Ressourcenverbrauchs vom Wirtschaftswachstum, sondern der Übergang zu einer nachhaltigen Gesellschaft und Wirtschaft.[593] Die Verknüpfung dieser beiden Aspekte bildet daher den Ausgangspunkt für eine sog. „Dritte Industrielle Revolution" (siehe 2.4.3). Die ökologische Industriepolitik ist ein Teil dieser „Dritten Industriellen Revolution", denn: „Sie muss unsere industriellen Strukturen auf die ökologischen und ökonomischen Herausforderungen einstellen."[594]

Die ökologische Industriepolitik soll nicht nur national Wirkung zeigen, sondern wird auch international ausgerichtet, da sie den technischen Fortschritt beschleunigen und einen revolutionären Innovationsschub auslösen soll. Der technische Fortschritt soll auch den Entwicklungs- und Schwellenländern zugutekommen, denn die hoch technologischen Industrieländer müssen mit gutem Beispiel vorangehen und die technischen Lösungen für den Klima- bzw. Umweltschutz bereitstellen. Die ökonomische Spezialisierung auf die Umwelt soll neue „grüne Märkte" generieren, die Wettbewerbsfähigkeit erhöhen und Wachstum und Beschäftigung fördern. Letztlich soll die Position mithilfe der Vorreiterfunktion im internationalen Wettbewerb verbessert werden.[595] Die sog. „grünen Märkte" weisen einen starken ökologischen Bezug auf, da der nachhaltige Umgang mit Ressourcen eine zentrale Frage für die Zukunft der Menschheit – aber auch der Wirtschaft – sein wird. Die im Konzept vorgeschlagenen „grünen

---

[592] Vgl. Franz, P./Tidow, S. (2009), S. 14.

[593] Vgl. Sachverständigenrat für Umweltfragen (2008), S. 68.

[594] Bundesministerium für Umwelt, Naturschutz und Reaktorsicherheit (2006), S. 9.

[595] Vgl. Bundesministerium für Umwelt, Naturschutz und Reaktorsicherheit (2006), S. 5 und 9.

Handlungsfelder“ sind hautsächlich die Energie- und die Verkehrspolitik, das Produktdesign, die Abfall- und Recyclingwirtschaft, die Wasserwirtschaft und die Bio- und Nanotechnologie.[596]

Das Konzept von 2006 wurde nach heftiger Diskussion im Jahre 2008 weiter konkretisiert, da viele Aussagen in der ersten Fassung sehr allgemein waren. Prinzipiell knüpft die zweite Fassung an die Ziele des Memorandums von 2006 an. Es wird weiterhin die Verbindung von Ökonomie und Ökologie, um Umwelt, Wirtschaft und Beschäftigung zu verbessern, betont. Überdies soll die ökologische Industriepolitik einen Beitrag zum Umwelt- bzw. Klimaschutz leisten und letztlich die Kosten des Klimawandels reduzieren helfen.[597] Parallel zum Schutz der Umwelt soll sie ein nachhaltiges Wachstum und neue Beschäftigung ermöglichen. Vor allem erwähnenswert ist hier, dass ein grundsätzliches Bekenntnis zu Wachstum abgegeben wird, da dieses notwendig sei, um soziale Probleme zu lösen. Das nachhaltige Wachstum könne die Importabhängigkeit von fossilen Ressourcen senken und die Handlungs- und Zahlungsbilanz Deutschlands entlasten, um mehr inländische Nachfrage zu generieren. Damit wird der Gedanke verfolgt, dass Umweltprobleme durch wirtschaftliches Wachstum teilweise gelöst werden können. Zugleich diene das Wachstum der sozialen Sicherung, indem Beschäftigung gefördert werde.[598]

Zentral im Konzept ist weiterhin die Einsicht, dass sich die Industrie bzw. die gesamte Wirtschaft auf die Situation der immer knapper werdenden Ressourcen einstellen müsse. Die Anpassung solle mittels Verbesserung der Ressourceneffizienz vonstattengehen. Hierfür sollten mit einer verstärkten Forschungstätigkeit Innovationen gefördert werden, die zum effizienteren Umgang mit Ressourcen beitragen. Die Verfasser des Memorandums sind sich aber bewusst, dass dies nur erreicht werden kann, wenn Angebot und Nachfrage gleichermaßen beachtet werden. Die bisherige Umweltpolitik habe sich meist auf die Angebotsseite beschränkt und die Nachfrageseite vernachlässigt. Die ökologische Industriepolitik solle auch die Präferenzen der Konsumenten im Sinne der Nachhaltigkeit beein-

---

[596] Vgl. Sachverständigenrat für Umweltfragen (2008), S. 68.; Klocker, P. (2009), S. 47. In dieser Arbeit können nicht alle Felder der ökologischen Industriepolitik umfassend bearbeitet werden, es soll im Verlauf der Arbeit eine mögliche Legitimierung der Industriepolitik hingearbeitet werden. Zu den Instrumenten der einzelnen Politikfelder besteht noch großer Forschungsbedarf, der an dieser Stelle nicht geleistet werden kann.

[597] Eine kurze Diskussion über die Kosten des Klimawandels wurde bereits im Kapitel 2.2.4 geführt. An dieser Stelle sei nur kurz darauf verwiesen, dass die Kosten bzw. der Nutzen nur sehr schwierig bestimmt werden können und stark abhängig von den einbezogenen Schäden sowie vom betrachteten Zeitraum sind.

[598] Vgl. Fischedick, M./Bechberger, M. (2009), S. 9.

flussen.[599] Dies erscheine auch ökonomisch sinnvoll. Eine reine Effizienzsteigerung sei ökologisch problematisch, da sie zu einer Preisreduktion und damit verbunden zu einer Nachfrageausweitung führen könnte. Die quantitative Einsparung der Ressourcen beim Input würde durch eine Nachfrageausweitung der Endprodukte eliminiert. Die Veränderung der Konsumentenpräferenzen könne auch die Effizienz beeinflussen, da durch die Nachfrage nach effizienteren Produkten ein Anreiz für die Unternehmen zu stetiger Effizienzverbesserung bestehe. Die Beachtung der Angebots- und Nachfrageseite habe damit erhebliche ökologische und ökonomische Potenziale.[600]

Neben dem Bekenntnis zu Wachstum ist die ökologische Industriepolitik vorrangig darauf ausgerichtet, ökonomische Instrumente und die Märkte zu nutzen. Die Märkte seien aufgrund diverser Hemmnisse oftmals nicht in der Lage, die richtigen Preissignale an die Marktteilnehmer zu senden. Deshalb gelte es für die ökologische Industriepolitik, eine optimale Faktorallokation zu gewährleisten, indem die externen Effekte bzw. Kosten endlich internalisiert würden. Nur dadurch seien ökologische und ökonomische Belange vereinbar.[601]

Außerdem solle die ökologische Industriepolitik den Strukturwandel unterstützen und sozialverträglich gestalten. Der Strukturwandel solle durch die Definition von zukunftsträchtigen Vorreitermärkten (Leitmärkte)[602] im Industrie- und Dienstleistungsbereich unterstützt werden. Dies könne inländische Wertschöpfung – letztendlich auch Beschäftigung – sichern und die nationale Wettbewerbsfähigkeit erhöhen.[603] Die aktive staatliche Unterstützung solle in den Leitmärkten neue Innovationen anstoßen[604], vor allem im Bereich der Energie- und Rohstoffeffizienz, der erneuerbaren Energien, bei der nachhaltigen Mobilität und in der Wasserwirtschaft.[605] Die Innovationen sollten dabei nicht nur inkrementeller Art[606] sein, sondern auch Technologiesprünge bei Umwelt- und

599 Vgl. Gabriel, S. (2009), S. 42ff.

600 Vgl. Klepper, G./Heitmann, N. (2009), S. 35f.

601 Vgl. Bundesministerium für Umwelt, Naturschutz und Reaktorsicherheit (2008a), S. 7.

602 „Als Leitmarkt wird ein Markt bezeichnet, von dem aus sich dort entwickelte technologische Lösungen weltweit durchsetzen, sodass sich für Unternehmen am heimischen Standort Exportchancen ergeben, die dort Wertschöpfung und Beschäftigung generieren." Edler, D./Blazejczak, J. et al. (2007), S. 31.

603 Vgl. Bundesministerium für Umwelt, Naturschutz und Reaktorsicherheit (2008a), S. 7; Franz, P./Tidow, S. (2009), S. 15.

604 Vgl. Bardt, H. (2008), S. 32.

605 Vgl. Edler, D./Blazejczak, J. et al. (2007), S. 31; Bundesministerium für Umwelt, Naturschutz und Reaktorsicherheit (2009), S. 16.

606 Bei inkrementelle Innovationen werden für Produkte oder Güter die bestehenden Anwendungsmöglichkeiten verändert, dadurch wird die Effizienz gesteigert. Die bisherigen Investitionen werden nicht nutzlos und können teilweise weiter verwendet werden. Im Ge-

Effizienztechnologien (radikale Innovationen) initiieren. Der Staat nimmt dabei eine ganz besondere Rolle ein, denn er wird dabei selbst zum Innovator. Er gestaltet bzw. innoviert neue Märkte, von denen ein Impuls für neue Produktinnovationen ausgehen soll. Um dieses Ziel zu erreichen, möchte der Staat die erforderlichen Rahmenbedingungen schaffen, die diese Technologiesprünge ermöglichen.[607] Um die erforderlichen Rahmenbedingungen für Innovationen der Wirtschaft zu optimieren, hat die Bundesregierung im Jahr 2010 bei einem Monitoring von 2007 in Meseberg festgelegten Zielen einen Klimaschutzdialog zwischen Wirtschaft und Politik ins Leben gerufen. Die Anliegen, die mit dem Dialog verfolgt werden, sind sehr vielfältig und richten sich auch an den Anforderungen der Industrie aus, um weiterhin Innovationen hinsichtlich Energie- und Ressourceneffizienz zu fördern.[608]

Die ökologische Industriepolitik ist sich den Verlagerungsgefahren vor dem Hintergrund des internationalen Standortwettbewerbs bewusst und übernimmt deshalb auch eine internationale Verantwortung. Sie will in den Entwicklungsländern eine nachhaltige Industrialisierung unterstützen, um die „Sünden der Industrialisierung" zu vermeiden. Die Phase der Umweltverschmutzung durch zu starkes Wachstum, das die Industrieländer in den 60er-Jahren erlebt haben, soll gänzlich übersprungen werden. Das Wachstum soll auf einem hohen technologischen und ressourceneffizienten Niveau verlaufen.[609] Dadurch sollen die Kosten gerecht verteilt werden, um globalen Wohlstand und Entwicklung zu ermöglichen.[610] Die ökologische Industriepolitik verfolgt allerdings nicht vorrangig altruistische Gedanken. Vielmehr wird versucht, strategische Wettbewerbsvorteile für die heimische Industrie zu generieren.[611]

Letztlich ist die ökologische Industriepolitik eine übergreifende Politik, die, wie die vorhergehende Darstellung gezeigt hat, Umwelt- und Wirtschaftspolitik in vielfältiger Weise verbindet. Die Umweltpolitik wird wirtschaftspolitisch mit der Innovations-, Beschäftigungs- und Standortpolitik verknüpft.[612]

---

gensatz dazu werden bei radikalen Innovationen die bisherigen Investitionen obsolet, da komplett neue Produkte und Güter entwickelt werden, die bisherige Güter und Produkte ersetzen. Vgl. Blazejczak, J./Edler, D. et al. (1999), S. 9f.

607 Vgl. Schmidt, A. (2009), S. 68.

608 Vgl. Bundesministerium für Umwelt, Naturschutz und Reaktorsicherheit (2010), Pressemitteilung vom 25.05.2010.

609 Vgl. Klepper, G./Heitmann, N. (2009), S. 35f.

610 Vgl. Bundesministerium für Umwelt, Naturschutz und Reaktorsicherheit (2008a), S. 8; Franz, P./Tidow, S. (2009), S. 15.

611 Vgl. Schmidt, A. (2009), S. 67ff.

612 Vgl. Gabriel, S. (2009), S. 45.

4.1.2.2. Die Prinzipien

Das erste Memorandum zur ökologischen Industriepolitik bestimmte neben den Zielen auch die Leitlinien der ökologischen Industriepolitik. Die beschriebenen Prinzipien waren sehr vage formuliert, doch es werden einige grundsätzliche Positionen deutlich. Der bisherige Marktfundamentalismus wird abgelehnt. Die Politik vertraue nicht mehr dem Markt, weil der Markt nicht in der Lage sei, die richtigen Preissignale an den Verbraucher zu senden und die jetzigen Marktpreise nicht der „ökologischen Wahrheit" entsprächen. Überdies sei der Markt auch nicht in der Lage, eine optimale Ressourcenallokation zu erbringen und Innovationen zu fördern, deshalb müsse der Staat eine aktive Politik betreiben, um den marktwirtschaftlichen Rahmen zu optimieren. Dazu wolle der Staat die ökologische Industriepolitik zu einer gesamtgesellschaftlichen Aufgabe machen, die Politik, Wirtschaft und Gesellschaft zusammen bewältigen müssten.[613]

Die aktive Rolle des Staates wird auf verschiedene Weise interpretiert. Einerseits möchte der Staat die bisherigen ordnungsrechtlichen Rahmenbedingungen optimieren. Andererseits möchte er aktiv über die staatliche Nachfrage bzw. Beschaffung den Absatz umweltfreundlicher Produkte fördern. Überdies will er die F&E auf besonders zukunftsträchtige „grüne Märkte" ausrichten und die Diffusion „grüner Innovationen" im In- und Ausland fördern.[614]

Das Memorandum von 2008 präzisiert die Prinzipien zur ökologischen Industriepolitik von 2006. Das grundsätzliche Misstrauen gegenüber dem Markt hat sich durch eine äußerst intensive wissenschaftliche Diskussion gewandelt. Dem Markt wird jetzt bescheinigt, dass er auf die ökologischen Veränderungen reagieren würde, aber er habe „die Herausforderungen als auch deren Chancen bisher nur unzureichend antizipiert."[615] Grundsätzlich wird nun davon ausgegangen, dass der Markt mehr als bisher genutzt werden müsse. Aber der Staat kann sich unter ökologischen und strukturpolitischen Aspekten nicht nur auf den Markt verlassen und muss sich deshalb aktiv in den Prozess einbringen. Die aktive Rolle des Staates stellt sich differenziert dar. Er möchte die Zukunftschancen und -risiken voraussehen, um die notwendigen Veränderungen sozial und ökologisch zu gestalten. Dabei will er nicht allmächtig sein, sondern anspruchsvolle Ziele und die richtigen Rahmenbedingungen für Wirtschaft und Gesellschaft formulieren. Falls es nötig wird, behält sich der Staat aber vor, neben der

613 Vgl. Bundesministerium für Umwelt, Naturschutz und Reaktorsicherheit (2006), S. 21ff.
614 Vgl. Bundesministerium für Umwelt, Naturschutz und Reaktorsicherheit (2006), S. 21ff.
615 Bundesministerium für Umwelt, Naturschutz und Reaktorsicherheit (2008a), S. 9.

Vorgabe der Ziele und Rahmenbedingungen auch selbst als Pionier voranzugehen.[616]

Der Staat ist sich der Kritik der Ordoliberalen bewusst und wolle sich nach HAYEK kein Wissen anmaßen, das er nicht haben könne.[617] Aber er könne auch nicht blind dem „Wettbewerb als Such- und Entdeckungsverfahren" vertrauen.[618] Der Staat müsse aufgrund der ökologischen Probleme (z. B. dramatische Auswirkungen und Kosten des Klimawandels) handeln, weil Wirtschaft und Gesellschaft nicht in derselben Weise wie zuvor weitermachen könnten. So müsse der Staat aktiv werden, um die Innovationspotenziale der Wirtschaft und Gesellschaft zu stimulieren. Vor diesem Hintergrund könne nicht mehr über die Notwendigkeit einer Industriepolitik diskutiert werden, sondern nur noch über die Ausprägungen der Industriepolitik, da in der Vergangenheit die Weichen oft falsch gestellt worden seien. Daher sei eine aktive ökologische Industriepolitik notwendig, um die Zukunftsaufgaben zu bewältigen. Die zukünftigen Aufgaben könnten nur mittels Nutzung der vielfältigen politischen und ökonomischen Instrumente bewältigt werden, um Umweltinnovationen und deren Anwendung für Wachstum und Beschäftigung anzustoßen.[619]

4.1.2.3. Die Zukunft der ökologischen Industriepolitik

Das Konzept der ökologischen Industriepolitik wurde in Deutschland mit einem neuen Konzept des BMWi im Jahr 2010 abgewandelt.[620] Der Umwelt- und Klimaschutz wird für die Industrie weiterhin eine zentrale Herausforderung darstellen. Viele Unternehmen haben die immensen Chancen, die im Umweltschutz stecken, bereits erkannt und in diesen Bereichen innoviert und ihre Produkte verbessert. Aber der Umwelt- und Klimaschutz bedeutet für die Unternehmen aufgrund der Umrüstung von Anlagen einen erheblichen Kostenfaktor, der nicht allein von Deutschland bzw. Europa getragen werden kann. Deshalb müssen internationale Klimaschutzverhandlungen vorangebracht werden, um auch die anderen Länder an den Kosten zu beteiligen. Neben den Klimazielen ist die Versorgung mit Rohstoffen ein wichtiger Wettbewerbsfaktor. Eine Möglichkeit besteht hier in Übereinstimmung mit der Umweltpolitik in der Verbesserung der Ressourcen- und Energieeffizienz der Produkte und Dienstleistungen, um die Rohstoffsicherheit und die Wettbewerbsfähigkeit zu erhöhen.[621]

---

616 Vgl. Bundesministerium für Umwelt, Naturschutz und Reaktorsicherheit (2008a), S. 9ff.
617 Vgl. Hayek, F. A. von (1975), S. 12ff.
618 Vgl. Hayek, F. A. von (1969), S. 249ff.
619 Vgl. Bundesministerium für Umwelt, Naturschutz und Reaktorsicherheit (2008a), S. 9f.
620 Vgl. Bundesministerium für Wirtschaft und Technologie (2010).
621 Vgl. Bundesministerium für Wirtschaft und Technologie (2010), S. 9ff.

Letztlich soll hierfür ein integratives Konzept eingeführt werden, in dem die Wechselwirkungen zwischen Umweltschutz, wirtschaftlicher Leistungsfähigkeit und sozialer Verantwortung berücksichtigt werden soll. Dabei darf dem Umweltschutz gegenüber den anderen Zielen keine überhöhte Priorität eingeräumt werden, da dies zu einer Verschlechterung der wirtschaftlichen Leistungsfähigkeit führen und der sozialen Verantwortung entgegenstehen könnte (Abbildung 18: Zieldreieck des Konzeptes zur nachhaltigen Industriepolitik von 2010). Alle drei Belange müssen mit ihren Wechselwirkungen einbezogen werden, um Kosten und Nutzen richtig zu ermitteln und um Chancen und Risiken richtig beurteilen zu können. Im Bereich der nachhaltigen Industriepolitik sollen deshalb ökologische Mindestanforderungen eingeführt werden, die alle drei Belange (ökonomische, ökologische und soziale) gleichberechtigt berücksichtigen, um technisch realisierbare , ökologisch sinnvolle und ökonomisch effiziente Produktstandards zu erreichen. Zudem wird ein Fokus auf Innovationen entlang des gesamten Produktlebenszyklus gelegt, da Innovationen vom Produktanfang bis zum -ende die Ressourcen- und Energieeffizienz beeinflussen, was in den nächsten Jahren aufgrund der steigenden Energie- und Rohstoffpreise eine zunehmende Rolle spielen wird. Daher haben die Unternehmen einen Anreiz, die Energie- und Ressourceneffizienz ihrer Produkte immer weiter zu verbessern, und verfolgen damit auch Umweltschutzziele.[622]

Abbildung 18: Zieldreieck des Konzeptes zur nachhaltigen Industriepolitik von 2010

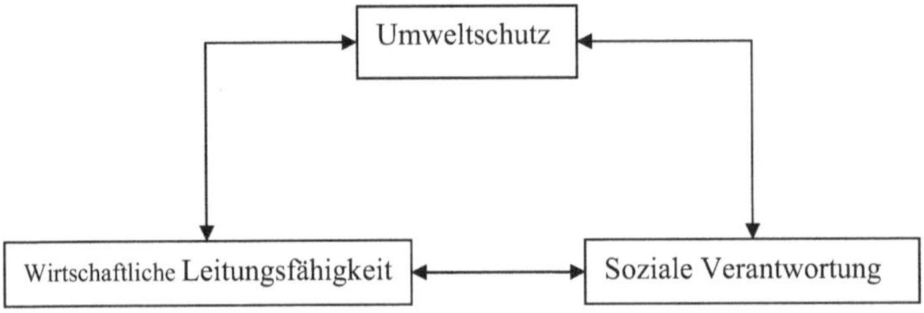

Quelle: eigene Darstellung

Die deutsche Industrie sieht ihre Stärken vor allem in der Vorreiterrolle bei Umwelt- und Klimatechnologien. Diese führten in den letzten Jahren zu einer sehr hohen Ressourceneffizienz, die eine Erhöhung der Wettbewerbsfähigkeit nach sich zog. Zugleich sieht sich die deutsche Industrie aber der Gefahr einer einseitigen Belastung ausgesetzt, da sie wegen mangelnder internationaler Klimaschutzstandards die Kosten alleine tragen muss. Probleme entstehen vor al-

622 Vgl. Bundesministerium für Wirtschaft und Technologie (2010), S. 20ff.

lem für die energieintensive Industrie, die erhebliche Belastungen zu tragen hat. Die internationalen Klimaschutzanstrengungen könnten aber eine Chance sein, die Kosten gleich zu verteilen und gleichzeitig die Pionierrolle der Industrie im Umweltschutz zu nutzen, um die steigende Nachfrage nach Umwelt- und Klimaschutzgütern im Ausland zu befriedigen. Bis internationale Lösungen in Sicht sind, muss die Wettbewerbsfähigkeit der energieintensiven Industrie jedoch trotzdem gewährleistet werden. Dies kann nur erreicht werden, wenn sie auf der Kostenseite entlastet wird durch eine kostenlose Zuteilung von Treibhausgaszertifikaten und weitere ordnungsrechtliche Entlastungsmaßnahmen (Aussetzung bzw. Senkung der Reduktionsverpflichtungen).[623]

Letztlich wird deutlich, dass das Konzept der ökologischen Industriepolitik deren Schwerpunkt verschiebt. Der Umwelt- und Klimaschutzgedanke steht zwar immer noch im Vordergrund, jedoch soll er nicht um jeden Preis verfolgt werden. Es sollen weiterhin die wirtschaftliche Leistungsfähigkeit der Industrie und soziale Belange mit in die Planungen einbezogen werden, um eine zu große Belastung für die Industrie und die Gesellschaft durch überzogene Umwelt- und Klimaschutzregulierungen zu verhindern. Dabei werden vor allem internationale Klimaschutzabkommen eine große Rolle spielen, um die Kosten gleichmäßig auf viele Länder zu verteilen, die Gesellschaft zu entlasten und um die Gefahren, die der Standortwettbewerb birgt, zu vermeiden.

4.1.3. Abgrenzung zur innovationsorientierten Umwelt- und zur „traditionellen" Industriepolitik

Die ökologische Industriepolitik ist ein Policy-Mix aus verschiedenen Politiken. Im nachfolgenden Kapitel soll sie im Vergleich mit verwandten Konzepten aus der Umwelt- und der traditionellen Industriepolitik auf Neuerungen untersucht werden. Dazu werden die drei Politikbereiche unter den Aspekten Ziele, technologischer Fokus und Zeithorizont betrachtet, um Gemeinsamkeiten und Unterschiede herauszuarbeiten.

Bisher galten die Anliegen der Industrie- und Umweltpolitik als nicht kompatibel. Das übergeordnete Ziel der Industriepolitik ist eine Verbesserung der Wettbewerbsfähigkeit der Industrie bzw. der industrienahen Dienstleistungen. Die Wettbewerbsfähigkeit ist ein diffuser Begriff, der über weitere Ziele definiert wird (siehe 3.2.1). Die Wettbewerbsfähigkeit wird politisch, aber auch ökonomisch als eine Form des Systemwettbewerbs verstanden. Die Länder konkurrieren um den Absatz von Gütern; einen Vorteil haben hier jene Länder, die diese Güter zu niedrigeren Kosten oder mit besserer Qualität herstellen können. Die

[623] Vgl. Bundesministerium für Wirtschaft und Technologie (2010), S. 23f.

Länder, deren Unternehmen die Güter weniger effizient herstellen, sind in einer schlechteren Position und die Unternehmen scheiden ggf. aus dem Markt aus. Dieser Wettbewerb zwingt die Unternehmen, aber auch die Länder zu einer stetigen Effizienzverbesserung. Die Wettbewerbsposition kann mit Maßnahmen wie der Stärkung der nationalen Unternehmen unter Nutzung verschiedener Instrumente (z. B. finanzielle Unterstützung oder Durchsetzung eines internationalen Marktzugangs) beeinflusst werden.[624]

Das Ziel der Umweltpolitik besteht traditionell im Schutz der Umwelt. Die Umweltpolitik vollzog in den letzten Jahren einen Wechsel von den ordnungsrechtlichen Maßnahmen (Gebote und Verbote) zu neuen marktwirtschaftlichen Ansätzen, die eine bessere dynamische Wirkung haben können.[625] Es hat sich in Politik und Wissenschaft zunehmend die Ansicht durchgesetzt, dass sich die Umweltpolitik mit Innovationen beschäftigen müsse, da die politischen Mittel, um eine nachhaltige Wirtschaft zu erreichen, in Form der ordnungsrechtlichen Instrumente ausgeschöpft seien.[626] Innovationen waren in der Umweltpolitik bisher nur Randerscheinungen und lediglich die Folge der umweltpolitischen Gesetzgebung. Erst mit der innovationsorientierten Umweltpolitik wurde die direkte Förderung von Innovationen in der Umweltpolitik umgesetzt.[627] Das Ziel der innovationsorientierten Umweltpolitik ist die Förderung von Umweltinnovationen, um die Umweltqualität zu verbessern. Dieser positive Effekt trifft am Markt aber auf keine Gegenleistung, deshalb müssten die Umweltinnovationen durch die Politik gefördert und vermarktet werden (Abbildung 19: Die Verbindungen der ökologischen Industriepolitik).[628]

Die ökologische Industriepolitik beinhaltet einerseits die Ziele der innovationsorientierten Umweltpolitik, da sie ökologische Zukunftstechnologien fördern soll, die umwelt- und ressourcenschonend sind. Andererseits soll sie auch traditionelle industriepolitische Anliegen verfolgen. Die ökologische Industriepolitik soll ökonomisches Wachstum und infolgedessen Beschäftigung fördern, indem die Wettbewerbsfähigkeit verbessert werden soll. Diese beiden Ziele stehen demnach nicht im Widerspruch. Darüber hinaus übernimmt die ökologische In-

---

624 Vgl. Kapitel 3.2.

625 Vgl. Hansjürgens, B./Frohwein, T. (2008), S. 93f.

626 Vgl. Sachverständigenrat für Umweltfragen (2002), Tz. 42.

627 Die theoretischen Arbeiten zur innovationsorientierten Umweltpolitik sind bereits Mitte der Siebziger Jahre entstanden. Bereits der SRU hat in seinem Jahresgutachten 1978 die volkswirtschaftlichen Aspekte des Umweltschutzes analysiert. Die grundlegenden Arbeiten gehen in Deutschland auf HAUFF/SCHARPF (1975) und JÄNICKE (1978) zurück. Vgl. Sachverständigenrat für Umweltfragen (2008), Tz. 59.

628 Vgl. Sachverständigenrat für Umweltfragen (2002), Tz. 49.

dustriepolitik noch weitere Funktionen. Die Umweltpolitik hat sich bisher nicht mit dem ausgelösten Strukturwandel und dessen Folgen beschäftigt. Die Industriepolitik beinhaltetet hingegen immer eine soziale Komponente, da die Folgen des Strukturwandels gemildert werden sollen. Die ökologische Industriepolitik verfolgt auch dieses Ziel, da ohne die Mithilfe der Modernisierungsverlierer keine Änderungen erreicht werden können. Die ökologische Industriepolitik soll zudem keine einzelnen Industriebereiche belasten, sondern eine Substitution der umweltschädlichen durch neue, umweltfreundliche Güter und Dienstleistungen erreichen.[629] Öko-effiziente Technologien können kurzfristig die Kosten für die Unternehmen infolge strengerer Umweltschutzvorgaben erhöhen. Bei einer dynamischen Betrachtung erweist sich, dass durch die von den restriktiveren Umweltvorgaben induzierten Innovationen Wettbewerbsvorteile entstehen, die die Kosten überwiegen könnten (siehe Kapitel 4.1.5.2). Die Ziele der Industrie- und Umweltpolitik sind demnach durchaus kompatibel.

Die innovationsorientierte Umweltpolitik richtet sich daher vorrangig an die Umweltschutzindustrie im engeren Sinne, die ausschließlich Umweltschutzgüter (z. B. Mess-, Sortier-, Filter- und Recyclingprodukte) herstellt. Die ökologische Industriepolitik setzt ihren Zielfokus wesentlich weiter, da sie nicht nur die Umweltschutzindustrie im engeren Sinne in den Blick fasst. Sie umfasst hingegen auch jene Industriebereiche, die nicht primär Technologien und Dienstleistungen bereitstellen, welche die Umweltqualität verbessern, sondern den Massenmarkt bedienen. Durch Innovationen in Massenmärkten kann vorhandener Bedarf mit einem geringeren Energie- und Rohstoffverbrauch gedeckt werden, was sekundär dem Umweltschutz dient. Der Umweltschutz ist mithin nicht das vorrangige, primäre Ziel (siehe Abbildung 19: Die Verbindungen der ökologischen Industriepolitik).[630]

Umwelteffiziente Technologien sollen nicht nur für die Nischenbereiche entwickelt werden, sondern auch in den großen, volkswirtschaftlich relevanten Bereichen zum Tragen kommen. Damit würde sich die Innovationsförderung der ökologischen Industriepolitik der allgemeinen F&E-Förderung der traditionellen Industriepolitik annähern, mit der das Ziel verfolgt wird, das gesamte technologische Niveau einer Volkswirtschaft zu erhöhen. Neben der allgemeinen F&E-Förderung im Rahmen der Industriepolitik will die ökologische Industriepolitik auch die Diffusion der neuen Technologien fördern. Die umwelteffizienten Technologien sollen nicht nur entwickelt, sondern auch in andere Länder expor-

---

629 Vgl. Jacob, K. (2009), S. 4.
630 Vgl. Jacob, K. (2009), S. 4ff.

tiert werden. Die Förderung wird demnach neben der reinen Innovationsförderung auf den Export der Technologien ins Ausland ausgeweitet.[631]

Abbildung 19: Die Verbindungen der ökologischen Industriepolitik

	Innovationsorientierte Umweltpolitik	*Ökologische Industriepolitik*	*Industriepolitik*
Ziele	Öko-effiziente Technologien entwickeln und anwenden	Ökologische Zukunftstechnologien entwickeln, Wachstum und Beschäftigung fördern	Wettbewerbsfähigkeit verbessern, internationalen Marktzugang schaffen und nationale Unternehmen stärken
Technologischer Fokus	Umwelttechnik und integrierte Technik in Nischenmärkten	Umwelttechnik und integrierte Technik in Massenmärkten	F&E allgemein
Zeithorizont	kurz- bis mittelfristig	langfristig	meist mittel- bis langfristig

Quelle: Jacob, K. 2009, S. 5

Der Zeithorizont der ökologischen Industriepolitik entspricht jenem der traditionellen Industriepolitik. Diese ist meist mittel- bis langfristig angelegt (siehe Kohlepolitik), weil sich Strukturwandel bzw. Marktstruktur nicht kurzfristig lenken bzw. verändern lässt.[632] Im Gegensatz dazu ist Umweltpolitik eher kurzfristig angelegt. Umweltpolitik reagiert unmittelbarer auf Veränderung, weil sie rein konzeptionell oftmals auf die Schädigung der Umwelt angewiesen ist. Die ökologische Industriepolitik ist aufgrund ihres gestaltenden Charakters ebenso langfristig orientiert wie die Industriepolitik. Die Substitution der umweltschädlichen durch neue umweltfreundliche Prozesse kann nur mit langfristigen Maßnahmen erreicht werden, die sich über Jahrzehnte hinziehen können.[633]

Die ökologische Industriepolitik vereint die von Kritikern oft für nicht kompatibel gehaltenen Ziele der Umweltpolitik und der Industriepolitik. Die ökologische Industriepolitik ist deshalb mit einem breiten Spektrum an Zielen und Maßnahmen aus der Umwelt- und Industriepolitik verbunden, die im weiteren Verlauf der Arbeit nochmals in Erinnerung gerufen werden. Die Kompatibilität der beiden Bereiche wurde bereits 1990 in einem Memorandum der EU-Kommission zur europäischen Industriepolitik aufgezeigt. Im Folgenden soll das

631 Vgl. Jacob, K. (2009), S. 4ff.

632 Die Industriepolitik wird in der Wissenschaft oftmals als eine langfristige kohärente Strategie behandelt, dies ist aber nicht immer so, denn auch *ad hoc*-Maßnahmen können Industriepolitik sein. Doch kurzfristige Maßnahmen sind aufgrund der Langwierigkeit des Gestaltungsprozesses im Vergleich zu den langfristigen Maßnahmen deutlich geringer. Vgl. Kapitel 3.1.

633 Vgl. Jacob, K. (2009), S. 4ff.

europäische Konzept dargestellt werden, um im weiteren Verlauf dieses Kapitels die Gemeinsamkeiten mit und Unterschiede zum deutschen Konzept der ökologischen Industriepolitik und zur europäischen Variante der nachhaltigen Industriepolitik herauszuarbeiten.

4.1.4. Ergänzungen aus dem europäischen Ansatz

Die europäische Kommission hat im Jahr 2007 ihre eigene Industriepolitik im Rahmen der Lissabon-Agenda einen Halbzeitbewertung unterzogen. In dieser Halbzeitbewertung werden erstmals die Gedanken für eine nachhaltige Industriepolitik konkretisiert.[634] Diese Gedanken sind keineswegs grundlegend neu. Bereits 1990 hat die Europäische Kommission eine Verknüpfung von Umwelt- und Industriepolitik vorgeschlagen. Sie betonte dabei die Kompatibilität der beiden Bereiche, um die Wettbewerbsfähigkeit der Europäischen Union zu verbessern und um Wachstum und Beschäftigung zu generieren (siehe 4.1.1).[635]

4.1.4.1. Das europäische Konzept

4.1.4.1.1. Das Konzept von 2007 und spätere Erweiterungen

Die europäische Industriepolitik hatte mit der Lissabon-Agenda die vorrangigen Ziele zur Förderung des Wachstums und der Sicherung und Schaffung von Arbeitsplätzen für die gesamte europäische Politik und damit auch für die europäische Industriepolitik definiert. Der Umweltgedanke kam mit den Ratsentscheidungen von Helsinki (1999) und Göteborg (2001) als oberstes industriepolitisches Ziel hinzu, neben der Wettbewerbsfähigkeit und der sozialen Sicherung (siehe 3.2.4.1.3.2).[636] Im Jahr 2007 wurde der Umweltgedanke in der europäischen Industriepolitik konkretisiert und das Grundkonzept für eine nachhaltige Industriepolitik vorgestellt. Die nachhaltige Industriepolitik ruht demnach auf drei Säulen: Vermarktung kohlenstoffarmer und energieeffizienter Produkte und Dienstleistungen, dynamische Regulierungsrahmen und schlanke Produktion.[637]

Die Kommission möchte die Entwicklung und Vermarktung kohlenstoffarmer und energieeffizienter Technologien, Produkte und Dienstleistungen fördern und zusätzlich in diesem Bereich eine bessere Internalisierung der negativen Umweltkosten erreichen. Es sollen Anreize für Vorreiter gesetzt werden, um die Entwicklung kohlenstoffarmer und energieeffizienter Technologien, Produkte und Dienstleistungen zu fördern. Zusätzlich können die neuen Technologien mit der Förderung von *lead markets* unterstützt werden. Ein weiterer Grundpfeiler

---

634 Vgl. Kommission der Europäischen Gemeinschaften (2007b), S. 10f.
635 Vgl. Kommission der Europäischen Gemeinschaften (1990), S. 5ff.
636 Vgl. Zgajewski, T./Hajjar, K. (2005), S. 6.
637 Vgl. Kommission der Europäischen Gemeinschaften (2007b), S. 10f.

der nachhaltigen Industriepolitik ist die Schaffung eines dynamischen Binnenmarktes. Der Fokus richtet sich in diesem Bereich verstärkt auf das Produkt selbst. Gemäß der Kommission sollen die Binnenmarktvorschriften daraufhin überprüft werden, ob auftretende Hemmnisse zu beseitigen sind. Zudem sollen die Anforderungen an die Produkte stetig steigen. Die Mindestanforderungen sollen zusätzlich durch freiwillige Normen ergänzt werden. Der letzte der drei Grundpfeiler für eine nachhaltige Industriepolitik ist die Schaffung globaler Märkte für kohlenstoffarme und energieeffiziente Technologien, Produkte und Dienstleistungen. Dieser Aspekt hat eine internationale Ausrichtung und dient der Exportförderung von europäischen Umweltinnovationen. Dank schneller Adaption der Umweltinnovationen sollen die europäischen Unternehmen Pioniervorteile haben und Wettbewerbsvorteile generieren. Diese Wettbewerbsvorteile können die Unternehmen dann bei einer globalen Verbreitung der Umwelttechnologien nutzen, um Pionierrenten zu erzielen (siehe 4.1.5.2).[638] Das erste Konzept der nachhaltigen Industriepolitik war vorrangig auf die Wettbewerbsfähigkeit und die Schaffung von Arbeitsplätzen ausgerichtet, da eine verbesserte Wettbewerbsfähigkeit Arbeitsplätze sichert und dies die notwendige Voraussetzung für eine nachhaltige Entwicklung ist.[639]

Die genannten drei Grundpfeiler der nachhaltigen Industriepolitik sind sehr allgemein gehalten und geben nur einen ungefähren Eindruck von den Instrumenten, mit denen die Ziele erreicht werden sollen. Die Kommission beschränkte sich im Dokument von 2007 bei der Instrumentenauswahl auf die Aussage, dass die Instrumente in Übereinstimmung mit den europäischen Wettbewerbsregeln und der Beihilfenkontrolle stehen müssten. Die Kommission war sich wohl des Problems der mangelnden Konkretisierung bewusst, verwies in einer knapp einseitigen Vorstellung der nachhaltigen Industriepolitik im Rahmen der Halbzeitbewertung der Europäischen Industriepolitik auf zukünftige Aktionspläne und leitete ein öffentliches Konsultationsverfahren ein.[640]

Bereits ein Jahr später veröffentlichte die Kommission den Aktionsplan für Nachhaltigkeit in Produktion und Verbrauch und eine nachhaltige Industriepolitik mit einem dazugehörigen Hintergrundpapier.[641] Die europäische nachhaltige Industriepolitik solle einen Beitrag zu einer kohlenstoffarmen wirtschaftlichen Produktion leisten. Die Kommission verdeutlichte nochmals ihre Ansicht, dass Umweltschutz die Wettbewerbsfähigkeit dank verbesserter Ressourceneffizienz und einer umweltfreundlicheren Produktion steigern könne. Mit dem Aktions-

---

638 Vgl. Kommission der Europäischen Gemeinschaften (2007b), S. 10f.

639 Vgl. Pisani-Ferry, J./Sapir, A. (2006), S. 5.

640 Vgl. Kommission der Europäischen Gemeinschaften (2007b), S. 10f.

641 Vgl. Kommission der Europäischen Gemeinschaften (2008d), S. 1ff.

plan solle die Führungsrolle der europäischen Umweltindustrie sichergestellt werden. Dieses Ziel sei mit einer neuen, nachhaltigen Produktpolitik zu erreichen, die die Umweltleistung der Produkte auf dem Markt verbessere und es zusätzlich dem Verbraucher erleichtere, umweltfreundlichere Produkte zu kaufen. Des Weiteren gelte es Umweltinnovationen zu fördern, um die europäischen Unternehmen an die Zukunftsmärkte anpassen zu können und die Wettbewerbsfähigkeit der Ökoindustrien zu unterstützen.[642] Die Ziele der europäischen nachhaltigen Industriepolitik sollten durch folgende Maßnahmen erreicht werden: Förderung von besonders umweltfreundlichen Produkten, umweltgerechte Gestaltung einer großen Zahl an Produkten, bessere Kennzeichnung der Energieeffizienz und Umweltverträglichkeit von Produkten, auf Umweltfreundlichkeit ausgerichtetes öffentliches Beschaffungswesen, kohärente Produktdaten und Methodik, Einbeziehung des Einzelhandels und der Verbraucher sowie Förderung der Ressourceneffizienz und Öko-Innovationen.[643]

Dieses Konzept einer nachhaltigen Industriepolitik setzt sowohl auf der Seite der Produzenten als auch der Konsumenten an. Für beide Seiten soll ein Anreiz geschaffen werden, sich umweltfreundlicher zu verhalten. Die EU-Kommission nannte drei zentrale Forderungen: Es müssten bessere Produkte auf dem Markt erhältlich sein, die Produktion müsse schlanker werden und es müssten klarere Entscheidungen getroffen werden.[644]

Die Unternehmen sollen dem Konzept gemäß einen Anreiz erhalten, umweltfreundlichere Produkte anzubieten, und die Verbraucher sollen Anstöße bekommen, umweltfreundliche Produkte und Dienstleistungen anstatt konventioneller, weniger umweltfreundlicherer Güter nachzufragen. Es gelte auf der Nachfrageseite die Informationen über die ökologischen Auswirkungen der Produkte und Dienstleistungen mithilfe von Kennzeichnungssystemen zu verbessern. Die Güter sollen, so die Vorstellung der EU-Kommission, nach ihren ökologischen Auswirkungen klassifiziert werden, damit sich die Nachfrager besser entscheiden können. Überdies solle mithilfe der Kennzeichnungssysteme den Herstellern ein Anreiz gegeben werden, ökologische Aspekte in Betracht ziehen, um im Umweltschutz zu den Besten zu gehören.[645] Das Konzept geht über die bisherige Energiekennzeichnungsrichtlinie hinaus, die nur auf die Energieeffizienz verwies. Der neue Ansatz der Ökodesignrichtlinie bezieht alle Lebenszyklusphasen des Produktes mit ein und zielt darauf ab, die Produkteffizienz zu erhöhen. Auch die Reduzierung der Abfallmenge und die Vermeidung gefährli-

642 Vgl. Kommission der Europäischen Gemeinschaften (2010), S. 2ff.
643 Vgl. Kommission der Europäischen Gemeinschaften (2008a), S. 1.
644 Vgl. Kommission der Europäischen Gemeinschaften (2008b), S. 12.
645 Vgl. Kommission der Europäischen Gemeinschaften (2008b), S. 12.

cher Stoffe sei in die Betrachtung einzubeziehen.[646] Weiterhin wird der Geltungsbereich der Richtlinie von energiebetriebenen auf alle energieverbrauchsrelevanten Produkte ausgeweitet. Dadurch soll ein einheitlicher gemeinschaftlicher Rahmen geschaffen werden, der die Wirksamkeit der Regelungen aufgrund des gemeinsamen Ansatzes gewährleistet.[647] Infolge der Ausweitung der Richtlinie und des geschaffenen Anreizes zu einer stetig steigenden Produkteffizienz sollen, so das Anliegen, bessere, energieeffizientere und umweltfreundlichere Produkte entstehen.[648]

Neben der Verpflichtung zur Produktkennzeichnung wurden für alle Produkte mit beträchtlichen Umweltauswirkungen Mindestanforderungen erlassen und weiter gehende freiwillige Anforderungen für die wichtigsten umweltpolitischen Aspekte formuliert. Um die Informationen für die Anbieter zu verbessern, wurden Benchmarks für die Umweltverträglichkeit dieser Produkte festgelegt. Die Anforderungen und Benchmarks gelte es in regelmäßigen Abständen zu überprüfen, um sie an den technischen Fortschritt anzupassen.[649] In diesem Zusammenhang wird die Dynamik des Konzepts deutlich, dass eine stetige Effizienzverbesserung ermöglichen soll, um auf nachfolgenden Stufen Materialeffizienz und die Substitution umweltschädlicher Substanzen umzusetzen.[650]

Außer der privaten Nachfrage bezieht das Konzept des dynamischen Regulierungsrahmens die öffentliche Nachfrage ein. Die Kriterien Umweltverträglichkeit und Energieeffizienz für private Nachfrage und Angebot sollen auch die Grundlage für die öffentliche Beschaffung bilden. Dadurch könnten die verschiedenen Förder- und Anreizmaßnahmen im Binnenmarkt vereinheitlicht werden. Zusätzlich seien rechtliche Rahmenbedingungen, die einen negativen Einfluss auf die Wettbewerbsfähigkeit der Umweltindustrien haben könnten, auf Hindernisse und Fälle von Marktversagen zu überprüfen.[651] Im Zuge der verschiedenen Maßnahmen sollten Skaleneffekte für die Hersteller ausgelöst werden, um komparative Wettbewerbsvorteile im internationalen Wettbewerb zu generieren.[652]

Ein weitere wichtige Säule des Aktionsplans ist die Unterstützung von Umweltindustrien durch die Förderung einer umweltfreundlicheren und schlanken Produktion, der neue Dynamik verliehen werden soll. Dazu schlug die Kommission

---

646 Vgl. Jänicke, M./Lindemann, S. (2009), S. 187.

647 Vgl. Kommission der Europäischen Gemeinschaften (2008d), S. 3ff.

648 Vgl. Kommission der Europäischen Gemeinschaften (2008b), S. 12.

649 Vgl. Kommission der Europäischen Gemeinschaften (2008a), S. 2.

650 Vgl. Sachverständigenrat für Umweltfragen (2008), Tz. 82ff.

651 Vgl. Kommission der Europäischen Gemeinschaften (2008d), S. 3ff.

652 Vgl. Kommission der Europäischen Gemeinschaften (2008b), S. 12.

mehrere Maßnahmen vor, die sich vor allem auf die Verbesserung der Ressourceneffizienz und die Förderung von Öko-Innovationen konzentrieren. Der Ressourceneinsatz werde verringert durch die Verbesserung des Ressourceneinsatzes bei gleichzeitiger Steigerung des Wertes. Die Ressourcenproduktivität[653] sei in der jüngsten Vergangenheit um 2,2 % jährlich gestiegen. Die EU-Kommission wolle dieser Entwicklung in den nächsten Jahren weiterhin Vorschub leisten, dazu müssten weitere Instrumente zur Steigerung der Ressourceneffizienz entwickelt werden. Die Verbesserung der Ressourceneffizienz solle anhand von Benchmarks bewertet und gefördert werden.[654] Zusätzlich sollten Instrumente entwickelt werden, um die Akzeptanz der Öko-Innovationen messen und bewerten zu können, und überdies solle ein freiwilliges EU-weites System zur Überprüfung der europäischen Umweltindustrie eingeführt werden.[655]

Eine Schlüsselrolle wird in dem Dokument von 2008 der Förderung der Öko-Innovationen zugewiesen, welche von entscheidender Bedeutung zur Umsetzung des Aktionsplans sind. Der Förderung der Umweltindustrie wurde bereits in der erneuerten Lissabon-Agenda ein hoher Stellenwert eingeräumt, was auch vom Rat der Europäischen Union unterstrichen wird. Die Technologien, nicht zuletzt die Öko-Innovationen, böten die Möglichkeit, die negativen Umweltwirkungen vom Wirtschaftswachstum abzukoppeln.[656] Die Kommission hat dazu bereits ab 2004 Aktionspläne (Rahmenprogramm für Wettbewerbsfähigkeit und Innovationen und Aktionsplan für Umwelttechnologien) aufgestellt, die sich mit der Stimulation von Innovationen und Umweltinnovationen beschäftigen, da Innovationen sowohl dem Umweltschutz als auch dem Wirtschaftswachstum dienen könnten.[657]

Die Bereiche der Förderungen beziehen sich auf die Schwerpunkte des 6. und 7. Forschungsrahmenprogramms (FRP), wo erstmals auch Umweltaspekte betont werden (Anpassung an den Klimawandel, Verbesserung der Ressourcennutzung, Verringerung des Energiebedarfs und Vermeidung von Abfall).[658] Die Kommission möchte die Öko-Innovationen durch eine breitere gemeinschaftliche

---

653 Die Ressourcenproduktivität in der EU wird im Verhältnis von BIP per Ressourcennutzung (€/kg) gemessen.

654 Vgl. Kommission der Europäischen Gemeinschaften (2008d), S. 10.

655 Vgl. Jänicke, M./Lindemann, S. (2009), S. 185f.

656 Vgl. Rat der europäischen Union (2004), Tz. 30ff

657 Vgl. Kommission der Europäischen Gemeinschaften (2004b), S. 2ff.; Kommission der Europäischen Gemeinschaften (2005b), S. 2ff.

658 Vgl. Kommission der Europäischen Gemeinschaften (2004b), S. 2; Kommission der Europäischen Gemeinschaften (2005a), S. 6ff.; Kommission der Europäischen Gemeinschaften (2007a), S. 4ff.

Forschungs- und Innovationspolitik mit direkter Projektförderung, monetären Instrumenten (z. B. Emissionszertifikate), Umweltregulierungen, einem produktbezogenen Innovationsansatz und einer ökologischen Beschaffung fördern.[659] Die Förderung der Öko-Innovationen soll sich verstärkt auf die in der Leitmarktinitiative festgelegten Industriebereiche beziehen[660], die hohe Gewinnanteile bieten.[661] Die Kommission hat in der Leitmarktinitiative die Bereiche Recycling und Erneuerbare Energien als strategische Märkte mit besonders hohem Wachstum und großem Potenzial für Beschäftigungswachstum ausgewählt.[662] Unabhängig von der Leitmarktinitiative wurden noch Schlüsseltechnologien (Nano-, Biotechnologie, Fortgeschrittene Werkstoffe, Mikro- und Nanoelektronik und Photonik) für die Anpassung an den Klimawandel und die Steigerung der Ressourcen- und Energieeffizienz definiert, um den CO_2-Verbrauch zu senken.[663] Allein im Programm Öko-Innovationen im Rahmenprogramm Wettbewerbsfähigkeit und Innovation sind von 2008 bis 2013 mehr als 200 Mio. € eingeplant, um Ideen zu unterstützen, die Umweltschutz und wettbewerbsorientiertes Wachstum miteinander kombinieren.[664]

Mit diesen Maßnahmen möchte die Kommission die Wettbewerbsfähigkeit der Umweltindustrie fördern und auch in den traditionellen Industrien ökologische Innovationen anregen. Das Ziel der EU-Kommission ist die Verbindung der traditionellen Zielsetzung der Industriepolitik mittels Hilfe bei der Anpassung an den Strukturwandel und Nachhaltigkeit in Form einer nachhaltigen Wirtschaft. Mithilfe von Innovationen soll die Industrie beim Strukturwandel unterstützt und gleichzeitig eine nachhaltige Wirtschaft aufgebaut werden, da eine ressourcensparende und energieeffiziente Volkswirtschaft auch eine hohe Wettbewerbsfähigkeit besitzt. Die vormalige Dominanz der Wettbewerbsfähigkeit in der Zielsetzung ist zugunsten der Nachhaltigkeit abgeschwächt, wobei man davon ausgeht, dass eine nachhaltige Wirtschaft die Grundlage für eine hohe Wettbewerbsfähigkeit bietet.[665]

Das Konzept der nachhaltigen Industriepolitik verfolgt die Kommission zudem mit der erneuerten Strategie „Europa 2020“. In diesem grundlegenden Strategiepapier bekennt sich die Kommission zu den bereits im Jahr 2000 in Lissabon

---

659 Vgl. Jänicke, M./Lindemann, S. (2009), S. 185f.
660 Vgl. Kommission der Europäischen Gemeinschaften (2008d), S. 11f.
661 Vgl. Jänicke, M./Lindemann, S. (2009), S. 186f.
662 Vgl. Kommission der Europäischen Gemeinschaften (2007c), S. 7.
663 Vgl. Kommission der Europäischen Gemeinschaften (2009b), S. 3ff.
664 Vgl. Europäische Kommission (2010a), S. 10f.
665 Vgl. Hertin, J./Jacob, K. et al. (2008), S. 77ff.

verabschiedeten Zielen Wachstum und Beschäftigung.[666] Die Nachhaltigkeit, die in den vorherigen Lissabon-Agenden als eigenständiges Ziel formuliert wurde, wird im neuen Konzept als Prämisse für Wachstum und Beschäftigung gesehen, wobei letztlich nachhaltiges Wachstum und Beschäftigung erreicht werden sollen.[667] An dieser Stelle wird allerdings deutlich, dass das Ziel der Nachhaltigkeit im Zuge der Wirtschafts- und Finanzkrisen eine deutliche Abwertung erfahren hat. Es ist jetzt kein eigenständiges Anliegen mehr, sondern wird nur noch als Attribut für andere Ziele verwendet. Die Kommission und der Europäische Rat möchten jedoch weiterhin die Treibhausgasemissionen der EU im Zuge des Klimawandels senken, zudem wird am Umbau zu einer effizienten CO_2-armen Wirtschaft festgehalten.[668]

Eine Leitinitiative aus dem Konzept Europa 2020 betrifft die Industriepolitik für das Zeitalter der Globalisierung, aber auch der ökologischen Wirtschaft. Die neue Grundausrichtung will die europäische Industriepolitik nur geringfügig verändern, um eine Kontinuität für Unternehmen zu gewährleisten. Der Schwerpunkt der Industriepolitik liegt weiterhin auf Wachstum und Beschäftigung, wobei beides wiederum nachhaltig sein soll. Die nachhaltige Industriepolitik soll des Weiteren dazu führen, dass die Wettbewerbsfähigkeit in allen Bereichen (Grundstoffindustrie, verarbeitendes Gewerbe und Dienstleistungssektor) steigt und die unternehmerischen Chancen, die sich aus den ökologischen Herausforderungen ergeben, genutzt werden. Letztlich soll die Industriepolitik dazu beitragen, den Ressourcen- und Energieverbrauch sowie die Emission von Treibhausgasen vom Produktivitätswachstum abzukoppeln. Besonderes Augenmerk liegt auf der Verbesserung des horizontalen Ansatzes für die Industriepolitik, indem verschiedene Maßnahmen kombiniert werden (Wettbewerbsregeln, Normung, „intelligente“ Regulierung, öffentliche Beschaffung). Zudem sollen die Transaktionskosten für die Unternehmen, die in der Union wirtschaftlich tätig sind, reduziert werden. Diese Reduzierung soll durch die Förderung von Unternehmensclustern und verbesserte Finanzierungsmöglichkeiten für Innovationen erfolgen. Überdies sollen die gefährdeten Branchen durch finanzielle Hilfen und eine Anpassung des Beihilferechts mit Blick auf zukunftsträchtige Tätigkeiten umstrukturiert werden. Schließlich sollen Öko-Innovationen und Investitionen in das europäische Naturkapital gefördert werden, um die Ressourcen zu schonen und das Wirtschaftswachstum vom Ressourcenverbrauch zu entkoppeln.[669]

---

666 Vgl. Europäische Kommission (2010c), S. 1ff.

667 Vgl. Europäischer Rat (2010), S. 1.

668 Vgl. Europäischer Rat (2009), S. 7ff.

669 Vgl. Europäische Kommission (2010c), S. 20f.

Die Prioritäten in der nachhaltigen Industriepolitik liegen auf einem vielfältigen Instrumentenmix, um die Chancen und Risiken der Globalisierung zu bewältigen. Die Verbesserung des Binnenmarktes und die Schaffung optimaler Rahmenbedingungen durch eine „neue“ wettbewerbsorientierte und nachhaltige Industriepolitik zielt darauf ab, die Wettbewerbsfähigkeit zu steigern, die ihrerseits Wachstum und Beschäftigung anregt. Überdies soll auch der Umbau der europäischen Wirtschaft zu einer ökoeffizienten Wirtschaft erfolgen, wobei sowohl die Vorteile als auch die Kosten eines solchen Umbaus zu bedenken sind.[670] An dieser Stelle zeichnet sich ein Wandel in der nachhaltigen europäischen Industriepolitik ab, denn zum ersten Mal werden die Kosten mit in die Überlegungen einbezogen. Doch bleibt der Rat in seiner Aussage hier sehr vage und bietet keine weiteren Erläuterungen.

4.1.4.1.2. Das neue integrierte Konzept für Wettbewerbsfähigkeit und Nachhaltigkeit

Im November 2010 gab die Kommission eine neue Mitteilung zur Industriepolitik heraus. Darin kündigt sie „eine integrierte Industriepolitik für das Zeitalter der Globalisierung – Vorrang für Wettbewerbsfähigkeit und Nachhaltigkeit“ an.[671] Die bestehenden Ziele der Industriepolitik in Hinblick auf mehr Wachstum, die Schaffung von Arbeitsplätzen und die Steigerung der internationalen Wettbewerbsfähigkeit bleiben im neuen Konzept erhalten. Den wichtigsten Platz nehmen in der neuen Strategie weiterhin die industrielle Wettbewerbsfähigkeit und die Nachhaltigkeit ein. Doch das bisher schon breite Verständnis von Industriepolitik wird von einem noch umfassenderen Ansatz abgelöst. Dieser integriert die Analyse der Auswirkungen von verschiedenen Politikbereichen (z. B. Normungs- und Innovationspolitik) auf Kosten, Preise und innovative Wettbewerbsfähigkeit. Dabei gelte es in die Analyse nicht nur die Industrie als Gesamtheit, sondern auch spezifische Industriebereiche einzubeziehen. In einem weiteren Schritt sollen die Auswirkungen derselben Variablen wie im ersten Schritt für alle anderen politischen Initiativen (z. B. Verkehrswesen, Energie, Umweltschutz, Soziales, Verbraucherschutz, Binnenmarkt und Handel) auf die Wettbewerbsfähigkeit untersucht werden.

Die Kernpunkte des neuen Konzeptes sind daneben die Integration von horizontalen und sektorspezifischen Maßnahmen, da jeder Industriezweig Besonderheiten aufweise, die ein spezielles, maßgeschneidertes Konzept verlangten. Überdies solle die gesamte Wertschöpfungs- und Lieferkette von der Produktion bis hin zum Wertstoffrecycling in die Betrachtung einbezogen werden. Dieser Ge-

[670] Vgl. Rat der europäischen Union (2010), S. 2ff.
[671] Vgl. Europäische Kommission (2010b), S. 4ff.

danke wurde schon in den vorherigen Konzepten eingeführt, da benötigte Rohstoffe nicht zwangsläufig in Europa vorhanden sind. In diesem Punkt gelte es aber auch die Auswirkungen der Globalisierung zu berücksichtigen. Viele Rohstoffe werden zukünftig nicht mehr im heutigen Umfang bzw. zu gegenwärtigen Preisen zur Verfügung stehen, da ein zunehmender Trend zu Rohstoffprotektionismus erkennbar ist, auf den sich auch die europäische Industrie einstellen muss.[672] Des Weiteren möchte die Kommission über die industrielle Wettbewerbsfähigkeit ihrer Mitgliedsstaaten regelmäßig berichten, da die meisten Rahmenbedingungen auf nationaler Ebene festgelegt werden. In diesem Bereich sollen neben der Wettbewerbsleistung auch die nationalen Wettbewerbspolitiken beobachtet werden.[673]

Als Kernpunkte des Konzeptes sind die Verbesserung der Rahmenbedingungen, die Stärkung des Binnenmarktes, industrielle Innovationen, Nutzung der Globalisierung, Förderung der industriellen Modernisierung und sektorspezifische Programme zu nennen.[674]

Im Bereich der nachhaltigen Industriepolitik soll der Übergang zur kohlenstoffarmen und ressourcen- und energieeffizienten Wirtschaft, der bereits in vielen anderen Mitteilungen, unter anderem in der Strategie 2020, niedergelegt wurde, noch beschleunigt werden. Solch ein zügiger Umbau sowie die Bekämpfung des Klimawandels könnten Kosten und Umweltbelastungen dank einer verbesserten Ressourcen- und Energieeffizienz verringern. Dieses Instrument könnte im zunehmenden weltweiten Wettbewerb einen Wettbewerbsvorteil erbringen, wodurch Arbeitsplätze geschaffen und Wachstum erzeugt würde. Weiterhin soll der Versuch unternommen werden, das Wirtschaftswachstum vom Kohlenstoff- und Ressourcenverbrauch abzukoppeln. Der Übergang zu einer kohlenstoffarmen Wirtschaft soll 2050 abgeschlossen sein. Um diese Ziele zu erreichen, ist eine langfristige Strategie notwendig, die für die Unternehmen Anreize für kohlenstoffarme sowie ressourcen- und energieschonende Investitionen in der gesamten Industrie schafft. Dazu gehören neben der Förderung von Innovationen auch sinnvolle und marktorientierte Umweltschutzvorschriften sowie deren einheitliche Umsetzung im gesamten europäischen Binnenmarkt. Die Förderung der Öko-Innovationen bezieht sich auf deren bessere Einführung und Vermarktung, die mit einem neuen Aktionsplan sichergestellt werden sollen. Zudem sollen die Rahmenbedingungen für die Unternehmen berechenbar sein und es gilt

672 Vgl. Geinitz, C. (2010), S. 11.

673 Vgl. Europäische Kommission (2010b), S. 4f.

674 Im Zuge der Analyse kann nicht auf alle Punkte eingegangen werden. Da sich der Schwerpunkt der Arbeit auf die ökologischen Aspekte der Industriepolitik bezieht, werden im weiteren Verlauf nur diejenigen Maßnahmen mit ökologischem Aspekt analysiert.

eine rechtliche Sicherheit für die Unternehmen zu gewährleisten, um langfristige Investitionen zu ermöglichen. Weitere Optionen liegen in der Förderung von Innovationen und der Berücksichtigung der gesamten Kosten im kompletten Produktlebenszyklus sowie der Präferenzen der Konsumenten. Dabei müssen die umweltpolitischen und industriepolitischen Maßnahmen aufeinander abgestimmt werden und letztlich ineinandergreifen. Diese Abstimmung soll im Zuge einer verbesserten Prüfung der ökonomischen und gesellschaftlichen Folgen und Kosten neuer Umweltschutzvorschriften auf Ebene der Europäischen Union und der Mitgliedsstaaten verwirklicht werden. Letztlich soll die Umweltgesetzgebung Innovationen und die industrielle Entwicklung fördern anstatt hemmen. Dabei sind die Gefahren, welche die Belastungen für die Unternehmen infolge neuer Regeln bergen, im Rahmen des internationalen Standortwettbewerbs zu beachten. Es sollen keine Wettbewerbsnachteile entstehen bzw. eine Verlagerung von Produktion und Arbeitsplätzen ins Ausland soll verhindert werden. Die Gefahr der Standortverlagerung kann nur durch internationale Klimaverhandlungen vermieden werden, sodass evtl. Regeln vom Ausland adaptiert und die notwendigen Technologien ins Ausland transferiert werden.[675]

Die Verbesserung der Rahmenbedingungen ist seit Langem eines der zentralen Elemente der Industriepolitik. Sinnvollere und zweckmäßigere Rahmenbedingungen werden auf zwei Wegen erreicht: erstens mittels Beurteilung der Auswirkungen aller neuen politischen Initiativen auf die Industrie und zweitens durch die Bewertung bereits bestehender Rechtsvorschriften vor dem Hintergrund der industriellen Wettbewerbsfähigkeit. In der Vergangenheit wurde bereits eine Folgenabschätzung aller neuen Maßnahmen durchgeführt, jedoch umfasste sie keine Folgenanalyse hinsichtlich der industriellen Wettbewerbsfähigkeit. Nunmehr sollen vor allem die Auswirkungen auf die Kosten, Preise, Investitionen und Innovationen der gesamten Industrie und einzelner Industriezweige beurteilt werden. Über die reine Betrachtung der Angebotsseite hinaus sollen die Auswirkungen der neuen Vorschläge auf die Nachfrager (Kundenzufriedenheit) eingeschätzt werden. Die Wirkungen bereits bestehender Instrumente sollen ebenfalls mitberücksichtigt werden. Außer der Folgenabschätzung aller neuen politischen Vorschläge sollen somit auch die bestehenden Rechtsvorschriften nachträglich auf ihre Auswirkungen auf die Wettbewerbsfähigkeit geprüft werden, da diese Vorschriften früher auf andere Ziele (Umweltschutzziele, Einhaltung von Binnenmarktvorschriften) ausgerichtet waren, ohne die Folgen für die Industrie gebührend zu beachten. Diese „Eignungsprüfungen" sollen dazu führen, die Belastungen für die Industrie, welche sich aus unzweckmäßigen Vorschriften ergeben, zu verringern und die Rechtsvorschriften klarer und übersicht-

[675] Vgl. Europäische Kommission (2010b), S. 22ff.

licher zu gestalten. Als weiteres Kernelement zur Verbesserung der Rahmenbedingungen möchte die Kommission über die Regulierung der Finanzmärkte den Zugang zu Finanzierungsmitteln für die Unternehmen erleichtern, der sich im Zuge der Wirtschafts- und Finanzkrise in den letzten Jahren vor allem für die kleinen und mittleren Unternehmen erheblich verschlechtert hat.[676]

Ein weiterer Aspekt der europäischen Industriepolitik ist weiterhin die Stärkung des Binnenmarktes, der bereits in der Vergangenheit erhebliche Verbund- und Skaleneffekte für die Unternehmen erbracht hat. Doch sind immer noch einige Bereiche Markthemmnissen ausgesetzt, da es in den einzelnen Mitgliedsstaaten nach wie vor unterschiedliche Verfahren gibt, was den Marktzugang behindern kann. Diese Hemmnisse gilt es abzubauen, indem die Rechtsvorschriften weiter angeglichen werden und in der Folge die Effizienz weiter gesteigert wird. Vor allem möchte sich die Kommission auf die unternehmensbezogenen Dienstleistungen konzentrieren, da hier die meisten Hindernisse bestehen und die Inanspruchnahme solcher Dienstleistungen für die Industrie in den letzten Jahren wichtiger oder gar unerlässlich geworden ist. Unter dem Aspekt Binnenmarkt werden außerdem die Möglichkeiten der europäischen Wettbewerbspolitik erläutert. In diesem Bereich wird auf die traditionellen Instrumente Fusionskontrolle und Beihilfenkontrolle zurückgegriffen. Den Unternehmen soll die Gelegenheit gegeben werden, die eigene Reichweite zu vergrößern, ohne dass dies negative Auswirkungen auf die Konsumenten hat. Die Beihilfenkontrolle ist ein unverzichtbares Instrument zur Verhinderung eines Subventionswettlaufes zwischen den Mitgliedsstaaten, aber auch notwendig, um die Investitionen der Mitgliedsstaaten in die Beseitigung von ermittelten Marktdefiziten zu lenken.[677]

Der Förderung der Innovationen wird wiederholt ein große Bedeutung für die Industriepolitik eingeräumt. Industrielle Innovationen werden als Hebel betrachtet, mit dem die Herausforderungen in den Bereichen Wettbewerbsfähigkeit und Nachhaltigkeit bewältigt werden können, Sie können eine Erhöhung der Produktivität sowie eine Verbesserung der Material- und Energieeffizienz bewirken. Außerdem führen sie zu besseren Produkten mit einer erhöhten Leistungsfähigkeit. Ohne Innovationen wird die europäische Industrie an Wettbewerbsfähigkeit sowohl in der Hochtechnologie als auch in den traditionellen Bereichen verlieren. Als Problem identifizierte die Kommission die mangelnde Umsetzung der Innovationen in Produkte und Dienstleistungen, die auf dem Markt angeboten werden können. Deswegen möchte die Kommission eine neue Politik auf den Weg bringen, um die Phase von der Innovation zum vermarktungsfähigen Produkt zu verkürzen. Die strategischen Bereiche haben sich im Vergleich zu den

[676] Vgl. Europäische Kommission (2010b), S. 5f.
[677] Vgl. Europäische Kommission (2010b), S. 9ff.

letzten Mitteilungen der Europäischen Kommission nicht verändert. Der Schwerpunkt liegt weiterhin auf wichtigen Grundlagenfeldern: Bio- und Nanotechnologie, Photonik, Informations- und Kommunikationstechnologie sowie neue Werkstoffe.

4.1.4.2. Vergleich zum deutschen Konzept

Das deutsche Konzept von 2006 bzw. 2008 und das europäische Konzept weisen viele Ähnlichkeiten auf.[678] Dies erscheint auf den ersten Blick doch verwunderlich, da die Europäische Union aus 27 verschiedenen Staaten, die abweichende Meinungen vertreten, besteht. Dies kann zeitlich begründet werden, da die ökologische Industriepolitik in Deutschland ein Jahr vor dem europäischen Konzept vorgestellt und dann unter der deutschen EU-Ratspräsidentschaft in der Europäischen Union vorangetrieben wurde.[679] Letztlich wurde das Konzept dann unter schwedischer Ratspräsidentschaft verabschiedet. Die Zeitspanne zwischen den ersten Ausführungen und dem letztendlichen Konzept ist relativ kurz, was vermutlich daran liegt, dass die Ideen der Kommission bereits 1990 zum ersten Mal formuliert wurden (siehe 4.1.1) und lediglich an die neuen Gegebenheiten angepasst worden sind.

---

678 Der Vergleich bezieht sich hier auf das ursprüngliche deutsche Konzept zur ökologischen Industriepolitik von 2006 bzw. 2008 und dem europäischen Konzept von 2007 sowie den späteren Erweiterungen, in denen die grundlegenden Ideen weitergeführt worden sind.

679 Vgl. Hertin, J./Jacob, K. et al. (2008), S. 73.

Abbildung 20: Vergleich deutscher und europäischer Ansatz

	Ökologische Industriepolitik (deutscher Ansatz)	*Nachhaltige Industriepolitik (europäischer Ansatz)*
Ziele	Übergang zur nachhaltigen Wirtschaft und Gesellschaft	Übergang zur kohlenstoffarmen Wirtschaft mit einem „intelligenten" und nachhaltigen Wachstum
	Wettbewerbsfähigkeit fördern, Wachstum und Beschäftigung verbessern und sichern	Wettbewerbsfähigkeit verbessern, Wachstum und Beschäftigung fördern
	Verbesserung der Rahmenbedingungen	Dynamischer Binnenmarkt zur Verbesserung der ökologischen Leistung der Produkte (strenge ökologische Produktpolitik)
	Ökologische Zukunftstechnologien entwickeln, um den Ressourcenverbrauch der Massenmärkte zu reduzieren	Umweltinnovationen für kohlenstoffarme und energieeffiziente Produkte und Dienstleistungen fördern (schlankere und saubere Produktion)
	Leitmärkte für „grüne Produkte" schaffen und gestalten	Pilotmärkte unterstützen, in denen die europäische Industrie führend ist oder die als Basisinnovationen für andere Märkte dienen können (Leitmärkte)
	Vorreiter für höhere Umweltstandards (Diffusion höherer Umweltstandards)	Schaffung globaler Märkte für kohlenstoffarme und energieeffiziente Güter und Dienstleistungen
Handlungsfelder	Energie-, Verkehrspolitik, Produktdesign, Abfall- & Recycling-, Wasserwirtschaft, Bio- und Nanotechnologie	Energie-, Klimapolitik, Rohstoffwirtschaft, Informations- & Kommunikations-, Bio- und Nanotechnologie, Photonik, Recycling
Ausrichtung	Angebots- und Nachfrageseite	Angebots- und Nachfrageseite
Instrumente	Regulatorische und monetäre Maßnahmen	Finanzielle Maßnahmen

Quelle: eigene Darstellung

Die beiden Konzepte weisen deutliche Überschneidungen auf, doch sind auch einige Unterschiede feststellbar (siehe Abbildung 20: Vergleich deutscher und europäischer Ansatz). Die Ziele sind größtenteils gleich. Das Hauptanliegen, das mit beiden Konzepten verfolgt wird, ist der Übergang zu einer nachhaltigen Wirtschaft. In der Europäischen Union wird dasselbe Ziel lediglich anders formuliert; hier wird der Übergang zu einer kohlenstoffarmen Wirtschaft mit einem „intelligenten" und nachhaltigen Wachstum als Hauptanliegen formuliert. Das deutsche Konzept geht in diesem Fall noch einen Schritt weiter, indem auch der Übergang zu einer nachhaltigen Gesellschaft betont wird. In diesem Fall ist der europäische Ansatz wesentlich enger, da die Europäische Kommission keine regulative Möglichkeit in der Industriepolitik für einen Übergang zu einer nachhaltigen Gesellschaft besitzt. Sie kann lediglich durch Informationen und Anreizmechanismen die Gesellschaft beeinflussen.

Unabhängig vom Aspekt des Übergangs zu einer nachhaltigen Gesellschaft soll sowohl gemäß dem deutschen als auch dem europäischen Konzept die Wettbewerbsfähigkeit gefördert werden, um Wachstum und Beschäftigung zu sichern und zu generieren. Um dies zu erreichen, werden weitere, operationalisierbare Ziele festgelegt. Die Wettbewerbsfähigkeit soll nach beiden Konzepten über die Verbesserung der Rahmenbedingungen erreicht werden. Das deutsche Konzept möchte mithilfe solcher verbesserter Rahmenbedingungen in der Wirtschafts-, Umwelt- und Sozialpolitik die Wettbewerbsfähigkeit erhöhen. Dieser Weg kann im europäischen Kontext nur sehr eingeschränkt beschritten werden, da die Kommission in der Wirtschafts-, Umwelt- und Sozialpolitik über beschränkte Einflussmöglichkeiten verfügt. Die wichtigsten Kompetenzen liegen im Bereich des Binnenmarktes bei der Produktpolitik und den Innovationen im Rahmen der FuT-Politik. Hier möchte die Kommission über einen strengen Produktansatz die ökologische Leistungsfähigkeit verbessern, indem die Anforderungen an Produkte ökologisch ausgerichtet werden. Die ökologische Leistung der einzelnen Güter und Dienstleistungen wird über den gesamten Produktlebenszyklus betrachtet, eingeschlossen wird auch die Entsorgung der Güter.

Problematisiert werden in beiden Konzepten die sozialen Auswirkungen des Strukturwandels im Hinblick auf den Übergang zu einer nachhaltigen Wirtschaft. Die Umstellung zu einer nachhaltigen bzw. CO_2-armen Wirtschaft wird soziale Probleme nach sich ziehen, die beide Konzepte mildern wollen. Der Strukturwandel soll durch verschiedene Instrumente erleichtert werden, um soziale Härten zu vermeiden.

Des Weiteren soll die Wettbewerbsfähigkeit durch FuT-Politik verbessert werden. Grundsätzlich sollen auf europäischer und deutscher Ebene Öko-Innovationen und deren Diffusion gefördert werden, jedoch auf unterschiedliche Weise. Die ökologische Industriepolitik will dies sowohl regulativ als auch durch finanzielle Maßnahmen erreichen. Das europäische Konzept beschränkt sich auf finanzielle Maßnahmen, aus dem Grund, dass die EU keine gesetzgeberischen Kompetenzen in diesem Bereich besitzt. In beiden Konzepten sollen die Innovationen aus den Nischenmärkten in die Massenmärkte geleitet werden, da dort eine wesentlich höhere Wirkung erzielt werden kann.

Die Förderung der Öko-Innovationen bezieht sich in beiden Konzepten auf die neuen „grünen" Leitmärkte. Diese sind jedoch etwas unterschiedlich ausgelegt. Nach deutscher Vorstellung gilt es primär Leitmärkte zu schaffen und zu gestalten, die Kommission will auch zukunftsträchtige Pilotmärkte fördern, in denen die europäische Industrie heute schon führend ist, und solche Projekte, die als Basisinnovationen für andere Märkte dienen können (siehe 3.2.4.1.3.2).

Die jeweiligen Handlungsfelder weichen nur geringfügig voneinander ab. Generell wird der Versuch unternommen, die Ressourcen- und Energieeffizienz zu beeinflussen. Deshalb werden alle Technologien zur Verminderung des Ressourcen- bzw. Energieverbrauchs bei der Produktion als Handlungsfelder betrachtet. Beide Konzepte behandeln die Sicherung der Rohstoffe für die Produktion. Innovationen im Recycling sollen einen wesentlichen Beitrag zur Ressourcenschonung leisten. Die deutsche Industriepolitik bezieht auch die Wasserwirtschaft mit ein, da Wasser zwar zurzeit als ausreichend vorhandenes Gut zur Verfügung steht, sich jedoch in den nächsten Jahrzehnten diese Situation infolge des Klimawandels dramatisch verändern könnte.

In der Analyse der Adressaten kann festgestellt werden, dass beide Konzepte sowohl die Angebots- als auch die Nachfrageseite einbeziehen. Es werden die Unternehmen angesprochen, denen Anreize für ökologische Innovationen durch finanzielle Maßnahmen und optimierte Rahmenbedingungen gegeben werden sollen. Auf der anderen Seite sollen die Verbraucher durch mehr Informationen und Transparenz über die ökologische Leistung der Güter und Dienstleistungen beim Übergang zu einer nachhaltigen Wirtschaft unterstützt werden.

Beide Konzepte haben auch eine internationale Ausrichtung. Beide wollen dadurch die ökologischen Folgen der Industrialisierung der Schwellen- und Transformationsländer mildern. Dieser Umstand ist erstens den Gefahren des Standort- bzw. Systemwettbewerbs geschuldet, da mit der Erhöhung der Umweltstandards in den aufstrebenden Staaten die Gefahr der Abwanderung von „ökologisch fragwürdigen" Industrien aus der Europäischen Union bzw. Deutschland vermindert wird. Auf der anderen Seite ergeben sich aus der Vorreiterrolle temporäre Monopole mit Pionierrenten für die heimischen Unternehmen. Zudem wird durch die Diffusion der Umweltstandards die Problematik der fairen Verteilung der Umweltschutzkosten abgeschwächt, da auch Schwellen- und Transformationsländer an den Kosten für den Klimaschutz beteiligt werden würden. Nicht zuletzt aus diesem Grund hat die internationale Ausrichtung eine zentrale Bedeutung in beiden Konzepten.

Abschließend kann festgestellt werden, dass das europäische Konzept wesentlicher enger gefasst ist als das deutsche. Dies ist vor allem dahin begründet, dass die Europäische Kommission im Vergleich zu den Mitgliedsstaaten einen begrenzten Handlungsrahmen hat. Außerdem muss die Kommission die Interessen aller 27 Mitgliedsstaaten berücksichtigen.

4.1.5. Die politische Begründung

Das Konzept der ökologischen bzw. nachhaltigen Industriepolitik wird in Deutschland sowie auch auf europäischer Ebene mit der Besonderheiten begründet, dass Umweltinnovationen erheblich von „normalen“ Innovationen abweichen. Daraus wird die Notwendigkeit einer staatlichen Förderung abgeleitet. Diese politische Begründung soll im nachfolgenden Kapitel näher dargestellt werden, ohne eine Diskussion vorwegnehmen zu wollen, die später im Kontext der ökonomischen Legitimierung (siehe Kapitel 4.2) erfolgen wird.

4.1.5.1. Besondere Merkmale von Umweltinnovationen

Umweltinnovationen sind für die ökologische Industriepolitik von herausgehobener Bedeutung und werden in den beiden Memoranden des BMU (2006 und 2008) ausdrücklich betont. Sie weichen deutlich von den „normalen“ Innovationen ab. Zunächst sind Umweltinnovationen Maßnahmen, in deren Zuge neue Produkte oder Verfahren entwickelt werden, welche die Umwelt entlasten und die einen Beitrag zur ökologischen Nachhaltigkeit leisten. Die für die Wissenschaft maßgebliche Definition stammt von BLAZEJCZAK et al. (1999), nach der Umweltinnovationen als „alle Maßnahmen der relevanten Akteure [...] angesehen werden, mit denen neue Ideen und Verhaltensweisen, Produkte und Produktionsverfahren entwickelt, angewendet oder eingeführt werden, und die Umwelt entlastet bzw. einer ökologischen bestimmten Nachhaltigkeit beigetragen wird.“[680] Die Umweltentlastung bezieht sich dabei nicht auf eine Verringerung der Nutzung der Umwelt, die zu beliebigen Kosten stets möglich sei. Vielmehr müsse die Nutzung zu geringeren Kosten als bisher möglich sein, oder bei gleichen Kosten müsse die Umweltentlastung höher sein. Die Kosten für die ökologischen Schäden werden mithilfe von Umweltinnovationen verringert und daraus resultiert eine bessere Kosten-Nutzen-Relation gegenüber den vorherigen Innovationen. Der Nutzen wird anhand der Umweltentlastung (geringere Schadenskosten) oder der eingesparten Kosten bzw. Erlösverbesserungen berechnet. Der ermittelte Wert wird den Kosten der Umweltinnovation, ausgedrückt durch die F&E-Kosten, gegenübergestellt.[681]

Anfänglich wurden unter Umweltinnovationen nur die technischen Innovationen verstanden. Nach umfangreicher wissenschaftlicher Forschung setzte sich die Meinung durch, dass neben der Erfindung von neuen technischen Prozess- und Produktinnovationen auch Innovationen institutioneller Art (Gesetze, Verord-

680 Blazejczak, J./Edler, D. et al. (1999), S. 10.
681 Vgl. Edler, D./Blazejczak, J. et al. (2007), S. 15f.

nungen, Verträge) und sozialer Art (Verhalten der Konsumenten) in der Umweltpolitik notwendig sind.[682]

Alle Innovationen – auch die Umweltinnovationen – werden als zentrales Element für die wirtschaftliche Entwicklung von Unternehmen und Volkswirtschaften betrachtet. Durch Innovationen wird neues Wissen generiert, das die Produktivität und die Effizienz steigert. Dies birgt einen wesentlichen Vorteil, da mithilfe der Innovationen bei gleichem Output mit einem verringerten Mitteleinsatz bzw. bei gleichem Input ein besseres Ergebnis erreicht werden kann. In der Folge wird die Herstellung der Güter und Dienstleistungen günstiger, sodass letztlich die Wohlfahrt steigt. Überträgt man dies auf Umweltinnovationen im Speziellen, so steigt durch Umweltinnovationen die Umweltproduktivität bzw. Ressourceneffizienz. Durch die Umweltinnovationen werden die Kosten für den Schutz der Umwelt gesenkt.[683]

Die Umweltinnovationen weisen im Vergleich zu „normalen“ Innovationen besondere Eigenschaften auf, die aus den speziellen Charakteristika der öffentlichen Güter entstehen.[684] Umweltgüter bieten aufgrund dieser Charakteristika eine „doppelte Dividende“ bzw. Externalität, da sie in der Phase der Markteinführung zu positiven *spill-over*-Effekten führen (siehe 4.2.2.1.3). Infolge von Umweltinnovationen, ebenso von normalen Innovationen, des einen Unternehmens beschreiten auch andere Unternehmen und Branchen neue Wege, da eine vollständige Internalisierung der von außen kommenden Neuerungen in der Regel u. a. wegen des fehlenden Patentschutzes nicht möglich ist.[685] Letztlich können die getroffenen Aussagen auch für alle Innovationen gelten, da bei ihnen die gleichen Effekte und Probleme auftreten wie bei den Umweltinnovationen. Auch bei den „normalen“ Innovationen entstehen *spill-over*-Efekte, die nicht internalisiert werden können und die Eigenschaften von öffentlichen Güter aufweisen. Der einzige Unterschied ist, dass normale Innovationen nicht primär das Ziel haben, die Umwelt zu entlasten. Daher ist die politische Betonung der Besonderheit der Umweltinnovationen ökonomisch nur schwer zu rechtfertigen.

---

682 Vgl. Rennings, K. (1999), S. 8f.; Linscheidt, B. (2000), S. 16f.

683 Vgl. Linscheidt, B. (2000), S. 13.

684 Das Problem der mangelnden Internalisierung der Kosten für öffentliche Güter – speziell der Umweltgüter – wurde bereits ausführlich in Abschnitt 2.3.2 diskutiert.

685 Ein Patentschutz ist für alle Innovationen nur zeitlich befristet möglich. Danach steht das Wissen auch anderen Marktteilnehmern zur Verfügung. Zusätzlich können die Innovationen auch über Humankapitalbewegungen bereits in der Patentzeit an andere Unternehmen bzw. Branchen gelangen und dort weitere neue Innovationen auslösen. Eine ausführliche Analyse findet in Kapitel 4.2.2 statt. Vgl. Linscheidt, B. (2000), S. 14.

Neben den Innovationen wird von der Politik noch eine weitere Begründung für eine ökologische Industriepolitik herangezogen, die im nächsten Abschnitt kurz vorgestellt werden soll.

4.1.5.2. Strategische Wettbewerbsvorteile

Eine weitere Begründung für eine staatliche aktive Unterstützung der Innovationsförderung innerhalb der ökologischen Industriepolitik wird aus den möglichen strategischen Wettbewerbsvorteilen abgeleitet. Die ökologische Industriepolitik will aus der Vorreiterrolle im Umwelt- und Klimaschutz Wettbewerbsvorteile generieren.[686] Empirische Studien verweisen darauf, dass sich eine Vorreiterrolle im Umweltschutz lohnt, da es einen Zusammenhang zwischen der nationalen Umweltpolitik und der Generierung von internationalen Wettbewerbsvorteilen gibt.[687] Eine restriktivere Umweltpolitik führt bei den Unternehmen zu mehr Innovation und zu Effizienzverbesserungen, die zur internationalen Wettbewerbsfähigkeit beitragen können. Dabei sind zwei verschiedene Wirkungsmechanismen zu unterscheiden: Eine restriktivere Umweltregulierung wirkt vor allem bei den besonders umweltbelastenden Industrien, da diese zur Implementierung von umweltfreundlichen und ressourcensparenden Produktionsverfahren gezwungen werden, die für die einzelnen Unternehmen, aber auch für die gesamte Volkswirtschaft von Vorteil sind. Die dort erzielten Kostensenkungen sollen bereits die Belastungen, die sich aus strengeren Umweltvorgaben ergeben, überkompensieren.[688] Kurzfristig erleiden Unternehmen – vor allem eben die umweltbelastende Industrie – wegen der restriktiveren Umweltpolitik des Vorreiterlandes Wettbewerbsnachteile infolge zusätzlicher Kosten. Diese Zusatzkosten werden durch mehr (erfolgreiche) Innovationen stetig sinken – ein Effekt, der mit einer frühzeitigen Ankündigung der strengeren Umweltschutzvorgaben seitens der Politik noch verstärkt werden kann. Die letztlich generierten Innovationen können langfristig die Zusatzkosten ganz bzw. teilweise kompensieren. Überdies ergeben sich aus dynamischer Perspektive strategische Wettbewerbsvorteile, wenn die Umweltschutzvorgaben ins Ausland diffundieren. Innovationen in Form von EoS-Effekten ziehen einen strategischen Vorteil im internationalen Wettbewerb nach sich, da die Zusatzkosten stetig sinken und letztlich aufgrund der Pionierrolle sogar ein Kostenvorteil entstehen könnte.[689]

---

686 Vgl. Kommission der Europäischen Gemeinschaften (2007b), S. 10; Bundesministerium für Umwelt, Naturschutz und Reaktorsicherheit (2008a), S. 6.

687 Vgl. Porter, M. E./van der Linde, C. (1995), S. 1002ff.; Ashford, N. A. (2000), S. 67ff.; Edler, D./Blazejczak, J. et al. (2007), S. 18f.

688 Vgl. Kommission der Europäischen Gemeinschaften (1990), S. 5ff.; Schmidt, A. (2009), S. 67f.

689 Vgl. Sachverständigenrat für Umweltfragen (2002), Tz. 46f.

Die internationale Verbreitung führt zu einer steigenden Nachfrage nach Umweltschutzgütern im Ausland. Da die umweltbelastende Industrie bereits manche Umweltschutzmaßnahmen durchgeführt hat, die die ausländische Konkurrenz erst noch ergreifen und umsetzen muss, ergeben sich aufgrund der bereits generierten Innovationen Exportchancen für Umwelttechnologien der heimischen Industrie. Diese Pioniergewinne könnten die Belastungen weiter senken oder überkompensieren und die Stellung heimischer Anbieter von Umweltschutztechnologien auf dem Weltmarkt verbessern.[690] Letztlich würde in einer dynamischen Betrachtung zum einen durch die induzierten EoS-Effekte eine Verbesserung der Wettbewerbsfähigkeit der Industrie und zum anderen durch die parallel entstehenden Exportmöglichkeiten ein positiver Nettonutzen entstehen.

4.1.6. Kritik an dem Konzept

Kritik an dem Konzept kann bereits an den Zielen der ökologischen Industriepolitik festgemacht werden, die inhaltliche, aber auch theoretische Schwächen beinhalten, die in diesem Abschnitt aufgeführt werden sollen. Die kritische Diskussion der ökonomischen Legitimierung folgt in Kapitel (4.2.2). Die folgende Darstellung zu den Instrumenten muss recht pauschal ausfallen, weil sie nicht der Zielsetzung dieser Arbeit dient und der inhaltliche Rahmen eingehalten werden soll.

Eines der grundlegenden Ziele ist die Verbesserung der Ressourcennutzung. Dahinter verbirgt sich rein ökonomisch ein Problem der intertemporalen Nutzung der Ressourcen, wobei die Ressourcen in erneuerbare und nicht erneuerbare Ressourcen unterschieden werden müssen. Die Abbaurate ist, vereinfacht ausgedrückt, von der Wettbewerbssituation und von der sozialen Zeitpräferenzrate abhängig. Im Wettbewerbsfall werden sich die Besitzer von nicht erneuerbaren Ressourcen an der HOTELLING-Regel orientieren und dann, wenn ihre private Diskontrate der sozialen Zeitpräferenzrate entspricht, die Ressourcen intertemporal effizient abbauen. Beim Abweichen der privaten Diskontrate von der sozialen Zeitpräferenzrate kommt es zu einem Über- (bei hoher privater Diskontrate) bzw. Unterabbau (bei einer niedrigeren privaten Diskontrate). Bisher wurde bei erneuerbaren Ressourcen die private Diskontrate vernachlässigt, da die Ressourcen noch in einem ausreichenden Maße zur Verfügung stehen. Dennoch spielt auch hier die private Diskontrate durchaus eine wichtige Rolle. Allerdings wird, in Abweichung von den theoretischen Annahmen, in der Realität deutlich, dass Märkte die gewünschten Abbauraten nicht abbilden können und Ineffizienzen auftreten können, die korrigiert werden müssen. Hierfür bietet

[690] Vgl. Sachverständigenrat für Umweltfragen (2002), Tz. 46f.

die ökologische Industriepolitik keine Lösungen an, und diese wären wohl auch volkswirtschaftlich schwer vertretbar. Gerade monopolistische Strukturen würden zu einem langsameren Abbau der Ressourcen führen, die eine massiven Wohlfahrts- und Wachstumsverlust nach sich zögen.[691]

Eine weitere Gefahr, welche die Erhöhung der Ressourceneffizienz birgt, ergibt sich, wenn die Nachfrager die ökologischen Produkte nicht annehmen. Dieses Risiko steigt, wenn die Konsumenten auf Alternativprodukte ausweichen können. So müssen die Mehrkosten für ökologisch bessere Produkte nicht nur für Produzenten, sondern auch für Konsumenten in einem akzeptablen Rahmen bleiben, um angenommen zu werden. Daraus könnte sich gar kein Vorteil ergeben, denn effizientere Produkte könnten dazu führen, dass die Produkte nicht teurer sind, sondern eher preiswerter werden. Ohne die Einbindung der Konsumenten könnten diese daher die nachgefragte Menge steigern, was der normalen Anpassungsreaktion entspräche. Jegliche Ressourceneinsparung würde durch den erhöhten Verbrauch zunichte gemacht.[692] Deshalb müssen auch die Konsumenten in die Ökologisierung der Wirtschaft einbezogen werden.[693]

Unter Rückgriff auf verschiedene Instrumente (Regulierung, ökonomische Instrumente wie Zertifikate oder Steuern) kann der Staat die Nachfrager in die ökologisch gewünschte Richtung lenken und dementsprechend das Angebot neu ausrichten. Dabei werden aber jene Branchen bevorzugt, die in diesen Bereichen Produkte anbieten. Gerade Branchen außerhalb dieser vom Staat ausgewählten ökologischen Märkte werden eine Verliererposition einnehmen, weil die Nachfrage vom Staat von ihnen weggelenkt wird.[694] Zudem ergeben sich für Innovationen negative Auswirkungen aus einer Verlagerung von den bisherigen zu den „grünen" Innovationen, dadurch werden unter Umständen bessere Innovationen in ihrer Entwicklung verzögert.[695]

Der Punkt, der im Zentrum jeglicher Kritik zur ökologischen Industriepolitik steht, ist jedoch die Auswahl der zukunftsträchtigen Märkte (Leitmärkte bzw. *lead markets*). Als Problem wird erachtet, dass der Staat glaube, ihm lägen bessere Informationen über die Marktchancen vor als den eigentlichen Marktteilnehmern. Gerade mit diesem Aspekt wird häufig die Notwendigkeit eines staat-

---

691 Vgl. Klepper, G./Heitmann, N. (2009), S. 35f.

692 Als Beispiel wird von KLEPPER angeführt, dass wenn die Anbieter einseitig effizientere Kühlschränke anbieten, die weniger Strom verbrauchen, die Konsumenten stattdessen sich größere Kühlschränke kaufen, die letztlich genauso viel Strom verbrauchen wie die alten weniger effizienten Kühlschränke. Vgl. Klepper, G./Heitmann, N. (2009), S. 36.

693 Vgl. Bardt, H. (2008), S. 33; Bardt, H. (2009), S. 14ff.

694 Vgl. Bardt, H. (2008), S. 33; Bardt, H. (2009), S. 14ff.

695 Vgl. Bardt, H. (2011), S. 19f.

lichen Intervenierens begründet, da ansonsten die Marktteilnehmer die Chancen nicht richtig antizipieren und nutzen könnten. Die bisherigen Erkenntnisse aus der Vergangenheit der deutschen und europäischen Industriepolitik lassen jedoch tatsächlich kaum erkennen, dass der Staat wirklich besser informiert wäre.[696]

In der traditionellen Industrie stehen wenige Erfolge einer Vielzahl von Misserfolgen gegenüber. Selbst das Vorzeigemodell Airbus ist mit erheblichen Investitionen verbunden, die bisher nicht durch den Erfolg des Produktes gedeckt werden können. Die latente Gefahr, dass erhebliche Investitionen in Branchen umgelenkt werden, die sich im Nachhinein als wenig erfolgreich herausstellen, bleibt in der ökologischen Industriepolitik ebenfalls bestehen. Gerade dieses Risiko wird durch den staatlichen Auswahlprozess noch erhöht, wenn aufgrund von staatlichen Vorgaben die Allokation der Ressourcen auf einige Bereiche beschränkt wird, da hier die Politik durch Partikularinteressen vereinnahmt werden könnte. Die Nutznießer spüren den Effekt der Unterstützung sofort, während die letztlich Geschädigten, die Steuerzahler, die Folgen nicht unmittelbar erfassen können. Gerade die Industriepolitik bietet sich hier als Instrument zur Unterstützung von Großunternehmen an, da eine direkte Umverteilungs- bzw. Transferpolitik auf massiven Widerstand stoßen würde.[697] Dieses Risiko kann nur durch den Markt- und Wettbewerbsprozess verhindert werden.[698]

Die ökologische Industriepolitik und ökologische Produkte werden als Haupttreiber zur Sicherung und Steigerung der internationalen Wettbewerbsfähigkeit Deutschlands und Europas gesehen. So erstaunt es, dass viele Unternehmen entsprechende Chancen bisher nicht erkannt haben und der Staat eingreifen muss, um die Wettbewerbsfähigkeit sicherzustellen. Grundsätzlich kann der Staat das Ziel der Erhöhung der Wettbewerbsfähigkeit mit einer Strategie der Förderung der Grundlagenforschung verfolgen. Dies ist wirtschaftspolitisch nicht zu beanstanden, jedoch sollten dabei keine Begünstigungen einzelner Bereiche durch den Staat erfolgen. Die Wettbewerbsfähigkeit hängt nicht nur vom Bereich der ökologischen Märkte ab; auch andere Märkte können für Deutschland und Europa eine wichtige Rolle spielen. Dabei wäre es ein positiver Nebeneffekt, wenn diese Märkte ebenfalls umweltfreundliche Produkte anbieten würden.[699] Aus der Verbindung von Wettbewerbsfähigkeit und ökologischer Industriepolitik entstehen allerdings auch Konflikte, da sich die Zeithorizonte der beiden Bereiche

696 Vgl. Bardt, H. (2008), S. 33ff.; Schmidt, A. (2009), S. 69.

697 Vgl. Sachverständigenrat zur Begutachtung der gesamtwirtschaftlichen Entwicklung (2009), Tz. 357.

698 Vgl. Bardt, H. (2008), S. 33ff.

699 Vgl. Klepper, G./Heitmann, N. (2009), S. 38.

doch erheblich unterscheiden. Die Wettbewerbsfähigkeit soll auch kurzfristig gesteigert werden, während die ökologische Industriepolitik meist einen mittel- bzw. langfristigen Horizont hat. Die angesprochenen Auswirkungen auf die Beschäftigungssituation werden sich aufgrund der Wechselwirkungen zwischen den Branchen nur sehr schwer einstellen.

Der Beschäftigungseffekt wird zudem kaum im erhofften Maße eintreten, denn jenen Arbeitsplätzen, die in den neuen Märkten vom Staat künstlich geschaffen werden, steht der Rückgang in den alten Branchen, die nicht auf neue Produkte umstellen können, gegenüber.[700] Diese Unvollkommenheiten beeinflussen die gesamtwirtschaftlichen Wachstumschancen, auf welche weiterhin sehr großen Wert gelegt wird. Wachstum kann nur gewährleistet werden, wenn derartige Unvollkommenheiten abgebaut werden. Die Nachfrage- und Angebotsverschiebung birgt die Gefahr, dass sich eher unauffällige, „versteckte" Wachstumsbranchen, die außerhalb der geförderten Bereiche liegen, überhaupt nicht oder nicht ausreichend entwickeln können. Dies könnte einen erheblichen Einfluss auf das gesamtwirtschaftliche Wachstum haben.[701]

Ein grundlegender Kritikpunkt macht an der Annahme einer internationalen Diffusion der ökologischen Standards und Technologien fest. Wenn sich die Präferenzen ändern, so die Idee, können sich Exportchancen für die deutschen bzw. europäischen Unternehmen eröffnen, die bereits ökologisch bessere Produkte herstellen. Die Diffusion ist auf europäischer Ebene durch das europäische Konzept der ökologischen Industriepolitik sichergestellt. Sie erweist sich auf größerer internationaler Ebene aber als viel schwieriger, da Erfolge Nachahmer anziehen. Nachahmerunternehmen würden dann, wie im normalen Wettbewerbsprozess, die Innovationssprünge deutscher bzw. europäischer Unternehmen eliminieren und die Gewinne würden aufgezehrt. Wichtig ist daher, dass jene Phase ausreichend genutzt wird, in der frühe Gewinne realisiert werden können. Folglich müssen die Regulierungen schneller diffundieren als die betreffenden ausländischen Unternehmen die Produkte entwickeln können.[702]

Des Weiteren wird der Systemwettbewerb vollkommen ausgeblendet, wenn ausschließlich von einer Diffusion ausgegangen wird. Letztlich befinden sich die Systeme in einem Wettbewerb untereinander, der die Staaten auch in ihrer Gesetzgebung diszipliniert, da immer die Gefahr der Abwanderung besteht. Die Investitionen könnten sich infolge ökologischer Industriepolitik verändern, wenn Unternehmen in andere Länder abwandern, um höhere Kosten zu vermeiden.

[700] Vgl. Schmidt, A. (2009), S. 70.
[701] Vgl. Bardt, H. (2008), S. 33; Bardt, H. (2009), S. 14ff.; Schmidt, A. (2009), S. 70.
[702] Vgl. Bardt, H. (2008), S. 33.

Diese Unternehmen könnten dann mit ihren ineffizienten Anlagen im Ausland weiter produzieren, wodurch es national zwar zu einer Emissionsreduzierung kommen könnte, jedoch der totale Emissionsausstoß konstant bliebe oder sogar stiege.[703] Auch wenn das befürchtete *race to the bottom* sich empirisch nicht nachweisen lässt, können noch andere Gefahren auftreten: Der technologische Vorsprung lässt sich nur halten, wenn die Unternehmen nach ihrer Innovation nicht ins Ausland abwandern und ihr Wissen mitnehmen.[704] Der Systemwettbewerb könnte aber auch ein „internationales" *rent seeking* der Unternehmen bewirken, da die Unternehmen zunehmend international verflochten sind. Die Unternehmen werden versuchen, die jeweils günstigsten Rahmenbedingungen für sich zu nutzen.[705]

Das weitere Ziel der ökologischen Industriepolitik auf internationaler Ebene ist die Unterstützung von Schwellen- und Transformationsländern. Diese sollen, so der Gedanke, Fehler vermeiden, welche die Industrienationen vormals im Zuge ihrer Entwicklung begangen haben. Der Anstieg der Umweltverschmutzung bei der Transformation zu einem Industrieland soll in den Schwellenländern vermieden werden. Die Diffusion ins Ausland ist, anders als angenommen, jedoch nicht gewiss. Sie ist von den dortigen Präferenzen und weiteren Faktoren (z. B. Humankapital) abhängig. Gerade die neuesten Technologien benötigen neben den eigentlichen Produktionsstätten gut ausgebildetes Personal, welches in den Schwellenländern schwer zu finden sein dürfte. Auch sind manche Technologien nicht an die Bedürfnisse dieser Länder angepasst, weshalb eine Diffusion noch schwieriger werden könnte. Diese Länder haben u. U. gar keinen Anreiz, eine ambitionierte Umweltpolitik zu betreiben, denn die Voraussetzungen für die Übernahmen liegen nicht vor und sind möglicherweise selbst überhaupt nicht zu schaffen.[706]

Die ökologische Industriepolitik wird Fehler bei der Industrialisierung punktuell, aber nicht vollständig vermeiden können. Mit der gezielten Förderung eines Technologietransfers kann die Diffusion in Schwellenländer beschleunigt werden, jedoch ist das Überspringen von einzelnen Entwicklungsstadien nicht möglich, da dies neben den Technologien auch den Aufbau einer komplexen Infrastruktur (öffentliches und privates Kapital sowie Humankapital) verlangt. Ebenfalls müssen die kulturellen Gegebenheiten in den Schwellenländern berücksichtigt werden. Gerade die neuen Technologien gehen oftmals an den Bedürfnissen

---

703 Vgl. Bardt, H. (2011), S. 19f.

704 Vgl. Schmidt, A. (2009), S. 69f.

705 Vgl. Sachverständigenrat zur Begutachtung der gesamtwirtschaftlichen Entwicklung (2009), S. 358f.

706 Vgl. Klepper, G./Heitmann, N. (2009), S. 39.

der Konsumenten in den Entwicklungsländern vorbei. Die Menschen wollen keine teuren, verbrauchsarmen Produkte, sondern Produkte, die günstig sind und ihren Bedürfnissen entsprechen.[707]

Gelingt die Diffusion nicht, könnte der *Leakage*-Effekt eintreten; aufgrund der Umweltschutzinnovationen kommt es zur Verschiebung der Nachfrage bei den Produzenten. Gerade die Nachfragesenkung wird eine Preisreduzierung bei „umweltschädlichen" Ressourcen nach sich ziehen, und die Länder, die die Technologien noch nicht übernommen haben, können ihre Produktion aufgrund der Preissenkung noch ausweiten, womit die heimischen („teuren") Umweltschutzvorschriften ins Gegenteil verkehrt werden.[708]

Ein weitere Kritik ergibt sich aus dem langfristigen Wirkungszusammenhang der ökologischen Industriepolitik. Deren Notwendigkeit wird primär mit dem „dramatischen" Klimawandel begründet, der schnell gebremst werden müsse. Doch kommen die Folgen der ökologischen Industriepolitik bei der Reduzierung der Emissionen eher wieder mittel- bis langfristig zum Tragen. Somit ist dieses Argument keine stichhaltige Begründung für eine ökologische Industriepolitik. Die Maßnahmen bieten lediglich einen Anfangspunkt zur Reduktion der Emissionen.[709]

Chancen für Unternehmen können sich auch ohne das Konzept der ökologischen Industriepolitik entwickeln. Bereits heute sind einige Unternehmen im Bereich der Umweltschutztechnologien international erfolgreich, ungeachtet der noch unvollständigen Umsetzung des Konzepts. Der Erfolg dieser Unternehmen basiert auf den bisherigen Fördermaßnahmen[710], die allerdings auch schon zu „Entzugseffekten" geführt haben. Die neue Förderung soll, so die Idee, die bisherigen Erfolge weiter verstärken. Dieser Gedanke ist als zu schlicht einzustufen, denn die bisherigen Erfolge gehen nicht zuletzt darauf zurück, dass der Markt die Technologien akzeptiert hat. Ohne die Akzeptanz der Märkte werden die Unternehmen keine Erfolge erzielen, dafür gibt es in der Vergangenheit zahllose Beispiele. Deshalb sollte besonders begründet werden, weshalb die Marktmechanismen vom Staat außer Kraft gesetzt werden.[711] Der weitere Erfolg dieser Unternehmen hängt maßgeblich von der Diffusion von Umweltschutzregulierungen und -technologien ab[712], die jedoch gemäß den Erkenntnissen der

707 Vgl. Klepper, G./Heitmann, N. (2009), S. 39f.
708 Vgl. Sinn, H.-W. (2008b), S. 113ff.
709 Vgl. Techert, H./Demary, M. (2012), S. 36f.
710 Vgl. Klepper, G./Heitmann, N. (2009), S. 37.
711 Vgl. Klepper, G./Heitmann, N. (2009), S. 37.
712 Vgl. Bardt, H. (2008), S. 34.

bisherigen Klimaschutzkonferenzen auf lange Sicht nicht eingeschätzt werden kann.

Das Konzept der ökologischen Industriepolitik soll technologieoffen sein, indem nur die Ziele definiert werden sollen. Doch wird mit der Auswahl der Leitmärkte diese Offenheit wieder eingeschränkt. Als weitere Mittel werden zwar immer wieder die marktwirtschaftlichen Instrumente in den Vordergrund gerückt, dennoch wird im Konzept immer nur von einer Verschärfung der Umweltschutzvorschriften gesprochen, die allerdings dem Ordnungsrecht zuzuordnen sind. Die Vor- und Nachteile des Ordnungsrechts werden vollkommen außer Acht gelassen, indem immer auf die dringende Notwendigkeit der Klimaschutzmaßnahmen hingewiesen wird. Die marktwirtschaftlichen Instrumente sind indes kaum im Konzept zu erkennen,[713] es wird eher auf innovationsfördernde Programme gesetzt. Doch müssen sich nicht zwangsläufig neue wettbewerbsfähige Märkte daraus einwickeln. Die Chance kann man nur wahrnehmen, wenn das Konzept durch eine eng verzahnte Wirtschaftspolitik unterstützt wird, ansonsten ergibt sich eher ein Risiko.[714] Hier wird die neue, aktive Rolle des Staates wiederum deutlich: Der Markt wird in mancher Hinsicht durch den Staat ersetzt.

Zusammenfassend lässt sich über die ökologische Industriepolitik konstatieren, dass der interventionistische Charakter des Konzeptes deutlich ist und er sich sogar noch weiter verstärken könnte, wenn eine staatliche Führungsposition bei der Auswahl zukunftsträchtiger Branchen etabliert ist. Das Konzept beinhaltet auch hinsichtlich der Instrumente (Markteinführungsprogramme, finanzielle Förderungen usw.) eine Vielzahl von interventionistischen Aspekten, die von der Politik als unabdingbar für den Erfolg betrachtet werden. Gerade dies könnte zu einer deutlich aktiveren Rolle des Staates führen, der womöglich den Markt bzw. den Wettbewerb zum Teil ersetzen könnte.[715]

4.2. Legitimierung der ökologischen Industriepolitik

Um die Industriepolitik zu begründen, wird umfassend auf die vielfältige theoretische und empirische Theorie zurückgegriffen. Die unterschiedlichen Ansätze entstanden – ebenso wie die Definitionen – im Zuge der Geschichte der Industriepolitik ab dem 17. Jahrhundert. In den letzten Jahren haben sich viele Grundlagen erheblich weiterentwickelt. In dem nachfolgenden Absatz sollen einige vor volkswirtschaftlichem Hintergrund analysiert, bewertet und kategorisiert werden. Die Hauptschwerpunkte der Analyse liegen in der Betrachtung des

---

713 Vgl. Bardt, H. (2009), S. 15.

714 Vgl. Jacob, K./Knopf, J. et al. (2010), S. 34f.

715 Vgl. Bardt, H. (2008), S. 34; Schmidt, A. (2009), S. 68f.

Markt- und Wettbewerbsversagens, die restlichen Ansätze werden kurzen kritischen Darstellungen unterzogen.[716]

4.2.1. Begriffsbestimmung des Markt- und Wettbewerbsversagens

In der Volkswirtschaftslehre stellt der Markt den ökonomischen Ort des Tausches dar, an dem sich Angebot und Nachfrage auf der Grundlage von gegenseitig substituierbaren Gütern treffen. Der Ort des Tausches muss von den Akteuren nicht aufgesucht werden, vielmehr können die Teilnehmer den Tausch auch räumlich weit voneinander entfernt vornehmen. Die Märkte bildeten sich im Zuge der Spezialisierung der Akteure heraus, denn durch den Tausch mit anderen Akteuren können sie sich besser positionieren, als wenn sie auf sich alleine gestellt wären. Infolge des Zusammentreffens von Angebot und Nachfrage bilden sich auf den Märkten Preise für die zu tauschenden Güter heraus. Die Preisbildung wird beeinflusst durch die Konkurrenz- bzw. Wettbewerbssituation auf den Märkten. Alle Akteure versuchen ihren Nutzen mit den zur Verfügung stehenden Ressourcen zu maximieren und verursachen dabei einen Konflikt mit anderen Akteuren, die die gleichen Güter benötigen. Damit wird der Preis ein Maßstab für die Knappheit der Güter, wobei dies von der nachgefragten Menge und den vorhandenen Ressourcen beeinflusst wird.[717]

In den volkswirtschaftlichen, idealtypischen Modellen wird immer von vollkommender bzw. vollständiger Konkurrenz ausgegangen. Allen Marktakteuren stehen alle Informationen zur Verfügung, die Güter sind unendlich teilbar und es gibt keine Kosten für den Austausch der Güter. Doch diese Annahmen treffen für die Realität keineswegs zu.[718] Nach diesen Annahmen müsste auf allen Märkten ein Versagen vorliegen und die Funktionsfähigkeit der Märkte könnte generell infrage gestellt werden. Darüber hinaus ist es fraglich, ob es überhaupt sinnvoll ist, das neoklassisch begründete Wohlfahrtsoptimum zu erreichen. Damit würde man sich auf einen statischen Gleichgewichtszustand fixieren, der jegliche dynamischen Elemente des Wettbewerbs vernachlässigt, diese sind aber die Voraussetzung für langfristige Wohlfahrtssteigerungen. Letztlich kann das idealtypische Modell der vollkommenen Konkurrenz nicht als erstrebenswerter Zustand verfolgt werden.[719]

---

716 Der Schwerpunkt der Analyse soll dabei auf dem Konzept der öffentlichen Güter und den externen Effekten liegen.

717 Vgl. Fritsch, M./Wein, T. et al. (2005), S. 6.

718 Vgl.Wonke, C. (2009), S. 47f.

719 Vgl. Eickhof, N. (1993), S. 208.

Damit sind die wichtigsten Funktionen des Marktes die Koordination von Angebot und Nachfrage und die Bildung von Preisen. Dieser Koordinationsmechanismus kann durch verschiedene Mechanismen gestört sein, sodass es zu unbefriedigten Marktergebnissen kommen kann, welche wohlfahrtstheoretisch nicht optimal sind.[720] Letztlich können diese Defizite dazu führen, dass der Markt sich vollkommen auflöst. Der Markt muss daher eine Kumulation fehlerhafter Informationen verhindern. Es ist mithin unabdingbar, dass die Marktakteure eigene Fehler wahrnehmen, um dann auf die anstehenden Entscheidungen besser reagieren können. Ungeachtet besserer Entscheidungsinformationen der Marktteilnehmer können Preis- und Mengenschwankungen auf den Märkten auftreten, jedoch nehmen die Schwankungen durch jede Reaktion der Marktakteure stetig ab. Im Ergebnis entsteht theoretisch eine stabile und markträumende Gleichgewichtssituation zwischen Angebot und Nachfrage. In der Realität dürfte diese Situation zwar schwer erreichbar sein, jedoch sollte der Markt wenigstens dieser Tendenz folgen.[721]

Marktversagen kann nach Arten der Funktionsstörung in zwei Ausprägungen unterschieden werden: Das totale Marktversagen entsteht, wenn die Koordination derart gestört ist, dass überhaupt kein Marktaustausch mehr stattfindet. Besteht noch Koordination, aber keine Tendenz zu einem markträumenden Gleichgewicht mehr, spricht man von einem partiellen Marktversagen.

Eine Begriffsbestimmung für den Begriff Wettbewerb ist weitaus schwieriger. HAYEK bezeichnet den Wettbewerb als ein Entdeckungsverfahren, in dem ein ständiger Prozess von *trial and error* dazu führe, dass der Wettbewerb zeige, „wie die Dinge besser gemacht werden können“[722]. Die Verbesserung setzt die Konkurrenten unter Druck und zwingt diese zur Imitation der Verbesserung. Der Wettbewerb selektiert die Unternehmen nach der Effizienz und führt zu besseren Ergebnissen, da die Unternehmen einen ständigen Anreiz haben, ihre Effizienz zu steigern. Wettbewerb ist kein statischer Zustand, in welchem ein Unternehmen immer an der Spitze steht, sondern ein dynamischer Prozess, der mit einem ständigen Wechsel einhergeht. Effizienzverbesserungen können vielfältiger Natur sein; sie können durch Prozess- oder Produktinnovationen, durch *economies of scale* oder Lernkurveneffekte ausgelöst werden. Im Ergebnis nimmt der Wettbewerb die Aufgaben des Wandels und der Selektion auf den Märkten wahr.[723] Auch im Wettbewerbsprozess können Versagenstatbestände auftreten,

---

[720] Vgl. Berg, H./Schmidt, F. (1998), S. 856ff.

[721] Vgl. Wonke, C. (2009), S. 48f.

[722] Hayek, F. A. von (1969), S. 260.

[723] Vgl. Eickhof, N. (1993), S. 209.

wenn die Selektion der Unternehmen nicht nach der Unternehmenseffizienz abläuft oder es zu keiner Verbesserung der Marktergebnisse kommt.[724]

Die Funktionalität der Märkte kann auch durch andere Faktoren, außerhalb der Begriffsbestimmungen, gestört werden. Eine Störung kann durch die Aushebelung von ordnungspolitischen Regeln erfolgen, jedoch kann es keine Aufgabe des Marktes sein, dieses Verhalten aufzudecken, zu verhindern oder zu sanktionieren. Vielmehr ist es Aufgabe des Staates, derartiges Verhalten zu verhindern. Dementsprechend sind Funktionsstörungen, die „durch staatliche Verbote oder Unterlassungen beseitigt werden können“[725], kein Markt- bzw. Wettbewerbsversagen.

4.2.2. Fälle von Markt- und Wettbewerbsversagen

Markt- oder Wettbewerbsversagen können in verschiedenen Formen auftreten. Marktversagen liegt bei Koordinationshindernissen, öffentlichen Gütern oder Externalitäten vor, während Wettbewerbsversagen auf Marktmacht, Informationsproblemen oder der Existenz von natürlichen Monopolen beruht.[726]

4.2.2.1. Externe Effekte

4.2.2.1.1. Das Konstrukt der externen Effekte

Ein Fall von Marktversagen kann infolge des Auftretens von externen Effekten zustande kommen. Die Koordinationsleistung des Marktes wird normalerweise durch den Marktpreis erbracht. An diesem Punkt treffen Angebot und Nachfrage zusammen, sodass ein markträumendes Gleichgewicht entsteht. Der Preis spiegelt dabei zwei Aspekte wider: Einerseits äußert sich im Preis der Nutzen der Nachfrager, auf der anderen Seite reflektiert der Preis die Kosten der Produktion. Im Idealfall gilt, dass im Gleichgewicht der Preis dem gesellschaftlichen Nutzen der letzten produzierten Einheit genau den Kosten der Produktion der letzten produzierten Einheit entspricht. Diese beiden Informationen veranlassen die Individuen, sich gesamtwirtschaftlich effizient zu verhalten, denn es werden

---

724 Vgl. Eickhof, N. (1995), S. 11ff.

725 Das Marktversagen wird von einigen Autoren fälschlicherweise auch mit dem Wettbewerbsversagen verbunden. Es besteht ein Unterschied zwischen Markt- und Wettbewerbsversagen, weil der Markt und der Wettbewerb unterschiedliche Funktionen erbringen. Der Markt hat die Aufgabe, das Angebot und die Nachfrage zu koordinieren. Zu einer Funktionsstörung des Marktes *und* des Wettbewerbs kommt es nur, wenn die Koordinationsleistung des Marktes *und* die Effizienzselektion des Wettbewerbs bzw. die verbesserten Marktergebnisse ausbleiben. Vgl. Eickhof, N. (1995), S. 12.

726 Vgl. Berg, H./Schmidt, F. (1998), S. 856ff.

nur jene Güter angeboten, bei denen der Nutzen des Konsums mindestens so hoch ist wie die Produktionskosten des Gutes.[727]

Doch kann der Marktpreis diese Informationen nicht immer zur Verfügung stellen; durch zusätzliche Effekte können die gesamtwirtschaftlichen Kosten im Vergleich zu den privaten Kosten verzerrt sein. Diese Externalitäten entstehen hierbei infolge der Einbeziehung von im Rahmen des Markttausches zuvor nicht berücksichtigten Dritten bei der Produktion bzw. des Konsum des Gutes durch den Nutzer.[728] Wie bereits angesprochen können externe Effekte bei Produzenten und Konsumenten gleichermaßen auftreten. Auf Konsumentenseite sind sie, um ein anschauliches Beispiel aufzugreifen, dann zu verzeichnen, wenn des Konsumenten „Zimmernachbar laute Musik hört und [ihn] bei den Prüfungsvorbereitungen stört"[729]. Entnimmt eine Stahlfabrik hingegen Wasser zu Kühlzwecken aus dem Fluss und leitet das verunreinigte Wasser wieder in den Fluss ein, was für andere Produzenten, z. B. einen Fischzüchter, negative Auswirkungen hat, spricht man von einer Produzentenexternalität.[730]

Eine weitere Unterscheidung bei den externen Effekten ist die Differenzierung zwischen technologisch externen Effekten und den pekuniären externen Effekten. Für Letztere sorgt der Marktmechanismus in besonderem Maße, weil sie durch Preisänderungen induziert werden. Ausgelöst werden die pekuniären externen Effekte durch Änderungen in der Nachfragestruktur der Haushalte oder durch technologische Innovationen.[731] Mit einer steigenden Nachfrage steigt auch der Preis nach dem Gut, in der Folge sinkt der Nutzen für die anderen Haushalte, die das Gut ebenfalls nutzen. Dieser Preismechanismus gibt die Knappheit nach dem Gut wieder, daher handelt es sich bei den pekuniären externen Effekten nicht um einen Marktversagenstatbestand.[732] Aus dem Grund werden die pekuniären Effekte an dieser Stelle nicht weiter behandelt.

Des Weiteren kann nach positiven und negativen externen Effekten unterschieden werden. In den beiden Beispielen sind die negativen externen Effekte illustriert worden. Durch die Produktion bzw. den Konsum eines Gutes werden Dritte geschädigt. Es können jedoch auch positive externe Effekte zum Tragen kommen; hier können also Dritte von eines anderen Produktion bzw. Konsum profitieren. Exemplarisch wird oft der Imker beschrieben, der mit dem Ziel der Honigproduktion Bienen züchtet. Gleichzeitig werden bei seinem Nachbarn, der

---

727 Vgl. Sturm, B./Vogt, C. (2010), S. 15ff.

728 Vgl.Eickhof, N. (1995), S. 19ff.

729 Sturm, B./Vogt, C. (2010), S. 16.

730 Vgl. Wigger, B. U. (2005), S. 56; Sturm, B./Vogt, C. (2010), S. 16f.

731 Vgl. Wigger, B. U. (2005), S. 57.

732 Vgl. Schott, H./Wied-Nebbeling, S. (2005), S. 280f.

eine Obstplantage besitzt, die Bäume dank der Bienen bestäubt. Hier gibt es demnach einen positiven externen Effekt auf den Plantagenbesitzer bzw. einen positiven wechselseitigen Effekt. Analog können in der Forschung und Entwicklung positive externe Effekte entstehen. Wenn neue Erkenntnisse in der Grundlagenforschung gewonnen werden, können davon viele weitere Forscher profitieren.[733]

Letztlich lassen sich externe Effekte insofern charakterisieren, als durch den Konsum bzw. die Produktion von Gütern der Nutzen von anderen Individuen bzw. Marktteilnehmern beeinflusst wird. Dabei ist von grundlegender Bedeutung, dass der Einfluss noch keinen Effekt auf den Marktpreis hat oder die Marktpreise (noch) nicht darauf reagieren. Externe Effekte lassen sich demnach fassen als Abweichung der privaten Grenzkosten, die den Marktpreis bestimmen, von den sozialen Grenzkosten, die sich aus den privaten Grenzkosten und dem externen Effekt (Schädigung bzw. Nutzen) zusammensetzen.[734] Rein ökonomisch betrachtet, verändern die externen Effekte die effiziente Produktionsmenge (siehe Abbildung 21: Externe Effekte), ohne dass der Marktpreis (p^*) reagiert. Die dazugehörige Angebotsmenge ist bei den negativen Effekten über dem gesellschaftlichen Optimum (x^*_{nE}), während die Angebotsmenge bei den positiven Effekten (x^*_{pE}) einfach zu gering ist.[735]

733 Vgl. Wigger, B. U. (2005), S. 56; Sturm, B./Vogt, C. (2010), S. 16f.

734 Vgl. Fritsch, M./Wein, T. et al. (2005), S. 91; Schott, H./Wied-Nebbeling, S. (2005), S. 282.

735 Vgl. Berg, H./Schmidt, F. (1998), S. 857.

Abbildung 21: Externe Effekte

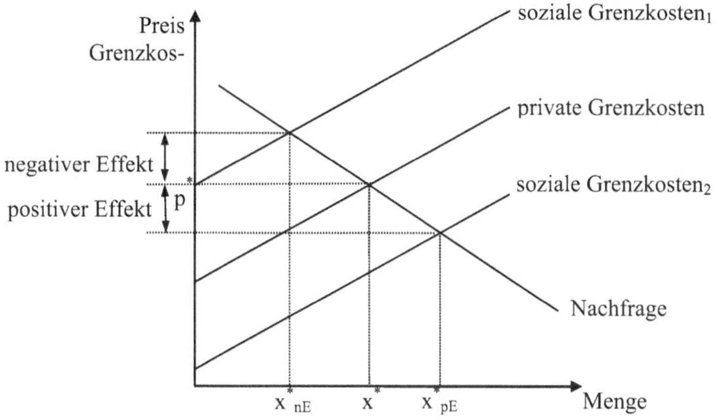

Quelle: eigene Darstellung

Die Effekte sind positiv, wenn die sozialen Grenzkosten unterhalb der privaten Grenzkosten liegen. Sie sind negativ, wenn die sozialen Grenzkosten über den privaten Grenzkosten liegen.[736] Das Marktversagen entsteht nicht im Zusammenhang mit dem Hauptprodukt, da Marktaustausch und die Koordinationsleistung des Marktes weiter gewährleistet werden. Vielmehr ist das Nebenprodukt vom Marktversagen betroffen. Es läuft kein Marktaustausch ab, weil Faktoren verbraucht werden, für die kein Faktorpreis entrichtet wird, oder es werden Güter von Dritten ohne Entlohnung für den Produzenten genutzt.[737]

Volkswirtschaftlich wäre bei den negativen Effekten eine Beschränkung der Produktionsmenge erforderlich, während bei den positiven Effekten eine Ausweitung der Menge sinnvoll wäre. Um das richtige gesamtwirtschaftliche Optimum zu erreichen, müsste eine Reaktion des Marktpreises erfolgen. Diese Reaktion kann unter Rückgriff auf verschiedene Instrumente erreicht werden. Zwei Instrumente kommen in Betracht, um das Marktversagen zu beseitigen: erstens eine aktive staatliche Lösung durch Beihilfen oder Steuern, die den Marktpreis in die gewünschte Richtung verändern, zweitens die Internalisierung der externen Effekte mittels Definition von Eigentumsrechten. Diese Internalisierung ist im Gegensatz zu den finanziellen Instrumenten eine marktliche Lösung, die das Marktversagen dann ohne eine aktive staatliche Intervention beseitigen könnte.[738]

---

[736] Vgl. Schöler, K. (1999), S. 123ff.
[737] Vgl. Eickhof, N. (1995), S. 20.
[738] Vgl. Berg, H./Schmidt, F. (1998), S. 857.

4.2.2.1.2. Internalisierungsmöglichkeiten

Das Marktversagen kann mithin mittels verschiedener Maßnahmen beseitigt werden. Nachfolgend sollen die zwei wichtigsten Möglichkeiten, die PIGOU-Steuer und die Definition von Eigentumsrechten, beschrieben werden. Dadurch können die privaten Grenzkosten mit den sozialen Grenzkosten in Einklang gebracht werden.

Der Staat kann versuchen, die privaten Grenzkosten auf die sozialen Grenzkosten durch Steuern und Beihilfen anzuheben und den Schaden, der in nachfolgender Grafik (Abbildung 22: Die PIGOU-Steuer) als umrandete Fläche dargestellt ist, zu internalisieren. Die Idee der PIGOU-Steuer liegt darin, dass eine Steuer erhoben wird, die exakt den Schadenskosten entspricht. Die Produktionskosten steigen folglich von den privaten Grenzkosten auf die gesamtwirtschaftlichen Grenzkosten. Die externen Effekte werden mithilfe der PIGOU-Steuer internalisiert. Durch die Steuer wird die Produktion für die Verursacher verteuert. Dies mündet letztendlich in eine geringere Produktions- und Nachfragemenge.[739] Der Staat muss aber Kenntnis über die Grenzschadenskosten und die optimale Produktionsmenge haben, um den Schaden vollständig internalisieren zu können.[740] Die PIGOU-Steuer internalisiert die negativen externen Effekte, grundsätzlich könnte man sie als negative Steuer (Beihilfe) für die positiven externen Effekte ebenfalls nutzen.[741]

---

739 Vgl. Wigger, B. U. (2005), S. 62.

740 Vgl. Schott, H./Wied-Nebbeling, S. (2005), S. 284ff.

741 Vgl. Wigger, B. U. (2005), S. 62.

Abbildung 22: Die PIGOU-Steuer

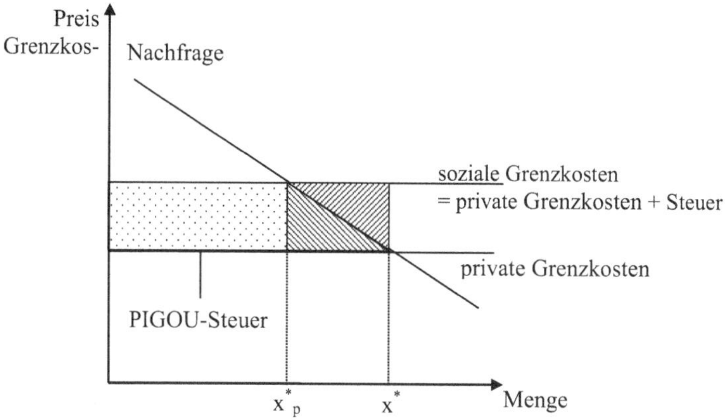

Quelle: eigene Darstellung, in Anlehnung an Wigger, B. U. 2005, S. 63.

Das Steueraufkommen der PIGOU-Steuer („gepunktete Fläche") müsste der Staat an die Haushalte abführen, damit es tatsächlich zu einer Verbesserung kommen kann. In der Realität dürfte dies aufgrund der Vielzahl an Haushalten Verteilungsprobleme mit sich bringen, da heterogene Präferenzen der Haushalte für Güter bestehen. Jene Haushalte, die das Gut mit der auferlegten PIGOU-Steuer nachfragen, würden höher belastet als die Haushalte, die eine geringere oder gar keine Zahlungsbereitschaft für das Gut haben. Zweitgenannter Haushalt müsste dem erstgenannten den vermiedenen Schaden ersetzen. Letztlich kommt es aufgrund der PIGOU-Steuer zu einer gesamtwirtschaftlich optimalen Produktionsmenge, aber es kommt aufgrund der Verteilungsproblematik auch zu Gewinnern und Verlieren bei den Konsumenten.[742]

Eine weitere Lösung liegt in der Schaffung exklusiver Verfügungs- und Nutzungsrechte, da das Problem der mangelnden Internalisierung letztlich auf die nicht vorhandenen Nutzungs- bzw. Eigentumsrechte zurückgeht. Bei eindeutig definierten Nutzungsrechten ist eine Internalisierung der externen Effekte sehr wahrscheinlich, wenn keine Transaktionskosten[743] anfallen.[744] Im oben genann-

[742] Vgl. Wigger, B. U. (2005), S. 62ff.

[743] Den Transaktionskosten liegt als Basis die Transaktion zugrunde, die als Übertragung von Verfügungsrechten verstanden werden kann. Die Kosten der Transaktion beinhalten all diejenigen Opfer und Nachteile des Austausches, die von den Transaktionspartnern zu tragen sind. Bestandteile der Transaktionskosten sind die Kosten für die Informationssuche, die Anbahnungskosten (z. B. Beratungs- oder Reisekosten), die Kosten für die Vertragsabwicklung, die Kontrollkosten und die Anpassungskosten (z. B. Kosten durch

ten Beispiel könnte der Fischer, wenn er die Rechte zur Nutzung des Flusses hätte, die Schädigung durch das Stahlwerk verhindern. Trotzdem wird der Fischer diese nicht vollständig verbieten, da es für ihn besser ist, das Recht der Schädigung an das Stahlwerk zu verkaufen, um sich besser zu stellen. Die Menge des zugestandenen Abwassers ist abhängig von der Zahlungsbereitschaft des Stahlwerks und den Gewinneinbußen des Fischers. Der Fischer ist einverstanden, dass das Stahlwerk Abwasser in den Fluss leitet, solange seine Gewinneinbußen durch die Entschädigung des Stahlwerks gedeckt werden. Das Stahlwerk ist aber maximal bereit, einen Preis in Höhe des Gewinns der ersten produzierten Einheit abzüglich der Grenzkosten zu zahlen. Die optimale Menge pendelt sich in der Verhandlungslösung auf jenen Wert ein, bei dem der Gewinn der letzten produzierten Einheit des Stahlwerks genau den sozialen Grenzkosten entspricht. Eine weitere Verschmutzung wäre für den Fischer nicht wünschenswert, da das Stahlwerk nicht bereit ist, einen Betrag zu zahlen, der über den erwarteten Gewinneinbußen des Stahlwerks liegt. Letztlich entsteht damit ein „optimales" Verschmutzungsniveau bei einer Pareto-effizienten Produktion des Stahlwerks.[745]

Preis, Mengen oder Qualitätsveränderungen). Vgl. Fritsch, M./Wein, T. et al. (2005), S. 10ff.; Hösel, U. (2010), S. 98.

744 Vgl. Coase, R. H. (1960), S. 15ff.; Schott, H./Wied-Nebbeling, S. (2005), S. 286ff.

745 Vgl. Wigger, B. U. (2005), S. 64ff.

Abbildung 23: Definition von Eigentumsrechten

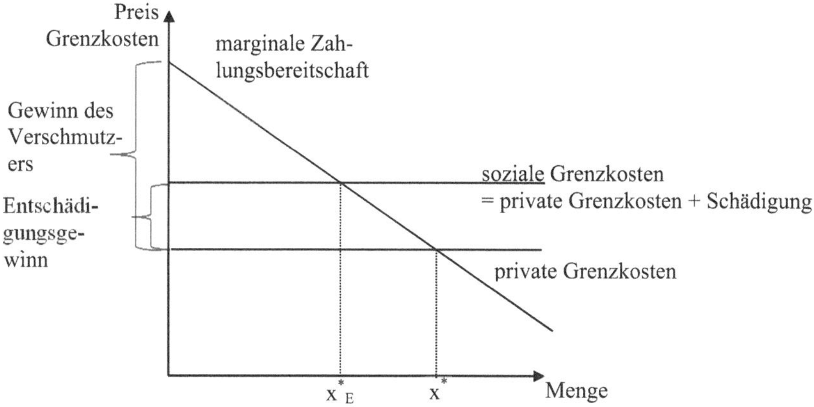

Quelle: Wigger, B. U. 2005, S. 66.

Auf der anderen Seite könnte weiterer Schaden für den Fischer entstehen, wenn die Nutzungsrechte beim Stahlwerk liegen. Der Fischer könnte diesen Schaden nur durch eine Zahlung an das Stahlwerk abwenden. Das Stahlwerk könnte unendlich viel Abwasser bzw. seine optimale Menge x^*_p in den Fluss leiten, da es die Eigentumsrechte für die Verschmutzung besitzt. Doch ist dies in der Verhandlungslösung nicht der Fall, da noch weitere Gewinne für das Stahlwerk generiert werden können. Der Gewinn der letzten produzierten Einheit für das Stahlwerk beträgt 0 €, das ist der Preis, den das Stahlwerk mindestens verlangt, um diese Einheit zu vermeiden. Diese produzierte Einheit verursacht bei dem Fischer einen Schaden in der Höhe der sozialen Grenzkosten. Diese Grenze stellt für den Fischer die maximale Zahlungsbereitschaft für die Vermeidung dar. Die optimale Menge pendelt sich an dem Punkt ein, an dem die maximale Zahlungsbereitschaft des Fischers und die Verzichtskosten des Stahlwerks einander entsprechen. Der entgangene Gewinn des Stahlwerks entspricht der maximalen Zahlungsbereitschaft des Fischers. Auch in dieser Variante entsteht wieder eine Pareto-effiziente Allokation.[746]

Analog kann dieser Zusammenhang auch für den optimalen Umfang positiver externe Effekte abgebildet werden. Der Grenznutzen nimmt mit dem Ausmaß positiver externer Effekte ab, während die Grenzkosten der Erzeugung mit jeder weiteren Aktivität zunehmen. Auch hier ist der optimale Punkt der Schnittpunkt zwischen den Grenzkosten der Erzeugung und dem Grenznutzen. Eine Auswei-

[746] Vgl. Wigger, B. U. (2005), S. 67.

tung über den optimalen Punkt hinaus wäre nicht sinnvoll, da die Grenzkosten höher sind als der Grenznutzen der zusätzlichen Aktivitäten, die einen positiven externen Effekt erzeugen.[747] In der Verhandlungslösung kommt es nach COASE bei negativen wie auch positiven Effekten in einem idealtypischen Modell zu einer Pareto-effizienten Lösung, unabhängig davon, wer die Eigentumsrechte besitzt.

Die Lösung kommt aber nur unter der Annahme von fehlenden Transaktionskosten und vollständigen Informationen der Marktteilnehmer zustande. Werden die Faktoren Transaktionskosten oder Informationen in das Modell einbezogen, können sich andere Ergebnisse im Verhandlungsprozess ergeben.[748] Transaktionskosten entstehen durch das Sammeln von Informationen in einem unvollkommenen Markt seitens der Marktteilnehmer. Zudem müssen sich die Parteien gegen mögliche Risiken aus der Übertragung der Verfügungsrechte absichern. Außerdem können die Transaktionskosten aufgrund einer unvollständigen Ausgestaltung von Verträgen steigen. Verträge sind im Wissen um die Beschränkungen des menschlichen Verhaltens oftmals bewusst so ausgestaltet, dass spätere Veränderungen möglich sind.[749]

In dem obigen Beispiel sind die Transaktionskosten gering, da nur zwei Parteien in den Verhandlungsprozess involviert sind. Steigt die Zahl der Parteien, wird das Erzielen einer Verhandlungslösung wegen der steigenden Transaktionskosten schwieriger oder sogar unmöglich. In solch einer Situation kommt ggf. keine effiziente Lösung zustande, sodass der Staat einbezogen werden könnte, um eine effiziente Lösung zu gewährleisten, was wiederum abhängig ist von der Gruppengröße. In einer kleinen Gruppe kann sich die Rolle des Staates darauf beschränken, einen ausreichenden Rechtsrahmen zu schaffen, in dem die Eigentumsrechte vollständig definiert sind. Die betroffenen Parteien können sich dann auf dieser Rechtsgrundlage durch dezentrale Verhandlungen auf eine Pareto-effiziente Lösung ohne aktive staatliche Intervention verständigen.[750]

Ist eine Vielzahl von Akteuren betroffen, ist diese Lösung nicht mehr so gut geeignet, um eine Pareto-effiziente Allokation zu erreichen. In diesem Fall ist die PIGOU-Steuer zielführender. Die einbezogenen Transaktionskosten wären in einer Verhandlungslösung mit vielen Beteiligten im Vergleich zu einer PIGOU-Steuer unendlich hoch. Doch kann in einer großen Gruppe eine abgewandelte Variante der Verhandlungslösung genutzt werden, die auf dem COASE-Ansatz

---

747 Vgl. Fritsch, M./Wein, T. et al. (2005), S. 96ff.

748 Vgl. Schott, H./Wied-Nebbeling, S. (2005), S. 286.Weimann, J. (2006), S. 385.

749 Vgl. Hösel, U. (2010), S. 98ff.

750 Vgl. Wigger, B. U. (2005), S. 68.

aufbaut und von DALES zu einem Handel mit Verschmutzungsrechten weiterentwickelt wurde: Der Staat legt in einem Rechtsrahmen eine Verschmutzungsobergrenze fest und gibt die verbrieften Verschmutzungsrechte kostenlos oder im Zuge eines Versteigerungsverfahrens an die Schadensverursacher ab, die damit ein Recht erwerben können, eine Schädigung in dem verbrieften Ausmaß durchzuführen. Die Geschädigten können ebenfalls verbriefte Rechte erwerben, um die Gesamtschädigung zu reduzieren.[751]

Die externen Effekte bilden den Hintergrund sowohl für die ökologische als auch die traditionelle Industriepolitik. Nachfolgend soll die Möglichkeit aufgezeigt werden, wie mithilfe des Instruments der Umweltinnovationen die externen Effekte in Form der Umweltschädigung verringert werden sollen.

4.2.2.1.3. Die Übertragung der Konzepte auf die ökologische Industriepolitik

Die externen Effekte treten in zwei verschiedenen Varianten auf. Die negativen externen Effekte – Umweltverschmutzung – sind ein Bestandteil für die Legitimierung der ökologischen Industriepolitik. Das entsprechende Marktversagen wurde bereits ausführlich in der umweltökonomischen Literatur beschrieben.[752] Es entsteht dadurch, dass die Zusatzkosten der Schädigung nicht im tatsächlichen Marktpreis berücksichtigt sind. Doch lasst sich die mangelnde Internalisierung durch verschiedene Maßnahmen beseitigen. Grundsätzlich sind dazu die bereits vorgestellten Internalisierungsmöglichkeiten der PIGOU-Steuer und der Emissionszertifikate geeignet. Zudem kann das Ordnungsrecht als weitere Möglichkeit genutzt werden, um diese Form des Marktversagens zu verhindern.[753]

Neben den negativen externen Effekten können positive Effekte im Marktprozess entstehen. Analog zu den negativen externen Effekten entstehen diese wieder beim Nebenprodukt. In der ökologischen Industriepolitik werden den positiven externen Effekten in Form der Umweltinnovationen eine zentrale Rolle zugeschrieben, da sie hoffen lassen, die aktuellen und zukünftigen Probleme lösen zu können. Die Umweltinnovationen sind alle Maßnahmen in Gestalt neuer Produkte oder Produktionsprozesse sowie Verhaltensweisen, die die Umwelt entlasten oder zur ökologischen Nachhaltigkeit beitragen (siehe 4.1.5.1).[754] Umweltinnovationen sollen in der ökologischen Industriepolitik die Beseitigung von

[751] Vgl. Wigger, B. U. (2005), S. 68ff.

[752] An dieser Stelle wird auf die umfangreiche Literatur in der Umweltökonomie verwiesen, die sich ausführlich mit Zertifikatlösungen, der PIGOU-Steuer und dem Ordnungsrecht als Lösungsmöglichkeit beschäftigen. An dieser Stelle soll daher nicht weiter darauf eingegangen werden.

[753] Vgl. Eickhof, N. (1995), S. 20.

[754] Vgl. Blazejczak, J./Edler, D. et al. (1999), S. 10.

Umweltverschmutzung mit geringeren Kosten ermöglichen, bzw. bei denselben Schadenskosten sollte eine höhere Umweltentlastung erfolgen.[755] Im Zusammenhang mit der politischen Legitimierung wird auf die Besonderheit der Umweltinnovationen einer „doppelten Dividende" aufgrund der auftretenden *spill-over*-Effekte hingewiesen.

Spill-over-Effekte sind auch bei „normalen" Innovationen zu verzeichnen, doch haben Umweltinnovationen nicht nur diesen einen positiven externen Effekt, vielmehr ziehen sie neben der Umweltentlastung weitere positive externe Effekte nach sich.[756] Oftmals wird auf positive Effekte im ökonomischen und sozialen Bereich verwiesen, weshalb außer der „doppelten" oftmals der Begriff der „dreifachen Dividende" verwendet wird.[757] Im ökonomischen Bereich können dadurch Wettbewerbsvorteile, Produktivitätsgewinne und Beschäftigungsimpulse generiert werden.[758] Gerade politisch wird dieses Argument genutzt, um die Umweltinnovationen zu fördern. Die „doppelte Dividende" wird über zwei theoretische Modelle hergeleitet: die PORTER-Hypothese und die makroökonomischen Vorteile durch Produktivitäts- und Beschäftigungsvorteile.[759]

4.2.2.1.3.1. Die PORTER-Hypothese

Die PORTER-Hypothese beschäftigt sich mit dem Zusammenhang zwischen Umweltregulierung und Innovations- und Wettbewerbsfähigkeit eines Landes. Dahinter steckt die Idee, dass eine anspruchsvolle Umweltregulierung die Innovationen fördert und die Wettbewerbsfähigkeit verbessert. Durch strengere Umweltvorschriften werden bei den Unternehmen Innovationen angeregt, die zu Effizienzsteigerungen führen; letztlich werden dadurch auch umweltfreundliche bzw. ressourcensparende Produkte eingeführt.[760]

Infolge der strikteren Umweltregulierung kommen zwei Effekte zum Tragen: Die Unternehmen werden zur Einführung von umweltfreundlichen und ressourcensparenden Technologien und Produkten gezwungen, die aus Sicht der Unternehmen wie auch gesamtwirtschaftlich vorteilhaft sind. Aufgrund der Einführung erzielen die Unternehmen Kostensenkungen, die bereits ausreichen, um die Zusatzkosten der strikteren Umweltregulierung decken bzw. in einigen Fällen sogar überkompensieren zu können. Neben den Innovationseffekten kommt noch ein weiterer Effekt zum Tragen, wenn die Innovationen sich international

755 Vgl. Edler, D./Blazejczak, J. et al. (2007), S. 15f.
756 Vgl. Schmidt, A. (2009), S. 67.
757 Vgl. Lehr, U./Löbbe, K. (1999), S. 13.
758 Vgl. Zundel, S. (1999), S. 10f.
759 Vgl. Zundel, S. (1999), S. 10.
760 Vgl. Sachverständigenrat für Umweltfragen (2002), Tz. 46.

verbreiten: Die Unternehmen haben wegen ihrer schnellen Umsetzung der strikteren Umweltmaßnahmen frühzeitig Anpassungsmaßnahmen durchgeführt und können diesen jetzt als Wettbewerbsvorteil (*first-mover*-Vorteil) nutzen. Der Vorreitereffekt würde weitestgehend für die umweltbelastende Industrie spürbar sein. Zudem ergeben sich für die Anbieter von Umweltschutztechnologien Exportchancen, da sie schon über die notwendigen Anpassungstechnologien verfügen.[761]

Es muss zwischen kurz- und langfristigen Folgen unterschieden werden. Kurzfristig können die Kosten der Umsetzung strikterer Umweltschutzvorschriften durch die steigende Erlöse oder Kosteneinsparungen aufgefangen werden. Ebenfalls positiv können sich für die Unternehmen *first-mover*-Vorteile dank der Innovationen ergeben, da sie diese Umwelttechnologie als einzige bisher besitzen bzw. bereits eingeführt haben.[762] Langfristig könnten die Kosten der Einführung somit sogar übertroffen werden. Diese Innovationen können sich mithin positiv auf die Wettbewerbsfähigkeit auswirken und die ökonomische Effizienz steigern, aber nur, wenn die Innovationen letztlich zu Kostensenkungen bei den Unternehmen führen.[763]

Weiterhin gibt es noch die Möglichkeit, dass derartige Effekte, die grundsätzlich auch ohne den Staat ausgelöst werden, verstärkt werden. Allerdings ist das staatliche Eingreifen Prämisse der PORTER-Hypothese, da ohne staatlichen Druck Unternehmen keinen Anreiz haben, alle Innovationsoptionen zu erforschen und auszuschöpfen.[764] Wenn die Politik striktere Umweltvorschriften frühzeitig und verlässlich ankündigt, können die für die umweltverschmutzenden Industrien entstehenden Kosten weiter verringert werden und im Falle einer schnellen internationalen Diffusion sogar gänzlich abgebaut werden.[765]

Doch ist die PORTER-Hypothese aus mehreren Gründen in der Wissenschaft sehr umstritten. Grundsätzlich wird die Chance zu Effizienzgewinnen aufgrund von Innovationen nicht abgestritten. Lediglich die Höhe der Effizienzgewinne wird angezweifelt, da diese aufgrund der strikteren Umweltvorschriften zu gering seien, um die Zusatzkosten zu kompensieren. Letztlich würden die Innovationen nur zu einer teilweisen Kostensenkung führen, aber es werde kein zusätzlicher Profit erzeugt.[766] Unternehmen seien immer daran interessiert, ihre Gewinne zu maximieren, und der Wettbewerb zwinge sie zu einer ständigen Effi-

---

761 Vgl. Sachverständigenrat für Umweltfragen (2002), Tz. 46.

762 Vgl. Sachverständigenrat für Umweltfragen (2002), Tz. 46.

763 Vgl. Görlach, B./Knigge, M. et al. (2005), S. 14; Rennings, K./Rammer, C. (2010), S. 2ff.

764 Vgl. Porter, M. E./van der Linde, C. (1995), S. 97ff.

765 Vgl. Sachverständigenrat für Umweltfragen (2002), Tz. 47.

766 Vgl. Palmer, K./Oates, W. E. et al. (1995), S. 120f.

zienzverbesserung. Die PORTER-Hypothese trage dieser grundlegenden Verhaltensweise nicht ausreichend Rechnung und unterstelle den Unternehmen im Gegenteil, dass sie umweltfreundliche und zugleich gewinnbringende Innovationen bisher übersehen hätten.[767]

Der Vorreiter-Effekt ist von vielen Faktoren abhängig. Grundsätzlich ist es richtig, dass der Vorreiter *first-mover*-Effekte erzielen wird. Doch ist die Höhe dieser Gewinne davon abhängig, wie schnell die entwickelten Anpassungstechnologien ins Ausland diffundieren. Am Beispiel der oben schon dargestellten *Environmental Kuznets Curve* (Abbildung 8: Theoretischer Zusammenhang zwischen Wirtschaftswachstum und Umweltbelastung (EKC) lässt sich ein empirischer Zusammenhang zwischen Pro-Kopf-Einkommen und Umweltqualität nachweisen, der wiederum eine Diffusion in andere Länder vermuten lässt. So könnte es durchaus zur Bildung von bestimmten *lead markets* kommen, die mittelfristig einen Wettbewerbsvorteil versprechen. Dabei wird aber ein rein exogener Auslandsnachzug angenommen.[768] Diese Annahme muss vor dem Hintergrund des Standortwettbewerbs stark angezweifelt werden, da Unternehmen vieler Länder die Vorreiterrolle einnehmen wollen. Daraus könnte sich ein Innovationswettbewerb zwischen den Ländern bzw. den entsprechenden Unternehmen entwickeln, in dessen Verlauf die Pioniereffekte tendenziell immer geringer werden und schließlich nicht mehr ausreichen, um die Investitionskosten zu kompensieren.[769]

Die PORTER-Hypothese vernachlässigt zudem die Pfadabhängigkeit von Innovationen. Innovationen verlaufen häufig entlang einer Kette von Evolutionen. Vor allem das Routineverhalten zur Vermeidung von Unsicherheiten, Humankapitalbildung in Bezug auf radikale Innovationen sowie Lernkurveneffekte bei vorhandenen Technologien führen zu einer Pfadabhängigkeit von Innovationen. Die Unsicherheiten, die der Innovationsprozess birgt, können dazu führen, dass sich Individuen dazu entscheiden, die bereits bestehende Technik weiterzunutzen, anstatt neue, effizientere Technologien (siehe 4.2.2.2.2). Dies würde zwar zunächst wohlfahrtsökonomisch noch keinen Verlust bedeuten, da in einer statischen Betrachtung die positiven Effekte der Pfadabhängigkeit (EoS- und Lernkurveneffekte) die korrekturbedürftigen Umweltschäden ausgleichen könnten. Zieht man jedoch die Internalisierung der positiven externen Effekte bzw. weitere *spill-over*-Effekte in die Betrachtung ein, so könnten die Pfadabhängig-

767 Vgl. Zundel, S. (1999), S. 11; Sachverständigenrat für Umweltfragen (2002), Tz. 47.
768 Vgl. Sachverständigenrat für Umweltfragen (2002), Tz. 47.
769 Vgl. Sachverständigenrat für Umweltfragen (2002), Tz. 64.

keiten durchaus wohlfahrtsökonomisch ein Marktversagen darstellen, da die langfristig effizienten Technologien nicht diffundieren können.[770]

Die kontroverse Diskussion zeigt die Probleme der PORTER-Hypothese deutlich auf. Im Gefolge deren Erstveröffentlichung wurde theoretisch viel geforscht, um die Existenz der „doppelten Dividende“ nachzuweisen. Mit der Einführung von strengeren Umweltschutzvorschriften können auf der Mikroebene Effizienzgewinne erzielt werden, die auch positive Auswirkungen auf die Umwelt haben können. Makroökonomisch hingegen muss keineswegs ein positiver Nettonutzen entstehen, da die Einsparungen durch Effizienzverbesserung die Kosten der Innovation infolge der Anpassung an die neuen strikteren Umweltvorschriften nicht zwangsläufig kompensieren. Folglich kann mit der PORTER-Hypothese Industriepolitik nicht generell legitimiert werden, da der positive Nettonutzen in Form der „doppelten Dividende“ nicht zwingend entstehen muss.

4.2.2.1.3.2. Produktivitäts- und Beschäftigungsimpulse

Eine weitere Möglichkeit, eine „doppelte Dividende“ zu erzielen, besteht in der Schaffung von Produktivitätszuwächsen und Beschäftigungsimpulsen aufgrund von Umweltinnovationen. Bisher wird häufig davon ausgegangen, dass sich striktere Umweltschutzvorschriften negativ auf die Beschäftigung auswirken, da die Kosten für die Unternehmen steigen. Gemäß der Theorie kann Umweltschutz allerdings auch positive Effekte im Arbeitsmarkt auslösen. Dabei ist die Beschäftigungswirkung von der Art der Innovationen, d. h. ob diese Produkt- oder Prozessinnovationen sind, abhängig. Produktinnovationen haben einen direkten positiven Einfluss auf die Beschäftigung, wenn eine entsprechende Nachfrage generiert wird. Die maximale Wirkung tritt ein, wenn neue Märkte entstehen, in denen keine Substitutionseffekte ausgelöst werden. Dieser Beschäftigungseffekt könnte direkt die Anbieter von Umweltschutzindustrien betreffen, die von den strikteren Umweltschutzvorschriften profitieren könnten. Wenn infolge von Innovationen ein Strukturwechsel von einer kapitalintensiven zu einer arbeitsintensiven Produktion stattfindet, könnten bei konstanter Produktion positive Beschäftigungsimpulse ausgelöst werden. Negative Wirkungen könnten hingegen eintreten, wenn durch Produktinnovationen andere Produkte verdrängt werden.[771] Die Substitutionswirkung wird bei Umweltinnovationen im Gegensatz zu „normalen Innovationen“ wohl dominieren. Eine positive Beschäftigungswirkung dürfte in der Entwicklungs- und Markteinführungsphase spürbar werden.[772]

---

[770] Vgl. Schmidt, A. (2006), S. 223ff.

[771] Vgl. Pfeiffer, F./Rennings, K. (1999), S. 1; Deutscher Bundestag (2002), S. 17.

[772] Vgl. Deutscher Bundestag (2002), S. 18.

Eine negative Wirkung auf den Faktor Arbeit ergibt sich aus der Tatsache, dass Prozessinnovationen in der Regel effizienz- bzw. produktivitätsverbessernd sind. Der negative Einfluss auf den Faktor Arbeit wird jedoch kompensiert, wenn eine erhöhte Nachfrage nach dem Produkt eintritt. Die Kompensationswirkung ist abhängig von der Nachfrageelastizität und der Wettbewerbsintensität auf den entsprechenden Märkten. Prozessinnovationen im Umweltbereich werden kurzfristig die Beschäftigungslage verbessern, da die Unternehmen die neuen, strikteren Umweltvorschriften erfüllen müssen, wobei zunächst nicht immer eine Effizienz- bzw. Produktivitätssteigerung erfolgen muss. Es könnte zudem ein gegenläufiger Effekt eintreten, da die Prozessinnovationen die Kosten für die Unternehmen erhöhen werden, was den Faktor Arbeit, aber auch die Wettbewerbsfähigkeit belasten kann. Diese Wirkung könnte verstärkt werden durch einen alleinigen Vorreitervorteil, wenn die Innovationen nicht ausreichend diffundieren.[773]

Des Weiteren könnten jene Unternehmen abwandern, die von der Einführung von strikteren Umweltschutzvorschriften besonders betroffen sind, da zusätzliche Kosten durch eine Abwanderung vermieden werden können. Dies würde grundsätzlich einen negativen Effekt auf die Beschäftigung haben. Andererseits führen Umweltinnovationen zu einer höheren Qualifizierung der Arbeitskräfte, was im Standortwettbewerb einen positiven Impuls hinsichtlich stark spezialisierter Produktinnovationen geben könnte, der wiederum positiv auf die Beschäftigungslage wirken könnte.[774] Im Umweltbereich können allerdings auch faktorsparende Innovationen entstehen, die möglicherweise eine Verringerung der Arbeitsproduktivität nach sich ziehen, weil zwar zusätzliche Beschäftigung geschaffen wird, diese aber keine Erhöhung des Outputs erzeugt. Doch hängt die Wirkung von der Modellierung ab. Im traditionellen neoklassischen Modell kommt es dann nicht zu Beschäftigungsverlusten, wenn mit der Arbeitsproduktivität auch die Reallöhne sinken. Gemäß dem Modell von KEYNES ergibt sich ein negativer Effekt nur, wenn aufgrund der Umweltpolitik andere Investitionen blockiert werden.[775]

Grundsätzlich dürfte es aufgrund der Umweltinnovationen zu einem ökologischen Strukturwandel kommen, in dessen Verlauf kaum Beschäftigungsimpulse ausgelöst werden, da hinsichtlich Arbeitsplätzen eine Verschiebung von den Modernisierungsverlierern hin zu den Modernisierungsgewinnern zu verzeichnen sein dürfte. Gleichzeitig wird sich aber das Qualifizierungsniveau in der gesamten Volkswirtschaft erhöhen, da es generell durch jegliche Art von Innovati-

773 Vgl. Deutscher Bundestag (2002), S. 18f.
774 Vgl. Deutscher Bundestag (2002), S. 35.
775 Vgl. Deutscher Bundestag (2002), S. 35.

onen steigt. Problematisch bleibt der Standortwettbewerb, da bei besonders umweltintensiven Industrien die Gefahr besteht, dass sie in andere Länder abwandern. So könnte ein negativer Beschäftigungsimpuls entstehen, der gering Qualifizierte in besonderem Ausmaß treffen könnte, da diese nicht vollständig in den hoch qualifizierten Sektor der Modernisierungsgewinner wechseln können. Hier könnte eine ökologische Industriepolitik ansetzen, deren Aufgabe es dann wäre, die Probleme, die mit dem ökologischen Strukturwandel einhergehen, zu reduzieren oder gar zu vermeiden. Die ökologische Industriepolitik könnte die Anpassungen an den Strukturwandel beschleunigen oder deren Folgen für die Modernisierungsverlierer abmildern. Die ökologische Industriepolitik beträfe dann vor allem diejenigen Wirtschaftszweige, die sowohl ökologisch als auch ökonomisch krisenanfällig sind.[776]

Gefordert wäre in diesem Zusammenhang folglich eine Politik, die den Betroffenen die Anpassung erleichtert und Investitionen in bestimmten Bereichen fördert. Eine solche Politik unterscheidet sich aber nicht von der bisherigen Strukturpolitik mit ihren positiven und negativen Effekten. Daher sollte an dieser Stelle die Strukturpolitik sehr vorsichtig eingesetzt werden, um den ökologischen Strukturwandel zu erleichtern. Letztlich bietet das Konzept der externen Effekte durchaus eine Möglichkeit der Rechtfertigung von Eingriffen des Staates. Allerdings wird keine aktive, lenkende staatliche Politik legitimiert. Es sollte mithin auf marktkonforme Instrumente zur Beseitigung der externen Effekte zurückgegriffen werden.

4.2.2.2. Öffentliche Güter

4.2.2.2.1. Die Theorie

Außer privaten Gütern, die durch eine strenge Rivalität gekennzeichnet sind, gibt es auch solche Güter, bei denen kein Individuum vom Konsum ausgeschlossen werden kann. Beispiele sind die Straßenbeleuchtung, Leuchttürme oder die Landesverteidigung. Die Straßenbeleuchtung wird nicht ausgeschaltet, selbst wenn einzelne Individuen dafür nicht explizit zahlen.[777] All diese Güter werden als öffentliche Güter bezeichnet, aber was ist das Besondere an diesen Gütern gerade im Hinblick auf das Marktversagen? Nachfolgend werden die Merkmale der öffentlichen Güter dargestellt und dann in Verbindung zur ökologischen Industriepolitik gebracht.

Eine Störung der Koordinierungsfunktion des Marktes kann bei kollektiven bzw. öffentlichen Gütern auftreten, die durch spezifische Eigenschaften gekennzeich-

[776] Vgl. Sachverständigenrat für Umweltfragen (2002), Tz. 68f.
[777] Vgl. Wigger, B. U. (2005), S. 37.

net sind. Bei diesen besonderen Gütern können die Nutzer, ganz im Gegensatz zu privaten Gütern, nicht vom Konsum ausgeschlossen werden (siehe Abbildung 4: Typologie der Güterarten). Die Ursache für die mangelnde Ausschließbarkeit kann technologischer oder ökonomischer Natur sein.[778] Bei bestimmten Gütern ist es technologisch nicht möglich, sie zu teilen, oder ökonomisch wegen viel zu hoher Kosten nicht sinnvoll, Nutzer von dem Konsum auszuschließen. Die Nicht-Ausschließbarkeit kann zudem politisch gewollt sein, um keinen Nutzer vom Konsum des Gutes auszuschließen. Dies fällt allerdings im engsten Sinne nicht unter die Definition öffentlicher Güter, da bei diesen politisch öffentlichen Gütern technisch und ökonomisch eine Beschränkung im Konsum möglich und bisweilen sogar sinnvoll wäre.[779] Ein weiteres Merkmal öffentlicher Güter ist die Nicht-Rivalität im Konsum. Der Nutzen eines Konsumenten wird durch den Konsum seitens anderer Konsumenten nicht oder nur minimal eingeschränkt.[780] Nur wenn beide Voraussetzungen vorliegen, handelt es sich um öffentliche Güter.[781]

Gemäß der reinen Mikroökonomie lässt sich trotz der beiden Charakteristika eine optimale Bereitstellungsmenge ermitteln. Diese ist auch als SAMUELSON-Bedingung bekannt und entspricht „[...] dem Punkt, an dem die Summe der marginalen Zahlungsbereitschaften aller an der Nutzung des Gutes beteiligten Haushalte [...] den Grenzkosten in der Produktion des Gutes gleicht.“[782] Diese Bedingung gilt im Idealfall unabhängig von der Institution, welche das öffentliche Gut bereitstellt.[783]

Aus den genannten Eigenschaften entstehen für die Anbieter besondere Probleme, die zum Teil im Kapitel 2.3.2 angesprochen worden sind.[784] Generell birgt die mangelnde Ausschließbarkeit die meisten Schwierigkeiten. Da kein Konsument von der Nutzung des Gutes ausgeschlossen werden kann, ist kein Nutzer rational bereit, einen Marktpreis für das Gut zu zahlen, da jeder an der Nutzung des öffentlichen Gutes als *free rider* teilhaben kann. Private Anbieter werden eben aus dem Grund, dass keine Konsumenten ausgeschlossen werden können und daher kein Preis für die Nutzung des Gutes durchsetzbar ist, keine öffentlichen Güter anbieten. Andererseits kann die Bereitstellung auch an den Konsumenten scheitern. Diese werden, anders als im Idealfall, ihre Entscheidungen

---

778 Vgl. Eickhof, N. (1995), S. 15.
779 Vgl. Hösel, U. (2010), S. 188ff.
780 Vgl. Wigger, B. U. (2005), S. 38.
781 Vgl. Hens, T./Pamini, P. (2008), S. 232; Priddat, B. P. (2008), S. 154ff.
782 Wigger, B. U. (2005), S. 41.
783 Vgl. Wigger, B. U. (2005), S. 40ff.; Wiese, H. (2010), S. 420ff.
784 Vgl. Fritsch, M./Wein, T. et al. (2005), S. 361ff.

dezentral treffen. Ist die Zahlungsbereitschaft des einen Haushalts geringer als die Grenzkosten, wird dies dazu führen, dass er keine Menge von diesem Gut nachfragt. Ein anderer Haushalt, dessen Zahlungsbereitschaft über den Grenzkosten liegt, fragt insgesamt eine kleinere Menge als die gesamtwirtschaftlich optimale nach.[785] Die Ursachen für dieses Verhalten liegen in der Nutzenmaximierung der Individuen, sie können das Gut nutzen bzw. ihren Nutzen verbessern, ohne einen eigenen Beitrag leisten zu müssen. Selbst wenn die Nutzer vom Gut profitieren und einen finanziellen Beitrag leisten würden, kommt keine effektive Nachfrage zustande, da immer die Gefahr besteht, dass andere Nutzer das gleiche Gut ohne eigenen Beitrag mitnutzen können.[786]

Um die Bereitstellung des Gutes dennoch zu erreichen, könnten die Haushalte auch miteinander kooperieren, jedoch kommen in diesem Fall der privaten Bereitstellung strategische Aspekte zum Tragen. Diese werden nur wegen der mangelnden Ausschließbarkeit relevant, da die einzelnen Haushalte von der Nutzung des öffentlichen Gutes nicht ausgeschlossen werden können. In diesem Fall ist es für einzelne Haushalte lohnend, sich nicht an der Bereitstellung des öffentlichen Gutes zu beteiligen, weil sie darauf hoffen können, von der Menge, die die anderen Haushalte zur Verfügung gestellt haben, ohne eigenen Beitrag profitieren zu können. Dieses Verhalten nennt man in der Theorie, wie schon mehrfach erwähnt, Trittbrettfahrerverhalten (*free-rider*-Verhalten). Stellen alle Haushalte solche strategischen Überlegungen an, scheitert die Bereitstellung des öffentlichen Gutes.[787]

Die beiden Eigenschaften Nicht-Rivalität beim Konsum und Nicht-Anwendbarkeit des Ausschlussprinzips machen öffentliche Güter marktunfähig und führen zu einem Marktversagen, da der Koordinationsmechanismus des Marktes nicht greift.[788] Als Konsequenz daraus wird vom Staat (oder von anderen nicht erwerbswirtschaftlichen Institutionen) die Produktion dieser Güter verlangt, die dann über Beiträge, Gebühren oder Steuern gegenfinanziert werden müssen.[789] Für eine effiziente Allokation benötigt der Staat bestimmte Informationen über die Marktteilnehmer wie Präferenzen und jeweilige Zahlungsbereitschaft. Eine effiziente Allokation kann nur erreicht werden, wenn die Konsumenten ihre wahre Zahlungsbereitschaft offenbaren und nicht auf einen *free ride* abzielen. Vermutlich werden manche Haushalte versuchen, ihre wahre Zahlungsbereit-

---

785 Vgl. Wigger, B. U. (2005), S. 40ff.

786 Eine ausführlichere Beschreibung dieses Problem wurde bereits im Kapitel 2.3.2.1 dargestellt, sodass an dieser Stelle nur kurz darauf eingegangen wird.

787 Vgl. Wigger, B. U. (2005), S. 44ff.

788 Vgl. Hösel, U. (2010), S. 188ff.

789 Vgl. Schöler, K. (1999), S. 4; Hösel, U. (2008), S. 280ff.

schaft und Präferenzen zu verschleiern, um ihren Nutzen zu maximieren und den eigenen Finanzierungsanteil zu verkleinern. Um dieses Problem zweckmäßig zu lösen, kann eine staatliche Abgabe eingeführt werden, die von allen getragen werden muss, unabhängig von der tatsächlichen individuellen Inanspruchnahme. Die staatliche Abgabe ermittelt allerdings nicht die wahren Zahlungsbereitschaften, um die optimale Produktionsmenge zu bestimmen.[790]

Über die staatliche Bereitstellung werden die Probleme der mangelnden Bereitstellung und des *free ride* beseitigt, da alle Haushalte (Nutzer und Nicht-Nutzer) an der Bereitstellung beteiligt werden.[791] Die Produktion dieser öffentlichen Güter muss dabei nicht zwangsläufig in den Händen des Staates selbst liegen; vielmehr kann der Staat die Produktion solcher Güter auch durch private Anbieter durchführen lassen, da die öffentliche Bereitstellung nicht immer Effizienz sicherstellt.[792] Bereits COASE hat nachgewiesen, dass öffentliche Güter privat hergestellt werden können. So wurden bis ins 19. Jahrhundert die häufig als typisches Beispiel herangezogenen Leuchttürme privat von den Häfen betrieben, die wiederum über die Hafengebühren der Schiffseigner finanziert wurden. Hierbei war der Leuchtturm nur Nebenprodukt zum Hauptprodukt des Anlegens im Hafen.[793]

Die Frage der Bereitstellung ist abhängig von der Art des öffentlichen Gutes und wie stark die Effizienzprobleme bei der öffentlichen bzw. privaten Produktion sind. Bei einigen Gütern kommt eine private Bereitstellung infrage, weil durchaus ein Ausschluss von Haushalten möglich wäre, in dem Zusammenhang ist aber zu prüfen, wie groß das *free-rider*-Problem in der Praxis ist.[794] In der Realität lässt sich unter bestimmten Bedingungen tatsächlich eine private Bereitstellung öffentlicher Güter beobachten, die von mehreren Faktoren abhängig ist. Die wichtigste Größe für die Bereitstellung liegt in der Gruppengröße. Je kleiner die Gruppen sind, umso eher wird die Bereitstellung des öffentlichen Gutes zustande kommen. Die Wahrscheinlichkeit der Bereitstellung erhöht sich nochmals, wenn in der kleinen Gruppe unterschiedliche Bedürfnisintensitäten herrschen, da die Individuen mit den größten Bedürfnisintensitäten den größten Nutzen hätten und daher das Gut alleine bereitstellen würden. In diesem Fall kommt die Bereitstellung öffentlicher Güter auch ohne staatliche Reglementierung zustande. Ist jedoch die Gruppe der Nutzer größer, wird die Bereitstellung des öffentlichen

---

790 Vgl. Berg, H./Schmidt, F. (1998), S. 856ff.
791 Vgl. Wigger, B. U. (2005), S. 47.
792 Vgl. Berg, H./Schmidt, F. (1998), S. 856ff.
793 Vgl. Coase, R. H. (1974), S. 357ff.; Hens, T./Pamini, P. (2008), S. 243.
794 Vgl. Wigger, B. U. (2005), S. 51ff.

Gutes schwieriger, da eine hohe Zahl von Nutzern existiert, die keinen eigenen Beitrag leisten wollen.[795]

Ein weiteres Problem entsteht, wenn es zu einer privaten Bereitstellung des öffentlichen Gutes kommt, aber in einem gesamtwirtschaftlich nicht optimalen Umfang. Um die Bereitstellungmenge zu erhöhen, könnte der Staat die vormals private Bereitstellung selber übernehmen. Das Ziel bestünde darin, eine gesamtwirtschaftlich optimale Bereitstellungmenge sicherzustellen. Dies ist aber nur unter der Bedingung möglich, dass der Staat die wahren Zahlungsbereitschaften und Präferenzen kennt. Letztlich könnte es zu einer gesamtwirtschaftlichen Verschlechterung kommen, da eine Bereitstellung über Zwangsbeiträge die vormals private Bereitstellung durch die private Kooperation zerstört und in der Folge die Haushalte schlechter gestellt sind.[796] Die private Produktion kann gelingen, wenn strategisches Verhalten vermieden wird. Es reichen schon kleinste Instrumente aus, um die private Bereitstellung der öffentlichen Güter zu sichern.[797]

Ein Weg, das *free-rider*-Problem zu beseitigen, ist die Kombination des öffentlichen Gutes mit einem privaten Gut. Bereits das Leuchtturm-Beispiel von COASE zeigt diese Möglichkeit auf. Das Anlegen der Schiffe im Hafen unterliegt der Rivalität und der Ausschließbarkeit und stellt damit ein privates Gut dar. Die Häfen finanzierten die Leuchttürme bzw. das öffentliche Gut der sicheren Schifffahrt, um die Schiffe sicher in die Häfen lotsen zu können. Diese Kombination aus einem privaten Gut mit einem öffentlichen sichert die Bereitstellung des öffentlichen Gutes.[798]

4.2.2.2.2. Die Konsequenzen für die ökologische Industriepolitik

Eine weitere Legitimierung der ökologischen Industriepolitik ergibt sich aus den Eigenschaften der öffentlichen Güter. Die ökologische Industriepolitik soll Umweltinnovationen fördern, um Effizienz und Produktivität der Produkte und Prozesse in ökologischer Hinsicht zu verbessern. Doch kann es bei den Innovationen zu einem Marktversagen kommen, da einzelne Innovationsarten die Eigenschaften von öffentlichen Gütern besitzen. Vor allem bei den Innovationen in der Grundlagenforschung kann kein Ausschluss durch die Eigentümer stattfinden und die Erkenntnisse stehen jedem zur Verfügung.[799] Dies kann auch bei

[795] Vgl. Hösel, U. (2010), S. 191f., weitergehend auch dazu Ostrom, E./Schöller, E. (1999).
[796] Vgl. Wigger, B. U. (2005), S. 52f.
[797] Vgl. Hens, T./Pamini, P. (2008), S. 244.
[798] Vgl. Hens, T./Pamini, P. (2008), S. 244.
[799] Vgl. Sachverständigenrat zur Begutachtung der gesamtwirtschaftlichen Entwicklung (2009), Tz. 385.

Innovationen der Fall sein, die fachlich nicht sehr speziell sind, da die Erkenntnisse durch die innovierenden Unternehmen nicht vollständig internalisiert werden können. Daher können andere Unternehmen die Rolle eines *free riders* übernehmen und die Erkenntnisse des forschenden Unternehmens kostenlos mitnutzen. Dabei können Erstere den Erfolg des innovierenden Unternehmens beobachten und minimieren in der Folge das Risiko, das F&E birgt, für sich selbst. Im Falles eines Erfolg profitieren sie als *second mover* von den Innovationen des *first mover*.[800] Die Unternehmen antizipieren diese Gefahr der *spill-over-Effekte* und bringen ihre Forschungsaktivitäten auf ein Niveau, das unter dem gesamtwirtschaftlich wünschenswerten liegt.[801]

An dieser Stelle tritt ein Marktversagen ein, das einen Eingriff des Staates rechtfertigen könnte. Dies wird von der Neuen Wachstumstheorie theoretisch untermauert. Die Neue Wachstumstheorie untersucht den Zusammenhang zwischen Wachstum und technischem Fortschritt. Innovationen bestimmter Unternehmen wirken sich demnach auch auf andere Bereiche aus, in denen die Produktivität steigt, da auf dieser Grundlage weitergeforscht werden kann, ohne in die Forschung investieren zu müssen. Diese Unternehmen verhalten sich als *free rider*. Die Unternehmen können die *spill-over*-Effekte nicht internalisieren und investieren dadurch weniger als gesamtwirtschaftlich wünschenswert.[802]

Spill-over-Effekte sind ein grundsätzliches Problem, welches ebenfalls der Staat lösen könnte, und zwar durch eine weitere Reglementierung des Patentschutzes oder durch Subventionen, um die Effekte zu internalisieren. Der Staat kommt dabei in eine Dilemmasituation, da Patente theoretisch temporäre Monopole darstellen. Diese temporären Monopole mit erhöhten Pionierrenten dienen als Anreiz, um die Investitionskosten der Unternehmen zu kompensieren und die individuelle Forschungsintensität auf die gesamtwirtschaftlich gewünschte Rate anzuheben. Sie führen aber zu erhöhten volkswirtschaftlichen Kosten für die Verbraucher, die mitbeachtet werden müssen.[803] Andererseits verhindern s*pill-over*-Effekt permanente Pionierrenten für den Innovator, sodass den Unternehmen ein Anstoß gegeben wird, weiter zu innovieren.[804] Der Wettbewerb sorgt zudem für stetige Innovationen, um dem hohen Wettbewerbsdruck zu entgehen. Ein temporärer Schutz ist der zweite mögliche Vorteil, der sich aus Innovationen ergibt,

800 Vgl. Jacob, K. (2009), S. 2

801 Vgl. Jacob, K. (2009), S. 2; Sachverständigenrat zur Begutachtung der gesamtwirtschaftlichen Entwicklung (2009), Tz. 385.

802 Vgl. Bletschacher, G./Klodt, H. (1991), S. 14f.; Frenkel, M. R./Hemmer, H.-R. (1999), S. 261ff.; Busch, B. (2005), S. 33.

803 Vgl. Hepperle, G. R. M. (2004), S. 274ff.

804 Vgl. Stolpe, M. (1993), S. 366.

allerdings nicht der Hauptaspekt. Daher ist die Förderung von Wettbewerb das beste Instrument, um generell Innovationen zu fördern.[805]

Eine weitere Option ist, den Unternehmen Subventionen zu zahlen, um die *spill-over*-Effekte zu internalisieren. Damit sind allerdings viele negative Effekte verbunden, die den Wettbewerb stark verzerren könnten. Außerdem können im Gefolge der Subventionen Mitnahmeeffekte (*rent seeking*) eintreten, welche die Unternehmen nutzen, um ihre Innovationskosten zu sozialisieren.[806] Doch um die entgangenen Erträge richtig quantifizieren zu können, benötigt der Staat ein umfangreiches Wissen über die Forschungsaktivitäten und die auftretenden *spill-over*-Effekte, was er in der Realität kaum besitzen dürfte.[807]

Zudem könnte der Staat selbst als Nachfrager für Umweltinnovationen auftreten, um die entsprechende Innovationsrate zu stimulieren. Allerdings besteht hier die Gefahr von Wettbewerbsverzerrungen, da diese Aktivität nur auf die strategischen Bereiche innerhalb der Umweltinnovationen gerichtet wäre. Dies geschieht vor dem Hintergrund der These, dass die Unternehmen selbst nicht in der Lage seien, die richtigen Innovationen zu finden (Zukunftsblindheit der Märkte).[808] Allerdings entsteht dadurch eine Wettbewerbsverzerrung und ein mögliches *rent seeking* zugunsten der geförderten Forschungsbereiche. Die nicht geförderten Bereiche mit ihren ggf. effizienten Unternehmen würden behindert oder sogar verdrängt, während ineffiziente Unternehmen des strategischen Bereiches unterstützt würden.[809] Die Auswahl der strategischen Bereiche ist schwierig, da hier asymmetrische Informationen vorliegen können (siehe Kapitel 4.2.2.3), die möglicherweise zu einer Bevorzugung von Partikularinteressen führen.[810]

Umweltinnovationen verbessern die Umweltqualität, auch dies ist ein öffentliches Gut, welches nicht nur dem Innovator, sondern allen zugutekommt (siehe ausführlich dazu Kapitel 2.3.2). Dabei ist unerheblich, ob dies auf einer Mikroebene eines Landes oder auf der Makroebene aller Länder betrachtet wird, da Umweltinnovationen grenzüberschreitend wirken. Die Lösung wird noch weiter erschwert durch die kostenlose grenzüberschreitende Mitnutzung der Schutzmaßnahmen (*free-rider*-Verhalten). Die Länder hätten dann keinen Anreiz –

805 Vgl. Boone, J. (2000), S. 563f.; Sachverständigenrat zur Begutachtung der gesamtwirtschaftlichen Entwicklung (2009), Tz. 363ff.

806 Vgl. Eickhof, N. (1997a), S. 19.

807 Vgl. Busch, B. (2005), S. 33.

808 Vgl. Starbatty, J. (2004), S. 35ff.

809 Vgl. Eickhof, N. (1997b), S. 25.

810 Vgl. Sachverständigenrat zur Begutachtung der gesamtwirtschaftlichen Entwicklung (2009), Tz. 357ff.

zumindest aus einer statischen Betrachtung heraus – Umweltinnovationen durchzuführen, da sie die Verbesserung der Umweltqualität anderer Länder subventionieren würden (siehe 2.3.2.1). Dies könnte zu einem Investitionsniveau führen, das nicht an das gesellschaftlich gewünschte Niveau heranreicht.[811] Aus einer dynamischen, intertemporalen bzw. generationenübergreifenden Betrachtung hingegen lohnen sich Umweltinnovationen doch, da sie positive Effekte für die nachfolgenden Generationen nach sich ziehen würden. Demnach müssten eigentlich durch eine staatliche Förderung Umweltinnovationen unterstützt werden, um Umweltschäden zu vermeiden oder Lösungspotenzial zu schaffen, das nicht über den Markt induziert wird.[812]

Letztlich lässt sich feststellen, dass es einige Fälle von Marktversagen gibt, die eine staatliche Intervention legitimieren könnten. Doch sind die Lösungsansätze zur Beseitigung des Marktversagens oftmals nur begrenzt anwendbar. Die Internalisierung von *spill-over*-Effekten durch eine Verbesserung des Patentschutzes hat Vor- und Nachteile, die gründlich abgewogen werden müssen. Letztlich hat sich in neueren Forschungen gezeigt, dass der Wettbewerb zur Förderung von Innovationen beiträgt, um *first-mover*-Effekte zu erzielen und den Wettbewerbsdruck zu mindern. Auch die Internalisierung durch Subventionen hat Risiken, da dadurch *rent seeking* begünstigt wird. Außerdem besitzt der Staat nicht die notwendigen Informationen, um die *spill-over*-Effekte ausreichend quantifizieren zu können. Lediglich die positiven *spill-over*-Effekte der Grundlagenforschung legitimieren eine staatliche Förderung. Die Problematik des grenzüberschreitenden *free-rider*-Verhaltens bei der Verbesserung der Umweltqualität lässt sich auf länderspezifischer Ebene überhaupt nicht lösen.

4.2.2.3. Informationsasymmetrien

Ein weiteres Argument, welches politisch oftmals für staatlichen Eingriff genutzt wird, bezieht sich auf die asymmetrischen Informationen, die ein Versagen mit einer Fehlallokation verursachen können. Im Gegensatz zu den vorherigen Marktversagenstatbeständen handelt es sich hier um ein Wettbewerbsversagen, da hier die Effizienzselektion bzw. die Verbesserung der Marktergebnisse gestört wird.

m Rahmen der ökologischen Industriepolitik wird auf zwei Ausprägungen der asymmetrischen Informationen verwiesen: Nutzenasymmetrien, in denen die Anwender aufgrund unvollständiger Informationen die Güter falsch einschätzen und diese daher zu häufig oder zu gering nachfragen, und unterschiedliche In-

[811] Vgl. Jacob, K. (2009), S. 2.
[812] Vgl. Edler, D./Blazejczak, J. et al. (2007), S. 15f.

formationen von Staat und Unternehmern über die wichtigen Märkte der Zukunft.[813]

4.2.2.3.1. Das Konzept der asymmetrischen Informationen

In traditionellen neoklassischen Modellen wird immer davon ausgegangen, dass den Marktteilnehmern alle Informationen kostenlos zur Verfügung stehen und sie diese auch nutzen, um ihre Entscheidung zu treffen. In der Realität ist dies jedoch nicht der Fall, da die Marktteilnehmer Kosten aufwenden müssen, um Informationen zu erhalten. Zudem kann es sein, dass keine Informationen zur Verfügung stehen.[814] Der Mangel an Informationen könnte die Entscheidung der Marktteilnehmer beeinflussen und damit die Funktionsweise der Märkte bzw. des Wettbewerbs beeinträchtigen.[815]

Die Informationsmängel lassen sich danach unterscheiden, ob sie auf Unkenntnis oder auf Unsicherheit zurückgehen. Den Marktteilnehmern fehlt es an Kenntnis, wenn sie unzureichend informiert sind, obwohl die Wissenslücke durch eine entsprechende Informationsbeschaffung geschlossen werden könnte. Die Unsicherheit bezieht sich auf die Zukunft: Für die Marktteilnehmer ist es nicht möglich, zukünftige Entwicklungen mit vollständiger Sicherheit zu prognostizieren. Es können lediglich Eintrittswahrscheinlichkeiten für Ereignisse bestimmt werden. Zudem können in der Realität keine vollständigen Informationen angestrebt werden, wie es in den Modellen oftmals angenommen wird. Die Informationsbeschaffung ist mit Kosten verbunden, was eine Restriktion mit sich bringt, sodass der Zustand der optimalen Informationen der bestmögliche Zustand ist.

Das analytische Grundgerüst der Informationsasymmetrien bildet die Prinzipal-Agent-Theorie, die allgemein die verschiedenen Informationszustände, die zwischen den beteiligten Parteien herrschen, und deren Ergebnisse untersucht. Gemäß dem Grundgerüst wird von zwei Akteuren ausgegangen: dem Prinzipal, der als Auftragsgeber fungiert, und dem Agenten, der die Handlungen bzw. Leistungen für den Prinzipal ausführt.[816] Solch eine Leistungsübertragung kommt zustande, weil der Prinzipal aufgrund zeitlicher, kognitiver oder physischer Be-

---

[813] Vgl. Jacob, K. (2009), S. 2f.; Jörg Meyer-Stamer (2009), S. 18.

[814] Neben den nicht kostenlos zur Verfügung stehenden Informationen fallen im Transaktionsprozess auch noch Transaktionskosten an, um den Marktaustauch zu koordinieren, die eigentlich ebenfalls noch berücksichtigt werden müssten. Auf ihre Berücksichtigung wird hier verzichtet, da diese bereits im Kapitel 4.2.2.1.2 dargestellt werden. Vgl. Hösel, U. (2010), S. 81ff.

[815] Vgl. Fritsch, M./Wein, T. et al. (2005), S. 279; Schott, H./Wied-Nebbeling, S. (2005), S. 293.

[816] Vgl. Fritsch, M./Wein, T. et al. (2005), S. 291; Picot, A./Dietl, H. et al. (2008), S. 72ff.

schränkungen die Handlung selbst nicht ausführen kann oder den Vorteil des spezialisierten Agenten mit seinen besseren Informationen für sich nutzen möchte.[817] Der Agent sichert dem Prinzipal gegen ein Entgelt Vertragstreue und Sorgfalt zu. Die Beziehung, die oftmals in schriftlicher Form fixiert wird, kann von beiden Seiten aufgelöst werden.[818] In dem Modell ist der Agent der besser informierte Akteur, dies kommt bereits durch die Übertragung der Handlung zum Ausdruck, denn schließlich möchte der Prinzipal seinen Nutzen erhöhen. Nimmt man nun für den Agenten ebenfalls an, dass er die eigene Nutzenmaximierung anstrebt, könnte er hierfür auf seinen Informationsvorsprung zurückgreifen. Die Ziele der beiden Akteure wären damit nicht mehr deckungsgleich, denn der Auftragnehmer möchte eine qualitativ hochwertige Leistung zu einem günstigen Preis erwerben, während der Agent möglichst den höchsten Preis mit wenig Leistung erzielen möchte. Der Agent ist jedoch besser informiert, somit eröffnet sich ihm die Chance, eigene Ziele zu verfolgen. Dies geht letztlich zulasten des Prinzipals: Der Agent steigert seinen eigenen Nutzen zum Nachteil des Prinzipals, indem er diesen über die Leistung täuscht, entweder weniger Leistung erbringt oder ineffiziente Leistungen ausweitet.[819]

Gemäß den Modellen lassen sich verschiedene Arten von Informationsasymmetrien identifizieren, die auf Unkenntnis zurückgehen und ein Wettbewerbsversagen auslösen können. Voraussetzung ist unter anderem, dass es mindestens zwei Marktteilnehmer gibt, die in einer Tauschbeziehung zueinander stehen und ein Marktteilnehmer besser informiert ist als der andere. Aus dieser Konstellation können nun diverse Informationsasymmetrien entstehen. Eine Form kann auf der Qualität der Güter beruhen, wenn der Nachfrager ex ante die Qualität der Güter nur schwer oder gar nicht einschätzen kann. Diese Unkenntnis kann der Anbieter vor Vertragsabschluss zu seinen Gunsten ausnutzen. Daraus könnte ein transaktionales Wettbewerbsversagen[820] entstehen, wenn die effizienzorientierte Selektion gestört wird. Aufgrund der hohen Informationskosten können die Nachfrager die Spitzenleistungen der Newcomer nicht würdigen und die herausragenden Qualitätseigenschaften der Produkte werden daher im Entscheidungs-

---

817 Vgl. Alparslan, A. (2006), S. 16.

818 Die Prinzipal-Agent-Theorie wird in einem neueren Ansatz aus dem Kern der Auftraggeber und Auftragnehmer-Beziehung zu einer effizienten Aufgabendelegation weiterentwickelt, in der die unterschiedlichen Informationszustände eine bedeutsame Rolle spielen. In dieser „neuen" Prinzipal-Agent-Theorie wird auch versucht neben den qualitativen auch die quantitativen Auswirkungen zu analysieren. Die quantitative Bestimmung der Informationsdefizite bringt jedoch nur einen geringen Erkenntnisgewinn. Vgl. Hösel, U. (2010), S. 86ff.

819 Vgl. Schumann, J./Meyer, U. et al. (2007), S. 451; Hösel, U. (2010), S. 86ff.

820 Dazu ausführlich Eickhof, N. (1986), S. 469ff. oder Eickhof, N. (1993), S. 208ff.

prozess obsolet. Eine weitere Informationsasymmetrie kann auf einer falschen Einschätzung der Qualität beruhen, die zu einer Abwanderung der Nachfrager zu Gütern mit schlechterer Qualität führt. In der Folge verengt sich der Markt in Richtung der Anbieter der Güter mit schlechterer Qualität, in der die falschen Anbieter ausgelesen werden. In diesem Fall wird von einer adversen Selektion gesprochen.[821]

Eine andere Möglichkeit der Störung der Marktallokation ist, dass sich die Handlungen der Marktakteure nicht ausreichend beobachten bzw. sicher beurteilen lassen. In diesen Fällen kann es aufgrund der asymmetrischen Informationen zu einem moralischen Risiko (*moral hazard*) kommen, indem ein Marktakteur die transaktionsrelevanten Fakten zu seinen Gunsten verändert, ohne dass der andere Marktakteur dies erkennen kann. Ein *moral hazard* entsteht grundsätzlich nach Vertragsabschluss.[822] Seine Entstehung ist von vielen Faktoren abhängig: Vertragsdauer, Vertragsausgestaltung usw. So steigt das Risiko eines *moral hazard* mit einer längeren Verzögerung zwischen Leistung und Gegenleistung, da die Marktteilnehmer nicht genau prüfen können, ob die Leistung des Gegenübers vertragsgerecht erbracht worden ist.[823] *Moral-hazard*-Verhalten berücksichtigen die Marktakteure bei der Preisbildung, indem sie auf den Preis einen Risikoaufschlag verlangen. Diese Verteuerung kann ebenfalls in einer adversen Selektion münden, weil die Preise so sehr steigen, dass vertragstreue Marktteilnehmer (gute Risiken) vom Vertragsabschluss abgehalten werden. Am Ende verbleiben nur die schlechten Risiken (vertragsuntreue Marktteilnehmer), bei denen die Wahrscheinlichkeit des vertragswidrigen Verhaltens in dem entsprechenden Markt sehr hoch ist. Letztlich kann dies zu einem Versagen des Wettbewerbs führen[824], dabei ist unerheblich, ob es sich bei den Gütern um Sachgüter oder Dienstleistungen handelt.[825] Zusammengefasst heißt das, dass Informa-

---

[821] Vgl. Eickhof, N. (1993), S. 219; Fritsch, M./Wein, T. et al. (2005), S. 281ff.; Schumann, J./Meyer, U. et al. (2007), S. 457ff.; Hösel, U. (2010), S. 80ff. Die Grundlagen der adversen Selektion gehen auf (Akerlof, G. A. 1970, S. 488ff.) zurück.

[822] Vgl. Picot, A./Dietl, H. et al. (2008), S. 75; Zimmermann, H./Henke, K.-D. et al. (2009), S. 51, dazu ausführlich Hösel, U. (2010), S. 94f.

[823] Das klassische Beispiel für *moral-hazard*-Verhalten kann sehr gut an einem Versicherungsvertrag dargestellt werden. Die Versicherungsunternehmen können in vielen Fällen nicht ausschließen, dass der Schadensfall nicht auch durch sorgloses Verhalten der Versicherten entstanden ist, welches der Versicherte verhindern hätte können. Grundlegende Voraussetzung für das moralische Risiko ist, dass die Versicherung das vertragswidrige Verhalten des Versicherten nicht erkennen kann. Vgl. Fritsch, M./Wein, T. et al. (2005), S. 287.

[824] Vgl. Fritsch, M./Wein, T. et al. (2005), S. 288.

[825] Vgl. Welling, M. (2006), S. 156.

tionsdefizite sowohl vor als auch nach dem Vertragsabschluss eine adverse Selektion verursachen, die ein Versagen des Wettbewerbs nach sich zieht.

Des Weiteren kann es bei sehr langen Vertragsdauern zu opportunistischem Verhalten (*hold up*) kommen, wenn ein Vertragspartner den Vertrag einseitig zu seinen Gunsten ändert, indem Leistungen vorenthalten werden und eine höhere Leistung der Gegenseite eingefordert wird. Die Informationsasymmetrie entsteht hier, wie beim *moral hazard*, weil solch ein negatives Verhalten vorher nicht ausreichend abgeschätzt werden kann. Die Wahrscheinlichkeit, dass ein *hold-up*-Verhalten auftritt, wird von zwei problematischen Faktoren begünstigt: Der erste besteht in unvollständig abgeschlossenen Verträgen, die Spielräume bei der Auslegung zulassen. Das zweite Problem ergibt sich, wenn ein Vertragspartner für die Erfüllung des Vertrages spezielle Investitionen tätigen muss, die er bei Abbruch der Beziehung nicht zurückerhielte (*sunk costs*). Aufgrund der *sunk costs* sind diese Marktteilnehmer vom Vertragspartner abhängig und können von diesem ausgebeutet werden (*lock-in*-Effekt).[826]

Bisher wurden jene Informationsdefizite *ex ante* und *ex post* im Rahmen des Vertragsabschlusses betrachtet, die zu einem Wettbewerbsversagen führen. Weitere Informationsdefizite können bei der Nutzung der eingekauften Güter und Dienstleistungen auftreten. Die Verbraucher könnten aufgrund unvollständiger Informationen den Nutzen der Güter falsch beurteilen und daher diese Güter entweder zu stark oder zu gering nachfragen. Oftmals wird in diesem Zusammenhang von meritorischen Gütern gesprochen, da der Konsum von einem übergeordneten Standpunkt aus erwünscht ist, jedoch vom Individuum zum Zeitpunkt der möglichen Konsumption nicht oder nur unvollständig wahrgenommen wird.[827] Die Nutzenunkenntnis entsteht auch dann, wenn die Verbraucher vollständig über die Qualität der Güter informiert sind. Sie kann verschiedene Ursachen haben. Zuerst können die Nutzer in ihrer Entscheidung eingeschränkt sein, sodass sie irrational handeln, oder der Nutzen erschließt sich den Konsumenten erst nach der vollständigen Nutzung des Gutes.[828] Um den Nutzen des Gutes bestimmen zu können, mithin die Nutzenkenntnis zu vergrößern, müssten die Konsumenten weitere Informationen sammeln und ihr Informationsdefizit abbauen. Dies ist, wie bereits angesprochen, mit zusätzlichen Kosten

---

826 Vgl. Fritsch, M./Wein, T. et al. (2005), S. 289f.

827 Vgl. Zimmermann, H./Henke, K.-D. et al. (2009), S. 54f. Eine weiterführende Darstellung des Konzepts der meritorischen Güter findet sich in: Hösel, U. (2008), S. 279ff.; Hösel, U. (2010), S. 187ff.

828 Im weiteren Verlauf der Arbeit soll die Möglichkeit des irrationalen Handels von Individuen nicht weiter verfolgt werden. Eine ausführliche Darstellung zum nicht-rationalen Handeln findet sich in Fritsch, M./Wein, T. et al. (2005), S. 354ff.

verbunden, sodass die Verringerung von Unkenntnis quantitativ beschränkt ist. Im optimalen Fall entspricht der Nutzengewinn der letzten Information zum Abbau der Nutzenunkenntnis genau den Kosten bzw. Grenzkosten. Wenn jedoch die Kosten der Informationssuche über dem Nutzen liegen, könnte es zu einem Marktversagen kommen, da aufgrund der unzureichenden Informationen externe Effekte entstehen, die nicht über den Markt abgegolten werden (siehe 4.2.2.1). Die Nutzenunkenntnis wird durch einen weiteren Umstand noch vergrößert: Je weiter der Effekt in die Zukunft reicht, umso schwerer ist der Nutzen einzuschätzen. Der Effekt ist jedoch ebenfalls noch von der Güterart abhängig. In diesem Fall kann sich der Effekt noch verstärken, wenn es sich um immaterielle Güter handelt, die dem Nutzer nicht physisch vorliegen. Für den Nutzer wird es mit zunehmender Zeitspanne zwischen Kauf und Konsumption immer schwieriger, die Möglichkeiten des Gutes zu erkennen, da sich der „wirkliche" Nutzen erst langfristig erschließt.[829]

Grundsätzlich kann die Nutzenunkenntnis durch die besser informierte Marktseite – die Anbieter, die ihre Güter absetzen – abgebaut werden. Die Anbieter haben somit einen Anreiz, den Konsumenten Informationen zur Verfügung zu stellen, um die Nutzenunkenntnis abzubauen und in der Folge eigene Gewinne zu maximieren. Gerade der Wettbewerb verfügt über vielfältige Möglichkeiten, Nutzenunkenntnis abzubauen und die Nachfrager bei der Informationssuche zu unterstützen.[830]

Oftmals wird in der politischen Diskussion die (vermeintliche) Zukunftsblindheit der Märkte als Legitimation für einen ordnungspolitischen Eingriff genannt. Ökonomisch weist diese Zukunftsblindheit auf jeweils unterschiedliche Informationsstände von Unternehmen und Staat hin. Eine solche Abweichung resultiert aus Unsicherheit. Unternehmerische Unsicherheit entsteht, weil die Entscheider zukünftige Entwicklungen nur mit sehr großem Aufwand und selbst dann nicht mit vollkommender Sicherheit prognostizieren können, z. B. Konjunktureinbrüche, Naturkatastrophen oder Erfolg von Unternehmensinnovationen.[831]

---

[829] Als Bespiel in der Literatur wird oftmals die Alterssicherung genannt. In jungen Jahren wird der Nutzen der Alterssicherung unterschätzt, da die Konsumbedürfnisse im Alter zu gering eingeschätzt werden, da entweder mit einem viel zu hohen Einkommen gerechnet wird oder der zukünftige Nutzen zu stark diskontiert wird. Deshalb wird ein staatlicher Eingriff notwendig, um die zu geringe Sparquote für die Alterssicherung auf das gesamtwirtschaftlich optimale Niveau anzuheben. Vgl. Fritsch, M./Wein, T. et al. (2005), S. 303ff.

[830] Vgl. Fritsch, M./Wein, T. et al. (2005), S. 304.

[831] Vgl. Fritsch, M./Wein, T. et al. (2005), S. 307.

Das Ziel von Unternehmen ist die effiziente Verwendung der eigenen Ressourcen, um den Gewinn zu maximieren, indem jetzt die Unsicherheit zum Problem für die Entscheidungsträger wird. Diese können im Zeitpunkt der Investition nicht mehr mit Sicherheit voraussagen, ob der Einsatz der Ressourcen (Sach- und Finanzkapital) gewinnbringend oder ein Verlust hinzunehmen ist. Der Unternehmer kann das Risiko freiwillig eingehen und könnte im Falle des Erfolgs den Gewinn als Risikoprämie erhalten. Die Unsicherheit könnte aber zu einem Marktversagen führen, wenn sie gesamtwirtschaftlich sinnvolle Investitionen verhindert. Unternehmen schrecken vor einer Investition zurück, da sie damit verbundene Risiken nicht abschätzen können. Doch ist diese Entscheidung abhängig von der Risikoeinstellung der Unternehmen. Die Unsicherheit wird risikofreudige Unternehmen kaum bzw. gar nicht in ihrer Entscheidung beeinflussen, während risikoaverse Unternehmen hohe Risikoabschläge der zukünftigen Erträge ansetzen und deshalb eher sichere Alternativen bevorzugen. Das risikoscheue Verhalten verhindert somit Investitionen. Das (über-)vorsichtige Handeln der Unternehmen zwingt nun den Staat dazu, für die Unternehmen Anreize zu setzen, um die gesamtwirtschaftlich sinnvollen Investitionen anzuregen.[832]

Um jedoch das Wettbewerbsversagen korrekt bestimmen zu können, müsste das bisherige Entscheidungsszenario mit einem Szenario vergleichen werden, in dem vollständige Sicherheit herrscht und alle Informationen zur Verfügung stehen. Nur der Staat wäre in der Lage, die notwendigen Informationen zu beschaffen, mögliche Investitionsalternativen zu bestimmen und zu prüfen, ob und inwiefern sich Unternehmen risikoscheu verhalten. Doch wird der Staat diese Informationen ebenfalls nur schwer vollständig generieren können. Eine Prognose erweist sich als sehr schwierig, da eine Vielzahl von Variablen (Konkurrenzverhalten, Nachfrageentwicklung, Innovationswettbewerb) betrachtet werden muss. Diese Vielzahl an Variablen macht es auch für den Staat unmöglich, zukünftige Entwicklungen sicher vorauszusagen. Folglich sind die Prognosen seitens des Staates ebenfalls unvollständig, und der Staat maßt sich Wissen an, welches auch er gar nicht generieren kann.[833] Letztlich haben die direkt Betroffenen die besten Informationen, um Chancen und Risiken von Investitionen abschätzen zu können. Die Unternehmen werden nicht ohne schwerwiegende Gründe Investitionen unterlassen. Der Wettbewerb zwingt außerdem alle Unternehmen dazu, ständig Innovationen zu entwickeln, um nicht der Effizienzselektion zum Opfer zu fallen. Deshalb bewirkt die Risikoaversion kein Wettbewerbsversagen und

---

[832] Vgl. Fritsch, M./Wein, T. et al. (2005), S. 309ff.

[833] Vgl. Hayek, F. A. von (1975), S. 12ff.

bietet entsprechend auch keine Grundlage für wirtschaftspolitische Interventionen durch den Staat.[834]

4.2.2.3.2. Mögliche Lösungen zum Abbau der asymmetrischen Informationen

4.2.2.3.2.1. Signaling

Als erste Möglichkeit Wettbewerbsversagen zu verhindern, ist die Bereitstellung von Informationen für beide Marktseiten zu nennen. Durch das Bereitstellen und Übertragen von Informationen (*Signaling*) könnten beide Parteien ihren Nutzen erhöhen; der Anbieter kann seine hohe Qualität den anderen Marktteilnehmern vermitteln und sich von der Konkurrenz abgrenzen.[835] Hauptsächlich übernimmt hier der Anbieter die Initiative, um Informationen an die Nachfrager zu geben.[836] Die Anbieter hoher Qualität haben gerade ein Interesse, sich von den anderen Anbietern abzuheben. Nachfrager tendieren zu durchschnittlichen Anbietern, da in einem Markt auch viele schlechte Anbieter vorhanden sind. Das Anbieten von Informationen setzt voraus, dass die Anbieter die wichtigen Entscheidungskriterien der Konsumenten kennen und dass die Konsumenten auch die neu zur Verfügung gestellten Informationen in ihre Entscheidung miteinbeziehen. So kann der Anbieter erreichen, dass eine Beziehung zwischen ihm und dem Nachfrager entsteht, auf deren Basis er bessere Vertragskonditionen erreichen kann.[837]

Die Nachfrager müssen trotz *Signaling* davon ausgehen, dass immer noch Marktteilnehmer auf dem Markt existieren, die eine geringere Qualität anbieten. Das *Signaling* muss daher bestimmte Voraussetzungen erfüllen, um dieses Misstrauen zu beseitigen. Die „guten" Anbieter müssen einen Anreiz haben, um Informationen an die Nachfrager zu geben. Die Kosten für das Aussenden von Signalen muss für die unerwünschten „schlechten" Marktteilnehmer teurer sein als für die „guten", erwünschten Marktteilnehmer.[838] Die erwünschten Anbieter werden das *Signaling* aber nur betreiben, wenn der Nutzen aus der Informationsübertragung höher ist als die Kosten für die Generierung der Informationen.[839]

---

834 Vgl. Fritsch, M./Wein, T. et al. (2005), S. 309ff.

835 Vgl. Picot, A./Dietl, H. et al. (2008), S. 78.

836 Grundsätzlich lassen sich das Signaling und Screening spieltheoretisch interpretieren. Das Signal entspricht dem Fall, dass der besser informierte Spieler den ersten Zug hat, während beim Screening der schlechter informierte Spieler den Zug hat. Vgl. Roth, S. (2001), S. 372.

837 Vgl. Alparslan, A. (2006), S. 30ff.

838 Vgl. Alparslan, A. (2006), S. 30ff.

839 Vgl. Picot, A./Dietl, H. et al. (2008), S. 78.

Das *Signaling* kann auf vielfältige Weise erfolgen. Nachfolgende Ausführungen beschränken sich auf die im weiteren Verlauf wichtigen Maßnahmen, die einen Bezug zur ökologischen Industriepolitik aufweisen. Dafür kommen zwei Maßnahmen besonders in Betracht: der Aufbau von Reputation und die Gewährung von Garantieversprechen.[840]

Die Reputation spielt im Entscheidungsprozess eine wichtige Rolle für die Individuen, da diese oftmals das in der Vergangenheit beobachtete Verhalten bzw. die Verhältnisse in die Zukunft projizieren. Dies betrifft besonders Märkte, auf denen eine hohe Qualitäts- und auch Nutzenunkenntnis besteht. Die Marktakteure greifen in diesem Fall auf Anbieter zurück, die regelmäßig eine hohe Qualität anbieten, und werden dies auch in Zukunft tun. Darauf baut das Vertrauen zwischen den Marktteilnehmern (die Reputation des Anbieters) auf. Den Anbietern nutzt das Vertrauen bei der Markterschließung, indem sie hohe Qualität zu einem günstigen Preis anbieten, die hohe Qualität kostet den Anbieter aber auch entsprechend mehr als eine relativ geringe Qualität. Im weiteren Verlauf kann bei Wiederholungstransaktionen ein höherer Preis aufgrund des gewonnenen Vertrauens verlangt werden, den die Kunden dann auch bereit sind zu zahlen, da sie aufgrund der vergangenen Transaktionen eine hohe Qualität erwarten. Für die Anbieter stellt die Reputation eine gewaltige Investition in das immaterielle Kapital dar, das es den Unternehmern erlaubt, auf Produkte eine „Qualitätsprämie" aufzuschlagen. Die Reputation ist aber auch sehr flüchtig. Bietet der Anbieter dann Güter mit schlechterer Qualität an und verlangt dafür noch einen Reputationsaufschlag, gefährdet er das Vertrauensverhältnis. Der Anbieter kann in der Folge die Qualitätsprämie am Markt nicht mehr durchsetzen. Daher hat der Anbieter ständig einen Anreiz, seine hohe Reputation bzw. das Vertrauensverhältnis aufrechtzuerhalten.[841]

Eine andere Möglichkeit, um den Marktteilnehmern Informationen zu übermitteln, ist das Einräumen von Garantieversprechen. Die Anbieter von Gütern und Dienstleistungen können den Nachfragern über das gesetzliche Maß hinaus Garantien anbieten. Diese Garantien signalisieren den Nachfragern, dass sie von dem Anbieter eine hohe Qualität erwarten können. Deshalb greifen gerade Nachfrager, die eine hohe Qualität wünschen, auf diese Anbieter zurück. Doch ist diese Möglichkeit begrenzt. Eine vollumfängliche Garantie ist für den Anbieter wenig sinnvoll, da diese auch Schäden durch unsachgemäße Anwendung der Nachfrager einschließen würde. Aufgrund dieser Tatsache wird der Anbieter die Garantie einschränken und nur temporär gewähren. Eine weitere Begrenzung ergibt sich aus der Art der Transaktion. Bei einem materiellen Gut ist die Quali-

840 Vgl. Fritsch, M./Wein, T. et al. (2005), S. 299ff.
841 Vgl. Fritsch, M./Wein, T. et al. (2005), S. 299ff.

tät sehr gut bestimmbar, hingegen sind bei Dienstleistungen der Garantie weitere Grenzen gesetzt, da der Anbieter oftmals nur das Bemühen schuldet und nicht den Erfolg. Dies Problem tritt beispielsweise verstärkt bei Ärzten und Rechtsanwälten auf.[842]

4.2.2.3.2.2. Screening

Das *Screening* ist eine weitere Möglichkeit, die Informationsdefizite zwischen den Marktteilnehmern abzubauen und ein Wettbewerbsversagen zu verhindern. Im Falle des *Screening* versucht der schlechter informierte Marktakteur Informationen über den anderen Marktakteur vor Vertragsabschluss einzuholen, um die Qualität oder den Nutzen des angebotenen Gutes besser beurteilen zu können.[843] Dies kann auf einer vertraglichen oder nicht-vertraglichen Basis geschehen.[844] Der schlechter informierte Marktteilnehmer wird dabei ökonomisch rational handeln und nur so lange Informationen nachfragen, bis der zusätzliche Nutzen den Kosten der Informationsbeschaffung entspricht. Um die tatsächlichen Informationskosten und die Qualität überhaupt bestimmen zu können, müssen für das *Screening* Kriterien festgelegt werden. Wenn die Kriterien zur Unterscheidung bereits vorhanden sind, muss in einem zweiten Schritt die Genauigkeit der identifizierten Merkmale festgelegt werden. In diesem Prozess steigen die Kosten mit der Erhöhung der Zahl der Merkmale und der Genauigkeit an.[845] Dadurch erreicht der Marktakteur einen optimalen Grad an Informationen und es wäre für ihn ökonomisch nur in Ausnahmefällen sinnvoll, weitere Informationen einzuholen.[846]

Grundsätzlich ist es auch denkbar, dass der schlechter informierte Marktteilnehmer nicht in der Lage ist, die notwendigen Informationen zu beschaffen bzw. zu verarbeiten. Dies kann auf physische oder psychische Gründe zurückgehen. In diesem Fall könnte er einen externen Dritten einschalten, um die fehlenden gewünschten Informationen zu erlangen. Dieser sachverständige Dritte beschafft im Auftrag des Marktakteurs die notwendigen Informationen oder er verfügt als Spezialist bereits darüber. Die benachteiligte Marktseite nutzt den Sachverständigen dann als externen Schiedsrichter, um das Verhalten der begünstigten Marktseite besser beurteilen zu können. Dies setzt aber voraus, dass der sachverständige Dritte unabhängig von der begünstigten Marktseite ist und somit

---

842 Vgl. Fritsch, M./Wein, T. et al. (2005), S. 300f. Eine ausführliche Darstellung zu den Informationsdefiziten bei Ärzten und Rechtsanwälten findet sich in Hösel, U. (2010).

843 Vgl. Picot, A./Dietl, H. et al. (2008), S. 83.

844 Vgl. Alparslan, A. (2006), S. 29ff.

845 Vgl. Alparslan, A. (2006), S. 29f.

846 Vgl. Fritsch, M./Wein, T. et al. (2005), S. 298f.

keine eigenen Interessen in Bezug auf diese Marktseite verfolgt.[847] Auf der Grundlage des *Screening* können sich dann neue Märkte bilden, die Informationen sammeln und bereitstellen.[848]

Doch gibt es auch in diesem Fall Grenzen, welche die Informationsbeschaffung beeinträchtigen können. So kann jene Marktseite, die sich des sachverständigen Dritten bedient, die von ihm gewonnenen Informationen an andere Marktteilnehmer weitergeben. Diese begünstigten Marktteilnehmer profitieren von den Informationen, ohne dafür ein Entgelt zahlen zu müssen. In diesem Fall stellen die verbreiteten Informationen ein öffentliches Gut dar und die begünstigten Marktteilnehmer können eine *free-rider*-Position einnehmen. Letztlich würde es hier wieder aufgrund des positiven externen Effekts zu einem Marktversagen kommen und der Markt für Informationen könnte zusammenbrechen. So könnte es hier sinnvoll sein, dass der Staat oder eine staatlich unterstützte Institution die notwendigen Informationen für alle Marktteilnehmer bereitstellt. Zudem besteht theoretisch die Möglichkeit, dass aufgrund der Leistung kein sachverständiger Dritter herangezogen werden kann. Im Verhältnis zwischen Arzt und Patient wäre dies beispielsweise denkbar: Der Patient kann sich zwar jederzeit eine zweite Meinung einholen, jedoch wird er dies unter Umständen nicht tun, z. B. wenn eine kurzfristige Operation notwendig ist. Insgesamt ist das *Screening* grundsätzlich ein Weg, die Informationsdefizite der benachteiligten Seite abzubauen, aber es gibt Grenzen, die beachtet werden müssen.[849]

4.2.2.3.3. Übertragung auf die ökologische Industriepolitik

Die vorhergehende Analyse hat gezeigt, dass Informationsasymmetrien verschiedener Ausprägung letztlich zu einem Wettbewerbsversagen führen können. Informationsasymmetrien treten auch in Bezug auf die Ökologie auf. Entsprechend werden sie in der politischen Argumentation genutzt, um eine ökologische Industriepolitik zu legitimieren. Aus den verschiedenen Ausprägungen der Informationsasymmetrien (asymmetrische Informationen zu Qualität, Preis, Nutzen oder Zukunft) können grundsätzlich zwei Stränge der politischen Argumentation abgeleitet werden: Informationsdefizite in Bezug auf den Nutzen bei der Konsumption und abweichende Informationen über die Zukunft. In der weiteren Analyse sollen diese beiden Aspekte volkswirtschaftlich genauer untersucht und Lösungsmöglichkeiten aufgezeigt werden.

Im Rahmen der ökologischen Industriepolitik haben Nutzenasymmetrien eine zentrale Bedeutung. Die Nachfrager orientieren sich beim Produktkauf an einer

---

[847] Vgl. Fritsch, M./Wein, T. et al. (2005), S. 298f.
[848] Vgl. Eickhof, N. (1993), S. 219.
[849] Vgl. Fritsch, M./Wein, T. et al. (2005), S. 298f.

Vielzahl an Produkteigenschaften, die sich in Such-, Erfahrungs- und Vertrauenseigenschaften unterscheiden lassen. Der Nachfrager kann die Sucheigenschaften (z. B. Preis, Farbe) beim Kauf schnell identifizieren, während die Erfahrungseigenschaften erst nach dem Kauf offensichtlich werden (Qualität, Haltbarkeit). Vertrauenseigenschaften können vom Nachfrager weder *ex ante* noch *ex post* identifiziert werden, denn das Wissen dafür liegt beim Anbieter. Die Informationen sind in diesem Fall klassisch zwischen dem Anbieter und Nachfrager asymmetrisch verteilt.[850] Die Vertrauenseigenschaften beinhalten auch die ökologische Nachhaltigkeit von Produkten. Diese ist beim Kauf meist nicht klar für die Nachfrager erkennbar. Die Nachfrager könnten die Produkte nur vergleichen, wenn die „ökologische Wahrheit" im Preis berücksichtigt wird und die ökologischen Folgen mit eingerechnet werden.[851] Daher soll die ökologische Industriepolitik Informationsmängel der Nachfrager auf den Märkten durch eine höhere Transparenz der Umweltfolgen reduzieren und die Präferenzen der Konsumenten beeinflussen. Als Instrumente zur Beseitigung von Informationsmängeln könnten Gütesiegel (Umweltkennzeichen oder Öko-Label) dienen, die über das *Signaling* und das *Screening* helfen, den Nachfragern Informationen zu den ökologischen Folgen ihrer Konsumption bereitzustellen.[852] Solche Gütezeichen haben zwei zentrale Funktionen hinsichtlich der Vertrauenseigenschaft, die für den Nachfrager bisher nicht sichtbar ist: Sie sollen die Nachfrager informieren (z. B. Qualität) und ihnen einen Wert vermitteln (z. B. Prestige). Letztlich können Gütezeichen die Kaufentscheidung erheblich beeinflussen und Vertrauenseigenschaften werden dann für die Nachfrager bereits ex ante sichtbar. Übertragen auf die Öko-Label sollen diese die Nachfrager über die Umwelteigenschaften informieren sowie den Nachfragern bei der Entscheidungsfindung helfen und sie dazu anregen, umweltfreundliche Produkte nachzufragen. Sie berücksichtigen die ökologische Nachhaltigkeit über den gesamten Lebenszyklus.[853]

Öko-Label müssen bestimmten Anforderungen, primär hinsichtlich Glaubwürdigkeit und Informationsentlastung, gerecht werden, um ein transaktionales Wettbewerbsversagen zu verhindern. Die Glaubwürdigkeit umfasst mehrere relevante Aspekte. Die Unabhängigkeit und die Kompetenz der vergebenden Institution muss für die Adressaten gewährleistet sein. Dafür müssen die das Label verleihenden Institutionen die ökologische Qualität der Güter und Dienstleistungen sicher beurteilen können und dürfen keinesfalls einzelne Unternehmen be-

---

850 Vgl. Sammer, K./Wüstenhagen, R. (2006), S. 469f.

851 Vgl. Sachverständigenrat für Umweltfragen (2002), Tz. 75ff.

852 Vgl. Sammer, K./Wüstenhagen, R. (2006), S. 469f.

853 Vgl. Brockmann, K. L./Hemmelskamp, J. (1995), S. 1ff.; Vitalis, V. (2002), S. 2.

vorzugen.[854] Gerade die Unabhängigkeit ist bei privaten Labeln nicht gegeben, daher liegt die Akzeptanz dieser Label deutlich unter den unabhängigen bzw. staatlichen Öko-Siegeln.[855] Die Vergaberegeln müssen für die Anbieter sowohl transparent und klar sein als auch von ihnen selbst und allen Anspruchsgruppen akzeptiert werden. Außerdem müssen sie eine Differenzierung der Produkte ermöglichen. Zudem müssen die Vergaberegeln in einer dynamischen Betrachtung ständig überprüft und angepasst werden. Sie sind demnach immer nur befristet gültig und gegebenenfalls ist eine Verschärfung notwendig. Einführung und Einhaltung der Vergaberegeln müssen regelmäßig überwacht werden, damit die Normen nicht nur auf dem Papier existieren, sondern tatsächlich umgesetzt werden. Bei Verstößen müssen Sanktionen greifen, um einen Missbrauch zu verhindern. Ohne Möglichkeiten der Sanktionierung würde die Glaubwürdigkeit von Labeln, vor allem nach einer Aufdeckung von Verstößen, erheblich sinken.[856]

Das Vorhandensein von Glaubwürdigkeit ist auch notwendige Bedingung für eine Informationsentlastung, denn ansonsten werden sich die Nachfrager nach Alternativen umsehen, was die Informationskosten und dementsprechend auch die Transaktionskosten erhöht. Label müssen sich auf Schlüsselinformationen beschränken; damit wird der Umfang der zu transportierenden Informationen begrenzt, was die Nachfrager wirksam entlastet. Hier muss eine optimale Einschränkung gefunden werden, um eine Differenzierung der Anbieter zuzulassen. Eine weitere Anforderung ist ein hoher Bekanntheitsgrad der Label. Diese sollten nicht nur Experten, sondern auch der breiten Öffentlichkeit vertraut sein, um eine wirksame Informationsentlastung zu erreichen. Des Weiteren müssen Öko-Siegel ein Alleinstellungsmerkmal besitzen, denn die Nachfrager werden nur entlastet, wenn ein Label sich von anderen deutlich absetzt. Ein funktionierendes Siegel darf nicht nur Teil eines unübersichtlichen Label-Wettbewerbs sein.[857]

Um ein Label zu verbreiten, muss es auch den Forderungen der Anbieter gerecht werden. Zu diesem Zweck müssen die zugrunde liegenden Regeln mit dem aktuellen branchenüblichen Stand der Technik (*best practice*) verknüpft werden. Die Kriterien müssen von den Anbietern anerkannt und für sie zugänglich sein. Zudem müssen sie zukunftsweisend sein. Auch muss für die Anbieter eine Differenzierung möglich sein, um gegenüber Konkurrenten einen Wettbewerbsvorteil zu erlangen. Dabei kann nicht nur ein Label isoliert betrachtet werden, da unter den Labeln ein Wettbewerb herrscht. Nicht zuletzt aus dem Grund spielen

---

854 Vgl. Schrader, U. (2003/2004), S. 203.

855 Vgl. Brockmann, K. L./Hemmelskamp, J. (1995), S. 1; Sachverständigenrat für Umweltfragen (2002), Tz. 78ff.

856 Vgl. Schrader, U. (2003/2004), S. 203f.

857 Vgl. Schrader, U. (2003/2004), S. 204f.

die den diversen Labels zugrunde liegenden Kriterien in Bezug auf die Nachfrager eine bedeutende Rolle. Schließlich müssen die Kosten der Siegelerwerbung für die Anbieter gering sein, um eine Anwendung und schnelle Verbreitung zu fördern. Die Kosten dürfen für die Anbieter nicht höher sein als der Nutzen aus dem Wettbewerbsvorteil. Etwaige Folgekosten (Kontroll- und Lizenzkosten) müssen in die Kosten-Nutzen-Betrachtung einbezogen werden. Nur wenn all diese komplexen Anforderungen erfüllt sind, können Öko-Labels effektiv wirken.[858]

Öko-Label können privat oder staatlich bereitgestellt werden. Eine Aufgabe des Staates ist es, geeignete Rahmenbedingungen zu setzen, um die Funktionsfähigkeit des Wettbewerbs sicherzustellen und „die Präferenzen der Marktakteure optimal [zu] bedienen."[859] Entsprechend liegt es auch in der Verantwortlichkeit des Staates, die Nachfrager vor irreführender „Öko-Werbung" zu schützen. Zu beachten ist, dass Öko-Labels selbst zur Desinformation bzw. Desorientierung des Verbrauchers beitragen können, was es zu verhindern gilt.[860]

Öko-Label sind einer kritischen Bewertung zu unterziehen. Grundsätzlich sind sie durchaus dafür geeignet, Nutzenasymmetrien abzubauen, denn über die Label werden Informationssignale an die Nachfrager gesendet. Doch ist es nach wie vor problematisch, ex ante ökologische Folgen bzw. Einsparungen exakt festzulegen. Der Staat behauptet hier wiederum auf ein Wissen zurückzugreifen, welches er wahrscheinlich in dem Umfang gar nicht haben kann. Kritisch ist auch die Basis der Labels, da diese sich grundsätzlich nur am aktuellen Stand der Technik orientieren können, hingegen keine absolute ökologische Nachhaltigkeit versprechen. Dieses Problem wird zukünftig bestehen bleiben. Grundsätzlich können sich Umweltkennzeichen nur am Stand der aktuellen Technik orientieren und bilden eine „relative" Umweltfreundlichkeit ab. Ein gekennzeichnetes Produkt mag somit lediglich umweltfreundlicher sein als ein Produkt ohne Siegel, aber es ist nicht *per se* ökologisch nachhaltig. Deshalb ist es elementar, dass der Stand der Technik dauerhaft überwacht und angepasst wird, um die Aussagekraft von Öko-Labels auf einem hohen Niveau zu halten. Doch haben manche Interessengruppen einen Anreiz, die Anpassung zu verhindern, da mit höheren Anforderungen die bisherigen Anstrengungen, verbunden mit Investitionen, teilweise oder sogar ganz hinfällig werden. Dies könnte passieren, wenn die bisherigen Techniken nicht mehr ausreichen, die erhöhten Herausforderungen zu meistern (siehe 4.2.2.4.).

---

858 Vgl. Schrader, U. (2003/2004), S. 205f.

859 Sachverständigenrat für Umweltfragen (2002), Tz. 77.

860 Vgl. Brockmann, K. L./Hemmelskamp, J. (1995), S. 1; Sachverständigenrat für Umweltfragen (2002), Tz. 78ff.

Des Weiteren wird an den Öko-Labeln kritisiert, dass sie keine differenzierten Informationen transportierten, sondern den Nachfrager lediglich bei der Informationsverarbeitung und Entscheidung entlasten würden.[861] Ebenfalls problematisch sind die vorgestellten Anreize für die Unternehmen, Öko-Labels zu erlangen. Die Differenzierung von anderen Anbietern dürfte in der Realität schwierig sein und das Hauptkaufkriterium für viele Nachfrager ist vermutlich hauptsächlich der Preis. Damit können Anbieter für Produkte mit Öko-Label nicht zwangsläufig einen adäquaten Preisaufschlag auf dem Markt durchsetzen. Dieser Aufschlag müsste die Kosten des Anbieters für F&E sowie die Öko-Label-Zertifizierung decken.[862]

Labels können zu Wettbewerbsverzerrungen führen. Bei einer starken Ausprägung setzen sie einen De-facto-Marktstandard, der für andere Anbieter zu einem Markteintrittshindernis werden kann[863], da sich die Nachfrager an diesem Standard orientieren und keine besseren Leistungen honorieren. Die Produkte von neuen Herstellern können zwar ökologisch besser und effizienter sind, aber diese bekommen durch die Standardisierung dasselbe Öko-Label bzw. die gleiche Bewertung, da die Labels oftmals keine differenzierten Informationen transportieren, sondern nur einfache Botschaften.[864] Auch die institutionelle Ausgestaltung der Öko-Labels ist fragwürdig, denn wenn die Labels die Anforderungen der Anbieter und Nachfrager – wie Glaubwürdigkeit und Informationsentlastung – nicht erfüllen, können sie auch die Informationsdefizite nicht beseitigen.[865]

Eine weiteres Problem im Kontext asymmetrischer Informationen ist die Unsicherheit bzw. Risikoaversion der Unternehmen. Wie oben schon erwähnt, wird den Unternehmen oftmals vom Staat „Zukunftsblindheit“ vorgeworfen. Der Staat leitet daraus die Ansicht ab, dass er selbst aktiv zum Pionier bzw. Vorreiter werden müsse. Zentraler Aspekt solch einer staatlichen Rolle ist die Schaffung oder Identifizierung von „Vorreitermärkten“, die für die Zukunft einen besonderen Gewinn versprechen.[866] Dazu stehen dem Staat mehrere Instrumente zur Verfügung: Einerseits kann er Unternehmen in den Vorreitermärkten direkt fördern, anderseits kann die eigene Beschaffung genutzt werden, um Vorreiterprodukte zu unterstützen.[867]

---

861 Vgl. Sachverständigenrat für Umweltfragen (2002), Tz. 84ff.

862 Vgl. Brockmann, K. L./Hemmelskamp, J. (1995), S. 12.

863 Vgl. Vitalis, V. (2002), S. 4ff.

864 Vgl. Sachverständigenrat für Umweltfragen (2002), Tz. 85.

865 Vgl. Schrader, U. (2003/2004), S. 202.

866 Vgl. Franz, P./Tidow, S. (2009), S. 16; Schepelmann, P. (2010), S. 2.

867 Hinter diesem Aspekt stecken zwei Annahmen, die strategische Außenhandelspolitik, aber auch die Pfadabhängigkeiten (siehe 4.2.2.4.2). Auf eine grundlegende Analyse soll

Hinsichtlich der Vorreitermärkte möchte der Staat Markteinführungsprogramme initiieren. Hier wird eine erhebliche Ausweitung der Funktion des Staates deutlich, da dieser nun über die Setzung von Rahmenbedingungen, um die Funktionsfähigkeit des Wettbewerbs zu gewährleisten, hinausgeht und nun eine bewusst aktive Rolle der Intervention in die Märkte einnimmt. Der Staat nimmt dabei in Analogie die Position des SCHUMPETER'schen Pionierunternehmens ein und wird selbst zum Innovator. Er schafft im Zuge der eigenen Beschaffung neue Märkte, indem er anstelle der normalen Konsumenten in der Rolle des Nachfragers auftritt. Der Staat wird somit zwar nicht Innovator im engeren Sinne, trägt aber entscheidend zur Marktentwicklung bei. Bedenklich erscheint, dass die Marktentwicklung nicht aus dem Wettbewerbsprozess selbst und durch die autonomen Marktakteure erfolgt, sondern aus politischen Entscheidungen hervorgeht. Im weiteren Ablauf sollen sich die entsprechenden Märkte dann zu Vorreitermärkten entwickeln, von denen aus sich Innovationen weltweit durchsetzen sollen. Bei Gelingen des Vorhabens würden sich für die heimischen Unternehmen Wettbewerbsvorteile und letztlich Exportchancen ergeben.[868]

Grundsätzlich besteht bei der Identifizierung von Vorreitermärkten und -unternehmen *ex ante* ein Auswahlproblem, das auf Wissensdefizite (hier: der politischen Entscheidungsträger) zurückgeht. Denn es kann auch mit sehr viel Aufwand nicht exakt beurteilt werden, wie sich Unternehmen, Märkte oder Sektoren in der Zukunft entwickeln werden. Ebenfalls kritisch zu hinterfragen sind die Förderung von Technologie und die damit verbundenen schwerwiegenden Anreizprobleme und Mitnahmeeffekte bei Unternehmen. Diesen Kritikpunkt nimmt die ökologische Industriepolitik an sich durchaus auf, indem sie nicht die Technologien zur Zielerreichung fördern will, sondern ein Ziel, das erreicht werden soll, formulieren will. Doch wird wegen der Komplexität des jeweiligen Programms dieses Ziel oftmals durch konkrete Fördermaßnahmen, wie jene der „grünen" *lead markets*, ausgeschaltet. Prinzipiell sollten förderwürdige Technologien nur im Zuge des wettbewerblichen Prozesses identifiziert werden können und nicht durch den Staat festgelegt werden.[869] Die Probleme können ebenso wenig von Experten oder im Verlauf von Wirtschaftsdialogen gelöst werden, da Experten nicht mehr Informationen besitzen als die Unternehmen. Auch könnte

an dieser Stelle verzichtet werden, da sie im Rahmen der Pfadabhängigkeiten ausführlicher diskutiert werden. Vgl. Bundesministerium für Umwelt, Naturschutz und Reaktorsicherheit (2006), S. 21ff.; Bundesministerium für Umwelt, Naturschutz und Reaktorsicherheit (2008b), S. 10ff.

868 Vgl. Schmidt, A. (2009), S. 68ff.

869 Vgl. Schmidt, A. (2009), S. 66 und 68ff.

es zu einer falschen Ausrichtung kommen, da Experten als auch Unternehmen ihre eigenen Ziele verfolgen.[870]

Abschließend ist festzuhalten, dass den Unternehmen vom Staat keine Zukunftsblindheit vorgeworfen werden kann, da der Staat selbst keineswegs über mehr oder bessere Informationen verfügt. Weiterhin könnten „Vorreiter“-Märkte Erfolg haben, aber es ist keineswegs selbstverständlich, dass sich ein Erfolg dieser „Vorreiter“-Märkte auch tatsächlich einstellt. In der Vergangenheit haben diese Maßnahmen eher wenig Erfolg gehabt.

4.2.2.4. Pfadabhängigkeit

4.2.2.4.1. Das Konzept der technologischen Trajektorien

Eine weitere Legitimierung, die in Bezug auf die ökologische Industriepolitik sehr oft genutzt wird, stellen die Pfadabhängigkeiten dar. Es wird in diesem Modell davon ausgegangen, dass es bei bestimmten Investitionen zu einem Marktversagen kommen kann. Dies ist vor allem dann der Fall, wenn bei privaten Investoren der Zeithorizont der Renditeerwartung für die Investition überschritten wird. Dies kann dazu führen, dass die Investitionen unterbleiben und es zu einem Marktversagen kommt. Des Weiteren kann Marktversagen eintreten, wenn neue Investitionen die bestehenden technologischen Pfade verlassen, da sich die Vertreter der traditionellen Technologien bereits stark positioniert haben, um die neuen Innovationen zu verhindern.[871] Diese beiden Argumente werden häufig genutzt, um einen staatlichen Eingriff im Rahmen der ökologischen Industriepolitik zu legitimieren.

Im Kern gehen diese Gedanken auf die evolutorische Ökonomik zurück und konkretisieren den Innovationsprozess. Gemäß der evolutorischen Ökonomik sind die beschränkt rationalen Akteure der Mittelpunkt, da sie die treibenden Kräfte sind. Sie verfügen nicht über alle Informationen und nur über beschränkte Problemlösungsmöglichkeiten.[872] Der Innovationsprozess wird in der evolutorischen Ökonomik als eine „Evolution von Variationen – die Generierung neuer Problemlösungen – und Selektionen – ihre Adoption und Diffusion“[873] gesehen. Der Innovationsprozess ist grundsätzlich ergebnisoffen, jedoch knüpfen Innovationen an die vorherigen Entdeckungen an und sind nicht mehr rückgängig zu machen. Durch die Anknüpfung an die vorhergegangenen Innovationen entwickelt sich eine Richtung des generell ergebnisoffenen Innovationsprozesses. Die Innovationen werden mithin vorhersehbar, da sie an der vorhandenen Kette ori-

[870] Vgl. Eickhof, N. (1997b), S. 19.
[871] Vgl. Jacob, K. (2009), S. 3.
[872] Vgl. Jungmittag, A. (2005), S. 67.
[873] Edler, D./Blazejczak, J. et al. (2007), S. 37.

entiert sind.[874] Dadurch wird der Innovationsprozess aus evolutorischer Sicht zu einer technologischen Trajektorie. Trajektorien sind gekennzeichnet durch bestimmte Muster und aus diesen Mustern wählen die Unternehmen die passende Problemlösung aus. Die Zahl der Problemlösungen steigt aber, wenn sich der Zugang zu Wissen erweitert.[875] Daraus entstehen letztlich Pfadabhängigkeiten, da immer entlang dieser Ketten innoviert wird. Entlang des Pfades stellen sich zunehmende Erträge der Adaption durch inkrementelle Innovationen ein. Letztlich entsteht damit eine dominante Technologie. Die Kette ist so lange stabil, bis die Kapazitäten für neue Problemlösungen erschöpft sind oder die inkrementellen Kosten den Nutzen überschreiten. In diesem Fall entsteht ein Fenster zu einer neuer Trajektorie, die den Übergang zu einer besseren Technologie erlaubt.[876] In einer Marktwirtschaft entspringt die neue dominante Technologie folglich dem Wettbewerb vieler neuer Technologien.[877] In der Konsequenz reduziert die Selektion letztlich die vorab sich eröffnende Variationsbreite auf eine bestimmte Anzahl von Problemlösungen.[878]

Im evolutorischen Innovationsprozess haben Pionierunternehmen eine zentrale Bedeutung[879], da sie eine neue Kombination der Produktionsfaktoren durch Prozess- oder Produktinnovationen einsetzen, die damit der Phase der Invention entspricht, in der neues Wissen generiert wird.[880] In der evolutorischen Ökonomik werden im Gegensatz zur Neoklassik, gemäß der sich ein Unternehmen lediglich an die neuen Rahmenbedingungen anpasst, dem Unternehmer besondere Eigenschaften zugewiesen, da er trotz bestehender Widerstände neue Visionen entwickelt und Risiken eingeht. Die Unternehmen sind nicht nur vorrangig gewinnorientiert, sondern folgen noch weiteren Motiven wie dem eigenverantwortlichen Gestalten, gesellschaftlicher Verantwortung oder der Problemlösungssuche. Im Gegensatz zum gewinnmaximierenden Unternehmen agiert der Unternehmer nach dieser Sichtweise aus einem inneren Antrieb anstatt profitorientiert.[881]

Trotz innovativer Pionierunternehmen und eines ergebnisoffenen Innovationswettbewerbs ist die grundsätzliche Innovationsrichtung auch gemäß der evoluto-

---

874 Vgl. Linscheidt, B. (2000), S. 23ff.
875 Vgl. Klemmer, P./Lehr, U. et al. (1999), S. 54.
876 Vgl. Edler, D./Blazejczak, J. et al. (2007), S. 37f.
877 Vgl. Klemmer, P./Lehr, U. et al. (1999), S. 54ff.; Linscheidt, B. (2000), S. 23ff.
878 Vgl. Jungmittag, A. (2005), S. 67.
879 Die grundlegenden Forschungen zu den Pionierunternehmen gehen auf Schumpeter, J. (1964) zurück.
880 Vgl. Klemmer, P./Lehr, U. et al. (1999), S. 54ff.; Cohen, E. (2006), S. 89ff.
881 Vgl. Linscheidt, B. (2000), S. 24.

rischen Ökonomie beschränkt. In dieser wird „Fortschritt […] als ein kumulativer und gradueller Prozess gesehen, der entlang historisch geprägter Pfade bzw. ‚Paradigmen' voranschreitet."[882] Der Pfad beginnt bei einer Basistechnologie, welche die weiteren Innovationen vorgibt. Entlang dieses Pfades – oftmals in der Literatur bezeichnet als technologische Trajektorie – orientieren sich jetzt die Innovatoren, weil dies aus mehreren Gründen für sie sinnvoll erscheint. Im Zuge der vorgezeichneten Entwicklung sammelt das Unternehmen umfangreiches Wissen an, welches mit dem Wechsel auf einen neuen Pfad entwertet oder sogar vernichtet werden würde. Ebenfalls entstehen durch Forschungskooperationen entlang eines Pfades *spill-over*-Effekte, auf die ein Pionierunternehmen auf einem neuen Weg, den es alleine erforscht, verzichten müsste. Zudem entstehen entlang des Pfades, der oftmals zahlreiche inkrementelle Verbesserungen mit sich bringt, erhebliche Kostensenkungen und Qualitätssteigerungen, die bei radikalen Innovationen erst viel später oder gar nicht generiert werden. Ebenso sind die traditionellen Innovationslinien gekennzeichnet durch existierende Infrastrukturen, Standards und Konsumstile, die sich mit den vorhergehenden Innovationen herausgebildet haben. Der Wechsel zu einem neuen Pfad würde kostenintensive Anpassungen für die Unternehmen bedeuten. Letztlich sind die pfadkonformen Innovationen oftmals auf individuelle und organisatorische Entscheidungen zurückzuführen, ohne dass rationale Entscheidungen dahinter stehen.[883] Grundsätzlich wird die Pfadabhängigkeit auf Unternehmensebene betrachtet, aber eine Adaption auf Volkswirtschaften ist möglich und bietet auf dieser Ebene Erklärungen für die Spezialisierung und ökonomische Entwicklung von Volkswirtschaften an.[884]

In der Literatur wird im weiteren Verlauf argumentiert, dass das Wettbewerbsversagen[885] durch den *lock-in*-Effekt zustande komme. Aufgrund von Abhängigkeiten entstehen Innovationen entlang des eingeschlagenen Innovationspfades. Dieser Pfad kann aus vielen, unter anderem ökologischen, Gründen ge-

882 Linscheidt, B. (2000), S. 25.

883 Neben den technologischen Trajektorien sind auch institutionelle und soziale Trajektorien erforscht worden, die auch tatsächlich vorhanden sind. Bei den institutionellen Trajektorien sind die Gründe für die Entstehung eines Pfades die hohen Kosten der Einrichtung, der Verlust der Lernkurveneffekte sowie die positiven Netzwerkexternalitäten verantwortlich. Vgl. Linscheidt, B. (2000), S. 25f.

884 Vgl. Jungmittag, A. (2005), S. 69; Cohen, E. (2006), S. 90.

885 In der Literatur wird oftmals von einem Marktversagen gesprochen, doch dies ist nicht richtig. Die Pfadabhängigkeiten beschreiben einen Wettbewerb der Technologien. Das Versagen tritt daher als Störung der Effizienzselektion auf. Die Abhängigkeiten verhindern einen Umstieg auf den effizienteren Technologiepfad, sodass es sich hier zwangsläufig nur um ein Wettbewerbsversagen handeln kann.

samtwirtschaftlich suboptimal sein. Doch kann es aufgrund der bisherigen subjektiven Vorteile schwierig sein, eine Wechselmöglichkeit zu einem gesamtwirtschaftlich besseren Innovationspfad wahrzunehmen. In diesem Fall finden weiterhin auf dem „alten" Pfad inkrementelle Verbesserungen statt. Neben diesem traditionellen Pfad sind weitere Pfade denkbar, diese sind aber aufgrund des stabilen Innovationspfads und der hohen Umstellungskosten nicht umsetzbar. Ein Pfadwechsel könnte in dieser Situation nur durch eine extreme, schockartige Erhöhung der Preise erfolgen.[886] Das Wettbewerbsversagen, so wird oft argumentiert, entstehe, da der Markt nicht mehr die effizienteste Technologie fördere, sondern infolge von *lock-in*-Zuständen an traditionellen ineffizienten Technologien festhalte.[887]

Pfadabhängigkeiten entstehen auf freien Märkten zwangsläufig, da diese die dezentralen Pläne der einzelnen Marktteilnehmer koordinieren. An dieser Stelle könnte ein Wettbewerbsversagen vermutet werden, da Marktteilnehmer und Staat nicht auf demselben Informationsstand sind, was eine effiziente Allokation verhindert (siehe 4.2.2.3 Informationsasymmetrien). Doch handelt es sich hier um ein unechtes Wettbewerbsversagen, da auch der Staat nicht in Lage wäre, die Pläne der einzelnen Marktteilnehmer ex ante zu kontrollieren, da ihm schlicht das Wissen dazu fehlt. Doch könnte sich dynamisch ein Marktversagen bzw. Wettbewerbsversagen einstellen, wenn Netzwerkexternalitäten oder *spill-over*-Effekte mitberücksichtigt werden. In diesem Fall stellen die stabilen Pfade ein Hindernis dar, die den Übergang zu einer effizienteren Trajektorie verhindern.[888]

Ungeachtet der dargestellten Hemmnisse gibt es in der Realität durchaus radikale Veränderungen, die den bisherigen Pfad substituieren. Solche radikalen Innovationen werden von den bereits erläuterten Pionierunternehmen adaptiert. Der Wechsel von einem Technologiepfad zum anderen ist natürlich auch von verschiedenen Rahmenbedingungen abhängig. Gerade in der Endphase einer Trajektorie, wenn die Innovationsmöglichkeiten weitestgehend ausgeschöpft sind, besteht eine hohe Wahrscheinlichkeit für radikale Innovationen. Zudem beeinflusst die Größe des Marktes eine Rolle. So wird es in Nischenmärkten eher zu radikalen Innovationen kommen, um den bisherigen traditionellen Innovationspfad zu verlassen.[889]

---

886 Vgl. Linscheidt, B. (2000), S. 27; Jungmittag, A. (2005), S. 69.

887 Vgl. Dunkel, T. (2004), S. 47.

888 Vgl. Schmidt, A. (2006), S. 223ff.

889 Vgl. Linscheidt, B. (2000), S. 27f.

4.2.2.4.2. *Übertragung auf die ökologische Industriepolitik*

Aus der evolutorischen Ökonomik werden einige Maßnahmen für die ökologische Industriepolitik abgeleitet. Weil das Wirtschaftsgeschehen zeitabhängig ist und dabei gerade die Abfolge der Ereignisse, bewusst oder historisch bedingt, das Geschehen erheblich beeinflussen[890], wird der Politik bzw. dem Staat eine aktive Rolle zugeschrieben.[891] Doch lässt sich aus der evolutorischen Ökonomie kein Wettbewerbsversagen begründen, demnach bietet sie auch keine Legitimierung für einen staatlichen Eingriff. Doch lassen sich aus der evolutorischen Ökonomie mehrere Maßnahmen ableiten, die volkswirtschaftlich sinnvoll sein können.

Der Übergang von der einen zu einer anderen Trajektorie kann passiv oder aktiv vom Staat unterstützt werden, traditionell durch die indirekte oder direkte Förderung von Pionierunternehmen. Gerade die Pionierunternehmen spielen eine zentrale Rolle und sollen vermehrt entstehen. Eine Vielzahl an Variationen lässt im Selektionsprozess die Auswahl der besten Problemlösung zu. Da gerade Umweltinnovationen lange Zeit benötigen, bis sie wirtschaftlich erfolgreich sind, müssen die Unternehmen besondere Anreize haben, die zahlreichen Anlaufschwierigkeiten zu überwinden. Vor diesem Hintergrund würden ohne Ökopioniere Innovationen gar nicht eingeführt, da Potenziale wie Kostensenkungen erst auf sehr lange Sicht wirksam werden. Deshalb ist die Anzahl der Pionierunternehmen besonders wichtig, um die Öko-Innovationen anzustoßen. Das Engagement dieser Pionierunternehmen hat eine hohe Bedeutung, da die Kosten und Erträge von verschiedenen Alternativen im Innovationsprozess kaum abschätzbar sind.[892]

Wird die Idee der Pionierunternehmen konsequenter weiterverfolgt, sind auch Pioniermärkte denkbar. Diese Pioniermärkte (*lead markets*) können aus diversen Ideen entstehen[893] und werden anhand der nationalen Vorreiterrolle identifiziert.

---

[890] Vgl. Jungmittag, A. (2005), S. 67.

[891] Vgl. Edler, D./Blazejczak, J. et al. (2007), S. 37:

[892] Vgl. Linscheidt, B. (2000), S. 24.

[893] Die *lead markets* werden einmal durch die evolutorische Ökonomik aber andererseits auch durch die strategische Außenhandelspolitik, die auf Krugman, P. R. (1986) zurückgehen, legitimiert. Der Staat sieht für diese Märkte eine besondere Zukunft, da bei einem frühen Markteintritt ein dauerhafter Wettbewerbsvorteil entstehen könnte. Diese Politik wird sehr kontrovers diskutiert, da sie viele Nachteile bzw. Risiken birgt. Negativ wird die strategische Außenhandelspolitik durch den (Sachverständigenrat zur Begutachtung der gesamtwirtschaftlichen Entwicklung 2009) und die (Monopolkommission 2005) beurteilt. Vgl. Monopolkommission (2005), Tz. 31ff.; Sachverständigenrat zur Begutachtung der gesamtwirtschaftlichen Entwicklung (2009), Tz. 361f. Der (Sachverständigenrat

Charakterisiert werden *lead markets* als der „geographische Kern des Weltmarktes für bestimmte Produkte oder Anlagen, die ohne wesentliche Änderungen auch in anderen Ländern vermarktet werden können."[894] Spezielle Merkmale werden aus der Empirie abgeleitet. Demnach zeichnen sich diese Märkte durch ein hohes Pro-Kopf-Einkommen, hohe Qualitätsansprüche und innovationsfreundliche Nachfrager aus. Zudem weisen sie einen hohen Problem- und Innovationsdruck auf, der durch flexible, innovationsfreundliche Rahmenbedingungen und Regulierungen begünstigt wird. Die Normen auf diesen Märkten sind länderübergreifend weitestgehend gleich.[895]

Auf die ökologische Industriepolitik bezogen sind die *lead markets* regionale oder nationale Märkte für umweltfreundliche Technologien, welche durch die strikteren Umweltschutzvorschriften bzw. Umweltpräferenzen angeregt worden sind. Die Märkte können aber auch infolge von spezifischen staatlichen Fördermaßnahmen oder einer gezielten staatlichen Marktintervention entstehen. Ökologische *lead markets* führen zu einer internationalen Diffusion und sollen den Wettbewerb in anderen Marktregionen prägen. Die hier angesprochenen Regionen sind vor allem Transformations- und Schwellenländer, da dort ein großes Marktpotenzial für ökologische Verbesserung bzw. Lösungen besteht. Die ökologischen *lead markets* haben mehrere Ausstrahlungseffekte. Zunächst ist der *first-mover*-Vorteil zu nennen. Für die Expansion in größere Märkte fungiert der kleinere *lead market* als Basis, von der aus letztlich eine Markterweiterung ausgehen soll. Hier entstehen Preis- und Kostenvorteile für Unternehmen, die sich aus Skaleneffekten und dem frühen Marktwachstum ergeben. Eine weitere Ausstrahlungswirkung betrifft ausländische Anbieter. Die inländischen Anbieter können auf das Qualitätsmerkmal des Trendsetters verweisen und ausländische Anbieter dazu bewegen, sich anzupassen. Daran angelehnt entsteht der Demonstrationseffekt, dass die erfolgreiche Einführung von umweltfreundlichen Technologien bei vergleichbaren Ländern zu einem höheren ökologischen Anspruchsniveau führt. Deshalb wird argumentiert, dass die *lead markets* ein erhebliches Einflusspotenzial hätten und „doppelte Dividenden" (siehe 4.2.2.2.2) auslösen würden. Gerade deshalb müssten sie gefördert werden.[896]

---

für Umweltfragen 2000) nimmt vor allem im ökologischen Bereich dazu eine bejahende Position ein. Vgl. Sachverständigenrat für Umweltfragen (2000), Tz. 57ff.

894 Sachverständigenrat für Umweltfragen (2002), Tz. 57.

895 Vgl. Sachverständigenrat für Umweltfragen (2002), Tz. 57; Edler, D./Blazejczak, J. et al. (2007), S. 32.

896 Vgl. Sachverständigenrat für Umweltfragen (2002), Tz. 58ff.; Edler, D./Blazejczak, J. et al. (2007), S. 33; Rennings, K./Rammer, C. et al. (2008), S. 3ff.

Auch in den *lead markets* wird es – analog zur traditionellen Industriepolitik – Gewinner und Verlierer geben, selbst wenn die Gewinner wirklich an Leistungsfähigkeit gewinnen sollten. Zudem ist es für den Staat schwierig, die Gewinner ex ante zu identifizieren, gerade empirisch ließen sich in der Vergangenheit eher negative Folgen ermitteln.[897] In der Praxis werden Unternehmen auf den *lead markets* vom Wettbewerb abgeschirmt, was zu erheblichen Effizienzverlusten führen dürfte. Die Anreize für Unternehmen, effizient zu wirtschaften, sinken in abgeschirmten Wettbewerben im Gegensatz zu freien Wettbewerbsmärkten. Ebenfalls wird die politische Ökonomie auf die *lead markets* Einfluss haben, da auch in den anspruchsvollen, hoch spezialisierten technischen Märkten diejenigen Unternehmen bevorzugt werden, die den größten politischen Einfluss haben.[898]

Letztlich entstehen Leitmärkte aus nationalen Innovationssystemen heraus, die eine „moderne“ Variante der Innovationsförderung darstellen. Innovationssysteme sind Netzwerke zwischen Staat und Wirtschaft, die durch institutionelle Rahmenbedingungen wie Gesetze, Normen und Routinen geregelt sind.[899] Die Akteure in diesem Innovationssystem sind die privaten Unternehmen, aber auch private und staatliche Forschungseinrichtungen wie Hochschulen sowie die politischen Entscheidungsträger.[900] Das Netzwerk integriert alle Akteure, die sich konkret mit Innovationen beschäftigen, und weitere Akteure, die an der Adaption und Diffusion der Innovationen beteiligt sind.[901] Die Qualität des Netzwerkes wird von den Akteuren geprägt, denn je besser diese vernetzt sind und je mehr Kompetenzen sie im Innovationsprozess besitzen, desto höher ist die Qualität des Innovationssystems.[902] Außerdem hängt die Qualität von der Ausgestaltung des Netzes ab, denn es wird nicht mehr Leistung erbringen können als seine Kapazität zulässt.[903] Innovationssysteme können auf der Mikro-, der Meso- und der Makroebene entstehen. Auf der Mikroebene sind die entscheidenden Institutionen die Unternehmen und die mit ihnen agierenden Akteure mit dem Ziel des organisatorischen Wandels. Der Strukturwandel ist das Ziel des Innovationssystems auf der Mesoebene, auf der die Unternehmen zu Branchen und Sektoren

---

897 Vgl. Schmidt, A. (2009), S. 69.

898 Vgl. Sachverständigenrat zur Begutachtung der gesamtwirtschaftlichen Entwicklung (2009), Tz. 362.

899 Vgl. Freemann, C. (1995), S. 5ff.; Belitz, H./Schrooten, M. (2008), S. 6; Ebener, A. (2009), S. 120ff.

900 Vgl. Spielkamp, A. (1997), S. 6.

901 Vgl. Dunkel, T. (2004), S. 49.

902 Vgl. Belitz, H./Schrooten, M. (2008), S. 6.

903 Vgl. Sachverständigenrat zur Begutachtung der gesamtwirtschaftlichen Entwicklung (2009), Tz. 362.

zusammengefasst werden. Die Region bzw. Nation definiert das institutionelle Umfeld für die Makroebene, auf der die Entwicklungsdynamik auf Wachstum bzw. Entwicklung ausgerichtet ist.[904] Außer nationalen sind supranationale Innovationssysteme denkbar und gestaltbar, zum Beispiel in der Europäischen Gemeinschaft.[905]

Die Verbindungen zwischen den Elementen umfassen neben den finanziellen Strömen zwischen Akteuren auch die wissenschaftliche und technologische Zusammenarbeit zwischen der Privatwirtschaft und den – staatlichen und privaten – Forschungseinrichtungen sowie soziale Verknüpfungen, die den Transfer von Humankapital zwischen den Forschungseinrichtungen und der Privatwirtschaft berücksichtigen. Es bestehen zudem Nutzer-Hersteller-Interaktionen zur Entwicklung marktnäherer Güter.[906]

Der Staat agiert nach EBENER im nationalen Innovationssystem in drei Verantwortlichkeiten: als Rechtsstaat mit innovationsorientierter Ordnungsfunktion, als Interventionsstaat mit innovationsorientierter Wohlfahrtsfunktion und als Entwicklungsstaat mit innovationsorientierter Mobilisierungsfunktion. Die Rechtstaatsfunktion umfasst den Ordnungsrahmen der Marktprozesse und die Sicherstellung der Interaktion zwischen den Marktteilnehmern, zwischen den Unternehmen sowie dem Staat. Im Hinblick auf den Ordnungsrahmen sichert und begrenzt der Staat den Wettbewerb auf den Märkten und damit letztlich auch den Innovationswettbewerb. Den Ordnungsrahmen zur Innovationsförderung kann der Staat über verschiedene Maßnahmen wie Eigentumsrechte, Steuern und Abgaben sowie Subventionen gestalten. In der zweiten Rolle als Interventionsstaat nimmt der Staat eine Wohlfahrtsfunktion wahr. Die Wohlfahrtsfunktion besteht in der Bereitstellung von bzw. Versorgung mit öffentlichen Gütern in Form von Bildungsgütern. Die sozioökonomische Gestaltung des Innovationsprozesses ist das Ziel des Staates, das durch eine wissensbasierte, lernende Wirtschaft verfolgt werden soll. Der Staat greift des Weiteren ein, indem er den interaktiven Lernprozess durch Institutionen sicherstellt sowie betriebliche Kooperationen zwischen den Unternehmen fördert. Gesellschaftliche Ziele werden im Kontext der Entwicklungsrolle des Staates verfolgt. In diesem Bereich werden gesamtwirtschaftliche bzw. gesellschaftliche Ziele vorgegeben, die langfristig verfolgt und mit der Industriepolitik kombiniert werden.[907]

---

904 Vgl. Ebener, A. (2009), S. 133.

905 Dazu ausführlich Paasi, M. (2009), S. 267ff.

906 Vgl. Dunkel, T. (2004), S. 52.

907 Vgl. Ebener, A. (2009), S. 130f.

Nationale Innovationssysteme sind volkswirtschaftlich differenziert zu sehen, da der Staat die zentrale Größe im nationalen Innovationssystem ist. Positiv ist grundsätzlich, dass Innovationen und deren Diffusion angeregt und gefördert werden, um mehrere Alternativen im späteren Innovationswettbewerb konkurrieren zu lassen. Die alleinige Förderung der Innovationstätigkeit ist aber nicht ausreichend, da dies die Diffusion vollkommen außer Acht lassen würde. Gerade die Diffusion ist jedoch von zentraler Bedeutung für eine ökologische Produktion. Ebenfalls problematisch ist die Doppelrolle des Staates, der einerseits die Rahmenbedingungen für die Innovationen schafft und den Innovationswettbewerb sicherstellt, aber andererseits Innovationen selbst gestaltet und den Innovationswettbewerb substituiert, da durch staatliche Vorgaben nur bestimmte Alternativen gefördert werden, während andere vernachlässigt werden.[908] Diese Einschränkung wirkt sich aber letztlich nicht aus, weil die Innovationssysteme über den Standortwettbewerb selbst im Wettbewerb miteinander stehen.[909] Zurzeit bauen viele Länder nationale Innovationssysteme auf, um ökologische Innovationen zu fördern, da dieser Bereich als äußerst zukunftsträchtig eingeschätzt wird. Vor allem die Gestaltung der Innovationsförderung muss kritisch gesehen werden, da der Staat ebenso wenig wie andere Akteure über das notwendige Mehr an Wissen verfügt, um die langfristigen Wirkungen von *lock-in* bzw. Trajektorien abschätzen zu können (siehe 4.2.2.3). Mithin ist unklar, welche Märkte zukünftig die besten Wachstumschancen haben.[910] Außerdem muss beachtet werden, dass es keine Ausgestaltung des Innovationssystems gibt, die einen zielgenauen Innovationsprozess ermöglicht.[911] Zudem substituiert der Staat den marktlichen Selektionsprozess, was ausgesprochen kritisch zu sehen ist, da der Staat in den Innovationssystemen mehrheitlich Gestaltungsaufgaben wahrnimmt.

In der Konsequenz könnte der Staat versuchen, selbst Zeitfenster zu gestalten, anstatt auf günstige Zeitfenster zu warten, die von den Pionierunternehmen eröffnet werden. Deshalb sollte der Staat über die FuT-Politik mögliche Alternativen fördern, wenn es bereits absehbar ist, dass die dominierenden Technologien ökologisch nicht nachhaltig sind, es aber bisher an nachhaltigen ökologischen Alternativen fehlt. Weiterhin kann der Staat, wenn schon nachhaltige Technologiealternativen existieren, diese aber noch durch hohe Kosten gekennzeichnet sind, inkrementelle Innovationen fördern. Dies könnte Kosten senken, somit die Trajektorie stabilisieren und im Selektionsprozess neue dominierende Techno-

[908] Vgl. Ebener, A. (2009), S. 130ff.
[909] Vgl. Ebener, A. (2009), S. 122.
[910] Vgl. Schmidt, A. (2009), S. 69.
[911] Vgl. Ebener, A. (2009), S. 134.

logie initiieren. Sollten letztlich wirtschaftlich effizientere Lösungen zur Verfügung stehen, die den bisherigen Technologiepfad aber nicht zu verdrängen zu vermögen, so ist Aufgabe des Staates, die Wechselhemmnisse zu analysieren und zu beseitigen. Ebenfalls kann der Staat die Selektion beeinflussen, falls mehrere effiziente Lösung existieren. Die Unternehmen wählen eine neue dominierende Technologie nach kurzfristigen Determinanten aus, was langfristig jedoch gesamtwirtschaftlich nicht sinnvoll ist, so könnte der Staat gerade hier die Weichen anders stellen. Weiterhin sollte der Staat ein Wettbewerbsversagen infolge von *lock-in*-Effekten verhindern, indem Variationen mit möglichst vielen Lösungsmöglichkeiten gefördert werden.[912]

Zusammenfassend lässt sich im ökologischen Bereich durchaus ein Wettbewerbsversagen aus der evolutorischen Ökonomie ableiten. Rein statisch reflektieren Pfadabhängigkeiten wohlfahrtsoptimal die Kostenentwicklung bei Existenz einer hohen Kapitalbindung, Lernkurven- und Skaleneffekten, sodass hier kein Wettbewerbsversagen identifiziert werden kann. Werden hingegen Netzwerk- oder *spill-over*-Effekte in eine dynamische Betrachtung einbezogen, kann die Analyse anders ausfallen und ein Wettbewerbsversagen vorliegen, weil langfristig die Verbreitung von effizienten Technologien erheblich behindert oder sogar verhindert wird. Der Rückgriff auf etablierte Technologien verspricht erhebliche Kostenvorteile, da bei der Weiterentwicklung bislang keine ökologischen Kriterien berücksichtigt worden sind. Deshalb sind diese Pfade so stabil, dass es zu Ineffizienzen kommen könnte, die einen staatlichen Eingriff rechtfertigen. Aus dieser Analyse können für den Staat Handlungsempfehlungen abgeleitet werden, die gegen eine Förderung der Grundlagenforschung in der Inventions- und Innovationsphase gerichtet sind. Vielmehr muss die Politik auch die späteren Marktphasen der Diffusion in den Blick fassen, da gerade diese in der evolutorischen Ökonomik eine zentrale Bedeutung haben. Problematisch bleibt allerdings die Frage, wie der Staat die ökologischen Folgen langfristig abschätzen und entscheiden will, ob Entwicklungen ökologisch nachhaltig oder kritisch sein werden. Des Weiteren wird immer von Nischenmärkten ausgegangen, die als Basis für die Diffusion in größere Märkte dienen sollen. Hier dürfte es schwierig werden, die Kriterien hinsichtlich der Entscheidung zu definieren, in welchen Nischenmärkten es effizient ist zu investieren und ein *rent seeking* zu vermeiden. Die Entstehung von Pfadabhängigkeiten kann auch zu strategischem Verhalten der Marktteilnehmer führen; in diesem Fall ist die Wettbewerbspolitik das geeignete Instrument, um diese Pfadabhängigkeiten zu verhindern.[913]

---

[912] Vgl. Edler, D./Blazejczak, J. et al. (2007), S. 38.
[913] Vgl. Schmidt, A. (2006), S. 224f.

4.2.3. Zusammenfassung der möglichen Legitimierung

Im Ergebnis lässt sich feststellen, dass die hier erläuterten Legitimierungen nur teilweise dazu geeignet sind, die staatliche Intervention im Konzept der ökologischen Industriepolitik theoretisch zu fundieren.

Externe Effekte eröffnen theoretisch eine Möglichkeit, eine staatliche Intervention zu begründen. Dabei muss jedoch im Rahmen der ökologischen Industriepolitik im Kontext der „doppelten Dividende" zwischen der PORTER-Hypothese und den Beschäftigungs- und Produktivitätsimpulsen unterschieden werden. Die Analyse der PORTER-Hypothese hat gezeigt, dass auf der Mikroebene der Unternehmen tatsächlich Effizienzgewinne erzielt werden können, wenn der Staat striktere Umweltschutzvorschriften erlässt. Die positive Beurteilung ändert sich jedoch, wenn zu einer Betrachtung der Makroebene übergegangen wird. Die Effizienzgewinne bestehen zwar, jedoch sind sie von vielen Faktoren abhängig und werden häufig geringer sein als die Kosten der Anpassung der Unternehmen im Rahmen des Strukturwandels. Die PORTER-Hypothese eignet sich folglich nicht, um eine ökologische Industriepolitik mit einer „doppelten Dividende" zu legitimieren. Eine weitere Argumentation, die in Bezug auf die „doppelte Dividende" verfolgt wird, verweist auf Beschäftigungs- und Produktivitätsimpulse. Die vielfach beschworenen Beschäftigungsgewinne sind oftmals nur theoretischer Natur, da sie voraussetzen, dass keine vorhandene Beschäftigung substituiert wird. Nur wenn die neuen „grünen" Produkte keine anderen Produkte ersetzen, wird ein Beschäftigungseffekt eintreten. Die Erfolge werden nochmals geringer, wenn die vorausgesagte Diffusion ins Ausland nicht stattfindet und es im Rahmen des Standortwettbewerbs zu einer Verlagerung der Produktion kommt.

Die Diskussion um öffentliche Güter zeigte eine weitere Möglichkeit auf, wie eine ökologische Industriepolitik begründet werden könnte. Im Gegensatz zum Aspekt der externen Effekte kann jener der öffentlichen Güter eine ökologische Industriepolitik legitimieren. Zum einen sind hier *spill-over*-Effekte zu nennen, zum zweiten die Verbesserung der Umweltqualität als ein weiteres öffentliches Gut. *Spill-over*-Effekte können durch staatliches Handeln nur teilweise internalisiert werden, sodass sie – zum Beispiel durch einen erweiterten Patentschutz bei Innovationen – nicht vollständig vermieden werden können. Diese Effekte sind nicht zuletzt im Zusammenhang mit einer Erhöhung des allgemeinen Technologieniveaus wichtig. Im Sinne der Verbesserung des Klimas als weiteres Ergebnis der ökologischen Industriepolitik muss auf internationale Diffusion und bilaterale Verhandlungen zurückgegriffen werden. Beides hat sich in der vergangenen Praxis als problematisch erwiesen. Zudem können entsprechende Anstrengungen aufgrund von *Leakage*-Effekten kontraproduktiv sein (siehe 2.3.2).

Auf Informationsasymmetrien verweist eine weitere theoretische und auch übertragbare Überlegung, um einen staatlichen Eingriff zu legitimieren. Dabei bietet der Aspekt der Nutzenasymmetrien die einzige stichhaltige Begründung für eine staatliche Politik. Informationen über den ökologischen Nutzen können weder den Nutzern noch den Produzenten langfristig vollständig vorliegen. Die Nutzenasymmetrien können über eine Veränderung der Rahmenbedingungen verbessert werden, indem Gütesiegel und verbindliche Ökostandards eingeführt werden. Eine weitere Begründung, die aus der Existenz von Informationsasymmetrien abgeleitet wird, nämlich jene, dass die Unternehmen blind für die Zukunft wären bzw. sich ausschließlich risikoscheu verhielten, lässt sich mit vorliegender Analyse nicht untermauern. Gerade der Wettbewerb zwingt die Unternehmen ständig zu Verbesserungen durch Produkt- bzw. Prozessinnovationen. Daher sollte es viel eher Aufgabe des Staates sein, den Wettbewerb sicherzustellen als aktiv zu intervenieren, denn auch der Staat hat nicht mehr Informationen als die Unternehmen.

Schließlich werden oftmals die bestehenden Pfadabhängigkeiten herangezogen, um ein staatliches Eingreifen in der ökologischen Industriepolitik zu begründen. In einer statischen Betrachtung können die Pfadabhängigkeiten kein Eingreifen legitimieren, da sie durch Lernkurven- bzw. Skaleneffekte ein Wohlfahrtsoptimum darstellen. In der einer dynamischen Betrachtung können hingegen sehr wohl Versagenstatbestände offenbar werden, die eine Intervention durch den Staat rechtfertigen könnten. Hier ginge es darum, die Verbreitung neuer effizienter Technologien gegenüber den alten Technologien zu fördern. Die neuen Technologien versprechen im Vergleich zu den alten langfristige Effizienzvorteile, die von den Unternehmen wahrscheinlich durchaus erkannt werden. Die Unternehmen werden allerdings erst umsteigen, wenn der Nutzen und die langfristigen Effizienzvorteile die Kosten der Adaption kompensieren, und dies ist tatsächlich ökonomisch sinnvoll.

In der Praxis erweist sich eine Politik der Förderung neuer Technologiepfade durch Schaffung von Leitmärkten aber als schwierig. Dies liegt zum einem bereits an der problematischen Auswahl der Märkte, da auch der Staat nicht mit hinreichender Sicherheit antizipieren kann, welche Technologie eine Leittechnologie darstellt. Zum anderen kann es zu Mitnahmeeffekten kommen, wenn Leitmärkte definiert und gefördert werden, in denen Unternehmen ohnehin das Ziel verfolgen zu forschen bzw. zu entwickeln. Eben deswegen muss die Politik der Leitmärkte sehr differenziert betrachtet und genau geprüft werden, ob gesamtwirtschaftlich die Vorteile tatsächlich die Nachteile überwiegen.

Von den hier vorgestellten ökonomischen Ansätzen zur Legitimierung eines staatlichen Eingreifens können nur die Konzepte der öffentlichen Güter, der Informationsasymmetrien in Form von Nutzenasymmetrien und der Pfadabhängigkeiten tatsächlich eine aktive staatliche Intervention untermauern. Die oftmals angeführte Zukunftsblindheit der Unternehmen, die sich u. a. in der Risikoversion der Unternehmen ausdrücke, bietet keine ökonomische Begründung für eine aktive staatliche Politik. Gleiches gilt für den Aspekt der „doppelten Dividende", da sowohl die PORTER-Hypothese als auch die Debatte über Beschäftigungsimpulse nur theoretischer Natur sind und den internationalen Standortwettbewerb nicht berücksichtigen.

5. Fazit

Die erste Aufgabe dieser Arbeit bestand darin, das behandelte Problem zu erörtern und den ursächlichen Kerngedanken, der die ökologische Industriepolitik begründet, zu analysieren. Dieser Kerngedanke ist, allgemein ausgedrückt, der Schutz der Umwelt. Die Umwelt ist deswegen so überaus wichtig, weil sie die Grundlage jeglichen Lebens sowie der Wirtschaft ist. Aus der Natur entnehmen wir Ressourcen und transformieren diese in Güter und Produkte, die auf den Märkten nachgefragt werden. Bei der Produktion dieser erwünschten Güter entstehen auch weitere, unerwünschte Produkte in Form von Immissionen, Emissionen und anderen Abfälle, für welche die Umwelt als Senke dient. Die Senkenfunktion neutralisiert Abfälle durch verschiedene Kreisläufe und teilweise können hierdurch neue Ressourcen geschaffen werden. Doch scheint die Funktion der Natur sich in den letzten Jahren verändert zu haben.

Die Umwelt befindet sich in keinem statischen Zustand, sondern verändert sich ständig. In den letzten Jahren hat sich nachweislich das Klima verändert, wobei zu diskutieren ist, wovon diese Klimaänderungen abhängig sind. Grundsätzlich lassen sich anhand der intensiven wissenschaftlichen Diskussion zwei Bereiche identifizieren: der natürliche und der anthropogen ausgelöste Klimawandel. Letztlich kommt eine Kombination aus beiden Faktoren zum Tragen. Das Klima hat sich zwar seit dem Entstehen der Erde mehrfach verändert, aber die Entwicklung weist seit einigen Jahrzehnten auffällige Besonderheiten auf. War die durchschnittliche Temperaturerhöhung in den letzten 100 Jahren nur 0,07°C pro Dekade, so liegt der aktuelle Wert bei deutlich höheren 0,17°C. Diese Abweichung von der langfristigen Rate lässt sich nur mit den menschlichen Eingriffen und hier vor allem mit dem Emissionsanstieg aufgrund der Industrialisierung erklären.

Wenn man von diesen Erkenntnissen die weitere Entwicklung interpoliert, so könnte sich die Temperatur bis 2100 bereits um 3-6°C erhöhen. Die Konsequenzen wären für die Natur sowie für die Wirtschaft erheblich. Die Artenvielfalt könnte sich dramatisch verringern und auf die Gesellschaft und die Wirtschaft könnten immense Kosten zukommen. Die Schätzungen belaufen sich dabei auf 3,5-5 % des globalen BIP. Die EU-Kommission geht von jährlichen Kosten in Höhe von 175 Mrd. € aus, die der Klimawandel verursacht. Doch sind die Kosten von vielen Faktoren abhängig, sodass sie nur sehr schwer objektiv beziffert werden können.

Das Nutzungsverhalten in Bezug auf die Natur bzw. die Umwelt lässt sich anhand von zwei ökonomischen Theorien erklären, die auf die Eigenschaften des

Gutes Umwelt verweisen. In der traditionellen Volkswirtschaftslehre wird die Umwelt als freies oder oft auch als öffentliches Gut bezeichnet, da kein Individuum vom Konsum ausgeschlossen werden kann. Doch kann, das zeigen die Erfahrungen aus der Vergangenheit, die mangelnde Ausschließbarkeit vom Konsum zu einer kollektiven Übernutzung führen. Eine Rivalität im Konsum entsteht, die ein Merkmal von privaten Gütern ist. Die Natur vereint mithin Eigenschaften von privaten und öffentlichen Gütern, eine Kombination, die als Allmendegut bezeichnet wird. Für die Nutzer ist individuell rational, die Ressourcen so lange zu nutzen, bis die Kosten den Nutzen übersteigen. Bei einigen Ressourcen kann die Gesamtheit der individuellen aber über der sozialen Abbaurate liegen, sodass es zu einer Schädigung der Ressourcen kommt. Die Anzahl der Nutzer und die Schädigung stehen dabei in einem unmittelbaren Zusammenhang. Je kleiner die Gruppe der Nutzer ist, umso weniger wahrscheinlich wird eine Übernutzung. Je anonymer die Nutzerbeziehungen sind, desto wahrscheinlicher ist, dass die Gesamtheit der individuellen Abbauraten über der sozialen Abbaurate liegt und es zu einer Schädigung kommt.

Besonders deutlich wird diese Problematik am Beispiel der Atmosphäre. Die Nutzer können weltweit die Atmosphäre fast überall kostenlos für Emissionen verwenden, da es für diese Ressource nur mangelhafte (internationale) Eigentumsrechte gibt. In einigen Staaten existieren zwar nationale Lösungen, die die Emittenten zu einer wirtschaftlichen Nutzung zwingen. Die gesamten individuellen Abbauraten können auf diese Weise in Übereinstimmung mit der sozialen Abbaurate gebracht werden. Doch wird diese Lösung nur in wenigen Staaten verfolgt, die meisten Staaten haben keinerlei Interesse an einer Begrenzung der Emissionen von schädlichen Gasen ihrer Produzenten. Das Dilemma liegt darin, dass diese Staaten von der Emission nicht ausgeschlossen werden können, da es sich bei der Atmosphäre um ein tendenziell freies bzw. öffentliches Gut handelt. Doch hat bereits die Erläuterung des Klimawandels in vorliegender Arbeit gezeigt, dass sehr wohl eine Rivalität im Konsum auch bei der Atmosphäre vorliegt.

Eine weiteres Dilemma entsteht bei der Durchführung von Schutzmaßnahmen. Einige Länder werden Klimaschutzmaßnahmen durchführen, deren Wirkungen machen aber nicht an den Landesgrenzen halt, sodass alle anderen Staaten auch profitieren. Letztere verhalten sich als *free rider* und maximieren ihre nationale Wohlfahrt auf Kosten jener Länder, die Schutzmaßnahmen durchführen. Dieses Verhalten können die Staaten, die Schutzmaßnahmen durchführen wollen, antizipieren und sie dazu veranlassen, die Maßnahmen nicht durchzuführen. Die Staaten befänden sich dadurch in einem Kreis aus dem kein Ausbruch möglich ist. Trotz dieser Probleme werden einzelne Länder Klimaschutzmaßnahmen durchführen, weil sie sich von ihrer Pionierrolle einen langfristigen Nettovorteil versprechen. Die Pionierrolle könnte aber auch negative Effekte haben: Die Schutzmaßnahmen in einzelnen Ländern könnten die Nachfrage nach umweltschädlichen Produkten verringern, was eine Preisreduzierung nach sich ziehen würde. Jene Länder, die die umweltschädlichen Produkte weiterverwenden, könnten in der Folge die Nachfrage günstiger bedienen und ihre Nachfragemenge sogar ausweiten (*Leakage*-Effekt). Somit würde sich keine globale Umweltentlastung einstellen. Die theoretische Gefahr muss nach empirischen wissenschaftlichen Untersuchungen jedoch relativiert werden, da kein vollständige Ausweitung stattfindet.

Viele Experten sind der Ansicht, dass die Ursache für die Umweltprobleme im Wachstum der Industrie- und Transformationsstaaten in den letzten 100 Jahren zu suchen ist. Doch ist dieses Wachstum notwendig, um bei einer steigenden Bevölkerungszahl einen konstanten Wohlstand zu gewährleisten. Das gesamtwirtschaftliche Wachstum ist dabei zu unterscheiden in quantitatives und qualitatives Wachstum. Die Folgen für die Umwelt sind bei diesen beiden Wachstumsarten nicht dieselben. Das quantitative Wachstum hat einen negativen Einfluss auf die Umweltqualität, da es nur durch einen erhöhten Ressourcenverbrauch generiert werden kann. Der Effekt könnte sich noch verstärken, weil aus den unmittelbaren Schäden Folgeschäden entstehen können. Unter Berücksichtigung der Umweltschäden könnte deshalb ein negativer Nettonutzen entstehen.

Als Ausweg käme das nachhaltige bzw. qualitative Wachstum infrage. Demnach würde der Materialeinsatz vom Wachstum entkoppelt und gleichzeitig die Wohlfahrt erhöht. Das qualitative Wachstum lässt sich aber nur durch technischen Fortschritt und einen nachhaltigen Strukturwandel gewährleisten, in dessen Verlauf die umweltschädlichen Produkte vollständig durch umweltfreundlichere Produkte ersetzt werden müssen. Dies würde einen Eingriff in die Konsumentensouveränität bedeuten, der kritisch zu sehen ist. Zudem lassen sich auch mithilfe des technischen Fortschritts nicht alle umweltschädlichen Produkte sofort substituieren, bei einigen dürfte dies sogar dauerhaft unmöglich sein. Das qualitative Wachstum bildet eine Alternative zum umweltschädlichen quantitativen Wachstum, jedoch wird letzteres nicht obsolet werden. In jedem Falle hat eine Reihe an Staaten bereits aus vielfältigen Gründen einen Transformationsprozess zu mehr qualitativem Wachstum eingeleitet.

Der Transformationsprozess soll in einem kompletten Umbau der Wirtschaft und Gesellschaft münden. Im Ergebnis sollen Fragen der Umwelt in alle Prozesse der Wirtschaft und Gesellschaft eingebunden werden. Weiterhin sollen im Zuge der Transformation alle nicht erneuerbaren durch regenerative Ressourcen ersetzt und Ressourcen generell effizienter genutzt werden. Die Umwelt soll letztlich zu einer neuen Quelle des Wohlstandes werden. Dies kann nur gelingen, wenn die angestrebte Entwicklung nicht alleine dem Markt überlassen wird, weil dieser zu langsam reagiert und es sozialen Härten käme, die es zu vermeiden gilt. Die Kritik am Markt ist aber nur teilweise gerechtfertigt. Die Funktionsfähigkeit der Märkte wird meist durch den Staat selbst behindert, der falsche Anreize für die Unternehmen setzt. Deshalb sollte die Funktionsfähigkeit der Märkte gefördert werden, um eine effiziente Ressourcenallokation für alle Generationen auch im Hinblick auf den Umweltschutz zu erreichen. Markt und Wettbewerb sind daher sehr wohl dazu geeignet, zum qualitativem Wachstum beizutragen.

Die traditionelle Industriepolitik hat bisher nur das übergeordnete Ziel der Wettbewerbsfähigkeit verfolgt. Der Begriff der Wettbewerbsfähigkeit ist sehr diffus und kann unterschiedlich ausgelegt werden. Auf mikroökonomischer Ebene verweist Wettbewerbsfähigkeit auf die Verbesserung der Produktqualität bzw. -vielfalt. Weitet man die Sichtweise von der nationalen auf eine internationale Ebene aus, meint Wettbewerbsfähigkeit die Fähigkeit eines Staates, seine Produkte erfolgreich auf dem Weltmarkt abzusetzen. Neben den beiden gibt es noch eine dritte Sichtweise, nach der die Wettbewerbsfähigkeit immer mit dem erreichten Lebens- und Einkommensstandard verbunden ist, der möglichst stetig erhöht werden soll. In der Politik ist man weit davon entfernt, die drei Sichtweisen scharf zu trennen.

Die Wettbewerbsfähigkeit wird über die Prozess- und Ordnungspolitik gesteuert, zwei Bereiche also, in denen die Umwelt bisher kaum berücksichtigt wurde. Die ordnungspolitischen Ziele sind vorrangig die Sicherung und Stabilität der Rahmenbedingungen und die Gewährleistung der Markt- und Wettbewerbsprozesse. Die Gewährleistung des Wettbewerbs wurde jedoch in der Vergangenheit unterschiedlich ausgelegt: Einerseits wurde der Wettbewerb ausgeschaltet, indem einzelne Unternehmen vor dem Wettbewerb geschützt wurden, oder es wurden durch staatliche Anstrengungen Fusionen von Unternehmen zu nationalen Champions gefördert. Abgezielt wird vor allem darauf, Skaleneffekte für die Unternehmen zu erreichen, um einen komparativen Kostenvorteil auf dem Weltmarkt zu erlangen, was die heimische Wohlfahrt erhöhen soll. Doch ist diese Politik aufgrund der Monopolstellung von Unternehmen auch mit negativen Konsequenzen für die heimischen Konsumenten verbunden, sodass sich letztlich ein negativer Nettonutzen ergibt. Wahrscheinlich wäre ein gegenläufiges Konzept wesentlich erfolgreicher, denn ein funktionsfähiger Wettbewerb fördert Innovationen und eine effizienzorientierte Selektion der Unternehmen – mithin zwei Faktoren, die grundsätzlich einen positiven Einfluss auf die Wettbewerbsfähigkeit haben.

Ordnungspolitik, wie sie bislang im Rahmen der Industriepolitik verfolgt wurde, bezog kaum Umweltaspekte ein, da Umweltschutzbemühungen die Unternehmen belastet hätten und dies mit dem Gedanken der Förderung der Unternehmen unvereinbar erschien. Mittels Prozesspolitik wird direkt von staatlicher Seite versucht in die Wirtschaftsabläufe einzugreifen. Die selektive F&E-Förderung bildet die Hauptsäule der industriepolitischen Prozesspolitik. Meist wurde in der Vergangenheit die FuT-Politik eingesetzt, um auf die Wettbewerbsfähigkeit einzuwirken. Dabei wurde mittelbar die Umwelt beeinflusst, denn die meisten Programme der selektiven FuT-Politik hatten andere Schwerpunkte, die in der Regel auf die Entwicklung neuer Märkte abstellten, um den Strukturwandel für die Unternehmen, aber auch die Arbeitskräfte zu erleichtern bzw. zu gestalten. Die entsprechenden Maßnahmen (z. B. Förderung der Atomkraft) konnten positive und negative Umwelteffekte nach sich ziehen. Die Umwelt wurde mithin eher als ein Nebenziel gesehen, das man langfristig erreichen könnte. Sein Stellenwert hing immer von der aktuellen Relevanz anderer Ziele ab (wie Bekämpfung der Arbeitslosigkeit und Wachstumsförderung), die Vorrang hatten.

2006 veröffentlichte die Bundesregierung das Konzept zur ökologischen Industriepolitik. Es sollte einen Wendepunkt in der Industriepolitik darstellen, da es erstmals eine kombinierte Umwelt- und Wirtschaftspolitik skizzierte. Diese Kombination ist aber keineswegs neu: Bereits in den 70er-Jahren gab es in Deutschland und Europa dazu erste theoretische sowie auch politische Konzepte, die jedoch aufgrund der Wirtschaftskrisen (Ölkrisen 1973 und 1979) nie umgesetzt wurden. In Europa verstärkte sich der Umweltgedanke ab 1999 und die Umwelt wurde zum gleichrangigen Thema neben Wachstum und Beschäftigung. Die Europäische Union wollte mithilfe einer kombinierten Wirtschafts- und Umweltpolitik die ehrgeizigen klimapolitischen Ziele erreichen, die in Kyoto und Lissabon formuliert worden waren. Doch sollte aufgrund der folgenden Wirtschafts- und Finanzkrise 2001 die Umsetzung ebenfalls bis 2006 dauern.

Die Anlässe für die Entwicklung des Konzeptes sind im weltweiten Bevölkerungswachstum, dem Klimawandel und in der zunehmenden Ressourcenknappheit zu suchen. Um hier Lösungen zu entwerfen, bedarf es einer Verbindung von Umwelt- und Wirtschaftspolitik, da wirtschaftliche und Umweltprobleme sich teilweise gegenseitig bedingen. Das Konzept stellt auf vier übergeordnete Ziele ab: Anpassung der Unternehmen an die Situation der knapper werdenden Ressourcen, Ausrichtung der Unternehmen auf die Märkte der Zukunft, Technologiesprünge auf dem Feld der Umwelt- und Effizienztechnologien und schließlich Hilfe für die Transformations- und Schwellenländer bei der Generierung eines nachhaltigen Wirtschaftswachstums.

Unternehmen können nur auf die knapper werdenden Ressourcen eingestellt werden, indem sie ihre Ressourceneffizienz verbessern. Rein ökonomisch verbirgt sich dahinter auch ein intertemporales Problem der Nutzung der vorhandenen Ressourcen. Der gesamtwirtschaftlich optimale Abbaupfad macht sich dabei an der sozialen Zeitpräferenzrate fest. Die jeweiligen Ressourcennutzer orientieren sich aber nicht an der gesamtwirtschaftlich optimalen Abbaurate, sondern versuchen ihren individuellen Nutzen zu maximieren. Sie haben daher individuelle Abbauraten und diese können aufgrund von verschiedenen Faktoren von der sozialen Zeitpräferenzrate abweichen. Grundsätzlich ist ein entscheidender Faktor die Markt- und Wettbewerbssituation. Hier liegt ein Dilemma vor. Gerade Monopolisten neigen zu einer geringeren Abbaurate, ein intensiver Wettbewerb hingegen eher zu einer höheren Abbaurate. Die Märkte können deshalb die optimalen Abbauraten nicht ausreichend abbilden, sodass der Staat diese Unvollkommenheiten beseitigen müsste. Hier muss aber unterschieden werden, ob es sich um erneuerbare oder nicht erneuerbare Ressourcen handelt. Die erneuerbaren Ressourcen sind unkritisch, während die nicht erneuerbaren Ressourcen eine staatliche Intervention begründen können. Doch sind die Eingriffsmöglichkeiten für den Staat nur gering oder volkswirtschaftlich schwer vertretbar, sodass das Problem des optimalen Abbaupfades bei nicht erneuerbaren Ressourcen weiterhin bestehen bleibt und anderweitig gelöst werden muss.

Eine Möglichkeit wäre nicht nur die Veränderung der Produzentenseite, sondern auch eine, die Nachfrager bzw. Konsumenten miteinbezieht. Doch ist ein Eingriff in die Konsumentensouveränität mit Vorsicht zu betrachten und der Erfolg von vielen Faktoren abhängig. Die Konsumenten müssen die Mehrkosten der neuen Produkte akzeptieren. Die Akzeptanz hängt maßgeblich davon ab, ob es Produkte gibt, auf die die Konsumenten ausweichen können. Wenn bestimmte Märkte gefördert werden, kann es zu massiven Wettbewerbsverzerrungen kommen. Außerdem ist eine Verbesserung der Umweltbilanz nicht zwangsläufig zu erwarten, wenn die Konsumenten ihre Nachfrage ausweiten. Doch gerade deshalb müssen die Konsumenten in die Überlegungen zur Verbesserung der Ressourceneffizienz einbezogen werden.

Ein weiteres Ziel ist die Förderung von Unternehmen in zukünftigen Leitmärkten. Die Unternehmen, so die Annahme, antizipieren die Chancen, die in den „grünen“ Märkten liegen, nicht ausreichend. In dem Zusammenhang wurde wiederholt auf HAYEK‘s Generalkritik der staatlichen Anmaßung von Wissen verwiesen, die daran festmacht, dass dem Staat auch nicht mehr Informationen als den Unternehmen vorliegen. Die Hilfe für ausgewählte Unternehmen bzw. Märkte macht den Staat anfällig für Partikularinteressen und *rent seeking* einzelner Unternehmen. Wie die Geschichte der Industriepolitik gezeigt hat, besteht die Gefahr, dass hier Mittel in solche Märkte gelenkt werden, die sich letztlich gar nicht als erfolgreich erweisen. Die Steigerung der Wettbewerbsfähigkeit kann beeinträchtigt werden, weil Beschäftigung und Innovationen in anderen Märkten vernachlässigt werden. Daher müssen die Märkte in allen Bereichen mit einbezogen werden, dabei könnte auch der Nebeneffekt der Produktion von umweltfreundlicheren Produkten wirksam werden. Die Förderung der Leitmärkte soll zu mehr Beschäftigung gerade in diesen Märkten führen. Die prognostizierten Beschäftigungseffekte werden aber Beschäftigungsverluste in anderen Branchen auslösen, sodass wahrscheinlich gesamtwirtschaftlich keine wirkliche neue Beschäftigung generiert wird.

Ein weiterer Aspekt ergibt sich aus den Kostenbelastungen für Unternehmen, die entstehen, wenn im Zuge einer „ökologischen Revolution" striktere Umweltschutzvorschriften erlassen werden. Entsprechende Zusatzkosten belasten zuerst die heimischen Unternehmen, aber wenn diese Vorschriften in andere Länder bzw. gesamte Branchen diffundieren, könnte sich daraus ein Wettbewerbsvorteil ergeben, da die heimischen Unternehmen benötigte Produkte bereits herstellen bzw. anbieten können. Daraus leitet sich das Ziel der internationalen Diffusion der Umweltschutztechnologien ab. Zudem müssen für eine wirksame Entlastung der Umwelt nicht nur nationale, sondern globale Lösungen gesucht und gefunden werden.

Die vorhergesagten Pioniereffekte sind jedoch von vielen Faktoren abhängig. Wie im normalen Wettbewerbsprozess werden bei einem potenziellen Erfolg Nachahmer angezogen, was Pionierrenten und Innovationsvorsprünge aufzehren könnte. Auch ist das Wissen in den Unternehmen gebunden – wenn diese abwandern, könnte dies zu einem Verlust des Innovationsvorsprunges führen. Dies mündet letztlich in einem Wettbewerb der Systeme, der bisher nicht ausreichend beachtet wird. Staaten befinden sich einem Wettbewerb untereinander und daher besteht für Unternehmen mit umweltschädlicher Technologie immer die Möglichkeit einer Abwanderung in andere Länder, in denen weniger restriktive Vorschriften gelten. Dies könnte die Umweltentlastung massiv beeinträchtigen, denn die ineffizienten Anlagen würden dann einfach im Ausland betrieben. Ebenfalls ergibt sich durch die staatliche Förderung die Gefahr eines internationalen *rent seeking*.

Um eine wirksame Umweltentlastung zu erreichen, will die ökologische Industriepolitik vor allem den Schwellen- und Transformationsländern helfen, Fehler bei der Industrialisierung zu vermeiden. Dabei soll in erster Linie ein Anstieg der Emissionen mit zunehmender Industrialisierung dieser Länder verringert werden. China als weltgrößter Emittent von klimaschädlichen Gasen wurde in vorliegender Arbeit näher betrachtet. Es wurde deutlich, dass eine solche geplante Unterstützung oftmals nur schwer umsetzbar sein dürfte, da dies viele Faktoren voraussetzt. Zunächst einmal müssen die Schwellen- und Transformationsländer diese Hilfe wünschen – gerade die letzten Klimaschutzverhandlungen haben die Grenzen des Vorhabens aufgezeigt, die Schwellenländer auf konkrete Minderungsziele zu verpflichten. Zudem ist die Kapitalausstattung inklusive Humankapital in einigen Ländern zu gering, um die Technologien überhaupt nutzen zu können. Deshalb müssten die Technologien auf die spezifischen, auch kulturellen Bedingungen der einzelnen Länder ausgerichtet werden. Auch könnte ihnen ein Wettbewerbsvorteil genommen werden, denn durch die besseren Technologien könnten die Produktionskosten steigen, was wiederum negative Auswirkungen auf Beschäftigung und Wohlstand haben könnte.

Sicherlich kann die ökologische Industriepolitik einen Beitrag zur Anhebung des Technologieniveaus in den Transformations- und Schwellenländern leisten, jedoch sind die angekündigten Technologiesprünge unwahrscheinlich. Das Konzept bietet daher schon inhaltlich einige Ansatzpunkte für massive Kritik, die bisher auch durch mehrere Erweiterungen nicht gelöst werden konnten. Letztlich wurden Ziele erneut verschoben und der Umweltschutz wurde, wie in den 70er-Jahren, nochmals zurückgestellt. Nach der Atomkatastrophe in Japan wurde nur die Energiepolitik als Teilbereich wieder populär.

Die ökologische Industriepolitik geht mit einer neuen Rolle des Staates einher, die aus einem postulierten Verlust des Vertrauens in den Markt entstanden ist. Die Markt- und Wettbewerbsprozesse hätten, so eine dominierende Ansicht, die Situation verschlimmert, anstatt sie zu verbessern. Doch ist der Eingriff in Märkte seitens staatlicher Institutionen nur zu rechtfertigen, wenn wirklich marktliche Unvollkommenheiten vorliegen. Für die ökologische Industriepolitik würden folgende Versagenstatbestände in Betracht kommen: die externen Effekte, die öffentlichen Güter, die Informationsasymmetrien und die Pfadabhängigkeiten.

Die externen Effekte können auf zwei verschiedenen Ebenen genutzt werden. Einmal entstehen bei der Produktion unerwünschte Nebenprodukte, die nicht über den Markt abgegolten werden können. Das Versagen liegt jedoch nur beim Nebenprodukt vor und ein solches Versagen muss nicht mittels aktiver staatlicher Intervention beseitigt werden. Es kann vielmehr durch die Definition von Eigentumsrechten verhindert werden, denn dann würden die Kosten internalisiert. Ein wesentlicher interessanter Punkt im Bereich der externen Effekte sind die positiven externen Effekte. In diesem Zusammenhang wird gerade bei Innovationen mit einem Umweltbezug immer auf die Besonderheit der „doppelten“ oder sogar „mehrfachen Dividende“ verwiesen. Diese Innovationen bewirken neben der primären Ressourcenverringerung oder Produktivitätsverbesserung auch eine Umweltentlastung sowie weitere, soziale Veränderungen. Dennoch bieten die vorliegenden Modelle zur „doppelten Dividende“ keine ausreichende Grundlage für eine staatliche Intervention. Die Analyse der PORTER-Hypothese zeigt auf der mikroökonomischen Ebene, dass tatsächlich Effizienzgewinne durch die Anregung von Innovationen entstehen können; wird hingegen die Makroebene betrachtet, sind die Effizienzgewinne geringer als die Kosten der Anpassung durch restriktivere Umweltschutzvorschriften. Auch Beschäftigungsimpulse können nicht als „doppelte Dividende“ gelten, weil lediglich vorhandene Beschäftigung substituiert wird.

Eine weitere Legitimierung könnte die Theorie der öffentlichen Güter bieten. Das Marktversagen entsteht hier dadurch, dass aufgrund der mangelnden Ausschließbarkeit vom Konsum kein Markt zustande kommt. Übertragen auf die ökologische Industriepolitik kommen zwei Ausprägungen in Betracht. Zum einen handelt es sich, wie mehrfach angesprochen, bei Umweltschutzmaßnahmen um ein öffentliches Gut, die internationale Klimaschutzmaßnahmen verhindern könnten. Nur eine globale Lösung kommt für einen effektiven Betrag zum Klimaschutz in Betracht, die gegenwärtig aber aufgrund der Interessen der Industrie sowie der Schwellen- und Entwicklungsländer schwierig zu finden sein dürfte. Als weitere Ausprägung sind *spill-over*-Effekte zu nennen. Sie bilden die Grundlage für die allgemeine Erhöhung des Technologieniveaus und können auch mit staatlicher Intervention nicht vollständig verhindert werden. Dennoch würde ein Marktversagen mit Hinweis auf den Charakter der öffentlichen Güter einen staatlichen Eingriff im Rahmen der ökologischen Industriepolitik rechtfertigen.

Eine weitere Argumentation, um einen staatlichen Eingriff zu untermauern, könnte sich aus dem Konstrukt der asymmetrischen Informationen ableiten lassen. In der Analyse hat sich gezeigt, dass die Informationen über einen langfristigen ökologischen Nutzen von Gütern zwischen den Konsumenten, den Produzenten und dem Staat asymmetrisch verteilt sind. Dies rechtfertigt allerdings nicht eine intensive Aktivität des Staates, denn eine Lösung lässt sich auch durch Gütesiegel und verbindliche Ökostandards umsetzen, die über das Ordnungsrecht eingeführt werden können. Dabei dürfen die Standards keinesfalls statisch sein, sondern müssen dynamisch an die jeweiligen Bedingungen angepasst werden. Aus den asymmetrischen Informationen wird noch eine weitere politische Begründung für einen staatlichen Eingriff abgeleitet: Die Unternehmen seien aufgrund falscher Informationen blind für die Zukunft und verhielten sich deshalb risikoscheu. Dies Verhalten lässt sich analytisch nicht ausreichend nachweisen, da gerade der Wettbewerb zur ständigen Verbesserung durch Produkt- und Prozessinnovationen zwingt. Daher sollte der Staat lieber eine umsichtige Wettbewerbspolitik betreiben, um die Rahmenbedingungen für einen funktionsfähigen Wettbewerb zu gewährleisten, anstatt aktiv zu intervenieren.

Neben den Tatbeständen des Markt- und Wettbewerbsversagens kommt noch eine weitere Begründung in Betracht, um ein staatliches Eingreifen zu rechtfertigen. Technologien werden oftmals entlang bestimmter Pfade entwickelt. Dabei kann es vorkommen, dass effizientere Pfade nicht beschritten werden, da die Innovationen auf bestehenden Pfaden durch Lernkurven- und Skaleneffekte kostengünstiger zu erreichen sind. Da Letztere jedoch eine geringere Effizienz aufweisen, müsste der Staat eingreifen, um den Wechsel zum effizienteren Technologiepfad zu initiieren. Statisch gesehen rechtfertigen die Pfadabhängigkeiten jedoch keinen Eingriff, auch in einer dynamischen Betrachtung ändert sich dieses Ergebnis nicht. Auch die Unternehmen können langfristige Effizienzvorteile erkennen und werden, wenn es sinnvoll ist, den Technologiepfad wechseln. Deshalb muss der Staat nicht in großem Ausmaß eingreifen. Nach der theoretisch schwierigen Begründung der Pfadabhängigkeiten ergeben sich auch in der praktischen Politik Probleme. Die Pfade sind abhängig von der Auswahl der Leitmärkte. Diese Auswahl will der Staat unter Hinweis auf seinen (vermeintlichen) Informationsvorsprung vor den Unternehmen vornehmen. Die Informationen müssen aber keineswegs korrekt und verlässlich sein, sodass letztlich geförderte Technologiepfade nicht zwangsläufig besser sind. Zudem können Mitnahmeeffekte durch die Unternehmen auftreten, die schwierig zu rechtfertigen sein dürften. Gerade deshalb ist die Politik differenziert zu betrachten.

Abschließend lässt sich zusammenfassen, dass die Ursachen, die die ökologische Industriepolitik rechtfertigen sollen, tatsächlich vorhanden sind und auch ein Eingreifen erfordern. In der traditionellen Industriepolitik fanden diese bisher keine Berücksichtigung. Ein kombinierter Ansatz von Wirtschafts- und Umweltpolitik erscheint daher tendenziell als ein guter Ansatz, da viele Probleme in beiden Bereichen in Wechselwirkung stehen. Das Konzept weist aber schwerwiegende inhaltliche Schwachstellen auf. Ebenso wenig können die Begründungen für die aktive staatliche Rolle einer genauen Analyse standhalten. Daher sollten die Maßnahmen der ökologischen Industriepolitik grundlegend überprüft werden, da sich hier wahrscheinlich die gleichen Probleme wie schon in der traditionellen Industriepolitik einstellen werden. Die wirtschaftlichen Ziele lassen sich eher durch eine gute Wettbewerbspolitik erreichen und die ökologischen Fragen können im Alleingang nicht gelöst werden, sondern verlangen eine globale Zusammenarbeit aller Länder. Eben darauf wäre in den nächsten Jahren zu hoffen. Die Erkenntnisse der ökologischen Industriepolitik sind als korrekt und wichtig zu bewerten, aber die Schlüsse, die daraus gezogen werden, sind äußerst kritisch zu sehen.

Literaturverzeichnis

Adger, W. N./Agrawala, S. et al. (2007): Assessment of adaptation practices, options, constraints and capacity, in: M. L. Parry, et al. (Hrsg.): Climate change 2007 - impacts, adaptation and vulnerability, Contribution of Working Group II to the Fourth Assessment Report of the Intergovernmental Panel on Climate Change, 1. Aufl., Cambridge, S. 717–743.

Aiginger, K. (2007): Industrial Policy: A dying Breed or a Re-emerging phoenix, in: Journal of Industry, Competition and Trade, 7. Jg., H. 3-4, S. 297–323.

Aiginger, K./Sieber, S. (2006): The Matrix Approach to Industrial Policy, in: International review of applied economics, 20. Jg., H. 5, S. 573–601.

Akerlof, G. A. (1970): The Market for "Lemons": Quality Uncertainty and the Market Mechanism, in: The Quarterly Journal of Economics, 84. Jg., H. 3, S. 488–500.

Aktiengesetz, AktG, vom 08.12.2008, in: BGBl. I (Bundesgesetzblatt I), S. 2369.

Albritten, D./Jonas, P. et al. (1996): Radiative Forcing of Climate Change, in: J. T. Houghton, et al. (Hrsg.): Climate change 1995. The Science of Climate Change, Contribution of WG I to the second Assessment Report of the Intergovernmental Panel on Climate Change, Cambridge, S. 65–131.

Allen, C./Herbert, D. et al. (2006): The European commission's new industrial policy, in: EIB Papers, 11. Jg., H. 2, S. 134–146.

Alparslan, A. (2006): Strukturalistische Prinzipal-Agent-Theorie, Eine Reformulierung der Hidden-Action-Modelle aus der Perspektive des Strukturalismus, Wiesbaden.

Altvater, E. (2009): Ressourcen: Wachstum der Grenzen oder Grenzen des Wachstums?, in: G. Altner, et al. (Hrsg.): Umwälzung der Erde, Konflikte um Ressourcen, Jahrbuch Ökologie 2010, Stuttgart, S. 61–70.

Arrow, K. J./Bolin, B. et al. (1995): Economic Growth, Carrying Capacity, and the Environment, in: Science, 268. Jg., H. 268, S. 520–521.

Ashford, N. A. (2000): An Innovation-Based Strategy for a sustainable Environment, in: J. Hemmelskamp, et al. (Hrsg.): Innovation-oriented environmental regulation, Theoretical approaches and empirical analysis, Heidelberg, New York, S. 67–107.

Bangemann, M. (1992): Mut zum Dialog, Wege zu einer europäischen Industriepolitik, Stuttgart.

Bardt, H. (2005): Klimaschutz und Anpassung: Merkmale unterschiedlicher Politikstrategien, in: Vierteljahreshefte zur Wirtschaftsforschung, 74. Jg., H. 2, S. 259–269.

Bardt, H. (2008): Ökologische Industriepolitik oder angebotsorientierte Umweltpolitik, in: Wirtschaftsdienst - Zeitschrift für Wirtschaftspolitik, 88. Jg., H. 1, S. 31–39.

Bardt, H. (2009): Grundzüge einer effizienten Klimapolitik – weist die ökologische Industriepolitik den richtigen Weg, Gutachten für den DIHK, Köln, recherchiert am 15.11.2011.

Bardt, H. (2011): Klima- und Strukturwandel, Chancen und Risiken der deutschen Industrie, Bd. 69, Köln.

Barker, T. B. I./Alharthi, A. et al. (2007): Mitigation from a cross-sectoral perspective, in: B. Metz (Hrsg.): Climate change 2007 - Mitigation of climate change, Contribution of Working Group III to the ourth assessment report of the Intergovernmental Panel on Climate Change, Cambridge, Mass., S. 619–690.

Barrett, S. (1994): Self-Enforcing Environmental Agreements, in: Oxford Economic Papers, 46. Jg., S. 878–894.

Basedow, J. (2007): Der Wettbewerb spielt keine herausragende Roll mehr, in: FAZ, Nr. 201, 30.08.2007, S. 14.

Baumgärtner, S./Schiller, J. (2001): Kuppelproduktion, Ein Konzept zur Beschreibung der Entstehung von Umweltproblemen, in: F. Beckenbach (Hrsg.): Ökonomische Naturbewertung, Marburg, S. 353–393.

Belitz, H./Schrooten, M. (2008): Innovationssystem – Motor der Wirtschaft, in: DIW Vierteljahreshefte, 77. Jg., H. 2, S. 5–10, elektronisch verfügbar unter: http://www.diw.de/documents/publikationen/73/85928/diw_vjh_08-2-1.pdf, recherchiert am 18.09.2011.

Belke, A./Dreger, C. et al. (2010): Energy Consumption and Economic Growth: New Insights into the Cointegration Relationship, DIW Discussion Papers, Nr. 1017, Berlin.

Berg, H./Cassel, D. et al. (2007): Theorie der Wirtschaftspolitik, in: T. Apolte, et al. (Hrsg.): Vahlens Kompendium der Wirtschaftstheorie und Wirtschaftspolitik, 9. Aufl., München, S. 243–368.

Berg, H./Schmidt, F. (1998): Industriepolitik, in: P. Klemmer/D. Bender (Hrsg.): Handbuch Europäische Wirtschaftspolitik, München, S. 849–937.

Bester, H. (2007): Theorie der Industrieökonomik, 4. Aufl., Berlin.

Bianchi, P./Labory, S. (2006): From "old" industrial policy to "new" industrial development policies, in: P. Bianchi/S. Labory (Hrsg.): International handbook on industrial policy, Cheltenham, S. 3–27.

Biedenkopf, K. (1991): Für eine ökologische Reform der Marktwirtschaft, Eine gesamtdeutsche Diskussion, in: E. Stratmann-Mertens, et al. (Hrsg.): Wachstum, Abschied von einem Dogma, Kontroverse über eine ökologisch-soziale Wirtschaftspolitik, Frankfurt am Main, S. 83–100.

Biggar, D. (2004): Competition policy in subsidies and state aid, Background note, in: OECD Journal of competition law and policy, 6. Jg., H. 1/2, S. 109–173.

Binswanger, H. C. (1988): Plädoyer für ein qualitatives Wachstum – Möglichkeiten einer ökologischen-ökonomischen Synthese, in: Fragen der Freiheit, H. November/Dezember, S. 3–15.

Binswanger, H. C. (1991): Umweltschutz und Wirtschaftswachstum, in: E. Stratmann-Mertens, et al. (Hrsg.): Wachstum, Abschied von einem Dogma, Kontroverse über eine ökologisch-soziale Wirtschaftspolitik, Frankfurt am Main, S. 129–139.

Binswanger, H. C. (1997): Zukunftsfähiges Deutschland und ökologische Steuerreform, in: U. E. Simonis, et al. (Hrsg.): Zukunftsfähige Entwicklung, Herausforderung an Wissenschaft und Politik ; Festschrift für Udo E. Simonis zum 60. Geburtstag, Berlin, S. 85–98.

Binswanger, H. C. (2006): Wirtschaftliche Entwicklung, Zufriedenheit und Umweltbelastung - Geld allein macht immer noch nicht glücklich, in: Ökologisches Wirtschaften, H. 2, S. 22–24.

Binswanger, H. C. (2009): Nachhaltigkeit – Geldmaschine abstellen, Aktienrecht umstellen, in: G. Altner, et al. (Hrsg.): Umwälzung der Erde, Konflikte um Ressourcen, Jahrbuch Ökologie 2010, Stuttgart, S. 11–16.

Binswanger, H. C./Bonus, H. et al. (1981): Wirtschaft und Umwelt, Möglichkeiten einer ökologieverträglichen Wirtschaftspolitik, Stuttgart.

Blazejczak, J./Edler, D. (2010): Umweltschutz: Hohes Beschäftigungspotential in Deutschland, in: DIW Wochenbericht, 77. Jg., H. 10, S. 2–11, recherchiert am 04.04.2010.

Blazejczak, J./Edler, D. et al. (1999): Umweltpolitik und Innovation: Politikmuster und Innovationswirkungen im internationalen Vergleich, in: P. Klemmer (Hrsg.): Innovationen und Umwelt, Fallstudien zum Anpassungsverhalten in Wirtschaft und Gesellschaft, 1. Aufl., Berlin, S. 9–34.

Bletschacher, G./Klodt, H. (1991): Braucht Europa eine neue Industriepolitik, Kieler Diskussionsbeiträge, 177.

Bohnet, M. (2008a): Chinas langer Marsch zur Umweltrevolution, Umweltprobleme und Umweltpolitik der Chinesischen Volksrepublik, Bonn.

Bohnet, M. (2008b): Auf der Suche nach dem Pfad grüner Reformen, in: FAZ, Nr. 120, 26.05.2008, S. 8.

Böhret, C. (1990): Folgen, Entwurf für eine aktive Politik gegen schleichende Katastrophen, Opladen.

Böhringer, C. (2008): Europäische Klimapolitik: Zwischen Anspruch und Wirklichkeit, in: ZfE, S. 235–240.

Böhringer, C./Vogt, C. (2001): Internationaler Klimaschutz – nicht mehr als symbolische Politik?, ZEW Discussion Papers, Nr. 01-06, Mannheim.

Böhringer, C./Vogt, C. (2003): Düstere Aussichten für den Klimaschutz, in: Perspektiven der Wirtschaftspolitik, 4. Jg., S. 85–106.

Bontrup, H.-J. (1998): Volkswirtschaftslehre, Grundlagen der Mikro- und Makroökonomie, München.

Boone, J. (2000): Competitive Pressure: The Effects on Investments in Product and Process Innovation, in: The Rand Journal of Economics, 31. Jg., H. 3, S. 549–569, elektronisch verfügbar unter: http://www.jstor.org/stable/pdfplus/2601000.pdf?acceptTC=true, recherchiert am 02.08.2011.

Boss, A./Rosenschon, A. (2000): Subventionen in Deutschland - eine Aktualisierung, Bd. 356, Kiel.

Boss, A./Rosenschon, A. (2002): Subventionen in Deutschland, Quantifizierung und finanzpolitische Bewertung, Bd. 392/393, Kiel.

Bourcarde, K./Tripp, C. (2006): Ausweg qualitatives Wachstum?, in: Zeitschrift für Wachstumsstudien, H. 2, S. 25–27.

Bourgeois, J. H. J. (2003): Art. 131 EGV, in: H. d. von Groeben, et al. (Hrsg.): Kommentar zum Vertrag über die Europäische Union und zur Gründung der Europäischen Gemeinschaft, 6. Aufl., Baden-Baden, Bd. 3, Rn. 1–8.

Brockmann, K. L./Hemmelskamp, J. (1995): Umweltzeichen und Verbraucherverhalten, Wie "grün" ist der Blaue Engel?, Zentrum für europäische Wirtschaftsforschung, Discussion paper, Nr. 95-25, Mannheim, elektronisch verfügbar unter: ftp://ftp.zew.de/pub/zew-docs/dp/dp9525.pdf, recherchiert am 01.10.2011.

Brösse, U. (1999): Industriepolitik, 2. Aufl., München.

Brundtland, G. H./Hauff, V. (1987): Unsere gemeinsame Zukunft, Der Brundtland-Bericht der Weltkommission für Umwelt und Entwicklung, Greven.

Bubenzer, O./Radtke, U. (2007): Natürliche Klimaänderungen im Laufe der Erdgeschichte, in: W. Endlicher/F.-W. Gerstengarbe (Hrsg.): Der Klimawandel, Einblicke, Rückblicke und Ausblicke, Potsdam, S. 17–26.

Bühler, S./Jaeger, F. (2002): Einführung in die Industrieökonomik, Berlin.

Bundesministerium für Bildung und Forschung (2007): Das 7. EU-Forschungsrahmenprogramm, Bonn, Berlin.

Bundesministerium für Umwelt, Naturschutz und Reaktorsicherheit (2006): Ökologische Industriepolitik, Memorandum für einen "New Deal" von Wirtschaft, Umwelt und Beschäftigung, Berlin.

Bundesministerium für Umwelt, Naturschutz und Reaktorsicherheit (2008a): Ökologische Industriepolitik, Nachhaltige Politik für Innovation, Wachstum und Beschäftigung, elektronisch verfügbar unter: http://www.bmu.de/files/pdfs/allgemein/application/pdf/oeip_themenpapier.pdf, recherchiert am 27.08.2008.

Bundesministerium für Umwelt, Naturschutz und Reaktorsicherheit (2008b): Strategische Ressourceneffizienz, Impulse für den ökologischen und ökonomischen Umbau der Industriegesellschaft, Umwelt und Innovation, Berlin.

Bundesministerium für Umwelt, Naturschutz und Reaktorsicherheit (2009): Umweltbericht 2009: Umweltschutz schafft Perspektiven, Berlin.

Bundesministerium für Umwelt, Naturschutz und Reaktorsicherheit (2010): Klimaschutzdialog Wirtschaft und Politik, 076/10, Pressemitteilung vom 25.05.2010, Berlin.

Bundesministerium für Wirtschaft und Technologie (2008a): Allgemeine Wirtschaftspolitik, Schlaglichter der Wirtschaftspolitik, Monatsbericht Januar 2008, Berlin.

Bundesministerium für Wirtschaft und Technologie (2008b): Übersicht über die bisherigen Anträge auf Ministererlaubnis nach § 24 Abs. 3/§ 42 GWB, elektronisch verfügbar unter: http://www.bmwi.de/BMWi/Redaktion/PDF/Wettbewerbspolitik/antraege-auf-ministererlaubnis,property=pdf,bereich=bmwi,sprache=de,rwb=true.pdf, zuletzt aktualisiert am 22.04.2008, recherchiert am 22.12.2008.

Bundesministerium für Wirtschaft und Technologie (2010): Im Fokus: Industrieland Deutschland, Stärken ausbauen – Schwächen beseitigen –Zukunft sichern, Berlin.

Bundesministerium für Wirtschaft und Technologie/Bundesministerium für Bildung und Finanzen (2002): Innovationspolitik, Mehr Dynamik für zukunftsträchtige Arbeitsplätze, Berlin, Bonn.

Burholt, C. (2005): Die europäische Fusionskontrolle - Eckpfeiler des europäischen Wettbewerbsrechts oder Instrument einer europäischen Industriepolitik?, Eine Untersuchung unter Berücksichtigung ausgewählter Entscheidungen der Kommission.

Busch, B. (2005): Renaissance der Industriepolitik?, Bd. 15, Köln.

Busch, B. (2008): Zur Wirtschaftsverfassung der Europäischen Union, Grundlagen, Entwicklung und Perspektiven, Köln.

Buyny, Š./Klink, S. et al. (2009): Verbesserung von Rohstoffproduktivität und Ressourcenschonung, S. Bundesamt (Hrsg.), elektronisch verfügbar unter: http://www.umweltdaten.de/publikationen/fpdf-l/3781.pdf, zuletzt aktualisiert am 06.10.2009, recherchiert am 06.06.2010.

Cansier, D. (1993): Umweltökonomie, 1. Aufl., Stuttgart.

Cansier, D. (1996): Umweltökonomie, 2. Aufl., Stuttgart.

Cezanne, W. (2005): Allgemeine Volkswirtschaftslehre, 6. Aufl., München.

Coase, R. (1991): The Nature of the Firm (1937), in: O. E. Williamson/S. G. Winter (Hrsg.): The nature of the firm, Origins, evolution, and development, New York, S. 18–33.

Coase, R. H. (1960): The Problem of Social Cost, in: Journal of Law and Economics, H. 3, S. 1–44.

Coase, R. H. (1974): The Lighthouse in Economics, in: Journal of Law and Economics, H. 17, S. 357–376, elektronisch verfügbar unter: http://www.jstor.org/stable/pdfplus/724895.pdf?acceptTC=true.

Cohen, E. (2006): Theoretical foundations of industrial policy, in: EIB Papers, 11. Jg., H. 1, S. 84–106.

Cohen, E. (2007): Industrial Policies in France: The Old and the New, in: Journal of Industry, Competition and Trade, 7. Jg., H. 3-4, S. 213–227.

Commission on the measurement of economic performance et social progress (2009): Report of the commission on the measurement of economic performance et social progress, recherchiert am 29.09.2009.

Conrad, M. (1987): Industriepolitik als wirtschaftspolitische Option in der Sozialen Marktwirtschaft, Ein ordnungskonformes industriepolitisches Konzept für die Bundesrepublik Deutschland, Hamburg.

Cubasch, U./Kasang, D. (2000): Anthropogener Klimawandel, 1. Aufl., Gotha.

Dales, J. H. (1968): Pollution, property & prices, An essay in policy-making and economics, Toronto.

Daly, H. E. (1999): Wirtschaft jenseits von Wachstum, Die Volkswirtschaftslehre nachhaltiger Entwicklung, 1. Aufl., Salzburg.

Daly, H. E./Farley, J. C. (2004): Ecological economics, principles and applications, Washington.

Dasgutpa, P. (1990): The Environment as a Commodity, in: Oxford Review of Econonic Policy, 6. Jg., H. 1, S. 51–67.

Deutsche Stiftung Weltbevölkerung (2005): Entwicklung und Projektionen, Wie viele Menschen werden in Zukunft auf der Erde leben?, elektronisch verfügbar unter: http://www.dsw-online.de/pdf/fs_entwicklung.pdf, zuletzt aktualisiert am 22.03.2005, recherchiert am 27.04.2009.

Deutscher Bundestag (2002): Technikfolgenabschätzung, Vorstudie "Folgen von Umwelt- und Ressourcenschutz für die Ausbildung, Qualifikation und Beschäftigung", Nr. 14/9459, Berlin.

Diefenbacher, H./Zieschank, R. (2010): Wohlfahrtsmessung in Deutschland - Ein Vorschlag für einen nationalen Wohlfahrtsindex, Berlin.

Dollar, D./Wolff, E. N. (1995): Competitiveness, convergence, and international specialization, 2. Aufl., Cambridge, Mass.

Donges, J. B./Heuskel, D. et al. (2005): Nationale Industriepolitik-brauchen wir nationale Champions?, in: ifo-Schnelldienst, 58. Jg., H. 22, S. 3–11.

Dunkel, T. (2004): Der Einfluss institutioneller Rahmenbedingungen auf die nationalen Innovationssysteme in Frankreich und Deutschland, Kassel.

Dyckhoff, H./Souren, R. (2007): Nachhaltige Unternehmensführung, Grundzüge industriellen Umweltmanagements, Berlin, Heidelberg.

Ebener, A. (2009): Governance von Innovationssystemen und die politische Ökonomie der Wettbewerbsfähigkeit, in: B. Blättel-Mink/A. Ebner (Hrsg.): Innovationssysteme, Technologie, Institutionen und die Dynamik der Wettbewerbsfähigkeit, Wiesbaden, S. 119–141.

Edenhofer, O./Lessmann, K. et al. (2006): Induced Technological Change: Exploring its Implications for the Economics of Atmospheric Stabilization, Synthesis Report from the Innovation Modeling Comparison Project, in: Energy Journal, H. special issue, S. 1–52.

Edler, D./Blazejczak, J. et al. (2007): Wirtschaftsfaktor Umweltschutz, Vertiefende Analyse zu Umweltschutz und Innovation, Bundesministerium für Umwelt, Naturschutz und Reaktorsicherheit und Bundesumweltamt (Hrsg.), Umwelt, Innovation, Beschäftigung, Nr. 1, Dessau-Roßlau.

Eickhof, N. (1986): Theorien des Markt- und Wettbewerbsversagens, in Wirtschaftsdienst, 66. Jg., S. 468-476.

Eickhof, N. (1993): Zur Legitimation ordnungspolitischer Ausnahmeregelungen, in: ORDO, 44. Jg., S. 203–222.

Eickhof, N. (1995): Marktversagen, Wettbewerbsversagen, staatliche Regulierung und wettbewerbspolitische Ausnahmebereiche – Zur normativen und positiven Theorie ordnungspolitischer Ausnahmeregelungen, Volkswirtschaftliche Diskussionsbeiträge der Wirtschafts- und Sozialwissenschaftlichen Fakultät, Universität Potsdam, Nr. 5, Potsdam.

Eickhof, N. (1997a): Die Forschungs- und Technologiepolitik der Bundesrepublik und der Europäischen Union, Herausforderungen, Maßnahmen und Beurteilung, Volkswirtschaftliche Diskussionsbeiträge der Wirtschafts- und Sozialwissenschaftlichen Fakultät, Universität Potsdam, Nr. 16, Potsdam.

Eickhof, N. (1997b): Die Industriepolitik der Europäischen Union, Zweckmäßige Weiterentwicklung oder revisionsbedürftige Fehlentwicklung der europäischen Wirtschaftspolitik?, in: S. Behrends (Hrsg.): Ordnungskonforme Wirtschaftspolitik in der Marktwirtschaft, Festschrift für H.-R. Peters zum 65. Geburtstag, Berlin, S. 425–456.

Eickhof, N. (1998): Die deutsche und europäische Forschungs- und Technologiepolitik auf dem Prüfstand, in: T. Birtel et al. (Hrsg.): Wirtschafts- und Steuerordnung auf dem Prüfstand, Aktuelle Probleme aus Theorie und Praxis, Festschrift für H.-W. Bayer zum 65. Geburtstag, 1. Aufl, Baden-Baden, S. 79–102.

Eickhof, N. (2005): Regional- und Industriepolitik in den neuen Bundesländern, Volkswirtschaftliche Diskussionsbeiträge der Wirtschafts- und Sozialwissenschaftlichen Fakultät, Universität Potsdam, Nr. 77, Potsdam.

Einheitliche Europäische Akte, EEA, vom 28.02.1986, in: BGBl. II, S. 1102.

Endlicher, W./ Gerstengarbe, F.-W. (Hrsg.) (2007): Der Klimawandel, Einblicke, Rückblicke und Ausblicke, Potsdam.

Endres, A. (2004): "Nachhaltige Entwicklung"– Zur Ökonomik des Bangens und des Hoffens, in: Perspektiven der Wirtschaftspolitik, 5. Jg., S. 91–104.

Endres, A. (2007a): Radfahren statt Trittbrettfahren, in: ifo-Schnelldienst, 60. Jg., H. 7, S. 9–11.

Endres, A. (2007b): Umweltökonomie, Lehrbuch, 3. Aufl., Stuttgart.

Endres, A. (2008): Ein Unmöglichkeitstheorem für die Klimapolitik?, in: Perspektiven der Wirtschaftspolitik, 9. Jg., H. 3, S. 350–382.

Endres, A./Ohl, C. (2000): Das Kooperationsverhalten der Staaten bei der Begrenzung globaler Umweltrisiken: Zur Integration stochastischer und strategischer Unsicherheitsaspekte, in: Schweizerische Zeitschrift für Volkswirtschaft und Statistik, 136. Jg., H. 2, S. 181–206.

Endres, A./Ohl, C. (2003): International Environmental Cooperation with Risk Aversion, in: International Journal of Sustainable Development, 6. Jg., S. 378–392.

Erber, G./Hagemann, H. (2002): Wachstum, Strukturwandel und Beschäftigung, in: K. F. Zimmermann (Hrsg.): Neue Entwicklungen in der Wirtschaftswissenschaft, Mit 26 Tabellen, 1. Nachdr., Heidelberg, S. 321–343.

Europäische Kommission (2010a): Die Chancen für Öko-Innovations-Projekte, in: Magazin Unternehmen & Industrie, H. 8, S. 10–11.

Europäische Kommission (2010b): Eine integrierte Industriepolitik für das Zeitalter der Globalisierung, Vorrang für Wettbewerbsfähigkeit und Nachhaltigkeit, KOM (2010) 614, Brüssel.

Europäische Kommission (2010c): Europa 2020: Eine Strategie für intelligentes, nachhaltiges und integratives Wachstum, KOM (2010) 2020, Brüssel.

Europäischer Rat (2009): Schlussfolgerungen des Rates (10./11. Dezember 2009), EUCO 6/09, Brüssel.

Europäischer Rat (2010): Schlussfolgerungen des Europäischen Rates (25.26. März 2010), Nr. EUCO 7/10, Brüssel.

European Economic Advisory Group (2007): The EEAG Report on the European Economy 2007, München.

European Economic Advisory Group (2008): The EEAG Report on the European Economy 2008, München.

European Economists for an Alternative Economic Policy (2009): Europe in Crisis: A Critique of the EU's Failure to Respond, Berlin.

Fankhauser, S./Tol, R. S. J. (2005): On climate change and economic growth, in: Resource and energy economics, 27. Jg., H. 1, S. 1–17.

Federico, G./Foreman-Peck, J. (1999): Industrial Policies in Europe: Introduction, in: J. Foreman-Peck (Hrsg.): European industrial policy, The twentieth-century experience, Oxford, S. 1–17.

Feichter, J. (2008): Die Atmosphäre als Schadstoffsenke - Einfluss auf Stoffkreisläufe und Klima, in: A. v. Gleich/S. Gößling-Reisemann (Hrsg.): Industrial Ecology, Erfolgreiche Wege zu nachhaltigen industriellen Systemen, Wiesbaden, S. 41–58.

Fendel, F. (1981): Industriepolitik der Europäischen Wirtschaftsgemeinschaft, Entwicklungen, Bestimmungsfaktoren und Beispielfälle: Stahl EGKS, Schiffbau und Kunstfaser, Bd. 3, Frankfurt a.M.

Finus, M. (2001): Game theory and international environmental cooperation, Cheltenham.

Finus, M. (2008): Game theoretic research on the design of international environmental agreements : insights, critical remarks, and future challenges, in: International review of environmental and resource economics, 2. Jg., H. 1, S. 29–67.

Fischedick, M./Bechberger, M. (2009): Die ökologische Industriepolitik Deutschlands am Beispiel der Solar- und Windindustrie – Musterschüler oder Problemkind?, Berlin.

Fleischer, T./Grunwald, A. (2002): Technikgestaltung für mehr Nachhaltigkeit – Anforderungen an die Technikfolgenabschätzung, in: A. Grunwald (Hrsg.): Technikgestaltung für eine nachhaltige Entwicklung, Von der Konzeption zur Umsetzung, Berlin, S. 93–146.

Forster, P./Ramaswamy, V. et al. (2007): Changes in Atmospheric Constituents and in Radiative Forcing, in: S. Solomon, et al. (Hrsg.): Climate change 2007, The physical science basis; contribution of Working Group I to the Fourth Assessment Report of the Intergovernmental Panel on Climate Change, 1. Aufl., New York, S. 129–234.

Franz, P./Tidow, S. (2009): Die Ökologische Industriepolitik: Konzepte, Ziele Instrumente, in: K. Jacob (Hrsg.): Ökologische Industriepolitik – Wirtschafts- und politikwissenschaftliche Perspektiven, Umweltbundesamt, Dessau-Roßlau, Umwelt, Innovation, Beschäftigung, Nr. 1, S. 13–19.

Freemann, C. (1995): The 'National System of Innovation' in historical perspective, in: Cambridge Journal of Economics, H. 19, S. 5–24, elektronisch verfügbar unter: http://www.globelicsacademy.org/2011_pdf/Freeman%20NSI%20 historial%20perspective.pdf, recherchiert am 18.09.2011.

Frenkel, M. R./Hemmer, H.-R. (1999): Grundlagen der Wachstumstheorie, München.

Fritsch, M./Wein, T. et al. (2005): Marktversagen und Wirtschaftspolitik, Mikroökonomische Grundlagen staatlichen Handelns, 6. Aufl., München.

Fronia, J. (1991): Möglichkeiten der EG zur Koordinierung regionaler Industriepolitiken, in: U. Jürgens (Hrsg.): Industriepolitische Strategien, Bundesländer im Vergleich, Berlin, S. 237–246.

Gabriel, S. (2006): Gabriel ruft zur "dritten industriellen Revolution", in: FAZ, Nr. 253, 31.10.2006, S. 15.

Gabriel, S. (2008): Die dritte Industrielle Revolution, Eine Einleitung: Die dritte industrielle Revolution - Aufbruch in ein ökologisches Jahrhundert, Dimensionen und Herausforderungen des industriellen und gesellschaftlichen Wandels, Berlin, S. 5–9.

Gabriel, S. (2009): Schlüssel Ökologische Industriepolitik, in: Neue Gesellschaft, Frankfurter Hefte, 56. Jg., H. 3, S. 42–45.

Gassmann, F. (1994): Was ist los mit dem Treibhaus Erde, Zürich.

Geinitz, C. (2009): Nun legt auch China Klimaziele vor, in: FAZ, Nr. 276, 27.11.2009, S. 1.

Geinitz, C. (2010): China will Kontrolle über Spezialrohstoffe, in: FAZ, 08.07.2010, S. 11, recherchiert am 06.11.2010.

Gerlagh, R./Kuik, O. (2007): Carbon leakage with international technology spillovers, FEEM-Working Paper, Nr. 33, Mailand.

Gerstengarbe, F.-W./Werner, P. C. (2007): Der rezente Klimawandel, in: W. Endlicher/F.-W. Gerstengarbe (Hrsg.): Der Klimawandel, Einblicke, Rückblicke und Ausblicke, Potsdam, S. 34–43.

Gesetz gegen Wettbewerbsbeschränkungen, GWB, vom 15.07.2005, in: BGBl. I (Bundesgesetzblatt I), S. 2114.

Gesetz zur Förderung der Stabilität und des Wachstums der Wirtschaft, StabG, vom 08.06.1967, in: BGBl I, Nr. 32, S. 582–589.

Görlach, B./Knigge, M. et al. (2005): Wirkungen der Ökologischen Steuerreform auf Innovation und Marktdurchdringung, elektronisch verfügbar unter: http://www.umweltdaten.de/publikationen/fpdf-l/2959.pdf, zuletzt aktualisiert am 18.01.2007, recherchiert am 10.07.2011.

Günther, E./Wittmann, R. et al. (1997): Zehn Thesen zum ökologieorientieren Management, in: M. Stengel/K. Wüstner (Hrsg.): Umweltökonomie, Eine interdisziplinäre Einführung, München, S. 181–199.

Gurbaxani, I. (2000): Industriepolitik in den Vereinigten Staaten, Diskussion und praktische Ausgestaltung, 1. Aufl., Bd. 20, Baden-Baden.

Hamm, W. (1977): Strukturpolitik, sektorale, in: W. Albers (Hrsg.): Handwörterbuch der Wirtschaftswissenschaft, Stuttgart u.a., S. 479–490.

Hank, R./Siedenbiedel, C. (2009): Sieht so ein neuer Champion aus?, Zur Verstaatlichung der Commerzbank gab es keine Alternative. Das ist schnell gesagt. In Wirklichkeit ging es nicht nur um Rettung, sondern auch um Politik und Macht., in: FAS, Nr. 2, 11.01.2009, S. 27.

Hansjürgens, B./Frohwein, T. (2008): Ordnungspolitische Ansatzpunkte für eine innovationsorientierte Umweltpolitik, in: A. Ebner, et al. (Hrsg.): Innovation zwischen Markt und Staat, Die institutionelle Dynamik des wirtschaftlichen Wandels, 1. Aufl., Baden-Baden, S. 89–116.

Hardin, G. (1968): The Tragedy of the Commons, in: Science, 162. Jg., S. 1243–1248.

Härtel, H.-H./Feldmann, B. et al. (1986): Neue Industriepolitik oder Stärkung der Marktkräfte?, Strukturpolitische Konzeptionen im internationalen Vergleich, Spezialuntersuchung 1 im Rahmen der HWWA-Strukturberichterstattung 1987, Hamburg.

Hauff, M. v. (2007): Industrial Ecology und nachhaltige Entwicklung, in: R. Isenmann/M. v. Hauff (Hrsg.): Industrial Ecology: mit Ökologie zukunftsorientiert wirtschaften, 1. Aufl., Heidelberg, S. 49–60.

Hawken, P./Lovins, A. et al. (2000): Öko-Kapitalismus, Die industrielle Revolution des 21. Jahrhunderts ; Wohlstand im Einklang mit der Natur, 1. Aufl., München.

Hayek, F. A. von (1969): Der Wettbewerb als Entdeckungsverfahren, in: F. A. von Hayek (Hrsg.): Freiburger Studien: Gesammelte Aufsätze, Tübingen, S. 249–278.

Hayek, F. A. von (1975): Die Anmaßung von Wissen, in: ORDO, 26. Jg., S. 12–21.

Hellmann, R. (2003): Artikel 157 EGV, in: H. d. von Groeben, et al. (Hrsg.): Kommentar zum Vertrag über die Europäische Union und zur Gründung der Europäischen Gemeinschaft, 6. Aufl., Baden-Baden, Bd. 3, Rn. 1–95.

Hens, T./Pamini, P. (2008): Grundzüge der analytischen Mikroökonomie, Berlin.

Hepperle, G. R. M. (2004): Zukunftsorientierte Industriepolitik, Möglichkeiten und Grenzen, Bd. 46, Frankfurt am Main.

Hertin, J./Jacob, K. et al. (2006): Fallstudien zur Innovationsorientierung ausgewählter europäischer Politiken, Bericht im Auftrag des Bundesumweltministerium und des Bundesumweltamts, Berlin.

Hertin, J./Jacob, K. et al. (2008): Umwelt und Innovation - Eine Evaluation von EU-Strategien und Politiken, Umweltbundesamt und Bundesministerium für Umwelt, Naturschutz und Reaktorsicherheit (Hrsg.), Umwelt, Innovation, Beschäftigung, Nr. 1, Dessau-Roßlau.

Hielscher, S./Pies, I. (2005): Internationale Öffentliche Güter – Ein neues Paradigma der Entwicklungspolitik?, Halle.

Holzer, V. L. (2007): Europäische und deutsche Energiepolitik, Eine volkswirtschaftliche Analyse der umweltpolitischen Instrumente, 1. Aufl., Baden-Baden.

Hösel, U. (2008): Die Konzepte öffentlicher und meritorischer Güter: Darstellung, Diskussion und Vergleich mithilfe von Transaktionskosten und positiven externen Effekten, in: M. Gruševaja, et al. (Hrsg.): Quo vadis Wirtschaftspolitik?, Ausgewählte Aspekte der aktuellen Diskussion, Festschrift für N. Eickhof, Frankfurt am Main, S. 279–300.

Hösel, U. (2010): Die Marktordnungen freier Berufe, Eine normative und positive volkswirtschaftliche Analyse am Beispiel der Ärzte, Rechtsanwälte und Architekten, 1. Aufl., Baden-Baden.

Hübner, H. (2002): Integratives Innovationsmanagement, Nachhaltigkeit als Herausforderung für ganzheitliche Erneuerungsprozesse, Berlin.

International Energy Agency (2007): World Energy Outlook 2007, China and India insights, Paris.

International Energy Agency (2008a): CO2 Emissions from Fuel Combustion, 2008 Edition, Paris.

International Energy Agency (2008b): World Energy Outlook 2008, Paris.

International Energy Agency (2010): World Energy Outlook 2010, Zusammenfassung, Paris.

IPCC (2007a): Climate Change 2007: The Physical Science Basis. Contribution of Working Group I to the Fourth Assessment Report of the Intergovernmental Panel on Climate Change, in: S. Solomon, et al. (Hrsg.): Climate change 2007, The physical science basis; contribution of Working Group I to the Fourth Assessment Report of the Intergovernmental Panel on Climate Change, 1. Aufl., New York, S. 93–127.

IPCC (2007b): Summary for Policymakers, in: S. Solomon, et al. (Hrsg.): Climate change 2007, The physical science basis; contribution of Working Group I to the Fourth Assessment Report of the Intergovernmental Panel on Climate Change, 1. Aufl., New York, S. 1–18.

IPCC (2008): Klimaänderung 2007: Synthesebericht, elektronisch verfügbar unter: http://www.de-ipcc.de/download/IPCC-SynRep_d_final_20081001.pdf, recherchiert am 20.03.2009.

Jacob, K. (2009): Ökologische Industriepolitik – wirtschafts- und politikwissenschaftliche Perspektiven, in: K. Jacob (Hrsg.): Ökologische Industriepolitik – Wirtschafts- und politikwissenschaftliche Perspektiven, Umweltbundesamt, Dessau-Roßlau,
Umwelt, Innovation, Beschäftigung, Nr. 1, S. 1–12.

Jacob, K./Knopf, J. et al. (2010): Ländervergleichende Analyse industriepolitischer Maßnahmen und Instrumente, FFU-report, Nr. 01-2010, Berlin, elektronisch verfügbar unter: http://www.polsoz.fu-berlin.de/polwiss/forschung/systeme/ffu/publikationen/2010/jacob_knopf_Kahlenborn/FFU_Report_01_2010.pdf, recherchiert am 22.01.2012.

Jacobeit, J. (2007): Zusammenhänge und Wechselwirkung im Klimasystem, in: W. Endlicher/F.-W. Gerstengarbe (Hrsg.): Der Klimawandel, Einblicke, Rückblicke und Ausblicke, Potsdam, S. 1–16.

Jänicke, M./Jacob, K. (2008a): Die dritte industrielle Revolution, in: Internationale Politik, 63. Jg., H. 10, S. 34–42.

Jänicke, M./Jacob, K. (2008b): Eine Dritte Industrielle Revolution? Wege aus der Krise ressourcenintensiven Wachstums: Die dritte industrielle Revolution - Aufbruch in ein ökologisches Jahrhundert, Dimensionen und Herausforderungen des industriellen und gesellschaftlichen Wandels, Berlin, S. 10–31.

Jänicke, M./Kunig, P. et al. (1999): Lern- und Arbeitsbuch Umweltpolitik ; Politik, Recht und Management des Umweltschutzes in Staat und Unternehmen, Bonn.

Jänicke, M./Lindemann, S. (2009): Innovationsfördernde Umweltpolitik, in: M. Eifert/W. Hoffmann-Riem (Hrsg.): Innovationsfördernde Regulierung, Innovation und Recht II, 1. Aufl., Berlin, S. 171–193.

Janicki, T. (1990): EG-Fusionskontrolle auf dem Weg zur praktischen Umsetzung, in: WuW, 40. Jg., H. 3, S. 195–205.

Jörg Meyer-Stamer (2009): Moderne Industriepolitik oder postmoderne Industriepolitik?, Schriftenreihe Moderne Industriepolitik, 1/2009, elektronisch verfügbar unter: http://library.fes.de/pdf-files/stabsabteilung/06519.pdf, zuletzt aktualisiert am 26.06.2009, recherchiert am 17.11.2009.

Jungmittag, A. (2005): Internationale Innovationsdynamik, Spezialisierung und Wirtschaftswachstum in der EU, 69 Tabellen, Heidelberg.

Kafsack, H. (2009): EU: Klimaschutz kostet jährlich 175 Milliarden Euro, Europa müsste 30 Milliarden an arme Länder zahlen / Globaler Emissionshandel nötig, in: FAZ, Nr. 24, 29.01.2009, S. 13.

Kallmeyer, A. (2007): 157 EGV, in: C. Calliess/M. Ruffert (Hrsg.): Verfassung der Europäischen Union, Kommentar der Grundlagenbestimmungen (Teil I), 3. Aufl., München, Rn. 1–27.

Karl, H. (1998): Zertifikate und Neue Institutionenökonomik, in: H. Bonus (Hrsg.): Umweltzertifikate, Der steinige Weg zur Marktwirtschaft, 1. Aufl., Berlin, S. 82–96.

Kemfert, C. (2005): Weltweiter Klimaschutz – Sofortiges Handels spart hohe Kosten, in: Wochenbericht des DIW Berlin, 72. Jg., S. 209–215.

Ketels, C. H. M. (2007): Industrial Policy in the United States, in: Journal of Industry, Competition and Trade, 7. Jg., H. 3-4, S. 147–167.

Klemmer, P./Lehr, U. et al. (1999): Umweltinnovationen, Anreize und Hemmnisse, 1. Aufl., Berlin.

Klepper, G. (1999): Wachstum und Umwelt aus Sicht der neoklassischen Ökonomie, in: J. Weimann (Hrsg.): Zwei Sichtweisen auf das Umweltproblem, Neoklassische Umweltökonomik versus ökologische Ökonomik, Marburg, S. 291–319.

Klepper, G./Heitmann, N. (2009): Umweltpolitische Potentiale und Grenzen einer ökologischen Industriepolitik, in: K. Jacob (Hrsg.): Ökologische Industriepolitik – Wirtschafts- und politikwissenschaftliche Perspektiven, Umweltbundesamt, Dessau-Roßlau, Umwelt, Innovation, Beschäftigung, Nr. 1, S. 33–42.

Klocker, P. (2009): Wettbewerbs- oder Industriepolitik als Leitbild der Wirtschaftspolitik?, in: Institut der deutschen Wirtschaft Köln (Hrsg.): Industriepolitik für das 21. Jahrhundert, Wissenschaftliche Jahrestagung zum Gedenken an Dr. Manfred Lennings am 22. Oktober 2008 in Bonn, 1. Aufl., Köln, S. 46–56.

Klose, B. (2008): Meteorologie, Eine interdisziplinäre Einführung in die Physik der Atmosphäre, Berlin.

Knieps, G. (2008): Wettbewerbsökonomie, Regulierungstheorie, Industrieökonomie, Wettbewerbspolitik, 3. Aufl., Berlin, Heidelberg.

Knorring, E. von (1997): Umweltschutz als politische Aufgabe. Ein leitbildorientierter Überblick, in: M. Stengel/K. Wüstner (Hrsg.): Umweltökonomie, Eine interdisziplinäre Einführung, München, S. 7–34.

Kokalj, L./Albach, H. (1987): Industriepolitik in der Marktwirtschaft, Ein internationaler Vergleich, Bd. 20, Stuttgart.

Kolonko, P. (2007): Peking in Abwehrstellung, in: FAZ, Nr. 63, 15.03.2007, S. 3.

Kommission der Europäischen Gemeinschaften (1970): Die Industriepolitik der Gemeinschaft, Memorandum der Kommission an den Rat, Brüssel.

Kommission der Europäischen Gemeinschaften (1986): Verbesserung der Wettbewerbsfähigkeit und der Strukturen der Industrie der Gemeinschaft, Luxemburg.

Kommission der Europäischen Gemeinschaften (1990): Industriepolitik in einem offenen und wettbewerbsorientierten Umfeld, Ansätze für ein Gemeinschaftskonzept; Mitteilung der Kommission an den Rat und an das Europäische Parlament, Bulletin der Europäischen Union, Nr. 3/91, Luxemburg.

Kommission der Europäischen Gemeinschaften (1994): Eine Politik der industriellen Wettbewerbsfähigkeit für die Europäische Union, Bulletin der Europäischen Union, Nr. 3/94, Luxemburg.

Kommission der Europäischen Gemeinschaften (2002a): Produktivität: Schlüssel zur Wettbewerbsfähigkeit der europäischen Volkswirtschaften und Unternehmen, KOM(2002) 262, Brüssel.

Kommission der Europäischen Gemeinschaften (2002b): Industriepolitik in einem erweiterten Europa, KOM(2002) 714, Brüssel.

Kommission der Europäischen Gemeinschaften (2003): Einige Kernpunkte der europäischen Wettbewerbsfähigkeit - Hin zu einem integrierten Konzept, KOM(2003) 704, Brüssel.

Kommission der Europäischen Gemeinschaften (2004a): Leitlinien zur Bewertung horizontaler Zusammenschlüsse gemäß der Ratsverordnung über die Kontrolle von Unternehmenszusammenschlüssen, in: Amtsblatt der Europäischen Union, H. C 31, S. 5–18, zuerst veröffentlicht: 05.02.2004.

Kommission der Europäischen Gemeinschaften (2004b): Stimulation von Technologien für nachhaltige Entwicklung: Ein Aktionsplan für Umwelttechnologie in der Europäischen Union, KOM (2004) 38, Brüssel.

Kommission der Europäischen Gemeinschaften (2004c): Den Strukturwandel begleiten: Eine Industriepolitik für die erweiterte Union, KOM(2004) 274, Brüssel.

Kommission der Europäischen Gemeinschaften (2004d): Eine proaktive Wettbewerbspolitik für ein wettbewerbsfähiges Europa, KOM(2004) 293, Brüssel.

Kommission der Europäischen Gemeinschaften (2005a): Bericht über die Durchführung des Aktionsplans für Umwelttechnologien im Jahr 2004, KOM (2005) 16, Brüssel.

Kommission der Europäischen Gemeinschaften (2005b): Beschluss des europäischen Parlaments und des Rates zur Einrichtung eines Rahmenprogramms für Wettbewerbsfähigkeit und Inovation (2007-2013), KOM (2005) 121, Brüssel.

Kommission der Europäischen Gemeinschaften (2005c): Umsetzung des Lissabon-Programms der Gemeinschaft: Ein politischer Rahmen zur Stärkung des Verarbeitenden Gewerbes in der EU - Auf dem Weg zu einem stärker integrierten Konzept für die Industriepolitik, KOM(2005) 474, Brüssel.

Kommission der Europäischen Gemeinschaften (2006): Das globale Europa, Die handelspolitischen Schutzinstrumente der EU in einer sich wandelnden globalen Wirtschaft, KOM(2006) 763, Brüssel.

Kommission der Europäischen Gemeinschaften (2007a): Bericht über den Aktionsplan für Umwelttechnologie (2005-2006), KOM (2007) 162, Brüssel.

Kommission der Europäischen Gemeinschaften (2007b): Halbzeitbewertung der Industriepolitik - Ein Beitrag zur Strategie für Wachstum und Beschäftigung, KOM(2007) 374, Brüssel.

Kommission der Europäischen Gemeinschaften (2007c): Eine Leitmarktinitiative für Europa, KOM(2007) 860, Brüssel.

Kommission der Europäischen Gemeinschaften (2008a): Aktionsplan für Nachhaltigkeit in Produktion und Verbrauch und für eine nachhaltige Industriepolitik, MEMO/08/507, Brüssel.

Kommission der Europäischen Gemeinschaften (2008b): Eine nachhaltige Industrie für ein wettbewerbsfähiges Europa, in: Magazin Unternehmen & Industrie, H. 2, S. 12–13.

Kommission der Europäischen Gemeinschaften (2008c): Background Document to the consultation on the action plans on sustainable consumption production and sustainable industrial policy.

Kommission der Europäischen Gemeinschaften (2008d): Aktionsplan für Nachhaltigkeit in Produktion und Verbrauch und für eine nachhaltige Industriepolitik, KOM(2008) 397, Brüssel.

Kommission der Europäischen Gemeinschaften (2009a): Das BIP und mehr, Die Messung des Fortschritts in einer Welt im Wandel, KOM(2009) 433, Brüssel.

Kommission der Europäischen Gemeinschaften (2009b): "An die Zukunft denken: Entwicklung einer gemeinsamen EU-Strategie für Schlüsseltechnologien", KOM (2009) 512, Brüssel.

Kommission der Europäischen Gemeinschaften (2010): Aktionsplan für Nachhaltigkeit in Verbrauch und Produktion (SCP) und für eine nachhaltige Industriepolitik (SIP), KOM (2008) 397, Brüssel, elektronisch verfügbar unter: http://eur-lex.europa.eu/LexUriServ/LexUriServ.do?uri=COM:2008:0397:FIN:de:PDF, recherchiert am 11.04.2010.

Konsolidierte Vertrag über die Arbeitsweise der Europäischen Union, AEUV, vom 09.05.2008, in: Amtsblatt der Europäischen Union, S. 47–199, C 115.

Koopmann, G./Kreienbaum, C. et al. (1997): Industrial and trade policy in Germany, Bd. 36, Baden-Baden.

Korres, G. M. (2007): Industrial and Innovation Policy in Europe: The Effects on Growth and Sustainability, in: Bulletin of Science Technology Society, 27. Jg., H. 2, S. 104–117.

Krol, G.-J./Karpe, J. (1999): Ökonomische Aspekte von Nachhaltigkeit, Die Umweltproblematik aus sozioökonomischer Sicht, Bd. 1, Münster.

Krugman, P. R. (1986): Strategic Trade Policy and the New International Economics.

Krugman, P. R. (1994): Competitiveness: a dangerous obsession, in: Foreign affairs, 73. Jg., H. 2, S. 28–44.

Krugman, P. R. (1996): Making sense of the competitiveness debate, in: Oxford Review of Economic Policy, 12. Jg., H. 3, S. 17–25.

Krumm, R. (1996): Wirtschaftswachstum kontra Umwelt, Über die (Un)vereinbarkeit politischer und ökonomischer Aspekte, Frankfurt (Main).

Kuckartz, U./Rheingans-Heintze, A. (2006): Trends im Umweltbewusstsein, Umweltgerechtigkeit, Lebensqualität und persönliches Engagement, Wiesbaden.

Küter, J. (2009): Länderrankings zur internationalen Wettbewerbsfähigkeit, in: Wirtschaftsdienst - Zeitschrift für Wirtschaftspolitik, 89. Jg., H. 10, S. 691–699.

Lang, E. (2009): Die aktuelle Weltwirtschaftskrise und der ökologische Umbau der Wirtschaft, in: Wirtschaftsdienst - Zeitschrift für Wirtschaftspolitik, 89. Jg., H. 11, S. 743–747.

Lehr, U./Löbbe, K. (1999): Umweltinnovationen – Anreize und Hemmnisse, in: Ökologisches Wirtschaften, H. 2, S. 13–15.

Leipert, C. (1997): Zur Berechnung eines Öko-Inlandsprodukts, in: U. E. Simonis, et al. (Hrsg.): Zukunftsfähige Entwicklung, Herausforderung an Wissenschaft und Politik ; Festschrift für Udo E. Simonis zum 60. Geburtstag, Berlin.

Lieb, C. M. (2004): The Environmental Kuznets Curve and Flow versus Stock Pollution: The Neglect of Future Damages, in: Environmental and Resource Economics, 29. Jg., H. 4, S. 483–506.

Linscheidt, B. (2000): Umweltfreundliche Innovationsprozesse im Lichte unterschiedlicher Theorieansätze, in: B. Linscheidt (Hrsg.): Umweltinnovationen durch Abgaben, Die Wirkung von Preisimpulsen im institutionellen Handlungsrahmen privater und öffentlicher Akteure, Berlin, S. 13–44.

Lippe, P. von der/Breuer, C. et al. (2010): Wohlstand — keine Alternative zum BIP, in: Wirtschaftsdienst, 90. Jg., H. 7, S. 444–457.

Lloyd, W. F. (1833): Two Lectures on the Checks to Population, London.

Lovins, A. B./Lovins, H. l. et al. (2007): A Road Map for Natural Capitalism, in: Havard Business Review, H. 7/8, S. 173–183.

Luks, F. (2001): Die Zukunft des Wachstums, Theoriegeschichte, Nachhaltigkeit und die Perspektiven einer neuen Wirtschaft, Marburg.

Luks, F. (2007): Gutes Leben durch Wirtschaftswachstum?, in: E. Lang, et al. (Hrsg.): Wiedervorlage dringend, Ansätze für eine Ökonomie der Nachhaltigkeit, München, S. 121–132.

Mäder, C. (2009): Klimaänderung Wichtige Erkenntnisse aus dem 4. Sachstandsbericht des Zwischenstaatlichen Ausschusses für Klimaänderungen der Vereinten Nationen (IPCC), Dessau-Roßlau.

Majer, H. (1999): Wachstum aus der Sicht der ökologischen Ökonomie, in: J. Weimann (Hrsg.): Zwei Sichtweisen auf das Umweltproblem, Neoklassische Umweltökonomik versus ökologische Ökonomik, Marburg, S. 319–348.

Malberg, H. (2007): Meteorologie und Klimatologie, Eine Einführung ; mit 56 Tabellen, 5. Aufl., Berlin.

Malthus, T. R. (1820): Principles of political economy considered with a view to their practical application, London.

Malthus, T. R./Gilbert, G. (1999): An essay on the principle of population, Oxford.

Markandya, A./Nunes, P. A. L. D. et al. (2008): "The Economics Of Ecosystems And Biodiversity – Phase 1 (Scoping) Economic Analysis And Synthesis ", Final report for the European Commission, elektronisch verfügbar unter: http://ec.europa.eu/environment/nature/biodiversity/economics/pdf/scoping.pdf, recherchiert am 13.10.2009.

Meadows, D. (1987): Die Grenzen des Wachstums, Bericht des Club of Rome zur Lage der Menschheit, 14. Aufl., Stuttgart.

Meadows, D. H./Meadows, D. L. et al. (1993): Die neuen Grenzen des Wachstums, Die Lage der Menschheit: Bedrohung und Zukunftschancen, 7. Aufl., Stuttgart.

Meadows, D./Randers, J. et al. (2007): Grenzen des Wachstums. Das 30-Jahre-Update, Signal zum Kurswechsel, 2. Aufl., Stuttgart.

Meehl, G. A./Stocker, T. F. et al. (2007): Global Climate Projections, in: S. Solomon, et al. (Hrsg.): Climate change 2007, The physical science basis; contribution of Working Group I to the Fourth Assessment Report of the Intergovernmental Panel on Climate Change, 1. Aufl., New York, S. 747–846.

Mendelsohn, R./Morrison, W. et al. (2000): Country-Specific Market Impacts of Climate Change, in: Climatic change, 45. Jg., S. 553–569.

Meyer, B. (2008): Wie muss die Wirtschaft umgebaut werden?, Perspektiven einer nachhaltigen Entwicklung, Bonn.

Mill, J. S. (1909): Principles of Political Economy with some of their Applications to Social Philosophy, 7. Aufl., Bd. 2 & 3, London.

Monopolkommission (2005): Wettbewerbspolitik im Schatten "nationaler Champions", 15. Hauptgutachten 2002/2003, Baden-Baden.

Morita, T./Robinson, J. et al. (2001): Greenhouse Gas Emission Mitigation, Scenarios and Implications, in: B. Metz, et al. (Hrsg.): Climate change 2001, Mitigation; contribution of Working Group III to the third assessment report of the Intergovernmental Panel on Climate Change, Cambridge, S. 115–166.

Möschel, W. (1992): EG-Industriepolitik nach Maastricht, in: ORDO, 43. Jg., S. 415–421.

Möschel, W. (1993): Industriepolitik auf dem Vormarsch?, in: H. Beisse/K. Beusch (Hrsg.): Festschrift für Karl Beusch zum 68. Geburtstag am 31. Oktober 1993, Berlin, S. 593–603.

Navarro, L. (2003): Industrial policy in the econimic literature: Recent theoretical developments and implications for the EU policy, in: Enterprise Papers, H. 12.

Nentwig, W. (2005): Humanökologie, Fakten, Argumente, Ausblicke, 2. Aufl., Berlin.

Nester, W. R. (1997): American industrial policy, Free or managed market?, Basingstoke, Hampshire.

Nienhaus, V. (2003): Strukturpolitik, in: D. Bender, et al. (Hrsg.): Vahlens Kompendium der Wirtschaftstheorie und Wirtschaftspolitik, 8 Aufl., Bd. 2, München, S. 443–485.

Oberender, P./Daumann, F. (1995): Industriepolitik, München.

OECD (2007): Environmental performance reviews, China, Paris.

Offe, C. (2008): Die „dritte industrielle Revolution" und das multiple Selbst des Wirtschaftsbürgers: Die dritte industrielle Revolution - Aufbruch in ein ökologisches Jahrhundert, Dimensionen und Herausforderungen des industriellen und gesellschaftlichen Wandels, Berlin, S. 66–70.

Ölschläger, J. (2010): Wie wirken sich Steuersysteme auf die Wettbewerbsfähigkeit von Volkswirtschaften aus?, in: Wirtschaftsdienst - Zeitschrift für Wirtschaftspolitik, 90. Jg., H. 6, S. 415–419, recherchiert am 02.07.2010.

Ostrom, E./Schöller, E. (1999): Die Verfassung der Allmende, Jenseits von Staat und Markt, Tübingen.

Ott, H. E./Richter, C. (2008): Anpassung an den Klimawandel: Risiken und Chancen für deutsche Unternehmen, Wuppertal.

Ott, K. (2009): Zur Begründung starker Nachhaltigkeit, in: H.-J. Koch/C. Hey (Hrsg.): Zwischen Wissenschaft und Politik, 35 Jahre Gutachten des Sachverständigenrats für Umweltfragen, Berlin, S. 63–88.

Otto-Bliesner, B. L./Brady, E. C. et al. (2006): Last Glacial Maximum and Holocene Climate in CCSM3, in: Journal of Climate, 19. Jg., S. 2526–2544.

Paasi, M. (2009): Ein Innovationssystem der europäischen Union? Potenziale und Grenzen supranationaler Innovationssysteme, in: B. Blättel-Mink/A. Ebner

(Hrsg.): Innovationssysteme, Technologie, Institutionen und die Dynamik der Wettbewerbsfähigkeit, Wiesbaden, S. 267–279.

Palmer, K./Oates, W. E. et al. (1995): Tightening environmental standards: The benefit-cost or the no-cost paradigm?, in: The Journal of Economic Perspectives, 9. Jg., H. 4, S. 119–132.

Pearce, D. W./Turner, R. K. (1990): Economics of natural resources and the environment, 3. Aufl., New York.

Pelkmans, J. (2006): European Industrial Policy, in: P. Bianchi/S. Labory (Hrsg.): International handbook on industrial policy, Cheltenham, S. 45–78.

Peters, H.-R. (1996): Sektorale Strukturpolitik, 2. Aufl., München.

Petersen, H.-G./Müller, K. et al. (1999): Volkswirtschaftspolitik, München.

Petersen, T. (2008): Das Gefangendilemma, in: WISU, H. 4, S. 500–506.

Pfeiffer, F./Rennings, K. (1999): Weder Jobkiller noch Jobwunder, in: Ökologisches Wirtschaften, H. 26-27.

Picot, A./Dietl, H. et al. (2008): Organisation, Eine ökonomische Perspektive, 5. Aufl., Stuttgart.

Pisani-Ferry, J./Sapir, A. (2006): Last Exit to Lisbon, Brüssel.

Pittel, K. (2004): Nachhaltige Entwicklung und Wirtschaftswachstum, in: WiSt, 33. Jg., S. 537–544.

Porter, M. E. (1993): Nationale Wettbewerbsvorteile, Erfolgreich konkurrieren auf dem Weltmarkt, Sonderausgabe, Wien.

Porter, M. E. (1998): The competitive advantage of nations, With a new introduction, New York.

Porter, M. E./van der Linde, C. (1995): Towards a New Conception of the Environment-Competitiveness Relationship, in: Journal of Political Economy, 94. Jg., H. 5, S. 1002–1037.

Priddat, B. P. (2008): Öffentliche Güter als politische Güter, in: Zeitschrift für öffentliche und gemeinwirtschaftliche Unternehmen, 31. Jg., H. 2, S. 152–173.

Priewe, J. (1991): Ökologische Wachstumskritik, in: E. Stratmann-Mertens, et al. (Hrsg.): Wachstum, Abschied von einem Dogma, Kontroverse über eine ökologisch-soziale Wirtschaftspolitik, Frankfurt am Main, S. 141–159.

Rahmstorf, S./Schellnhuber, H. J. (2006): Der Klimawandel, Diagnose, Prognose, Therapie, 3. Aufl., München.

Rat der europäischen Union (1999): Schlussfolgerungen des Vorsitzes, Helsinki, elektronisch verfügbar unter: http://www.consilium.europa.eu/ueDocs/cms_Data /docs/pressData/de/ec/00300-r1.d9.htm, recherchiert am 01.09.2008.

Rat der europäischen Union (2000): Schlussfolgerungen des Vorsitzes, Lissabon, Nr. SN 100/00, elektronisch verfügbar unter: http://www.consilium. europa.eu/ueDocs/cms_Data/docs/pressData/de/ec/ACF191B.html, recherchiert am 12.09.2008.

Rat der europäischen Union (2001): Schlussfolgerungen des Vorsitzes, Göteborg, Nr. 200/1/100, elektronisch verfügbar unter: http://www.consilium. europa.eu/ueDocs/cms_Data/docs/pressData/de/ec/00200-r1.d1.pdf, recherchiert am 01.09.2008.

Rat der europäischen Union (2004): Schlussfolgerungen des Vorsitzes des europäischen Rates vom 25./26. März 2004, Nr. 9048/04, Brüssel.

Rat der europäischen Union (2010): Pressemitteilung, 2999. Ratstreffen für Wettbewerbsfähigkeit, Pressemitteilung vom 03.03.2010, Brüssel.

Rehbinder, E. (2008): Rechtliche Rahmenbedingungen für nachhaltiges Wirtschaften auf globalisierten Märkten: Die dritte industrielle Revolution - Aufbruch in ein ökologisches Jahrhundert, Dimensionen und Herausforderungen des industriellen und gesellschaftlichen Wandels, Berlin, S. 56–59.

Renn, O. (2007): Entgrenzte Welt – Begrenztes Denken?, in: J. André (Hrsg.): Ausweg Wachstum?, Arbeit, Technik und Nachhaltigkeit in einer begrenzten Welt, 1. Aufl., Wiesbaden.

Rennings, K. (1999): Innovation durch Umweltpolitik, Besonderheiten und Determinanten von Umweltinnovationen, Innovation durch freiwillige Selbstverpflichtung, Innovationswirkungen des internationalen und nationalen Ozonregimes, 1. Aufl., Baden-Baden.

Rennings, K./Rammer, C. (2010): The Impact of Regulation-driven Environmental Innovation on Innovation Success and Firm Performance, ZEW Discussion Papers, Nr. 10-065, Mannheim.

Rennings, K./Rammer, C. et al. (2008): Instrumente zur Förderung von Umweltinnovationen, Bestandsaufnahme, Bewertung und Defizitanalyse, Bundesministerium für Umwelt, Naturschutz und Reaktorsicherheit und Bundesumweltamt (Hrsg.), Umwelt, Innovation, Beschäftigung, Nr. 2, Dessau-Roßlau.

Reul, J. (1998): Legitimation einer staatlichen Industriepolitik und Analyse der europäischen Industriepolitik in ausgewählten Teilbereichen, Bd. 2263, Frankfurt am Main.

Ricardo, D. (1821): On the Principles of Political Economy and Taxation, 3. Aufl., London.

Richtlinie 2005/32/EG des Europäischen Parlaments und des Rates zur Schaffung eines Rahmens für die Festlegung von Anforderungen an die umweltgerechte Gestaltung energiebetriebener Produkte, Ökodesignrichtlinie, vom 22.07.2005, in: Amtsblatt der Europäischen Gemeinschaft, S. 29, L 101.

Richtlinie 92/75/EWG des Rates vom 22. September 1992 über die Angabe des Verbrauchs an Energie und anderen Ressourcen durch Haushaltsgeräte mittels einheitlicher Etiketten und Produktinformationen, Energieeffizienzrichtlinie, vom 13.10.1992, in: Amtsblatt der Europäischen Gemeinschaft, S. 16, L 297.

Rifkin, J. (2008): Leading the Way to the Third Industrial Revolution and a New Social Vision for the World in the 21st century, Whitepaper, elektronisch verfügbar unter: http://www.foet.org/packet/Global.pdf, recherchiert am 01.07.2009.

Rittner, F./Kulka, M. (2008): Wettbewerbs- und Kartellrecht, Eine systematische Darstellung des deutschen und europäischen Rechts, 7. Aufl., Heidelberg.

Rodrik, D. (2007): Normalizing Industrial Policy, Washington, D.C.

Rogall, H. (2008): Ökologische Ökonomie, Eine Einführung, 2. Aufl., Wiesbaden.

Rogall, H./Meier, M. et al. (2006): Volkswirtschaftslehre für Sozialwissenschaftler, Eine Einführung, 1. Aufl., Wiesbaden.

Roth, S. (2001): Screening- und Signaling-Modelle – Vergleich der Modellstrukturen, in: Wirtschaftswissenschaftliches Studium, H. 7, S. 372, elektronisch verfügbar unter: http://www.wiso-net.de/webcgi?START=A60&DOKV_DB=ZECU&DOKV_NO=WISTE95C4CD67BDE67232846F0E8F76D7991&DOKV_HS=0&PP=1.

Sachverständigenrat für Umweltfragen (1978): Umweltgutachten 1978, Bundesdrucksache, Nr. 8/1938, Bonn.

Sachverständigenrat für Umweltfragen (1994): Für eine dauerhaft-umweltgerechte Entwicklung, Umweltgutachten 1994, Stuttgart.

Sachverständigenrat für Umweltfragen (2000): Schritte ins nächste Jahrtausend, Umweltgutachten 2000, Stuttgart.

Sachverständigenrat für Umweltfragen (2002): Für eine neue Vorreiterrolle, Umweltgutachten 2002, Stuttgart.

Sachverständigenrat für Umweltfragen (2008): Umweltschutz im Zeichen des Klimawandels, Umweltgutachten 2008, Berlin.

Sachverständigenrat zur Begutachtung der gesamtwirtschaftlichen Entwicklung (2004): Erfolge im Ausland - Herausforderungen im Inland, Jahresgutachten 2004/2005, Wiesbaden.

Sachverständigenrat zur Begutachtung der gesamtwirtschaftlichen Entwicklung (2009): Die Zukunft nicht auf Spiel setzen, Jahresgutachten 2009/2010, Wiesbaden.

Sammer, K./Wüstenhagen, R. (2006): Der Einfluss von Öko-Labelling auf das Konsumentenverhalten - ein Discrete Choice Experiment zum Kauf von Glühbirnen, in: R. Pfriem (Hrsg.): Innovationen für eine nachhaltige Entwicklung, 1 Aufl., Wiesbaden, S. 469–487.

Samuelson, P. A. (1954): The pure theory of public expenditure, in: The review of economics and statistics, 36. Jg., H. 4, S. 387–389.

Samuelson, P. A. (1955): Diagrammatic exposition of a theory of public expenditure, in: The review of economics and statistics, 37. Jg., H. 4, S. 350–356.

Sartorius, C. (1999): Energie- und Stoffflüsse im ökologischen und ökonomischen Zusammenhang, Ein Überblick, in: J. Weimann (Hrsg.): Zwei Sichtweisen auf das Umweltproblem, Neoklassische Umweltökonomik versus ökologische Ökonomik, Marburg, S. 425–452.

Schellnhuber, H. J./Pietsch, J. (2008): Nachhaltige Revolutionäre gesucht: Die dritte industrielle Revolution - Aufbruch in ein ökologisches Jahrhundert, Dimensionen und Herausforderungen des industriellen und gesellschaftlichen Wandels, Berlin.

Schepelmann, P. (2010): Mit der ökologischen Industriepolitik zum ökologischen Strukturwandel, Bonn.

Schmale, I. (2009): Institutionelle Diversität ist wichtig, Zum Nobelpreis an Elinor Ostrom, in: Wirtschaftsdienst - Zeitschrift für Wirtschaftspolitik, 89. Jg., H. 11, S. 765–768.

Schmidt, A. (1998): Ordnungspolitische Perspektiven der europäischen Integration im Spannungsfeld von Wettbewerbs- und Industriepolitik, Bd. 28, Frankfurt am Main.

Schmidt, A. (2006): Möglichkeiten und Grenzen einer umweltorientierten Forschungspolitik, in: L. Koch/M. Monßen (Hrsg.): Kooperative Umweltpolitik und nachhaltige Innovationen, Das Beispiel der chemischen Industrie, Heidelberg, S. 211–247.

Schmidt, A. (2009): Brauchen wir eine ökologische Industriepolitik?, in: Institut der deutschen Wirtschaft Köln (Hrsg.): Industriepolitik für das 21. Jahrhundert, Wissenschaftliche Jahrestagung zum Gedenken an Dr. Manfred Lennings am 22. Oktober 2008 in Bonn, 1. Aufl., Köln, S. 58–77.

Schmidt, I. (1992): EG-Integration: Industrie- versus Wettbewerbspolitik, in: Wirtschaftsdienst - Zeitschrift für Wirtschaftspolitik, 72. Jg., H. 12, S. 628–633.

Schneider, S. H./Semenov, S. et al. (2007): Assessing key vulnerabilities and the risk from climate change, in: M. L. Parry, et al. (Hrsg.): Climate change 2007 - impacts, adaptation and vulnerability, Contribution of Working Group II to the Fourth Assessment Report of the Intergovernmental Panel on Climate Change, 1. Aufl., Cambridge, S. 779–810.

Schöler, K. (1999): Grundlagen der Mikroökonomik, Eine Einführung in die Theorie der Haushalte, der Firmen und des Marktes, 1. Aufl., München.

Schott, H./Wied-Nebbeling, S. (2005): Grundlagen der Mikroökonomik, 3. Aufl., Berlin, Heidelberg.

Schotter, A. (1986): The evolution of rules, in: R. N. Langlois (Hrsg.): Economics as a process, Essays in the new institutional economics, Cambridge, S. 117–133.

Schrader, U. (2003/2004): Überwindung von Marktversagen durch Öko-Label, Das Beispiel des Bio-Siegels für Lebensmittel, in: ZAU , 15/16. Jg., H. 2, S. 198–212.

Schüller, A. (2002): Marburger Studien zur Ordnungsökonomik, Aufsätze, Stuttgart.

Schüller, A. (2007): Wettbewerbs- und Industriepolitik, EU-Integration als Dritter Weg?, Marburger volkswirtschaftliche Beiträge, Nr. 1/2007, Marburg.

Schumann, J./Meyer, U. et al. (2007): Grundzüge der mikroökonomischen Theorie, 8. Aufl., Berlin.

Schumpeter, J. (1964): Theorie der wirtschaftlichen Entwicklung, 6. Aufl., Berlin.

Seitz, M. J. (2000): Staatliche Industriepolitik, Begründungen, Instrumente und Probleme, 1. Aufl., Bd. 49, Baden-Baden.

Siebert, H. (1998): Economics of the environment, Theory and policy, 5. Aufl., Berlin.

Simonis, U. E. (2005): Ökologischer Strukturwandel – Erfolge und Versäumnisse, Berlin, elektronisch verfügbar unter: http://skylla.wzb.eu/pdf/2005/p05-01.pdf, recherchiert am 16.02.2009.

Simons, J. (1997): Industriepolitik, Theorie, Praxis, politische Kommunikation, Bd. 1950, Stuttgart.

Sims, R. E. H./Schock, R. N. et al. (2007): Energy Supply, in: B. Metz (Hrsg.): Climate change 2007 - Mitigation of climate change, Contribution of Working Group III to the ourth assessment report of the Intergovernmental Panel on Climate Change, Cambridge, Mass., S. 251–322.

Sinn, H.-W. (2002): Der neue Systemwettbewerb, in: Perspektiven der Wirtschaftspolitik, 3. Jg., H. 4, S. 391–407.

Sinn, H.-W. (2008a): Das grüne Paradoxon, Plädoyer für eine illusionsfreie Klimapolitik, Berlin.

Sinn, H.-W. (2008b): Das grüne Paradoxon: Warum man das Angebot bei der Klimapolitik nicht vergessen darf, in: Perspektiven der Wirtschaftspolitik, 9. Jg., H. Special Issue, S. 109–142.

Smith, A./Streissler, E. W. et al. (2005): Untersuchung über Wesen und Ursachen des Reichtums der Völker, 1. Aufl., Bd. 2655, Tübingen.

Soete, L. (2007): From Industrial to Innovation Policy, in: Journal of Industry, Competition and Trade, 7. Jg., H. 3-4, S. 273–284.

Spencer, B. J./Brander, J. A. (1983): International R & D rivalry and industrial strategy, in: The review of economic studies, 50. Jg., H. 4, S. 707–722.

Spielkamp, A. (1997): Grenzen und Reichweiten Nationaler Innovationssysteme und forschungspolitische Implikationen, ZEW Discussion Papers, Nr. 97, Mannheim.

Starbatty, J. (2000): Struktur- und Industriepolitik in einer Welt konstitutioneller Unwissenheit, Tübinger Diskussionsbeiträge, Nr. 184, Tübingen.

Starbatty, J. (2004): Braucht die soziale Marktwirtschaft Industriepolitik?, in: Orientierungen zur Wirtschafts- und Gesellschaftspolitik, H. 100, S. 33–38.

Starbatty, J./Vetterlein, U. (1998): Forschungs- und Technologiepolitik, in: P. Klemmer/D. Bender (Hrsg.): Handbuch Europäische Wirtschaftspolitik, München, S. 665–733.

Statistisches Bundesamt (2008): Nachhaltige Entwicklung in Deutschland - Indikatorenbericht 2008, Wiesbaden.

Stephan, G./Ahlheim, M. (1996): Ökonomische Ökologie, Berlin.

Stern, D. I. (2003): The Rise and Fall of the Environmental Kuznets Curve, Rensselaer Worling Paper in Economics, 302, elektronisch verfügbar unter: http://www.economics.rpi.edu/workingpapers/rpi0302.pdf, zuletzt aktualisiert am 29.10.2003, recherchiert am 06.05.2009.

Stern, N. (2007): The economics of climate change, The Stern review, 1. Aufl., Cambridge.

Stern, N. (2008): Der wirtschaftliche Aspekt des Klimawandels, Zusammenfassung, elektronisch verfügbar unter: http://ukingermany.fco.gov.uk/resources/de/pdf/5580203/5580209/stern-review-deutsch, recherchiert am 13.03.2009.

Stolpe, M. (1993): Industriepolitik aus Sicht der neuen Wachstumstheorie, Kiel Institute for the World Economy, Nr. info:hdl:10419/1568, elektronisch verfügbar unter: http://ideas.repec.org/p/ner/ifwkie/infohdl10419-1568.html.

Streit, M. E. (1992): Am Beginn der europäischen Industriepolitik, in: Volkswirtschaftliche Korrespondenz der Adolf-Weber-Stiftung, 31. Jg., H. 3.

Streit, M. E. (1994): Europäische Industriepolitik nach Maastricht - Eine ordnungspolitische Analyse, in: E. Hoppmann, et al. (Hrsg.): Marktwirtschaft und Rechtsordnung, Festschrift zum 70. Geburtstag von E. Hoppmann, 1. Aufl., Baden-Baden, S. 189–210.

Strohm, A. (2006): Competition policy at war with industrial policy?, in: EIB Papers, 11. Jg., H. 2, S. 34–53.

Sturm, B./Vogt, C. (2010): Umweltökonomie, Eine anwendungsorientierte Einführung, 1., st Edition., Heidelberg, Neckar.

Sturm, R. (1991): Die Industriepolitik der Bundesländer und die europäische Integration, Unternehmen und Verwaltungen im erweiterten Binnenmarkt, 1. Aufl., Baden-Baden.

Suchanek, A. (2000): Normative Umweltökonomik, Zur Herleitung von Prinzipien rationaler Umweltpolitik, Tübingen.

Südekum, J. (2008): Cross-Border Mergers and National Champions in an Integrating Economy, in: Journal of Institutional and Theoretical Economics, 164. Jg., S. 477–508.

Techert, H./Demary, M. (2012): Kombinierte Konjunktur- und Klimapolitik, Chance für die deutsche Umweltindustrie?, Bd. 75, Köln.

Tirole, J. (1999): Industrieökonomik, 2. Aufl., München.

Tol, R. S. J. (2009): Die Kosten des Klimawandels, in: FAZ, Nr. 272, 23.11.2009, S. 13.

Trenberth, K. E./Jones, P. D. et al. (2007): Observations: Surface and Atmospheric Climate Change, in: S. Solomon, et al. (Hrsg.): Climate change 2007, The physical science basis; contribution of Working Group I to the Fourth Assessment Report of the Intergovernmental Panel on Climate Change, 1. Aufl., New York, S. 235–336.

Umweltbundesamt (2004): Klimaänderungen, Festhalten an der vorgefassten Meinung? Wie stichhaltig sind die Argumente der Skeptiker?, elektronisch verfügbar unter: http://www.umweltdaten.de/publikationen/fpdf-l/2694.pdf, recherchiert am 11.03.2009.

Umweltbundesamt (2008): Beschleunigter Anstieg der atmosphärischen Konzentrationen der Klimagase SF6 und NF3, elektronisch verfügbar unter: http://www.umweltbundesamt.de/luft/downloads/sf6-nf3.pdf, zuletzt aktualisiert am 18.11.2008, recherchiert am 27.03.2009.

United Nations (2008): World Population Prospects The 2008 Revision, Department of Economic and Social Affairs, elektronisch verfügbar unter: http://www.un.org/esa/population/publications/wpp2008/wpp2008_highlights.pdf, zuletzt aktualisiert am 27.03.2009, recherchiert am 29.04.2009.

Uterwedde, H. (2004): Deutsch-französische Industriepolitik, in: Dokumente, H. 5, S. 21–27.

Verordnung (EG) Nr. 139/2004 des Rates vom 20. Januar 2004 über die Kontrolle von Unternehmenszusammenschlüssen, FVKO, vom 29.01.2004, in: Amtsblatt der Europäischen Union, 47. Jg., Nr. L 24, S. 1–22.

Verordnung (EG) Nr. 2659/2000 der Kommission vom 29. November 2000 über die Anwendung von Artikel 81 Absatz 3 des Vertrages auf Gruppen von Vereinbarungen über Forschung und Entwicklung, Verordnung (EG) Nr. 2659/2000, in: Amtsblatt der Europäischen Gemeinschaft, Nr. L 304, S. 7–12, 05.12.2000.

Verordnung (EG) Nr. 800/2008 der Kommission vom 6. August 2008 zur Erklärung der Vereinbarkeit bestimmter Gruppen von Beihilfen mit dem Gemeinsamen Markt in Anwendung der Artikel 87 und 88 EG-Vertrag (allgemeine Gruppenfreistellungsverordnung), AGVO, vom 01.09.2008, in: Amtsblatt der Europäischen Gemeinschaft, S. 3–47, L 214.

Verordnung (EWG) Nr. 4064/89 über die Kontrolle von Unternehmenszusammenschlüssen, FKVO, vom 21.12.1989, in: Amtsblatt der Europäischen Union, L 395/1.

Vertrag über die Europäische Union, EUV, vom 29.06.1992, in: Amtsblatt der Europäischen Union, C 191.

Vertrag über eine Verfassung für Europa, EUV, vom 16.12.2004, in: Amtsblatt der Europäischen Union, Nr. C 310.

Vertrag von Amsterdam zur Änderung des Vertrags über die Europäische Union, der Verträge zur Gründung der Europäischen Gemeinschaften sowie einiger damit zusammenhängender Rechtsakte, Vertrag von Amsterdam, vom 10.11.1997, in: Amtsblatt der Europäischen Gemeinschaft, Nr. C 340, S. 1–144.

Vertrag von Lissabon zur Änderung des Vertrags über die Europäische Union und des Vertrags zur Gründung der Europäischen Gemeinschaft, Vertrag von Lissabon, vom 13.12.2007, in: Amtsblatt der Europäischen Union, 50. Jg., Nr. C 306, S. 1–271.

Vertrag zur Gründung der Europäischen Wirtschaftsgemeinschaft, EWGV, vom 25.03.1957, in: BGBl. II, S. 766.

Vetterlein, U. (1992): Die Industriepolitik der Europäischen Gemeinschaft, Implikationen der Maastrichter Beschlüsse, in: List-Forum für Wirtschafts- und Finanzpolitik, 18. Jg., H. 3, S. 204–218.

Vitalis, V. (2002): Private voluntary eco-labels: trade distorting, discriminatory and environmentally disappointing., Background paper for the round table on sustainable development, Organisation for Economic Co-operation and Development, Paris, elektronisch verfügbar unter: http://www.oecd.org/dataoecd/4/30/39362947.pdf, recherchiert am 01.10.2011.

Wagner, P. M. (2004): Industriepolitik, in: W. Weidenfeld/W. Wessels (Hrsg.): Jahrbuch der europäischen Integration, 2003/2004, Baden-Baden, S. 169–172.

Weimann, J. (2006): Wirtschaftspolitik, Allokation und kollektive Entscheidung, Berlin, Heidelberg.

Welling, M. (2006): Ökonomik der Marke, Ein Beitrag zum Theorienpluralismus in der Markenforschung, Wiesbaden.

Westerhoff, H.-D. (1993): Industriepolitik als Element des Maastrichter Vertrages - Einige Anmerkungen, in: List-Forum für Wirtschafts- und Finanzpolitik, 19. Jg., H. 2, S. 149–164.

Wicke, L./Blenk, L. (1993): Umweltökonomie, Eine praxisorientierte Einführung, 4. Aufl., München.

Wiese, H. (2010): Mikroökonomik, Eine Einführung, 5. Aufl., Berlin, Heidelberg.

Wigger, B. U. (2005): Grundzüge der Finanzwissenschaft, 2. Aufl., Berlin/Heidelberg.

Willms, M. (1999): Strukturpolitik, in: D. Bender, et al. (Hrsg.): Vahlens Kompendium der Wirtschaftstheorie und Wirtschaftspolitik, 7. Aufl., Bd. 2, München, S. 439–476.

Winkler, K. (2008): Industriepolitik, in: W. Weidenfeld/W. Wessels (Hrsg.): Jahrbuch der Europäischen Integration 2007, 1. Aufl., Baden-Baden, S. 159–162.

Wissenschaftlicher Beirat der Bundesregierung Globale Umweltveränderungen (1993): Grundstruktur globaler Mensch-Umwelt-Beziehungen, Jahresgutachten 1993, Bonn.

Wissenschaftlicher Beirat der Bundesregierung Globale Umweltveränderungen (2001): Neue Strukturen globaler Umweltpolitik, Jahresgutachten 2001, Berlin.

Wissenschaftlicher Beirat der Bundesregierung Globale Umweltveränderungen (2007): Neue Impulse für die Klimapolitik, Chancen der deutschen Doppelpräsidentschaft nutzen, Berlin.

Wissenschaftlicher Beirat der Bundesregierung Globale Umweltveränderungen (2008): Welt im Wandel: Sicherheitsrisiko Klimawandel, Jahresgutachten 2007, Berlin, Heidelberg.

Wissenschaftlicher Beirat der Bundesregierung Globale Umweltveränderungen (2009): Kassensturz für den Weltklimavertrag - Der Budgetansatz, Sondergutachten, Berlin.

Wissenschaftlicher Beirat des BMWi (1998): Stellungnahme zu den Vorschriften über eine Industriepolitik in den Verträgen über die Europäische Politische Union und die Europäische Wirtschafts- und Währungsunion, Gutachten vom 24. Januar 1992, in: Wissenschaftlicher Beirat des BMWi (Hrsg.): Sammelband der Gutachten von 1987 bis 1997, Stuttgart, S. 1623–1629.

Wolff, U. (2008): Ein neues Verständnis des Klimas und seiner Veränderungen, in: Energiewirtschaftliche Tagesfragen, 58. Jg., H. 12, S. 84–88.

Wonke, C. (2009): Das deutsche System der Hausmüllentsorgung, Eine normative und positive volkswirtschaftliche Untersuchung, Frankfurt a.M., Bern.

Wruuck, P. (2006): Wirtschaftspatriotismus, Neue Spielart der Industriepolitik?, in: EU-Monitor, H. 35, S. 1–16.

Yohe, G. W./Lasco, R. D. et al. (2007): Perspectives on climate change and sustainability, in: M. L. Parry, et al. (Hrsg.): Climate change 2007 - impacts, adaptation and vulnerability, Contribution of Working Group II to the Fourth Assessment Report of the Intergovernmental Panel on Climate Change, 1. Aufl., Cambridge, S. 811–841.

Zgajewski, T./Hajjar, K. (2005): The Lisbon Strategy: Which failure? Whose failure? And why?, Egmont Paper, Nr. 6, Brüssel.

Zimmermann, H./Henke, K.-D. et al. (2009): Finanzwissenschaft, Eine Einführung in die Lehre von der öffentlichen Finanzwirtschaft, 10. Aufl., München.

Zundel, S. (1999): Prometheus läßt grüßen, in: Ökologisches Wirtschaften, H. 2, S. 10–12.